高等学校理工科数学类规划教材

数值代数

SHUZHI DAISHU

董波 于波 杜磊 编著

大连理工大学出版社

图书在版编目(CIP)数据

数值代数 / 董波，于波，杜磊编著. -- 大连 : 大连理工大学出版社，2022.12
ISBN 978-7-5685-3993-7

Ⅰ. ①数… Ⅱ. ①董… ②于… ③杜… Ⅲ. ①线性代数计算法－高等学校－教材 Ⅳ. ①O241.6

中国版本图书馆 CIP 数据核字(2022)第 233591 号

大连理工大学出版社出版
地址:大连市软件园路 80 号　邮政编码:116023
电话:0411-84708842　邮购:0411-84708943　传真:0411-84701466
E-mail:dutp@dutp.cn　URL:https://www.dutp.cn
大连雪莲彩印有限公司印刷　　大连理工大学出版社发行

幅面尺寸:185mm×260mm　印张:16.75　字数:386 千字
2022 年 12 月第 1 版　　2022 年 12 月第 1 次印刷

责任编辑:王　伟　　责任校对:李宏艳
封面设计:张　莹

ISBN 978-7-5685-3993-7　　定　价:47.60 元

前　言

“数值代数”是一门具有广泛应用的课程，兼具数学学科的严谨性及相关学科的实用性、实践性，它以在实际应用中具有重要应用的矩阵作为研究对象，讲授矩阵计算的基本数值算法.“数值代数”是一门与计算机密切相关的课程，通过该课程的学习，学生具备基本的算法设计与分析能力，更重要的是可以锻炼学生的编程能力、科学计算能力及创新应用能力.

近半个世纪以来，数值代数的研究取得了众多发展，数值代数的教学内容、教学方法、对学生的编程能力的训练也逐渐在发生一些变化. 本书根据编者的教学经验并参考学生在教学过程中提出的许多有益建议和修改意见编写. 本书在教学内容方面着重基础知识、基本理论和基本数值方法的讲解；在培养实践能力方面着重做到理论与实践相结合，针对实际问题设计有效数值求解算法，分析算法的效能. 在选材上注重基础性的同时，反映数值代数相关问题及应用的最新发展；注重数学的理论性、逻辑性的同时，给出更多实际应用以提高学生的实际应用能力.

本书主要讨论了数值代数的相关问题：线性方程组求解问题、线性最小二乘问题及矩阵特征值问题. 涉及的内容主要包括理论分析的相关概念（范数、条件数等）、矩阵分解的相关技术（LU 分解、QR 分解、Schur 分解、奇异值分解等）、求解线性方程组的数值方法（直接法、古典迭代法、Krylov 子空间迭代法等）、求解最小二乘问题的数值解法（正则化方法、正交化方法、基于奇异值分解的方法等）、求一般矩阵和对称矩阵全部或部分特征值的数值方法（幂法、反幂法、Raleigh 商方法、QR 方法、Jacobi 方法、二分法等）. 同时配有大量的课后习题、适当的应用举例、各种算法的数值比较及部分算法的 MATLAB 代码.

本书具有以下特点：

(1) 在维持已有数学理论的逻辑性、体系性的同时，注重算法思想的阐述及问题由来的解释，使学生”懂其来知其去“. 本书内容强调算法的收敛性、复杂性和数值稳定性分析，注重讨论矩阵计算的基本原理与方法，能体现出应用问题的编程需要，并力图反映出本学科的最新成就与学科发展前沿. 在保证基本概念、定理、定义等准确性的同时，争取更多地反映出课程内容的内在逻辑性，在介绍方法过程的同时尽可能地阐明方法的设计思想及其理论依据，从而使其更加符合现在的发展，着重强调专业知识的宽广度和内容的先进性.

(2) 引入学科进展新内容并避免引入的盲目性. 在内容上紧密围绕矩阵这个核心内容，精选最新发展的较成熟的常用数值方法，并较好地反映出学科进展的新内容与传统的经典内容之间的关系. 同时尽可能引进一些在科学与工程技术上有广泛应用前景的现代方法和内容,例如求解线性方程组的基于 Krylov 子空间的迭代法.

(3)内容编写简练流畅.相关理论的证明应尽可能地严格而又简洁,同时注重相关问题内在证明思想上的连通性;在内容的叙述表达上,力求整体清晰易读,便于教师教学与学生自学.本书的使用对象已具有线性代数或高等代数的相关基础,在部分教学内容的编写上做到尽量精练,比如直接法求解线性方程组及特征值的基础内容方面.

(4)在附录部分提供了主要算法的 MATLAB 源代码,使学生能够即时利用现有的数学软件验证程序的正确性和可用性,加强了学生对知识的理解,提高了学习的兴趣.

(5)着重对学生创新应用能力、编程能力、自学能力的有效培养.数值算法是本书的主要内容,为方便学生复习、巩固和拓广课堂所学知识,在每章后配置了较丰富的练习题。编者结合学术上的相关工作及已有文献,设计有代表性的实际应用问题,让学生设计算法并使用数学软件进行数值实验,为学生提供足够的练习和实践的素材.设计创新型实验课题,引导学生自己设计算法、分析算法的收敛性,并利用编程语言编写程序实现问题的求解,培养学生的创新应用能力及锻炼学生的编程能力.

学习本书需要用到的基本知识为数学专业的高等代数和数学分析,或者是非数学专业所学的线性代数及高等数学.我们建议这门课的学时为 48～56 学时,其中 Krylov 子空间部分内容可以作为本科生的选修内容.

本书内容丰富,可用于高等院校信息与计算科学专业本科生专业课程、工程计算等专业数学选修课程教学,也可供对矩阵相关问题算法有需求的研究生自学或作为学习参考书,还可供广大从事科学与工程计算的科技人员及相关领域的教师作为参考书.

本书在编写过程中,参考了很多国内外的相关书籍、论文,我们已将这些材料全部列于本书的参考文献中,在此向他们表示感谢.

本书编写过程中得到了大连理工大学教务处和课题组全体任课老师的大力协助,在此一并表示衷心的感谢!

受作者的水平所限,错误和不妥之处在所难免,恳请各位同行和读者批评指正.

编著者

于大连理工大学

2022 年 9 月

所有意见和建议请发往:dutpbk@163.com
欢迎访问高教数字化服务平台:https://www.dutp.cn/hep/
联系电话:0411－84708445 84708462

目　录

第 1 章 绪　论

随着计算机技术的进一步发展，科学计算在实际生活中扮演着越来越重要的角色. 继理论推导、科学试验之后，科学计算已成为人类研究的第三类重要手段.

数值代数作为计算数学的重要组成部分，其主要研究对象为矩阵，考虑的是适合在计算机上实现的数值算法及对应的理论分析，在数学及其他学科的研究中起着重要的推动作用.

1.1 基本符号及概念

在本书中，为了方便以后的描述及不必要的重复，我们首先对以下记号进行简单的说明和描述:

- i 为虚数单位，满足 $\mathrm{i}^2 = -1$;
- $\boldsymbol{I}$ 为单位矩阵，$\boldsymbol{I}_n$ 为 n 阶单位矩阵，$\boldsymbol{e}_i$ 为单位矩阵的第 i 列;
- $\boldsymbol{O}_n$ 为 n 阶零矩阵，$\boldsymbol{O}_{m,n}$ 为 $m \times n$ 型零矩阵;
- $\boldsymbol{A}^{\mathrm{T}}$, $\boldsymbol{x}^{\mathrm{T}}$ 为矩阵 $\boldsymbol{A}$ 及向量 $\boldsymbol{x}$ 的转置;
- $\boldsymbol{A}^*$, $\boldsymbol{x}^*$ 为矩阵 $\boldsymbol{A}$ 及向量 $\boldsymbol{x}$ 的共轭转置;
- $\mathbb{R}$, $\mathbb{C}$ 分别为实数域及复数域;
- $\mathbb{R}^n$, $\mathbb{C}^n$ 分别为 n 维实向量及 n 维复向量集合;
- $\mathbb{R}^{m\times n}$, $\mathbb{C}^{m\times n}$ 分别为 $m \times n$ 型实矩阵及 $m \times n$ 型复矩阵集合;
- $\mathrm{diag}(\boldsymbol{A})$ 表示方阵 $\boldsymbol{A}$ 的对角元组成的列向量，$\mathrm{diag}(\boldsymbol{a})$ 表示以向量 $\boldsymbol{a}$ 为对角元的对角矩阵;
- $\lambda \in \lambda(\boldsymbol{A})$ 表示 λ 为矩阵 $\boldsymbol{A}$ 的特征值;
- $\rho(\boldsymbol{A})$ 表示方阵 $\boldsymbol{A}$ 的谱半径，为所有特征值模的最大值;
- $\det(\boldsymbol{A})$ 表示方阵 $\boldsymbol{A}$ 的行列式;
- $\mathrm{rank}(\boldsymbol{A})$ 表示矩阵 $\boldsymbol{A}$ 的秩;
- $\mathrm{sgn(a)}$ 表示非零实数 a 的符号;
- $|\boldsymbol{A}|$ 表示矩阵 $\boldsymbol{A}$ 的模，即每个元素都为 $\boldsymbol{A}$ 对应元素的模.

1.2 基本研究内容

数值线性代数的主要研究对象为矩阵，主要困难在于大规模矩阵的各种计算. 数值线性代数的主要研究内容包含以下三方面的内容：

• 线性方程组问题：给定可逆矩阵 $\boldsymbol{A} \in \mathbb{R}^{n\times n}$ 和向量 $\boldsymbol{b} \in \mathbb{R}^n$，求向量 $\boldsymbol{x} \in \mathbb{R}^n$，使得

$$\boldsymbol{Ax} = \boldsymbol{b}.$$

• 线性最小二乘问题：给定矩阵 $\boldsymbol{A} \in \mathbb{R}^{m\times n}$ 和向量 $\boldsymbol{b} \in \mathbb{R}^m$，求向量 $\boldsymbol{x} \in \mathbb{R}^n$，使得

$$\|\boldsymbol{Ax} - \boldsymbol{b}\|_2 = \min_{\boldsymbol{y}\in\mathbb{R}^n} \left\{\|\boldsymbol{Ay} - \boldsymbol{b}\|_2\right\}.$$

• 矩阵特征值问题：给定矩阵 $\boldsymbol{A} \in \mathbb{R}^{n\times n}$，求它的部分或全部特征值以及对应的特征向量，即求复数 $\lambda \in \mathbb{C}$ 及对应的复向量 $\boldsymbol{x} \in \mathbb{C}^n$，使得

$$\boldsymbol{Ax} = \lambda\boldsymbol{x}.$$

除了上述问题外，数值代数还研究许多其他基本而重要的问题：矩阵的奇异值分解问题、对向量带有要求的约束最小二乘问题、广义特征值问题、非线性特征值问题、特征值反问题尤其是二次特征值反问题、矩阵方程求解问题、矩阵函数值的计算问题等. 在本教材中，我们主要讨论数值算法，理论方面讲述算法构造思想、具体的算法过程以及算法的相关理论分析，例如，求解线性方程组直接法的计算量分析、敏度分析及数值稳定性，各种迭代法的收敛性及收敛速度等. 算法实现方面，强调针对实际问题设计有效数值求解算法、分析算法的效能. 另外，为了突出学科的特点，我们还讨论算法的实现细节，并给出许多数值例子体现各种算法的优缺点.

在高等代数中，上述三个问题都已经有了一些基本的理论与算法，但是这些算法在具体实施时都存在一些问题.

例 1.1 求给定 n 阶方阵 $\boldsymbol{A}$ 的全部特征值.

解 求矩阵 $\boldsymbol{A}$ 的所有特征值包含求矩阵 $\boldsymbol{A} - \lambda\boldsymbol{I}$ 的行列式 $p(\lambda) = \det(\boldsymbol{A} - \lambda\boldsymbol{I})$ 及对一元多项式 $p(\lambda)$ 进行因式分解. 我们只考虑求行列式的计算量. 假定 m_k 为利用 Laplace 展开定理计算 k 阶矩阵行列式的乘法的总次数，则有

$$\begin{aligned} m_n &= nm_{n-1} + n \\ &= n\left((n-1)m_{n-2} + n - 1\right) + n \end{aligned}$$

$$
\begin{aligned}
&> n(n-1)m_{n-2} \\
&> \cdots \\
&> n(n-1)\cdots 2 = n!.
\end{aligned}
$$

若在运算速度为每秒千亿次的计算机上求 25 阶矩阵的全部特征值，总的计算时间会超过

$$\frac{25!}{365 \times 24 \times 3600 \times 10^{11}} \approx 5 \times 10^6 \text{年}.$$

因此，进一步考虑三个基本问题的数值算法是很有必要的，需要更多的研究者付出更大的努力，目前的主要工作集中于大规模问题的求解.

1.3　向量范数与矩阵范数

矩阵计算的方法分为两大类：直接法及迭代法. 对于迭代法来说，当判断其收敛性时，需要判断两个量的接近程度，对于非线性方程来说，这个量就是复数；对于矩阵计算问题，这个量就是向量或者矩阵. 判断两个复数的接近程度时，需要判断这两个数的差的模与零的接近程度. 同理，判断两个向量或者矩阵的接近程度时也需要引进类似于数的模的函数，这就是范数. 另外，通过范数把一个向量或矩阵与一个非负实数对应起来，某种意义下这个实数就提供了向量或矩阵的大小的度量.

1.3.1　向量范数

定义 1.1　若对任意向量 $\boldsymbol{x}, \boldsymbol{y} \in \mathbb{C}^n$ 及复数 $\alpha \in \mathbb{C}$，定义在 $\mathbb{C}^n$ 上的非负实值函数 $\|\cdot\|$ 具有如下性质

- 正定性：$\|\boldsymbol{x}\| \geqslant 0$，$\|\boldsymbol{x}\| = 0$ 当且仅当 $\boldsymbol{x} = 0$；
- 齐次性：$\|\alpha \boldsymbol{x}\| = |\alpha| \|\boldsymbol{x}\|$；
- 半可加性：$\|\boldsymbol{x} + \boldsymbol{y}\| \leqslant \|\boldsymbol{x}\| + \|\boldsymbol{y}\|$.

则称函数 $\|\cdot\|$ 为 $\mathbb{C}^n$ 上的向量范数.

对于任意的向量 $\boldsymbol{x}, \boldsymbol{y} \in \mathbb{C}^n$，利用向量范数的齐次性及半可加性有

$$\big|\, \|\boldsymbol{x}\| - \|\boldsymbol{y}\| \,\big| \leqslant \|\boldsymbol{x} - \boldsymbol{y}\| = \|\sum_{i=1}^{n} (x_i - y_i)\boldsymbol{e}_i\| \leqslant \max_{1 \leqslant i \leqslant n} \|\boldsymbol{e}_i\| \sum_{i=1}^{n} |x_i - y_i|,$$

从而向量范数是连续函数.

下面的例题说明了哪一些函数可以作为向量范数.

例 1.2 如下实值函数是否构成 $\mathbb{C}^3$ 上的向量范数?

(1) $f_1(\boldsymbol{x}) = |x_1| + |2x_2| - 5|x_3|$;

(2) $f_2(\boldsymbol{x}) = |x_1| + |2x_2 + x_3|$;

(3) $f_3(\boldsymbol{x}) = |x_1|^4 + |x_2|^4 + |x_3|^4$;

(4) $f_4(\boldsymbol{x}) = |x_1| + 3|x_2| + 2|x_3|$.

解 对于四个函数，我们有

(1) 取 $\boldsymbol{x} = (1,1,1)^{\mathrm{T}}$，则 $f_1(\boldsymbol{x}) < 0$，故不满足正定性;

(2) 取 $\boldsymbol{x} = (1,1,-2)^{\mathrm{T}}$，则 $f_2(\boldsymbol{x}) = 0$，故不满足正定性;

(3) 对任意的复数 $\alpha \in \mathbb{C}$，有

$$f_3(\alpha\boldsymbol{x}) = |\alpha x_1|^4 + |\alpha x_2|^4 + |\alpha x_3|^4 = |\alpha|^4 f_3(\boldsymbol{x}) \neq |\alpha| f_3(\boldsymbol{x}),$$

故不满足齐次性;

(4) 容易验证函数满足正定性、齐次性、半可加性，故为向量范数.

对于 n 维复向量 $\boldsymbol{x} = (x_1, \cdots, x_n)^{\mathrm{T}}$，实际应用中常用的范数为 p- 范数:

$$\|\boldsymbol{x}\|_p := \left(\sum_{i=1}^{n} |x_i|^p\right)^{\frac{1}{p}}, \quad p \geqslant 1.$$

p-范数的正定性及齐次性很容易验证，对于半可加性，需要用到 Holder 不等式

$$\left|\sum_{k=1}^{n} x_k y_k\right| \leqslant \|\boldsymbol{x}\|_p \|\boldsymbol{y}\|_q, \quad \frac{1}{p} + \frac{1}{q} = 1.$$

事实上，若 p, q 满足 $\frac{1}{p} + \frac{1}{q} = 1$，则有

$$\begin{aligned}
\|\boldsymbol{x}+\boldsymbol{y}\|_p^p &= \sum_{k=1}^{n} |x_k + y_k|^p \leqslant \sum_{k=1}^{n} \left((|x_k| + |y_k|)\, |x_k + y_k|^{p-1}\right) \\
&= \sum_{k=1}^{n} \left(|x_k||x_k + y_k|^{p-1}\right) + \sum_{k=1}^{n} \left(|y_k||x_k + y_k|^{p-1}\right) \\
&\leqslant \|\boldsymbol{x}\|_p \|\boldsymbol{x}+\boldsymbol{y}\|_{(p-1)q}^{p-1} + \|\boldsymbol{y}\|_p \|\boldsymbol{x}+\boldsymbol{y}\|_{(p-1)q}^{p-1} = (\|\boldsymbol{x}\|_p + \|\boldsymbol{y}\|_p)\|\boldsymbol{x}+\boldsymbol{y}\|_p^{p-1}.
\end{aligned}$$

从而半可加性成立.

定理 1.1 对于 p-范数，有

$$\|\boldsymbol{x}\|_q \leqslant \|\boldsymbol{x}\|_p, \quad 1 \leqslant p < q.$$

不同的 p 值对应不同的向量范数，特别地，当 $p=1,2,\infty$ 时有：

定义 1.2 向量 $\boldsymbol{x}\in\mathbb{C}^n$ 的 1-范数、2-范数及 ∞- 范数分别定义为

$$\|\boldsymbol{x}\|_1=\sum_{i=1}^{n}|\boldsymbol{x}_i|,\quad \|\boldsymbol{x}\|_2=\left(\sum_{i=1}^{n}|\boldsymbol{x}_i|^2\right)^{\frac{1}{2}}=\sqrt{\boldsymbol{x}^*\boldsymbol{x}},\quad \|\boldsymbol{x}\|_\infty=\max_{1\leqslant i\leqslant n}|\boldsymbol{x}_i|.$$

实际应用中经常需要利用已知范数去构造实用的新的范数，下面的定理给出了两种构造方法：

定理 1.2 设 $\boldsymbol{A}\in\mathbb{C}^{m\times n}(m\geqslant n)$，且 $\operatorname{rank}(\boldsymbol{A})=n$，令 $\|\cdot\|$ 为定义在 $\mathbb{C}^m$ 上的范数，则由

$$\zeta_{\boldsymbol{A}}(\boldsymbol{x})=\|\boldsymbol{A}\boldsymbol{x}\|,\boldsymbol{x}\in\mathbb{C}^n,$$

定义的非负实值函数 $\zeta_{\boldsymbol{A}}(\boldsymbol{x})$ 为 $\mathbb{C}^n$ 上的范数. 特别地，若 $\boldsymbol{A}$ 为对角矩阵，则 $\zeta_{\boldsymbol{A}}(\boldsymbol{x})$ 称为加权范数. 进一步，假定 $\boldsymbol{A}\in\mathbb{R}^{n\times n}$ 为对称正定阵，则由

$$\|\boldsymbol{x}\|_{\boldsymbol{A}}=\sqrt{\boldsymbol{x}^*\boldsymbol{A}\boldsymbol{x}}$$

定义的函数 $\|\cdot\|_{\boldsymbol{A}}$ 为 $\mathbb{C}^n$ 上的一个向量范数.

证明 对于函数 $\zeta_{\boldsymbol{A}}(\boldsymbol{x})$ 有：

- 正定性：$\zeta_{\boldsymbol{A}}(\boldsymbol{x})=\|\boldsymbol{A}\boldsymbol{x}\|\geqslant 0,\quad \zeta_{\boldsymbol{A}}(\boldsymbol{x})=0\Leftrightarrow\|\boldsymbol{A}\boldsymbol{x}\|=0\Leftrightarrow\boldsymbol{A}\boldsymbol{x}=\boldsymbol{0}\Leftrightarrow\boldsymbol{x}=\boldsymbol{0}$；
- 齐次性：$\zeta_{\boldsymbol{A}}(\alpha\boldsymbol{x})=\|\alpha\boldsymbol{A}\boldsymbol{x}\|=|\alpha|\|\boldsymbol{A}\boldsymbol{x}\|=|\alpha|\zeta_{\boldsymbol{A}}(\boldsymbol{x})$，对任意 $\alpha\in\mathbb{C}$ 成立；
- 半可加性：

$$\zeta_{\boldsymbol{A}}(\boldsymbol{x}+\boldsymbol{y})=\|\boldsymbol{A}(\boldsymbol{x}+\boldsymbol{y})\|=\|\boldsymbol{A}\boldsymbol{x}+\boldsymbol{A}\boldsymbol{y}\|\leqslant\|\boldsymbol{A}\boldsymbol{x}\|+\|\boldsymbol{A}\boldsymbol{y}\|=\zeta_{\boldsymbol{A}}(\boldsymbol{x})+\zeta_{\boldsymbol{A}}(\boldsymbol{y}).$$

故其为范数.

对于函数 $\|\boldsymbol{x}\|_{\boldsymbol{A}}$，由于 $\boldsymbol{A}$ 为对称正定矩阵，故存在正交矩阵 $\boldsymbol{P}$ 及对角矩阵

$$\boldsymbol{D}=\operatorname{diag}(d_1,\cdots,d_n),d_i>0$$

使得 $\boldsymbol{A}=\boldsymbol{P}^{\mathrm{T}}\boldsymbol{D}\boldsymbol{P}$. 令 $\boldsymbol{D}^{\frac{1}{2}}=\operatorname{diag}(\sqrt{d_1},\cdots,\sqrt{d_n}),\boldsymbol{A}^{\frac{1}{2}}=\boldsymbol{P}^{\mathrm{T}}\boldsymbol{D}^{\frac{1}{2}}\boldsymbol{P}$，则 $\boldsymbol{A}^{\frac{1}{2}}$ 为对称正定矩阵且 $\boldsymbol{A}=\boldsymbol{A}^{\frac{1}{2}}\boldsymbol{A}^{\frac{1}{2}}$，从而有

$$\|\boldsymbol{x}\|_{\boldsymbol{A}}^2=\frac{\boldsymbol{x}^*\boldsymbol{P}^{\mathrm{T}}\boldsymbol{D}\boldsymbol{P}\boldsymbol{x}}{2}=\frac{\boldsymbol{x}^*\boldsymbol{A}^{\frac{1}{2}}\boldsymbol{A}^{\frac{1}{2}}\boldsymbol{x}}{2}=\frac{\|\boldsymbol{A}^{\frac{1}{2}}\boldsymbol{x}\|_2^2}{2}=\zeta_{\boldsymbol{A}^{\frac{1}{2}}}^2(\boldsymbol{x}),$$

故 $\|\boldsymbol{x}\|_{\boldsymbol{A}}$ 为向量范数. □

对同一个向量，不同的范数作用在其上，可能得到不同的函数值，这些值之间具有如下的等价关系. 证明留作课后习题.

定理 1.3 设 $\|\cdot\|_{\mathrm{I}}$ 和 $\|\cdot\|_{\mathrm{II}}$ 为 $\mathbb{C}^n$ 上的任意两种向量范数，则存在两个与向量无关的正常数 $c_1>0$ 和 $c_2>0$，使得下面的不等式成立

$$c_1\|\boldsymbol{x}\|_{\mathrm{II}} \leqslant \|\boldsymbol{x}\|_{\mathrm{I}} \leqslant c_2\|\boldsymbol{x}\|_{\mathrm{II}}.$$

对于特殊的向量范数，容易验证下面结论成立.

定理 1.4 对于给定的 n 维复向量 $\boldsymbol{x}\in\mathbb{C}^n$，其范数有如下关系

$$\|\boldsymbol{x}\|_\infty \leqslant \|\boldsymbol{x}\|_2 \leqslant \|\boldsymbol{x}\|_1 \leqslant \sqrt{n}\|\boldsymbol{x}\|_2 \leqslant n\|\boldsymbol{x}\|_\infty.$$

在理论分析及实际应用中，经常需要讨论一个向量序列 $\{\boldsymbol{x}^{(k)}\}_{k=1}^\infty$ 的收敛问题. 向量序列 $\{\boldsymbol{x}^{(k)}\}_{k=1}^\infty$ 收敛到固定的向量 $\boldsymbol{x}_*$ 等价于对所有的 $1\leqslant i\leqslant n$，第 i 个分量形成的序列 $\{x_i^{(k)}\}_{k=1}^\infty$ 收敛到 x_i^*. 给出向量范数的定义后，向量序列的收敛就可利用范数给出，即有如下定理.

定理 1.5 $\mathbb{C}^n$ 中的向量序列 $\{\boldsymbol{x}^{(k)}\}_{k=1}^\infty$ 收敛到 $\boldsymbol{x}_*$ 的充要条件是对定义在 $\mathbb{C}^n$ 上的任意向量范数 $\|\cdot\|$，有

$$\lim_{k\to\infty}\|\boldsymbol{x}^{(k)}-\boldsymbol{x}_*\|=0.$$

证明 对于 $\mathbb{C}^n$ 中的向量 $\boldsymbol{x}^{(k)},\boldsymbol{x}_*$，有

$$\boldsymbol{x}^{(k)}=\sum_{i=1}^n\alpha_i^{(k)}\boldsymbol{e}_i,\quad \boldsymbol{x}_*=\sum_{i=1}^n\alpha_i^*\boldsymbol{e}_i.$$

若向量序列 $\{\boldsymbol{x}^{(k)}\}_{k=1}^\infty$ 收敛到 $\boldsymbol{x}_*$，则对 $\mathbb{C}^n$ 上的任意向量范数 $\|\cdot\|$，有

$$\|\boldsymbol{x}^{(k)}-\boldsymbol{x}_*\|=\|\sum_{i=1}^n(\alpha_i^{(k)}-\alpha_i^*)\boldsymbol{e}_i\|\leqslant\sum_{i=1}^n|\alpha_i^{(k)}-\alpha_i^*|\|\boldsymbol{e}_i\|\to 0\quad(k\to\infty).$$

反之，若向量序列 $\{\boldsymbol{x}^{(k)}\}_{k=1}^\infty$ 对任意范数都有 $\lim\limits_{k\to\infty}\|\boldsymbol{x}^{(k)}-\boldsymbol{x}_*\|=0$，特别地，取范

数为 ∞- 范数，有

$$\max_{1\leqslant i\leqslant n}|\alpha_i^{(k)}-\alpha_i^*|\to 0\quad(k\to\infty).$$

这表明向量序列 $\{\boldsymbol{x}^{(k)}\}_{k=1}^{\infty}$ 收敛到 $\boldsymbol{x}_*$. □

1.3.2　矩阵范数

矩阵可以看作是向量，故矩阵范数也应满足正定性、齐次性和半可加性. 故类似向量范数，有如下矩阵范数定义.

定义 1.3　若对任意 $\boldsymbol{A},\boldsymbol{B}\in\mathbb{C}^{m\times n}$ 及 $\alpha\in\mathbb{C}$，定义在 $\mathbb{C}^{m\times n}$ 上的非负实值函数 $\|\cdot\|$ 具有如下性质：

- 正定性：$\|\boldsymbol{A}\|\geqslant 0$，$\|\boldsymbol{A}\|=0$ 当且仅当 $\boldsymbol{A}=\boldsymbol{O}$；
- 齐次性：$\|\alpha\boldsymbol{A}\|=|\alpha|\|\boldsymbol{A}\|$；
- 半可加性：$\|\boldsymbol{A}+\boldsymbol{B}\|\leqslant\|\boldsymbol{A}\|+\|\boldsymbol{B}\|$.

则称函数 $\|\cdot\|$ 为 $\mathbb{C}^{m\times n}$ 上的矩阵范数.

另外由于矩阵乘法的存在，故实际应用中，实用的矩阵范数还应满足额外的性质：相容性.

定义 1.4　设 $\|\cdot\|_{\mathrm{I}}$、$\|\cdot\|_{\mathrm{II}}$ 和 $\|\cdot\|_{\mathrm{III}}$ 分别为 $\mathbb{C}^{m\times n}$、$\mathbb{C}^{m\times p}$ 和 $\mathbb{C}^{p\times n}$ 上的矩阵范数，若对任意矩阵 $\boldsymbol{A}\in\mathbb{C}^{m\times p}$ 和 $\boldsymbol{B}\in\mathbb{C}^{p\times n}$，有

$$\|\boldsymbol{AB}\|_{\mathrm{I}}\leqslant\|\boldsymbol{A}\|_{\mathrm{II}}\cdot\|\boldsymbol{B}\|_{\mathrm{III}},$$

则称矩阵范数 $\|\cdot\|_{\mathrm{I}}$ 和 $\|\cdot\|_{\mathrm{II}}$、$\|\cdot\|_{\mathrm{III}}$ 相容. 满足相容性的矩阵范数称为相容矩阵范数.

将矩阵 $\boldsymbol{A}\in\mathbb{C}^{m\times n}$ 的各列首尾相连可构成一个向量，利用此向量的 1- 范数及 2-范数，得到矩阵的 $\boldsymbol{M}_1$-范数及 Frobenius 范数（F-范数）：

$$\|\boldsymbol{A}\|_{\boldsymbol{M}_1}=\sum_{i=1}^{m}\sum_{j=1}^{n}|a_{ij}|,\quad \|\boldsymbol{A}\|_F=\left(\sum_{i=1}^{m}\sum_{j=1}^{n}|a_{ij}|^2\right)^{\frac{1}{2}},$$

可以证明矩阵的 $\boldsymbol{M}_1$-范数及 F-范数满足相容性.

事实上，设 $\boldsymbol{A} \in \mathbb{C}^{m\times p}, \boldsymbol{B} \in \mathbb{C}^{p\times n}$，对于矩阵的 M_1-范数，有

$$\begin{aligned}
\|\boldsymbol{AB}\|_{M_1} &= \sum_{i=1}^{m}\sum_{j=1}^{n}\left|a_{i1}b_{1j}+\cdots+a_{ip}b_{pj}\right| \\
&\leqslant \sum_{i=1}^{m}\sum_{j=1}^{n}\left(\left|a_{i1}\right|\left|b_{1j}\right|+\cdots+\left|a_{ip}\right|\left|b_{pj}\right|\right) \\
&\leqslant \sum_{i=1}^{m}\left(\left|a_{i1}\right|+\cdots+\left|a_{ip}\right|\right)\sum_{j=1}^{n}\left(\left|b_{1j}\right|+\cdots+\left|b_{pj}\right|\right) \\
&= \|\boldsymbol{A}\|_{M_1}\|\boldsymbol{B}\|_{M_1},
\end{aligned}$$

故相容性成立. 对于矩阵的 F-范数，有

$$\begin{aligned}
\|\boldsymbol{AB}\|_F^2 &= \sum_{i=1}^{m}\sum_{j=1}^{n}\left|a_{i1}b_{1j}+\cdots+a_{ip}b_{pj}\right|^2 \\
&\leqslant \sum_{i=1}^{m}\left(\left|a_{i1}\right|^2+\cdots+\left|a_{ip}\right|^2\right)\sum_{j=1}^{n}\left(\left|b_{1j}\right|^2+\cdots+\left|b_{pj}\right|^2\right) \\
&= \|\boldsymbol{A}\|_F^2\|\boldsymbol{B}\|_F^2,
\end{aligned}$$

故相容性成立.

对应于向量的 ∞-范数，对于矩阵 $\boldsymbol{A} \in \mathbb{C}^{m\times n}$ 直接定义

$$\|\boldsymbol{A}\| = \max_{1\leqslant i\leqslant m, 1\leqslant j\leqslant n}|a_{ij}|.$$

下面的例子说明如上定义的 $\|\boldsymbol{A}\|$ 不满足矩阵范数的相容性.

例 1.3 设矩阵

$$\boldsymbol{A} = \begin{pmatrix} 1 & 1 \\ 0 & 0 \end{pmatrix}, \boldsymbol{B} = \begin{pmatrix} 1 & 0 \\ 1 & 0 \end{pmatrix},$$

则

$$\boldsymbol{AB} = \begin{pmatrix} 2 & 0 \\ 0 & 0 \end{pmatrix}, \|\boldsymbol{A}\| = 1, \|\boldsymbol{B}\| = 1, \|\boldsymbol{AB}\| = 2.$$

故 $\|\boldsymbol{A}\|$ 不满足矩阵范数的相容性.

事实上，对于矩阵 $\boldsymbol{A} \in \mathbb{C}^{m\times n}$，对应于向量的 ∞-范数，满足相容性的矩阵范数为

$$\|\boldsymbol{A}\|_{M_\infty} = \sqrt{mn}\max_{1\leqslant i\leqslant m, 1\leqslant j\leqslant n}|a_{ij}|. \tag{1.1}$$

关于矩阵 F-范数，具有如下重要性质. 证明留作课后习题.

定理 1.6　设 $\boldsymbol{A}\in\mathbb{C}^{m\times n}$，则对任意的酉矩阵 $\boldsymbol{U}\in\mathbb{C}^{m\times m}$ 和 $\boldsymbol{V}\in\mathbb{C}^{n\times n}$，有

$$\|\boldsymbol{UA}\|_F=\|\boldsymbol{AV}\|_F=\|\boldsymbol{UAV}\|_F=\|\boldsymbol{A}\|_F.$$

实际应用中经常需要考虑矩阵与向量的乘积，故需要考虑矩阵与向量乘积的相容性. 对应于矩阵范数的相容性，有如下定义

定义 1.5　设 $\|\cdot\|_M$，$\|\cdot\|_{V_1}$ 与 $\|\cdot\|_{V_2}$ 分别为定义在 $\mathbb{C}^{m\times n}$,$\mathbb{C}^m$ 与 $\mathbb{C}^n$ 上的相容矩阵范数与向量范数，若对任意的矩阵 $\boldsymbol{A}\in\mathbb{C}^{m\times n}$ 及向量 $\boldsymbol{x}\in\mathbb{C}^n$，有

$$\|\boldsymbol{Ax}\|_{V_1}\leqslant\|\boldsymbol{A}\|_M\|\boldsymbol{x}\|_{V_2},$$

则称矩阵范数 $\|\cdot\|_M$ 与向量范数 $\|\cdot\|_{V_1},\|\cdot\|_{V_2}$ 是相容的.

定理 1.7　对 $\mathbb{C}^{n\times n}$ 上的任一相容矩阵范数，必存在 $\mathbb{C}^n$ 上与之相容的向量范数.

证明　由习题 6 知，假定 $\|\cdot\|_M$ 是 $\mathbb{C}^{n\times n}$ 上的任一相容矩阵范数，$\boldsymbol{0}\neq\boldsymbol{y}\in\mathbb{C}^n$ 是一给定向量，对于任意向量 $\boldsymbol{x}\in\mathbb{C}^n$，非负实值函数

$$\|\boldsymbol{x}\|_V=\|\boldsymbol{xy}^*\|_M$$

是 $\mathbb{C}^n$ 上的一个向量范数. 进一步，对任意的矩阵 $\boldsymbol{A}\in\mathbb{C}^{m\times n}$，由矩阵范数 $\|\cdot\|_M$ 的相容性可得

$$\|\boldsymbol{Ax}\|_V=\|\boldsymbol{Axy}^*\|_M\leqslant\|\boldsymbol{A}\|_M\|\boldsymbol{xy}^*\|_M=\|\boldsymbol{A}\|_M\|\boldsymbol{x}\|_V.$$

从而结论成立. □

注 1.1　并不是任意的相容矩阵范数和向量范数都是相容的. 例如，设

$$\boldsymbol{A}=\begin{pmatrix}1&1\\0&0\end{pmatrix},\boldsymbol{x}=\begin{pmatrix}1\\1\end{pmatrix}.$$

有

$$\boldsymbol{Ax}=\begin{pmatrix}2\\0\end{pmatrix},\|\boldsymbol{A}\|_F=\sqrt{2},\|\boldsymbol{x}\|_\infty=1,\|\boldsymbol{Ax}\|_\infty=2,$$

故 $\|\boldsymbol{Ax}\|_\infty \leqslant \|\boldsymbol{A}\|_F\|\boldsymbol{x}\|_\infty$ 不成立，说明矩阵的 F- 范数和向量的 ∞-范数不相容.

注 1.2 对于相容矩阵范数与向量范数的相容性，可以证明有如下结论：

(1) 一个相容矩阵范数可以与多种向量范数相容；

(2) 多种相容矩阵范数可以与一个向量范数相容；

(3) 并非任意的相容矩阵范数与任意的向量范数相容.

除了上面这种将矩阵当作向量，直接利用向量范数定义矩阵范数的方式外，实际应用中最常用的相容矩阵范数为从属于向量范数的矩阵范数. 对于任意给定的向量范数，我们都可以构造一个与之相容的矩阵范数. 定义方式如下.

定义 1.6 任给 $\mathbb{C}^m$ 和 $\mathbb{C}^n$ 上的向量范数 $\|\cdot\|_{\mathrm{I}}$ 和 $\|\cdot\|_{\mathrm{II}}$，由

$$\|\boldsymbol{A}\| = \max_{\boldsymbol{x}\neq \boldsymbol{0}} \|\boldsymbol{Ax}\|_{\mathrm{I}}/\|\boldsymbol{x}\|_{\mathrm{II}} = \max_{\|\boldsymbol{x}\|_{\mathrm{II}=1}} \|\boldsymbol{Ax}\|_{\mathrm{I}} \tag{1.2}$$

定义的 $\mathbb{C}^{m\times n}$ 上的函数 $\|\cdot\|$ 是 $\mathbb{C}^{m\times n}$ 上的相容矩阵范数，称为从属于向量范数 $\|\cdot\|_{\mathrm{I}}$ 和 $\|\cdot\|_{\mathrm{II}}$ 的矩阵范数，也称为算子范数.

类似定理1.3的证明，可知式 (1.2) 中的最大值可以取得. 另外需证明式 (1.2) 中的函数 $\|\cdot\|$ 满足矩阵范数的定义及相容性. 对于定义中的矩阵范数，正定性及齐次性明显成立，下面证明半可加性. 对任意矩阵 $\boldsymbol{A},\boldsymbol{B}\in\mathbb{C}^{m\times n}$，一定存在向量 $\boldsymbol{x}_1\in\mathbb{C}^n$，满足 $\|\boldsymbol{x}_1\|_{\mathrm{II}}=1$ 并且

$$\|\boldsymbol{A}+\boldsymbol{B}\| = \|(\boldsymbol{A}+\boldsymbol{B})\boldsymbol{x}_1\|_{\mathrm{I}} = \|\boldsymbol{Ax}_1+\boldsymbol{Bx}_1\|_{\mathrm{I}} \leqslant \|\boldsymbol{Ax}_1\|_{\mathrm{I}} + \|\boldsymbol{Bx}_1\|_{\mathrm{I}} \leqslant \|\boldsymbol{A}\|+\|\boldsymbol{B}\|,$$

从而函数 $\|\cdot\|$ 可以作为矩阵的范数. 事实上，利用关系式 (1.2) 可以证明算子范数也满足相容性.

注 1.3 矩阵的算子范数一定与所从属的向量范数相容，但是矩阵范数与向量范数相容却未必有从属关系，例如矩阵的 F-范数与向量的 2-范数相容，但无从属关系.

对于单位矩阵 $\boldsymbol{I}_n$，我们自然期望其范数值为 1. 明显的，若 $\|\cdot\|_{\boldsymbol{M}}$ 为任一从属于向量范数 $\|\boldsymbol{x}\|_{\boldsymbol{V}}$ 的算子范数，有

$$\|\boldsymbol{I}_n\|_{\boldsymbol{M}} = \max_{\boldsymbol{x}\neq\boldsymbol{0}} \|\boldsymbol{I}_n\boldsymbol{x}\|_{\boldsymbol{V}}\|\boldsymbol{x}\|_{\boldsymbol{V}} = 1.$$

而对于前述 F-范数、$\boldsymbol{M}_1$-范数及 $\boldsymbol{M}_\infty$-范数，有

$$\|\boldsymbol{A}\|_{\mathrm{F}} = \sqrt{n}, \|\boldsymbol{A}\|_{\boldsymbol{M}_1} = n, \|\boldsymbol{A}\|_{\boldsymbol{M}_\infty} = n,$$

说明矩阵的 F-范数、$\boldsymbol{M}_1$-范数和 $\boldsymbol{M}_\infty$-范数均不是算子范数. 矩阵的算子范数具有如下极小性质.

定理 1.8　假定 $\|\cdot\|_V$ 为 $\mathbb{C}^n$ 上的一种向量范数，$\|\cdot\|_{M_1}$ 为 $\mathbb{C}^{n\times n}$ 上从属于向量范数 $\|\cdot\|_V$ 的算子范数，则对任一与向量范数 $\|\cdot\|_V$ 相容的矩阵范数 $\|\cdot\|_{M_2}$，有 $\|\boldsymbol{A}\|_{M_1} \leqslant \|\boldsymbol{A}\|_{M_2}$ 对任意矩阵 $\boldsymbol{A} \in \mathbb{C}^{n\times n}$ 成立.

不同的向量范数对应于矩阵的不同算子范数，下面考虑从属于常用的向量 p- 范数：1-范数、∞-范数及 2- 范数的矩阵算子范数的表达式.

考虑从属于向量的 1-范数的矩阵范数. 对于任意的矩阵 $\boldsymbol{A} \in \mathbb{C}^{m\times n}$ 及非零向量 $\boldsymbol{x} \in \mathbb{C}^n$，令 $\boldsymbol{A}$ 的列划分为 $\boldsymbol{A} = (\boldsymbol{a}_1, \cdots, \boldsymbol{a}_n)$，有

$$\|\boldsymbol{A}\boldsymbol{x}\|_1 = \|\sum_{i=1}^{n} x_i \boldsymbol{a}_i\|_1 \leqslant \sum_{i=1}^{n} |x_i| \|\boldsymbol{a}_i\|_1 \leqslant \|\boldsymbol{x}\|_1 \max_{1\leqslant i\leqslant n} \|\boldsymbol{a}_i\|_1.$$

因此

$$\|\boldsymbol{A}\| = \max_{\boldsymbol{0}\neq \boldsymbol{x}\in\mathbb{C}^n} \frac{\|\boldsymbol{A}\boldsymbol{x}\|_1}{\|\boldsymbol{x}\|_1} \leqslant \max_{1\leqslant i\leqslant n} \|\boldsymbol{a}_i\|_1.$$

下面说明上式中的等号可以取得. 设 $\boldsymbol{A}$ 的第 k 列 1-范数最大，即 $\|\boldsymbol{a}_k\|_1 = \max\limits_{1\leqslant i\leqslant n} \|\boldsymbol{a}_i\|_1$，取 $\boldsymbol{x} = \boldsymbol{e}_k$ 为单位阵的第 k 列，则上式等号成立，故

$$\|\boldsymbol{A}\| = \|\boldsymbol{a}_k\|_1 = \max_{1\leqslant j\leqslant n} \sum_{i=1}^{m} |a_{ij}|.$$

考虑从属于向量的 2-范数的矩阵范数. 对于任意的矩阵 $\boldsymbol{A} \in \mathbb{C}^{m\times n}$ 及非零向量 $\boldsymbol{x} \in \mathbb{C}^n$，有

$$\|\boldsymbol{A}\boldsymbol{x}\|_2^2 = (\boldsymbol{A}\boldsymbol{x}, \boldsymbol{A}\boldsymbol{x}) = \boldsymbol{x}^* \boldsymbol{A}^* \boldsymbol{A}\boldsymbol{x}.$$

$\boldsymbol{A}^*\boldsymbol{A}$ 为 Hermite 半正定矩阵，则其特征值均为非负实数，设为 $\lambda_1 \geqslant \lambda_2 \geqslant \cdots \geqslant \lambda_n \geqslant 0$，其对应的标准正交的特征向量为 $\boldsymbol{u}_1, \cdots, \boldsymbol{u}_n$. 对任意的非零向量 $\boldsymbol{x} \in \mathbb{C}^n$，存在数 $\alpha_i (1 \leqslant i \leqslant n)$ 使得 $\boldsymbol{x} = \alpha_1 \boldsymbol{u}_1 + \cdots + \alpha_n \boldsymbol{u}_n$，故

$$\begin{aligned}
\frac{\|\boldsymbol{A}\boldsymbol{x}\|_2}{\|\boldsymbol{x}\|_2} &= \frac{(\alpha_1 \boldsymbol{u}_1 + \cdots + \alpha_n \boldsymbol{u}_n)^* \boldsymbol{A}^* \boldsymbol{A} (\alpha_1 \boldsymbol{u}_1 + \cdots + \alpha_n \boldsymbol{u}_n)}{(\alpha_1 \boldsymbol{u}_1 + \cdots + \alpha_n \boldsymbol{u}_n)^* (\alpha_1 \boldsymbol{u}_1 + \cdots + \alpha_n \boldsymbol{u}_n)} \\
&= \frac{\lambda_1 |\alpha_1|^2 + \cdots + \lambda_n |\alpha_n|^2}{|\alpha_1|^2 + \cdots + |\alpha_n|^2} \leqslant \lambda_1,
\end{aligned}$$

特殊的，取 $\boldsymbol{x}=\boldsymbol{u}_1$，则上式等号成立，故

$$\|\boldsymbol{A}\|=\sqrt{\lambda_1}.$$

考虑从属于向量的 ∞-范数的矩阵范数. 对于任意的矩阵 $\boldsymbol{A}\in\mathbb{C}^{m\times n}$ 及非零向量 $\boldsymbol{x}\in\mathbb{C}^n$，有

$$\begin{aligned}\|\boldsymbol{A}\boldsymbol{x}\|_\infty &= \max_{1\leqslant i\leqslant m}\left|\sum_{j=1}^n a_{ij}x_j\right| \leqslant \max_{1\leqslant i\leqslant m}\sum_{j=1}^n(|a_{ij}||x_j|)\\ &\leqslant \max_{1\leqslant i\leqslant m}\sum_{j=1}^n|a_{ij}|\max_{1\leqslant j\leqslant n}|x_j| = \max_{1\leqslant i\leqslant m}\sum_{j=1}^n|a_{ij}|\|\boldsymbol{x}\|_\infty,\end{aligned}$$

从而有

$$\|\boldsymbol{A}\|=\frac{\|\boldsymbol{A}\boldsymbol{x}\|_\infty}{\|\boldsymbol{x}\|_\infty}\leqslant\max_{1\leqslant i\leqslant m}\sum_{j=1}^n|a_{ij}|.$$

设 $\boldsymbol{A}$ 的第 k 行元素模之和最大，即 $\sum\limits_{j=1}^n|a_{kj}|=\max\limits_{1\leqslant i\leqslant m}\sum\limits_{j=1}^n|a_{ij}|$. 令

$$\tilde{\boldsymbol{x}}=(\mathrm{sgn}(a_{k1}),\cdots,\mathrm{sgn}(a_{kn}))^{\mathrm{T}},$$

则 $\boldsymbol{A}\neq\boldsymbol{O}$ 蕴含着 $\|\tilde{\boldsymbol{x}}\|_\infty=1$，因此可得

$$\|\boldsymbol{A}\|=\max_{1\leqslant i\leqslant m}\sum_{j=1}^n|a_{ij}|.$$

从上面的推导，可以得到如下具体的、常用的矩阵的算子范数.

定理 1.9 对于矩阵 $\boldsymbol{A}\in\mathbb{C}^{m\times n}$，有

- 1-范数：$\|\boldsymbol{A}\|_1=\max\limits_{1\leqslant j\leqslant n}\sum\limits_{i=1}^m|a_{ij}|$；
- ∞-范数：$\|\boldsymbol{A}\|_\infty=\max\limits_{1\leqslant i\leqslant m}\sum\limits_{j=1}^n|a_{ij}|$；
- 2-范数：$\|\boldsymbol{A}\|_2=\sqrt{\lambda_{\max}(\boldsymbol{A}^*\boldsymbol{A})}$，其中 $\lambda_{\max}(\boldsymbol{A}^*\boldsymbol{A})$ 为矩阵 $\boldsymbol{A}^*\boldsymbol{A}$ 的特征值的最大值.

相比于矩阵的 1-范数及 ∞-范数，矩阵的 2-范数的计算更加复杂. 但在众多实际应用中需要的仅是 2-范数的上界. 有如下定理成立.

定理 1.10　设 $\boldsymbol{A} \in \mathbb{C}^{m\times n}$，则 $\|\boldsymbol{A}\|_2 \leqslant \sqrt{\|\boldsymbol{A}\|_1\|\boldsymbol{A}\|_\infty}$.

证明　对于矩阵 $\boldsymbol{A} \in \mathbb{C}^{m\times n}$，由矩阵的 2-范数的定义知，存在非零向量 $\boldsymbol{x} \in \mathbb{C}^n$，有 $\boldsymbol{A}^*\boldsymbol{A}\boldsymbol{x} = \|\boldsymbol{A}\|_2^2\boldsymbol{x}$，在等式两边取 ∞-范数并利用范数的相容性可得

$$\|\boldsymbol{A}\|_2^2\|\boldsymbol{x}\|_\infty = \|\boldsymbol{A}^*\boldsymbol{A}\boldsymbol{x}\|_\infty \leqslant \|\boldsymbol{A}^*\|_\infty\|\boldsymbol{A}\|_\infty\|\boldsymbol{x}\|_\infty = \|\boldsymbol{A}\|_1\|\boldsymbol{A}\|_\infty\|\boldsymbol{x}\|_\infty,$$

由 $\boldsymbol{x}$ 为非零向量知结论成立. □

关于矩阵的 2-范数，具有如下重要性质.

定理 1.11　设 $\boldsymbol{A} \in \mathbb{C}^{m\times n}$，则

(1) $\|\boldsymbol{A}\|_2 = \max\{|\boldsymbol{y}^*\boldsymbol{A}\boldsymbol{x}| : \boldsymbol{x} \in \mathbb{C}^n, \boldsymbol{y} \in \mathbb{C}^m, \|\boldsymbol{x}\|_2 = \|\boldsymbol{y}\|_2 = 1\}$;

(2) $\|\boldsymbol{A}^*\|_2 = \|\boldsymbol{A}\|_2 = \sqrt{\|\boldsymbol{A}^*\boldsymbol{A}\|_2}$;

(3) 对任意的酉矩阵 $\boldsymbol{U} \in \mathbb{C}^{m\times m}$ 和 $\boldsymbol{V} \in \mathbb{C}^{n\times n}$，有

$$\|\boldsymbol{U}\boldsymbol{A}\|_2 = \|\boldsymbol{A}\boldsymbol{V}\|_2 = \|\boldsymbol{U}\boldsymbol{A}\boldsymbol{V}\|_2 = \|\boldsymbol{A}\|_2$$

(4) 对任意的酉矩阵 $\boldsymbol{U} \in \mathbb{C}^{m\times m}$ 和 $\boldsymbol{V} \in \mathbb{C}^{n\times n}$，有

$$\|\boldsymbol{U}\boldsymbol{A}\|_F = \|\boldsymbol{A}\boldsymbol{V}\|_F = \|\boldsymbol{U}\boldsymbol{A}\boldsymbol{V}\|_F = \|\boldsymbol{A}\|_F.$$

证明　(1) 对任意满足 $\|\boldsymbol{x}\|_2 = \|\boldsymbol{y}\|_2 = 1$ 的向量 $\boldsymbol{x} \in \mathbb{C}^n, \boldsymbol{y} \in \mathbb{C}^m$，应用 Cauchy-Schwarz 不等式有

$$|\boldsymbol{y}^*\boldsymbol{A}\boldsymbol{x}| \leqslant \|\boldsymbol{y}\|_2\|\boldsymbol{A}\boldsymbol{x}\|_2 \leqslant \|\boldsymbol{A}\|_2.$$

另一方面，取矩阵 $\boldsymbol{A}^*\boldsymbol{A}$ 的最大非零特征值对应的右单位特征向量为 $\boldsymbol{x}_0$，有 $\boldsymbol{A}\boldsymbol{x}_0 \neq \boldsymbol{0}$. 令 $\boldsymbol{y}_0 = \boldsymbol{A}\boldsymbol{x}_0/\|\boldsymbol{A}\boldsymbol{x}_0\|_2$，有

$$|\boldsymbol{y}_0^*\boldsymbol{A}\boldsymbol{x}_0| = \boldsymbol{x}_0^*\boldsymbol{A}^*\boldsymbol{A}\boldsymbol{x}_0/\|\boldsymbol{A}\boldsymbol{x}_0\|_2 = \|\boldsymbol{A}\|_2.$$

其余三个结论的证明留作课后习题. □

类似于向量的不同范数之间的等价性，对于任意给定的矩阵，其不同范数间也具有如下等价关系:

定理 1.12 设 $\|\cdot\|_{\mathrm{I}}$ 和 $\|\cdot\|_{\mathrm{II}}$ 为 $\mathbb{C}^{m\times n}$ 上的任意两种矩阵范数，则存在两个与矩阵无关的正常数 $c_1>0$ 和 $c_2>0$，使得下面的不等式成立

$$c_1\|\boldsymbol{A}\|_{\mathrm{II}}\leqslant c_2\|\boldsymbol{A}\|_{\mathrm{I}}\|\boldsymbol{A}\|_{\mathrm{II}}.$$

基于矩阵范数的等价性，类似向量序列的收敛性结论，有如下矩阵序列收敛性定理成立.

定理 1.13 设 $\boldsymbol{A}^{(k)}=\left(a_{ij}^{(k)}\right)_{m\times n}$, $\boldsymbol{A}=(a_{ij})_{m\times n}$，则对于复矩阵序列 $\left\{\boldsymbol{A}^{(k)}\right\}_{k=1}^{\infty}$ 及矩阵范数 $\|\cdot\|$，有

$$\begin{aligned}\lim_{k\to\infty}\boldsymbol{A}^{(k)}=\boldsymbol{A}\ &\Leftrightarrow\ \lim_{k\to\infty}\left|a_{ij}^{(k)}-a_{ij}\right|=0\\ &\Leftrightarrow\ \lim_{k\to\infty}\left\|\boldsymbol{A}^{(k)}-\boldsymbol{A}\right\|=0.\end{aligned}$$

推论 1.1 设 $\|\cdot\|$ 是定义在 $\mathbb{C}^{m\times n}$ 上的矩阵范数，则对于矩阵序列 $\left\{\boldsymbol{A}^{(k)}\right\}_{k=1}^{\infty}$ 及矩阵 $\boldsymbol{A}\in\mathbb{C}^{m\times n}$，若 $\lim\limits_{k\to\infty}\boldsymbol{A}^{(k)}=\boldsymbol{A}$，则有

$$\lim_{k\to\infty}\|\boldsymbol{A}^{(k)}\|=\|\boldsymbol{A}\|.$$

需要指出的是，上述定理只是一个充分条件，反过来不一定成立.

例 1.4 给定矩阵序列 $\left\{\boldsymbol{A}^{(k)}\right\}_{k=1}^{\infty}$ 和矩阵 $\boldsymbol{A}$,

$$\boldsymbol{A}^{(k)}=\begin{pmatrix}(-1)^k & \dfrac{\sin k}{k}\\ 1 & \sqrt[k]{k}\end{pmatrix},\ \boldsymbol{A}=\begin{pmatrix}1&0\\1&1\end{pmatrix}.$$

显然有

$$\lim_{k\to\infty}\|\boldsymbol{A}^{(k)}\|_F=\lim_{k\to\infty}\sqrt{1+(\frac{\sin k}{k})^2+1+(\sqrt[k]{k})^2}=\sqrt{3}=\|\boldsymbol{A}\|_F.$$

但是矩阵序列 $\left\{\boldsymbol{A}^{(k)}\right\}_{k=1}^{\infty}$ 不收敛.

某种意义下，矩阵的特征值和范数都可以作为衡量矩阵的标准. 下面的定理给出了矩阵的谱半径与范数之间的关系.

定理 1.14 设 $\boldsymbol{A}\in\mathbb{C}^{n\times n}$，则

(1) 对任意的相容矩阵范数 $\|\cdot\|$，有 $\rho(\boldsymbol{A}) \leqslant \|\boldsymbol{A}\|$;

(2) 对于任意 $\varepsilon > 0$，一定存在矩阵的某种算子范数 $\|\cdot\|$(依赖矩阵 $\boldsymbol{A}$ 和常数 ε)，使得

$$\|\boldsymbol{A}\| \leqslant \rho(\boldsymbol{A}) + \varepsilon.$$

证明 (1) 设 $\lambda \in \lambda(\boldsymbol{A})$ 为矩阵 $\boldsymbol{A}$ 的任一特征值,则存在非零向量 $\boldsymbol{x}$ 使得 $\boldsymbol{A}\boldsymbol{x} = \lambda\boldsymbol{x}$. 令 $\|\cdot\|_V$ 为与矩阵范数 $\|\cdot\|$ 相容的向量范数，有

$$|\lambda|\|\boldsymbol{x}\|_V = \|\lambda\boldsymbol{x}\|_V = \|\boldsymbol{A}\boldsymbol{x}\|_V \leqslant \|\boldsymbol{A}\|\|\boldsymbol{x}\|_V,$$

从而 $\rho(\boldsymbol{A}) \leqslant \|\boldsymbol{A}\|$.

(2) 由 Jordan 分解定理知，存在可逆矩阵 $\boldsymbol{T}$，使得

$$\boldsymbol{T}^{-1}\boldsymbol{A}\boldsymbol{T} = \begin{pmatrix} \lambda_1 & \delta_2 & & \\ & \lambda_2 & \ddots & \\ & & \ddots & \delta_n \\ & & & \lambda_n \end{pmatrix},$$

其中 $\delta_i = 0$或者$1(2 \leqslant i \leqslant n)$. 定义对角矩阵 $\boldsymbol{D}_\varepsilon = \mathrm{diag}(1, \varepsilon, \cdots, \varepsilon^{n-1})$，有

$$\boldsymbol{D}_\varepsilon^{-1}\boldsymbol{T}^{-1}\boldsymbol{A}\boldsymbol{T}\boldsymbol{D}_\varepsilon = \begin{pmatrix} \lambda_1 & \varepsilon\delta_2 & & \\ & \lambda_2 & \ddots & \\ & & \ddots & \varepsilon\delta_n \\ & & & \lambda_n \end{pmatrix},$$

故 $\|\boldsymbol{D}_\varepsilon^{-1}\boldsymbol{T}^{-1}\boldsymbol{A}\boldsymbol{T}\boldsymbol{D}_\varepsilon\|_\infty \leqslant \rho(\boldsymbol{A}) + \varepsilon$. 下面需要说明 $\|\boldsymbol{D}_\varepsilon^{-1}\boldsymbol{T}^{-1}\boldsymbol{A}\boldsymbol{T}\boldsymbol{D}_\varepsilon\|_\infty$ 为矩阵 $\boldsymbol{A}$ 的一种算子范数.

$$\begin{aligned} \|\boldsymbol{D}_\varepsilon^{-1}\boldsymbol{T}^{-1}\boldsymbol{A}\boldsymbol{T}\boldsymbol{D}_\varepsilon\|_\infty &= \max_{\boldsymbol{0}\neq\boldsymbol{x}\in\mathbb{C}^n} \frac{\|\boldsymbol{D}_\varepsilon^{-1}\boldsymbol{T}^{-1}\boldsymbol{A}\boldsymbol{T}\boldsymbol{D}_\varepsilon\boldsymbol{x}\|_\infty}{\|\boldsymbol{x}\|_\infty} \\ &= \max_{\boldsymbol{0}\neq\boldsymbol{x}\in\mathbb{C}^n} \frac{\|\boldsymbol{A}\boldsymbol{T}\boldsymbol{D}_\varepsilon\boldsymbol{x}\|_{(\boldsymbol{T}\boldsymbol{D}_\varepsilon)^{-1}}}{\|\boldsymbol{T}\boldsymbol{D}_\varepsilon\boldsymbol{x}\|_{(\boldsymbol{T}\boldsymbol{D}_\varepsilon)^{-1}}} \\ &= \max_{\boldsymbol{0}\neq\boldsymbol{y}\in\mathbb{C}^n} \frac{\|\boldsymbol{A}\boldsymbol{y}\|_{(\boldsymbol{T}\boldsymbol{D}_\varepsilon)^{-1}}}{\|\boldsymbol{y}\|_{(\boldsymbol{T}\boldsymbol{D}_\varepsilon)^{-1}}}. \end{aligned}$$

定理得证. □

类似于等比数列及数的幂级数，将公比的模与矩阵的谱半径等同看待，对于方阵幂

序列及幂级数，有如下定理成立.

定理 1.15 设 $\boldsymbol{A}\in\mathbb{C}^{n\times n}$，则有

(1) $\lim\limits_{k\to\infty}\boldsymbol{A}^k=\boldsymbol{O}$ 的充分必要条件为 $\rho(\boldsymbol{A})<1$.

(2) $\sum\limits_{k=0}^{\infty}\boldsymbol{A}^k$ 收敛的充分必要条件为 $\rho(\boldsymbol{A})<1$. 若 $\sum\limits_{k=0}^{\infty}\boldsymbol{A}^k$ 收敛，则有 $\sum\limits_{k=0}^{\infty}\boldsymbol{A}^k=(\boldsymbol{I}-\boldsymbol{A})^{-1}$，并且存在算子范数 $\|\cdot\|$，使得

$$\|(\boldsymbol{I}-\boldsymbol{A})^{-1}-\sum_{k=0}^{m}\boldsymbol{A}^k\|\leqslant\frac{\|\boldsymbol{A}\|^{m+1}}{1-\|\boldsymbol{A}\|},$$

对任意的正整数 m 均成立.

证明 (1) 必要性：假定 $\lambda\in\lambda(\boldsymbol{A})$，且 $|\lambda|=\rho(\boldsymbol{A})$，有

$$\rho(\boldsymbol{A})^k=|\lambda|^k=\rho(\boldsymbol{A}^k)\leqslant\|\boldsymbol{A}^k\|,$$

由 $\lim\limits_{k\to\infty}\boldsymbol{A}^k=\boldsymbol{O}$ 及范数的连续性可得 $\lim\limits_{k\to\infty}\|\boldsymbol{A}^k\|=0$，从而 $\lim\limits_{k\to\infty}\rho(\boldsymbol{A})^k=0$，故 $\rho(\boldsymbol{A})<1$.

充分性：设 $\rho(\boldsymbol{A})<1$，则由定理1.14知，一定存在某种算子范数 $\|\cdot\|$，使得 $\|\boldsymbol{A}\|<1$，故

$$\lim_{k\to\infty}\|\boldsymbol{A}\|^k=0,$$

结合算子范数的相容性可得 $\lim\limits_{k\to\infty}\|\boldsymbol{A}^k\|=0$，故 $\lim\limits_{k\to\infty}\boldsymbol{A}^k=\boldsymbol{O}$.

(2) 必要性：令 $\boldsymbol{S}_n=\sum\limits_{k=0}^{n}\boldsymbol{A}^k$，则 $\boldsymbol{A}^n=\boldsymbol{S}_n-\boldsymbol{S}_{n-1}$. 由于级数收敛，两边取极限可得 $\lim\limits_{n\to\infty}\boldsymbol{A}^n=\boldsymbol{O}$，由 (1) 得 $\rho(\boldsymbol{A})<1$.

充分性：若 $\rho(\boldsymbol{A})<1$，则可由 (1) 得 $\lim\limits_{n\to\infty}\boldsymbol{A}^{n+1}=\boldsymbol{O}$，由于

$$\boldsymbol{S}_n-\boldsymbol{A}\boldsymbol{S}_n=\boldsymbol{I}-\boldsymbol{A}^{n+1},$$

故两边取极限可得

$$(\boldsymbol{I}-\boldsymbol{A})\lim_{n\to\infty}\boldsymbol{S}_n=\boldsymbol{I}.$$

由 $\rho(\boldsymbol{A})<1$ 可得 $\boldsymbol{I}-\boldsymbol{A}$ 可逆，从而定理成立并且 $\lim\limits_{n\to\infty}\boldsymbol{S}_n=(\boldsymbol{I}-\boldsymbol{A})^{-1}$.

由于 $\lim\limits_{n\to\infty} S_n = (\boldsymbol{I}-\boldsymbol{A})^{-1}$，从而

$$\|(\boldsymbol{I}-\boldsymbol{A})^{-1}-\sum_{k=0}^{m}\boldsymbol{A}^k\| = \|\sum_{k=m+1}^{\infty}\boldsymbol{A}^k\| \leqslant \sum_{k=m+1}^{\infty}\|\boldsymbol{A}\|^k \leqslant \frac{\|\boldsymbol{A}\|^{m+1}}{1-\|\boldsymbol{A}\|},$$

故结论成立. □

下面定理在许多理论分析中都需要用到.

定理 1.16　设 $\boldsymbol{A}\in\mathbb{C}^{n\times n}$，$\|\cdot\|$ 为 $\mathbb{C}^{n\times n}$ 上的一种算子范数，若 $\|\boldsymbol{A}\|<1$，则 $\boldsymbol{I}\pm\boldsymbol{A}$ 可逆，并且有

$$\|(\boldsymbol{I}\pm\boldsymbol{A})^{-1}\| \leqslant \frac{1}{1-\|\boldsymbol{A}\|}.$$

证明　由于 $\|\boldsymbol{A}\|<1$，故若 $\lambda\in\lambda(\boldsymbol{A})$，则 $|\lambda|<1$，从而矩阵 $\boldsymbol{I}\pm\boldsymbol{A}$ 可逆. 由于

$$(\boldsymbol{I}\pm\boldsymbol{A})^{-1}(\boldsymbol{I}\pm\boldsymbol{A}) = \boldsymbol{I},$$

整理并两边取算子范数可得

$$\|(\boldsymbol{I}\pm\boldsymbol{A})^{-1}\| = \|\boldsymbol{I}\mp(\boldsymbol{I}\pm\boldsymbol{A})^{-1}\boldsymbol{A}\| \leqslant 1+\|(\boldsymbol{I}\pm\boldsymbol{A})^{-1}\|\|\boldsymbol{A}\|,$$

整理可得结论. □

除定理1.14外，对于矩阵的谱半径及范数，还有如下结论成立.

定理 1.17　设 $\boldsymbol{A}\in\mathbb{C}^{n\times n}$，$\|\cdot\|$ 是 $\mathbb{C}^{n\times n}$ 上的任意算子范数，则

$$\lim_{k\to\infty}\|\boldsymbol{A}^k\|^{1/k} = \rho(\boldsymbol{A}).$$

证明　对任意的算子范数 $\|\cdot\|$，有 $\rho(\boldsymbol{A})^k = \rho(\boldsymbol{A}^k) \leqslant \|\boldsymbol{A}^k\|$，故

$$\rho(\boldsymbol{A}) \leqslant \|\boldsymbol{A}^k\|^{\frac{1}{k}}. \tag{1.3}$$

对任意的 $\varepsilon>0$，定义矩阵 $\boldsymbol{A}_\varepsilon = \dfrac{\boldsymbol{A}}{\rho(\boldsymbol{A})+\varepsilon}$，有 $\rho(\boldsymbol{A}_\varepsilon)<1$，从而由定理1.15(1) 知，对任意的算子范数 $\|\cdot\|$，存在正整数 k_0，当 $k>k_0$ 时，有

$$\|\boldsymbol{A}_\varepsilon^k\| = \left\|\left(\frac{\boldsymbol{A}}{\rho(\boldsymbol{A})+\varepsilon}\right)^k\right\| < 1,$$

即 $\|\boldsymbol{A}^k\|^{\frac{1}{k}} \leqslant \rho(\boldsymbol{A})+\varepsilon$，结合式 (1.3) 知结论成立. □

定理1.14和定理1.17说明矩阵的谱半径 $\rho(\boldsymbol{A})$ 与相容范数 $\|\boldsymbol{A}\|$ 之间存在着紧密的关系，那么一个自然的问题是 $\rho(\boldsymbol{A})$ 是否可以作为矩阵的某种相容范数呢？

例 1.5 对于矩阵

$$\boldsymbol{A}=\boldsymbol{B}^{\mathrm{T}}=\begin{pmatrix} 0 & 1 \\ 0 & 0 \end{pmatrix},$$

有 $\rho(\boldsymbol{A})=\rho(\boldsymbol{B})=0$，$\rho(\boldsymbol{A}+\boldsymbol{B})=1$，故三角不等式 $\rho(\boldsymbol{A}+\boldsymbol{B}) \leqslant \rho(\boldsymbol{A})+\rho(\boldsymbol{B})$ 不成立，从而谱半径不能作为范数.

上面的例子说明，对于一般矩阵，谱半径不能作为相容范数，但对于某些特殊的矩阵，比如 Hermite 矩阵，谱半径可以作为一种相容范数.

定理 1.18 若矩阵 $\boldsymbol{A}$ 为 Hermite 矩阵，则有 $\rho(\boldsymbol{A})=\|\boldsymbol{A}\|_2$.

证明 由于 $\boldsymbol{A}=\boldsymbol{A}^*$，故 $\boldsymbol{A}$ 的特征值均为实数，$\rho(\boldsymbol{A})$ 为矩阵 $\boldsymbol{A}$ 的特征值的绝对值的最大值. 由 2-范数定义有

$$\|\boldsymbol{A}\|_2=\sqrt{\lambda_{\max}(\boldsymbol{A}^*\boldsymbol{A})}=\sqrt{\lambda_{\max}(\boldsymbol{A}^2)}=\max_{\lambda \in \lambda(\boldsymbol{A})}|\lambda|=\rho(\boldsymbol{A}).$$

定理得证. □

1.4 数值算法

算法是解决某一类问题的计算过程，并且满足目的性、机械性、离散型、有穷性及可执行性. 本书考虑的是适合于在计算机上实现的数值算法.

1.4.1 误差及机器数系

在数值计算中，误差是不可避免的. 解决实际问题时，将实际问题抽象为数学模型会引入模型误差，获得的数据一般也带有观测误差，同时利用计算机求解数学模型时会有舍入误差，故利用数值算法求解问题时，得到的计算解与真实解之间会有一定的偏差，也就是解的误差. 在本书中我们仅考虑由舍入带来的误差.

定义 1.7 设数 a 为数 x 的近似值，则称 $x-a$ 为近似值 a 的绝对误差. 若 $x \neq 0$，称 $\dfrac{x-a}{x}$ 为近似值 a 的相对误差.

相对于绝对误差，相对误差能更准确地衡量近似值 a 与精确值 x 的接近程度. 实际应用中精确值 x 往往是未知的，故当 $\dfrac{x-a}{x}$ 较小时，实用的相对误差一般定义为 $\dfrac{x-a}{a}$. 由于精确值一般都是未知的，故绝对误差与相对误差的具体值都是难以给出的. 在实际应用中进行误差分析时，我们一般需要的是误差的上界.

定义 1.8 设数 a 为数 x 的近似值，若有常数 e 使得 $|x-a| \leqslant e$，则称 e 为近似值 a 的绝对误差界，称 $\dfrac{e}{|a|}$ 为近似值 a 的相对误差界.

计算机中的数的表示大都采用浮点表示、存储和运算. 给定的一台计算机中的浮点数 x 可以表示为

$$x = \pm(0.\alpha_1 \cdots \alpha_n) \times \beta^p \tag{1.4}$$

其中，$\alpha_i (1 \leqslant i \leqslant n)$ 为满足 $0 \leqslant \alpha_i \leqslant \beta - 1$ 的正整数，n 为此计算机的字长，β 为其进制，p 为其阶码，满足 $L \leqslant p \leqslant U$，$\alpha = \pm 0.\alpha_1 \cdots \alpha_n$ 称为浮点数的尾数，称满足 $\alpha_1 \neq 0$ 的数为规格化浮点数. 称 u 为机械精度及形如式 (1.4) 的全体规格化浮点数组成的集合

$$F(\beta, n, L, U) = \{0\} \cup \left\{ x \mid \begin{array}{l} x = \pm(0.\alpha_1 \cdots \alpha_n) \times \beta^p, \alpha_1 \neq 0, L \leqslant p \leqslant U, \\ 0 \leqslant \alpha_i \leqslant \beta - 1, 1 \leqslant i \leqslant n \end{array} \right\}$$

为机器数系. 由于机器数系由有限个离散的数构成，故对几乎所有的实数 x，在计算机中只能近似表示，将这个近似值记为 $fl(x)$.

目前常用的计算机分为两类：舍入机及截断机. 舍入机中浮点数 x 的近似值 $fl(x)$ 为机器数系中最接近 x 的数. 截断机中浮点数 x 的近似值 $fl(x)$ 为机器数系中满足绝对值小于 $|x|$ 且最接近 x 的数. 有如下定理.

定理 1.19 设 x 具有 n 位有效数字，则

$$fl(x) = x(1+\delta), \quad |\delta| \leqslant u,$$

其中 u 为机器精度，满足：

$$u = \begin{cases} \dfrac{1}{2}\beta^{1-n}, & \text{舍入机;} \\ \beta^{1-n}, & \text{截断机.} \end{cases}$$

证明 (1) 对于舍入机，由于 a 具有 n 位有效数字，则

$$|x-a| \leqslant \frac{1}{2} \times \beta^{k-n}.$$

又由于 a 具有形式 (1.4)，则

$$a_1 \times \beta^{k-1} \leqslant |a| \leqslant (a_1+1) \times \beta^{k-1},$$

故

$$\frac{|x-a|}{|a|} \leqslant \frac{1}{2a_1} \times \beta^{1-n} \leqslant \frac{1}{2} \times \beta^{1-n}.$$

(2) 对于截断机，由于 a 是将 x 截断到标准形式的小数点后的第 n 位数字得到的近似值，则

$$|x-a| \leqslant \beta^{k-n}.$$

故

$$\frac{|x-a|}{|a|} \leqslant \frac{1}{a_1} \times \beta^{1-n} \leqslant \beta^{1-n}.$$

定理得证. □

下面考虑基本浮点运算在计算机中的舍入误差. 在不发生溢出的情况下，有下面的结果成立.

定理 1.20 设 x_1, x_2 为机器数系中的数字，$fl(x_1 \circ x_2)$ 为对 x_1, x_2 进行精确运算后得到的实数进行舍入得到的近似数，则

- $fl(x_1+x_2)=(x_1+x_2)(1+\varepsilon_1)$;
- $fl(x_1-x_2)=(x_1-x_2)(1+\varepsilon_2)$;
- $fl(x_1x_2)=(x_1x_2)(1+\varepsilon_3)$;
- $fl(x_1/x_2)=(x_1/x_2)(1+\varepsilon_4)$.

其中 $|\varepsilon_i|<u, 1 \leqslant i \leqslant 4$.

有了浮点数及其四则运算的相对误差，我们可以计算更加复杂的运算的误差. 下面的例子给出了两向量内积的浮点值与真实值的误差估计.

例 1.6 设 $\boldsymbol{x}, \boldsymbol{y} \in \mathbb{R}^n$，且 $\boldsymbol{x}, \boldsymbol{y}$ 中元素均为机器数系中的数，求 $|fl(\boldsymbol{x}^{\mathrm{T}}\boldsymbol{y})-\boldsymbol{x}^{\mathrm{T}}\boldsymbol{y}|$.

解　令 $S_k = fl\left(\sum\limits_{i=1}^{k} x_i y_i\right)$，则有如下递推公式

$$S_{k+1} = fl(S_k + x_{k+1}y_{k+1}) = (S_k + x_{k+1}y_{k+1}(1+v_{k+1}))(1+u_{k+1})$$

其中 $|u_{k+1}| < u, |v_{k+1}| < u, u_1 = 0, k = 1, 2, \cdots$，故

$$fl(\boldsymbol{x}^{\mathrm{T}}\boldsymbol{y}) = \sum_{i=1}^{n} x_i y_i (1+v_i) \prod_{j=i}^{n} (1+u_j) = \sum_{i=1}^{n} x_i y_i (1+\varepsilon_i),$$

其中 $1+\varepsilon_i = (1+v_i)\prod\limits_{j=i}^{n}(1+u_j)$. 这样就有

$$|fl(\boldsymbol{x}^{\mathrm{T}}\boldsymbol{y}) - \boldsymbol{x}^{\mathrm{T}}\boldsymbol{y}| \leqslant \sum_{i=1}^{n} |\varepsilon_i||x_i y_i|.$$

下面考虑 ε_i 的范围，对任意的 $1 \leqslant i \leqslant n$，有

$$\varepsilon_i \;=\; (1+v_i)\prod_{j=i}^{n}(1+u_j) - 1$$

假定 $nu \leqslant 0.01$，由后面例题 1.7 可得 $\varepsilon_i \leqslant 1.01nu$.

下面的例子描述了多个实数相乘的浮点值与真实值的误差估计，它在线性方程组解的误差分析中经常用到.

例 1.7　若 $|\delta_i| \leqslant u$ 且 $nu \leqslant 0.01$，证明:

$$1 - nu \leqslant \prod_{i=1}^{n}(1+\delta_i) \leqslant 1 + 1.01nu.$$

证明　由于 $|\delta_i| \leqslant u$，故

$$(1-u)^n \leqslant \prod_{i=1}^{n}(1+\delta_i) \leqslant (1+u)^n.$$

由 $(1-x)^n$ 的 Taylor 展式在 u 点的值及 $nu \leqslant 0.01$ 知

$$1 - nu \leqslant (1-u)^n.$$

对于 $(1+u)^n$ 有

$$\begin{aligned}(1+u)^n &= 1+\mathrm{C}_n^1u+\mathrm{C}_n^2u^2+\cdots+\mathrm{C}_n^nu^n\\ &\leqslant 1+nu\Big(1+\frac{nu}{2}+(\frac{nu}{2})^2+\cdots+(\frac{nu}{2})^{n-1}\Big)\\ &\leqslant 1+\frac{nu}{1-\dfrac{nu}{2}},\end{aligned}$$

假定 $nu\leqslant 0.01$，则有 $(1+u)^n\leqslant 1+1.01nu$，结论得证.

机器数具有如下基本的运算规则.

(1) 加减法：首先是将两个浮点数的阶码对齐到较高的阶码，然后对尾数按照字长进行四舍五入，之后对尾数进行加减运算，最后将数写成规格化形式.

(2) 乘法：首先将阶码相加，然后将尾数相乘，进而将尾数的乘积按字长四舍五入为规格化形式，最后赋予正负号.

(3) 除法：首先将阶码相减，然后将除数尾数扩大为双倍字长进行除法，最后将商按字长舍入为规格化形式，最后赋予正负号.

实数运算具有许多定律，但这些定律在计算机浮点运算中不成立. 例如，对于三个实数 a,b,c，加法运算满足结合律

$$(a+b)+c=a+(b+c),$$

但在计算机浮点运算中，有

$$\begin{aligned}fl\big((a+b)+c\big)&=fl\big((a+b)(1+\delta_1)+c\big)=\big((a+b)(1+\delta_1)+c\big)\big(1+\delta_2\big),\\ fl\big(a+(b+c)\big)&=fl\big(a+(b+c)(1+\delta_3)\big)=\big(a+(b+c)(1+\delta_3)\big)\big(1+\delta_4\big),\end{aligned}$$

故

$$fl\big((a+b)+c\big)\neq fl\big(a+(b+c)\big).$$

在进行多个实数求和时，计算结果相对误差的大小因每个数参加运算的先后次序而异，首先参与运算的数在计算结果中引起的误差也较大，故应先安排绝对值小的数参加，这样容易取得较高的精度.

例 1.8 在四位十进制的机器上计算 $3456-\sum\limits_{i=1}^{100}0.2$.

解 3456 及 0.2 在机器中的规格化形式分别为

$$3456 = 0.3456 \times 10^4,\ 0.2 = 0.2 \times 10^0.$$

若按绝对值从大到小的顺序进行运算，由机器数的加法运算法则，首先将 3456 与 0.2 的阶码对齐为 4，而又由于机器尾数只有 4 位，故

$$\begin{aligned} 3456 - \sum_{i=1}^{100} 0.2 &= 0.3456 \times 10^4 - \underbrace{0.00002 \times 10^4 - \cdots - 0.00002 \times 10^4}_{100} \\ &= 0.3456 \times 10^4 - \underbrace{0.0000 \times 10^4 - \cdots - 0.0000 \times 10^4}_{100} = 3456. \end{aligned}$$

若按绝对值从小到大的顺序进行运算，有

$$\begin{aligned} -\sum_{i=1}^{100} 0.2 + 3456 &= \underbrace{-0.2 - \cdots - 0.2}_{100} + 3456 \\ &= -20 + 3456 = -0.002 \times 10^4 + 0.3456 \times 10^4 = 3436. \end{aligned}$$

1.4.2 数值稳定性

在问题的数值求解过程中，由于四舍五入或其他原因，每步都会产生舍入误差，故对同一个问题，如果设计的求解方法不同，累计的误差也会不同，从而导致问题解的不同. 考虑这种舍入误差对问题求解结果的影响就是考虑算法的数值稳定性问题. 对于给定的算法，如果初始数据的小的误差只能引起问题解的小的误差，则称该算法是数值稳定的；否则称为数值不稳定的.

例 1.9 计算定积分 $\displaystyle\int_0^1 \frac{x^n}{x+5}\mathrm{d}x, n = 0, 1, 2, \cdots, 8.$

解 记 $I_n = \displaystyle\int_0^1 \frac{x^n}{x+5}\mathrm{d}x$，则

$$I_n + 5I_{n-1} = \int_0^1 \frac{x^n + 5x^{n-1}}{x+5}\mathrm{d}x = \int_0^1 x^{n-1}\mathrm{d}x = \frac{1}{n}.$$

进一步有如下递推公式

$$\begin{cases} I_n = -5I_{n-1} + \dfrac{1}{n}, \\ I_0 = \ln \dfrac{6}{5}. \end{cases}$$

另外，假定可以通过某种方法计算得到 $I_8 \approx 0.0188$，则可以得到新的递推公式

$$\begin{cases} I_{n-1} = -\dfrac{1}{5}I_n + \dfrac{1}{5n}, \\ I_8 = 0.0188. \end{cases}$$

若每步均取小数点后 4 位数字，两种方法计算结果见表 1.1.

表 1.1 两种方法计算结果

	I_0	I_1	I_2	I_3	I_4	I_5	I_6	I_7	I_8
方法 I	0.1823	0.0885	0.0575	0.0458	0.0210	0.0950	−0.3083	1.6844	−8.2970
方法 II	0.1823	0.0884	0.0580	0.0431	0.0343	0.0285	0.0243	0.0212	0.0188

由于当 $x \in [0,1]$ 时，$0 \leqslant \dfrac{x^n}{x+5} < 1$，故有 $0 < I_k < 1, 0 \leqslant k \leqslant 8$，说明第一种递推公式求得的结果不正确. 可验证第二种递推公式求得的结果与精确值相差不大.

实际应用中 I_8 结果已知是不现实的. 实际计算时，可令 I_{15} 为 $(0,1)$ 间的任意一个数，然后利用递推公式进行计算，由于每次计算误差降为原来的 $\dfrac{1}{5}$，故计算到 I_8 时误差变为原来的 $\left(\dfrac{1}{5}\right)^6$ 倍，而 I_{15} 的误差不会超过 1. 故可得到 $I_0, \cdots, I_8$ 的高精度的解.

判定一个数值算法的稳定性就需要考虑问题计算过程中舍入误差对问题结果的影响. 对于误差的分析方法主要有两种：向前误差分析方法和向后误差分析方法. 向前误差分析方法是将计算结果与精确结果进行比较得到误差界的误差分析方法，也就是利用浮点运算的舍入误差规律，直接计算真实值和计算结果之间的误差. 向后误差分析方法是将计算结果表示为带有误差的初始值的精确运算结果的误差分析方法，也就是利用浮点运算的舍入误差规律，将计算过程产生的误差返回到原始数据的误差.

例 1.10 (矩阵基本运算的向前误差分析方法)　设矩阵 $\boldsymbol{A}, \boldsymbol{B}$ 的元素均为规格化后的浮点数，α 也为规格化浮点数，则有

$$\begin{aligned} &fl(\alpha \boldsymbol{A}) = \alpha \boldsymbol{A} + \boldsymbol{E}, && |\boldsymbol{E}| \leqslant u|\alpha \boldsymbol{A}|, \\ &fl(\boldsymbol{A} \pm \boldsymbol{B}) = (\boldsymbol{A} \pm \boldsymbol{B}) + \boldsymbol{E}, && |\boldsymbol{E}| \leqslant u\left(|\boldsymbol{A}| + |\boldsymbol{B}|\right), \\ &fl(\boldsymbol{AB}) = \boldsymbol{AB} + \boldsymbol{E}, && |\boldsymbol{E}| \leqslant 1.01nu|\boldsymbol{A}||\boldsymbol{B}|, \end{aligned}$$

其中 $|\boldsymbol{A}|$ 表示对矩阵 $\boldsymbol{A}$ 的各元素取模之后得到的新矩阵.

例 1.11 (矩阵乘法的向后误差分析方法)　设矩阵 $\boldsymbol{A}, \boldsymbol{B} \in \mathbb{R}^{2\times 2}$ 为下三角阵，则

有

$$
\begin{aligned}
&fl(\boldsymbol{AB})\\
=&\begin{pmatrix} a_{11}b_{11}(1+\varepsilon_1) & 0\\ (a_{21}b_{11}(1+\varepsilon_2)+a_{22}b_{21}(1+\varepsilon_3))(1+\varepsilon_4) & a_{22}b_{22}(1+\varepsilon_5)\end{pmatrix}\\
=&\begin{pmatrix} a_{11}(1+\varepsilon_1) & 0\\ a_{21}(1+\varepsilon_2)(1+\varepsilon_4) & a_{22}\end{pmatrix}\begin{pmatrix} b_{11} & 0\\ b_{21}(1+\varepsilon_3)(1+\varepsilon_4) & b_{22}(1+\varepsilon_5)\end{pmatrix}\\
=&\widetilde{\boldsymbol{A}}\widetilde{\boldsymbol{B}},
\end{aligned}
$$

并且满足 $\widetilde{\boldsymbol{A}}=\boldsymbol{A}+\boldsymbol{E},|\boldsymbol{E}|\leqslant 2.02u|\boldsymbol{A}|,\quad \widetilde{\boldsymbol{B}}=\boldsymbol{B}+\boldsymbol{E},|\boldsymbol{E}|\leqslant 2.02u|\boldsymbol{B}|.$

算法的数值稳定性是数值算法本身的属性，是一个相对的概念，它与要求解的问题本身没有关系. 为了保证数值算法的稳定性，在计算过程中需遵循以下基本原则：

原则一：避免小数用作除数.

例 1.12 考虑线性方程组：

$$
\begin{cases} 0.00001x_1+2x_2=1,\\ x_1+2x_2=2\end{cases} \tag{1.5}
$$

的求解问题，其真实解为 $\left(\dfrac{100000}{99999},\dfrac{49999}{99999}\right)^{\mathrm{T}}$. 现在考虑在四位浮点十进制数下进行求解. 上述方程写成：

$$
\begin{cases} 0.1\times10^{-4}x_1+0.2\times10^{1}x_2=0.1\times10^{1},\\ 0.1\times10^{1}x_1+0.2\times10^{1}x_2=0.2\times10^{1}.\end{cases}
$$

若利用第一个方程消掉第二个方程中 x_1，得

$$
\begin{cases} 0.1\times10^{-4}x_1+0.2\times10^{1}x_2=0.1\times10^{1},\\ \qquad\qquad -0.2\times10^{6}x_2=-0.1\times10^{6}.\end{cases}
$$

故线性方程组的解为 $(0,0.5)^{\mathrm{T}}$. 显然这个解是错误的.

反过来，如果利用第二个方程消掉第一个方程中的 x_1，得

$$
\begin{cases} \qquad\qquad 0.2\times10^{1}x_2=0.1\times10^{1},\\ 0.1\times10^{1}x_1+0.2\times10^{1}x_2=0.2\times10^{1}.\end{cases}
$$

故线性方程组的解为 $(1, 0.5)^{\mathrm{T}}$. 显然这个解是真实解的一个好的近似.

明显的，线性方程组 (1.5) 是良态的. 上述求线性方程组解的两种不同方法会得到不同的计算结果，原因在于第一种方法出现了大数除以小数，会产生较大的数，这种情况下以后的计算就会出现“大数吃小数”，导致计算结果误差较大.

原则二：避免两个近似数相减.

例 1.13 考虑二次方程 $x^2+100x+1=0$ 的求根问题. 方程的两个根为

$$x_1=-50+\sqrt{2499},\quad x_2=-50-\sqrt{2499},$$

若 $\sqrt{2499}$ 取 4 位有效数字，则为 49.99.

若利用求根公式，可得

$$x_1=-50+\sqrt{2499}=-0.01,\quad x_2=-50-\sqrt{2499}=-99.99,$$

故 x_1 只有 1 位有效数字，导致了有效数字的损失. 原因在于出现了两个近似数的相减.

若

$$x_2=-50-\sqrt{2499}=-99.99,\quad x_1=\frac{1}{x_2}=0.01000...$$

计算可知，x_1 至少有 4 位有效数字.

对于一般的二次方程 $ax^2+2bx+c=0$，为了避免出现两个近似数相减导致有效数字损失，采取以下计算策略

$$x_1=\frac{-b-\operatorname{sgn}(b)\sqrt{b^2-ac}}{a},\quad x_2=\frac{c}{ax_1}.$$

原则三：在加法运算时应避免大数吃小数，见例1.8.

原则四：尽量减少计算次数.

例 1.14 计算多项式 $p(x)=2x^5+3x^4+3x^2+2x+1$ 在 $x=2$ 时的函数值 $p(2)$. 利用秦九韶算法，有

$$p(x)=x(x(x^2(2x+3)+3)+2)+1$$

故

$$p(2)=2\times(2\times(2^2\times(2\times2+3)+3)+2)+1=129,$$

只需 5 次乘法.

一般的，对于多项式 $p_n(x)=a_nx^n+a_{n-1}x^{n-1}+\cdots+a_1x+a_0$，求 $x=b$ 时的函数值，实用算法为

$$\begin{cases} S_n=a_n, \\ S_k=bS_{k+1}+a_k, k=n-1,\cdots,0, \end{cases}$$

有 $p_n(b)=S_0$.

1.5　敏度分析

在实际应用中遇到的问题经常带有误差，一般来说，对带有误差的问题求解得到的解与真实问题的解不同. 那么在考虑一个问题时，首先需要面对的就是一个问题在经过小的扰动之后，其解会发生怎样的改变？对问题本身来说，如果小的扰动能引起问题解的大的改变，则称此问题是病态的；否则，称为良态的. 问题是良态的还是病态的，这是问题自身的特性，与算法无关. 对于病态问题，利用任何数值方法直接求解都可能产生不稳定性.

例 1.15　考虑如下线性方程组 $\boldsymbol{Ax}=\boldsymbol{0}$

$$\begin{cases} 1.999x_1+2.001x_2=4, \\ 2.001x_1+1.999x_2=4, \end{cases} \tag{1.6}$$

其真实解为 $\boldsymbol{x}_*=(1,1)^{\mathrm{T}}$. 对右端向量分别做小的扰动得到线性方程组 $\boldsymbol{Ax}=\widetilde{\boldsymbol{b}}$

$$\begin{cases} 1.999x_1+2.001x_2=4+10^{-3}, \\ 2.001x_1+1.999x_2=4-10^{-3}, \end{cases}$$

扰动之后的方程组的解为 $\widetilde{\boldsymbol{x}}_*=(1.5,0.5)^{\mathrm{T}}$. 有如下关系：

$$\frac{\|\boldsymbol{x}_*-\widetilde{\boldsymbol{x}}_*\|_\infty}{\|\boldsymbol{x}_*\|_\infty}=0.5, \frac{\|\boldsymbol{b}-\widetilde{\boldsymbol{b}}\|_\infty}{\|\boldsymbol{b}\|_\infty}=0.25\times10^{-3}.$$

在 ∞-范数意义下，解的扰动为问题扰动的 2000 倍.

上述例子表明，常数项的微小扰动可能引起线性方程组解的较大变化. 敏度分析主要研究问题的输入数据的小的扰动对问题解的影响程度. 具体描述为：假定原问题的输入数据及扰动后的数据分别为 x_1 及 x_2，y_1 和 y_2 分别为原问题及扰动后问题的解，敏

度分析为寻找自变量的相对误差与因变量的相对误差之间的关系，即寻找正数 $N(x)$，使得

$$\frac{\|y_1-y_2\|}{\|y_1\|}\leqslant N(x)\frac{\|x_1-x_2\|}{\|x_1\|}.$$

下面考虑线性方程组 (1.6) 是病态问题的原因. 对于原线性方程组及扰动后的线性方程组有关系式

$$\boldsymbol{A}\boldsymbol{x}=\boldsymbol{b},\quad \boldsymbol{A}\widetilde{\boldsymbol{x}}=\widetilde{\boldsymbol{b}},$$

成立，从而有 $\boldsymbol{A}(\boldsymbol{x}-\widetilde{\boldsymbol{x}})=\boldsymbol{b}-\widetilde{\boldsymbol{b}}$，即 $\boldsymbol{x}-\widetilde{\boldsymbol{x}}=\boldsymbol{A}^{-1}(\boldsymbol{b}-\widetilde{\boldsymbol{b}})$. 进一步，对任意相容范数有

$$\frac{\|\boldsymbol{x}-\widetilde{\boldsymbol{x}}\|}{\|\boldsymbol{x}\|}\leqslant\frac{\|\boldsymbol{A}^{-1}\|\|\boldsymbol{b}-\widetilde{\boldsymbol{b}}\|}{\frac{\|\boldsymbol{b}\|}{\|\boldsymbol{A}\|}}=\|\boldsymbol{A}^{-1}\|\|\boldsymbol{A}\|\frac{\|\boldsymbol{b}-\widetilde{\boldsymbol{b}}\|}{\|\boldsymbol{b}\|}.$$

例 1.16 方程组 (1.6) 的系数矩阵及其逆矩阵分别为

$$\boldsymbol{A}=\begin{pmatrix}1.999 & 2.001\\ 2.001 & 1.999\end{pmatrix},\boldsymbol{A}^{-1}=\frac{1}{8}\begin{pmatrix}-1999 & 2001\\ 2001 & -1999\end{pmatrix},$$

从而

$$\|\boldsymbol{A}\|_\infty\|\boldsymbol{A}^{-1}\|_\infty=4\times\frac{1}{8}\times 4000=2000,$$

故解的相对误差大约是常向量相对误差的 2000 倍.

更一般的，我们考虑系数矩阵及常向量均扰动对线性方程组解的影响，其扰动分析更加复杂. 首先给出如下引理.

引理 1.1 设 $\|\cdot\|$ 为算子范数，若 $\boldsymbol{A}\in\mathbb{C}^{n\times n}$ 为非奇异矩阵，$\delta\boldsymbol{A}$ 为矩阵 $\boldsymbol{A}$ 的一个小的扰动，并且满足 $\|\boldsymbol{A}^{-1}\|\|\delta\boldsymbol{A}\|<1$，则有 $\boldsymbol{A}+\delta\boldsymbol{A}$ 可逆，并且

$$\|(\boldsymbol{A}+\delta\boldsymbol{A})^{-1}\|\leqslant\frac{\|\boldsymbol{A}^{-1}\|}{1-\|\boldsymbol{A}^{-1}\|\|\delta\boldsymbol{A}\|}.$$

证明 由于 $\|\boldsymbol{A}^{-1}\|\|\delta\boldsymbol{A}\|<1$，故由定理1.16 知，$\boldsymbol{I}+\boldsymbol{A}^{-1}\delta\boldsymbol{A}$ 仍为非奇异矩阵，并且有

$$\|(\boldsymbol{I}+\boldsymbol{A}^{-1}\delta\boldsymbol{A})^{-1}\|\leqslant\frac{1}{1-\|\boldsymbol{A}^{-1}\|\|\delta\boldsymbol{A}\|},$$

又由 $\boldsymbol{A}$ 非奇异及 $\boldsymbol{A}+\delta\boldsymbol{A}=\boldsymbol{A}(\boldsymbol{I}+\boldsymbol{A}^{-1}\delta\boldsymbol{A})$ 知 $\boldsymbol{A}+\delta\boldsymbol{A}$ 为非奇异矩阵，并且

$$\|(\boldsymbol{A}+\delta\boldsymbol{A})^{-1}\|=\|(\boldsymbol{I}+\boldsymbol{A}^{-1}\delta\boldsymbol{A})^{-1}\boldsymbol{A}^{-1}\|\leqslant\frac{\|\boldsymbol{A}^{-1}\|}{1-\|\boldsymbol{A}^{-1}\|\|\delta\boldsymbol{A}\|}.$$

结论得证. □

设原线性方程组及对系数矩阵和常向量均扰动后的线性方程组的解分别为 $\boldsymbol{x}$ 及 $\boldsymbol{x}+\delta\boldsymbol{x}$，即有关系式

$$\boldsymbol{A}\boldsymbol{x}=\boldsymbol{b},\quad (\boldsymbol{A}+\delta\boldsymbol{A})(\boldsymbol{x}+\delta\boldsymbol{x})=\boldsymbol{b}+\delta\boldsymbol{b} \tag{1.7}$$

成立，其中 $\delta\boldsymbol{A},\delta\boldsymbol{b}$ 均为小的扰动. 计算可得

$$\delta\boldsymbol{x}=(\boldsymbol{A}+\delta\boldsymbol{A})^{-1}(\delta\boldsymbol{b}-\delta\boldsymbol{A}\cdot\boldsymbol{x}). \tag{1.8}$$

假定扰动 $\delta\boldsymbol{A}$ 满足 $\|\delta\boldsymbol{A}\|\|\boldsymbol{A}^{-1}\|<1$，由引理1.1及关系式 (1.8) 有

$$\begin{aligned}
\frac{\|\delta\boldsymbol{x}\|}{\|\boldsymbol{x}\|} &= \frac{\|(\boldsymbol{A}+\delta\boldsymbol{A})^{-1}(\delta\boldsymbol{b}-\delta\boldsymbol{A}\cdot\boldsymbol{x})\|}{\|\boldsymbol{x}\|}\\
&\leqslant \frac{\|\boldsymbol{A}^{-1}\|}{1-\|\boldsymbol{A}^{-1}\|\|\delta\boldsymbol{A}\|}\left(\frac{\|\delta\boldsymbol{b}\|}{\|\boldsymbol{x}\|}+\|\delta\boldsymbol{A}\|\right)\\
&\leqslant \frac{\|\boldsymbol{A}^{-1}\|}{1-\|\boldsymbol{A}^{-1}\|\|\delta\boldsymbol{A}\|}\left(\frac{\|\boldsymbol{A}\|\|\delta\boldsymbol{b}\|}{\|\boldsymbol{b}\|}+\|\delta\boldsymbol{A}\|\right)\\
&= \frac{\|\boldsymbol{A}^{-1}\|\|\boldsymbol{A}\|}{1-\|\boldsymbol{A}^{-1}\|\|\delta\boldsymbol{A}\|}\left(\frac{\|\delta\boldsymbol{b}\|}{\|\boldsymbol{b}\|}+\frac{\|\delta\boldsymbol{A}\|}{\|\boldsymbol{A}\|}\right).
\end{aligned}$$

从而对系数矩阵及常向量均有扰动的线性方程组的解，有如下定理成立.

定理 1.21 设 $\boldsymbol{A}$ 为 n 阶非奇异矩阵，$\boldsymbol{b}$ 为 n 维非零向量，假定扰动 $\delta\boldsymbol{A}$ 满足

$$\|\delta\boldsymbol{A}\|\|\boldsymbol{A}^{-1}\|<1,$$

其中 $\|\cdot\|$ 为某种算子范数，若 $\boldsymbol{x}$ 和 $\boldsymbol{x}+\delta\boldsymbol{x}$ 满足关系式 (1.7)，则有

$$\frac{\|\delta\boldsymbol{x}\|}{\|\boldsymbol{x}\|}\leqslant\frac{\|\boldsymbol{A}^{-1}\|\|\boldsymbol{A}\|}{1-\|\boldsymbol{A}^{-1}\|\|\delta\boldsymbol{A}\|}\left(\frac{\|\delta\boldsymbol{b}\|}{\|\boldsymbol{b}\|}+\frac{\|\delta\boldsymbol{A}\|}{\|\boldsymbol{A}\|}\right).$$

上面的定理说明当 $\|\boldsymbol{A}^{-1}\|\|\delta\boldsymbol{A}\|$ 很小，即 $\dfrac{\|\delta\boldsymbol{A}\|}{\|\boldsymbol{A}\|}$ 很小时，解的相对误差 $\dfrac{\|\delta\boldsymbol{x}\|}{\|\boldsymbol{x}\|}$ 为初

始相对误差和

$$\frac{\|\delta \boldsymbol{b}\|}{\|\boldsymbol{b}\|}+\frac{\|\delta \boldsymbol{A}\|}{\|\boldsymbol{A}\|}$$

的 $\|\boldsymbol{A}\|\|\boldsymbol{A}^{-1}\|$ 倍，这个倍数直接决定了解的相对误差的大小.

定义 1.9 对于给定的非奇异矩阵 $\boldsymbol{A}\in\mathbb{C}^{n\times n}$，称数 $\kappa(\boldsymbol{A})=\|\boldsymbol{A}\|\|\boldsymbol{A}^{-1}\|$ 为矩阵 $\boldsymbol{A}$ 的条件数，也称为线性方程组 $\boldsymbol{Ax}=\boldsymbol{b}$ 的条件数.

条件数在一定意义上刻画了初始扰动对线性方程组解的影响，称条件数很大的矩阵 $\boldsymbol{A}$ 为病态矩阵，其对应的线性方程组 $\boldsymbol{Ax}=\boldsymbol{b}$ 称为病态线性方程组. 反之，矩阵称为良态矩阵，其对应的线性方程组 $\boldsymbol{Ax}=\boldsymbol{b}$ 称为良态线性方程组. 矩阵的条件数越大，说明解的相对误差界可能越大，需要求解的线性方程组就越可能是病态方程组. 但条件数多大算病态，通常没有具体的衡量标准；反过来，条件数越小，解的相对误差界就越小，方程组越呈现良态.

下面给出了几种常用的条件数：

$$\kappa_1(\boldsymbol{A})=\|\boldsymbol{A}\|_1\|\boldsymbol{A}^{-1}\|_1,\quad \kappa_\infty(\boldsymbol{A})=\|\boldsymbol{A}\|_\infty\|\boldsymbol{A}^{-1}\|_\infty,\quad \kappa_2(\boldsymbol{A})=\|\boldsymbol{A}\|_2\|\boldsymbol{A}^{-1}\|_2$$

分别称为矩阵 $\boldsymbol{A}$ 的 1-条件数,∞-条件数和 2-条件数. 对于矩阵的 2- 条件数，根据矩阵 2- 范数的定义，有

$$\begin{aligned}\kappa_2(\boldsymbol{A}) &= \sqrt{\lambda_{\max}(\boldsymbol{A}^*\boldsymbol{A})}\sqrt{\lambda_{\max}\big((\boldsymbol{A}^{-1})^*\boldsymbol{A}^{-1}\big)}\\ &= \sqrt{\lambda_{\max}(\boldsymbol{A}^*\boldsymbol{A})}\sqrt{\lambda_{\max}\big((\boldsymbol{A}\boldsymbol{A}^*)^{-1}\big)},\end{aligned}$$

又由于 $\boldsymbol{AA}^*$ 为 Hermite 正定矩阵，则

$$\lambda_{\max}\big((\boldsymbol{AA}^*)^{-1}\big)=\frac{1}{\lambda_{\min}(\boldsymbol{AA}^*)}.$$

又由于矩阵 $\boldsymbol{AA}^*$ 与 $\boldsymbol{A}^*\boldsymbol{A}$ 具有相同的特征值，故

$$\begin{aligned}\kappa_2(\boldsymbol{A}) &= \|\boldsymbol{A}\|_2\|\boldsymbol{A}^{-1}\|_2\\ &= \sqrt{\frac{\lambda_{\max}(\boldsymbol{A}^*\boldsymbol{A})}{\lambda_{\min}(\boldsymbol{AA}^*)}}=\sqrt{\frac{\lambda_{\max}(\boldsymbol{A}^*\boldsymbol{A})}{\lambda_{\min}(\boldsymbol{A}^*\boldsymbol{A})}}.\end{aligned}$$

实际应用中的许多矩阵都是病态的，一个典型的病态矩阵是在数据拟合及函数逼

近中出现的 Hilbert 矩阵

$$\boldsymbol{H}_n = \begin{pmatrix} 1 & \frac{1}{2} & \frac{1}{3} & \cdots & \frac{1}{n} \\ \frac{1}{2} & \frac{1}{3} & \frac{1}{4} & \cdots & \frac{1}{n+1} \\ \vdots & \vdots & \vdots & & \vdots \\ \frac{1}{n} & \frac{1}{n+1} & \frac{1}{n+2} & \cdots & \frac{1}{2n-1} \end{pmatrix},$$

其条件数为

$$\kappa_2(\boldsymbol{H}_5) = 4.7661 \times 10^5, \kappa_2(\boldsymbol{H}_6) = 1.4951 \times 10^7, \kappa_2(\boldsymbol{H}_7) = 4.7537 \times 10^8.$$

说明此矩阵阶数越高问题的病态程度越严重.

定理 1.22 矩阵的条件数具有如下的性质:

- $\kappa(\boldsymbol{A}) \geqslant 1$;
- $\kappa(\boldsymbol{A}) = \kappa(\boldsymbol{A}^{-1})$;
- $\kappa(\alpha\boldsymbol{A}) = \kappa(\boldsymbol{A})$, 其中 $0 \neq \alpha \in \mathbb{R}$;
- 如果 $\boldsymbol{U}$ 为酉矩阵, 则 $\kappa_2(\boldsymbol{U}) = 1, \kappa_2(\boldsymbol{AU}) = \kappa_2(\boldsymbol{UA}) = \kappa_2(\boldsymbol{A})$;
- 矩阵 $\boldsymbol{A}, \boldsymbol{B}$ 可逆, 则 $\kappa(\boldsymbol{AB}) \leqslant \kappa(\boldsymbol{A})\kappa(\boldsymbol{B})$.

证明留作课后习题.

等同于矩阵范数与向量范数，不同范数下的条件数也是等价的，有以下定理成立.

定理 1.23 设 $\boldsymbol{A}$ 为 n 阶非奇异矩阵, $\kappa_\alpha(\boldsymbol{A})$ 及 $\kappa_\beta(\boldsymbol{A})$ 为两种不同范数 $\|\cdot\|_\alpha$ 和 $\|\cdot\|_\beta$ 定义下的条件数, 则存在与 $\boldsymbol{A}$ 无关的正常数 c_1 和 c_2, 使得

$$c_1\kappa_\alpha(\boldsymbol{A}) \leqslant \kappa_\beta(\boldsymbol{A}) \leqslant c_2\kappa_\alpha(\boldsymbol{A}).$$

下面考虑矩阵求逆运算的敏度分析. 对于算子范数 $\|\cdot\|$，若 $\|\boldsymbol{A}^{-1}\|\|\delta\boldsymbol{A}\| < 1$，由于

$$\begin{aligned} \|(\boldsymbol{A}+\delta\boldsymbol{A})^{-1} - \boldsymbol{A}^{-1}\| &= \|\boldsymbol{A}^{-1}(I + \delta\boldsymbol{A}\cdot\boldsymbol{A}^{-1})^{-1}(\delta\boldsymbol{A}\cdot\boldsymbol{A}^{-1})\| \\ &\leqslant \|\boldsymbol{A}^{-1}\|^2\|\delta\boldsymbol{A}\|\frac{1}{1-\|\boldsymbol{A}^{-1}\|\|\delta\boldsymbol{A}\|} \\ &= \|\boldsymbol{A}^{-1}\|\frac{\kappa(\boldsymbol{A})}{1-\kappa(\boldsymbol{A})\frac{\|\delta\boldsymbol{A}\|}{\|\boldsymbol{A}\|}}\frac{\|\delta\boldsymbol{A}\|}{\|\boldsymbol{A}\|}. \end{aligned}$$

有如下定理成立.

定理 1.24 若 $\boldsymbol{A} \in \mathbb{C}^{n\times n}$ 为非奇异矩阵，$\delta\boldsymbol{A}$ 为矩阵 $\boldsymbol{A}$ 的一个小的扰动，满足对任意算子范数 $\|\cdot\|$ 有 $\|\boldsymbol{A}^{-1}\|\|\delta\boldsymbol{A}\| < 1$，则矩阵 $\boldsymbol{A}+\delta\boldsymbol{A}$ 可逆，并且

$$\frac{\|(\boldsymbol{A}+\delta\boldsymbol{A})^{-1}-\boldsymbol{A}^{-1}\|}{\|\boldsymbol{A}^{-1}\|} \leqslant \frac{\kappa(\boldsymbol{A})}{1-\kappa(\boldsymbol{A})\frac{\|\delta\boldsymbol{A}\|}{\|\boldsymbol{A}\|}}\frac{\|\delta\boldsymbol{A}\|}{\|\boldsymbol{A}\|}.$$

矩阵 2-条件数具有如下几何意义：一个非奇异矩阵的 2- 条件数的倒数恰为该矩阵与所有奇异矩阵所组成集合的相对距离.

定理 1.25 若 $\boldsymbol{A} \in \mathbb{C}^{n\times n}$ 为非奇异矩阵，则

$$\min\left\{\frac{\|\delta\boldsymbol{A}\|_2}{\|\boldsymbol{A}\|_2} : \boldsymbol{A}+\delta\boldsymbol{A}\text{奇异}\right\} = \frac{1}{\kappa_2(\boldsymbol{A})}.$$

证明 由引理1.1知，若 $\boldsymbol{A}$ 非奇异，当对任意算子范数 $\|\cdot\|$，$\delta\boldsymbol{A}$ 满足 $\|\boldsymbol{A}^{-1}\|\|\delta\boldsymbol{A}\| < 1$，即

$$\|\delta\boldsymbol{A}\| < \frac{1}{\|\boldsymbol{A}^{-1}\|}$$

时，有 $\boldsymbol{A}+\delta\boldsymbol{A}$ 非奇异，从而有

$$\min\left\{\|\delta\boldsymbol{A}\|_2 : \boldsymbol{A}+\delta\boldsymbol{A}\text{奇异}\right\} \geqslant \frac{1}{\|\boldsymbol{A}^{-1}\|_2}.$$

由于 $\|\boldsymbol{A}^{-1}\|_2$ 是由向量 2-范数诱导出的范数，故存在向量 $\boldsymbol{x}$ 满足

$$\|\boldsymbol{x}\|_2 = 1, \|\boldsymbol{A}^{-1}\boldsymbol{x}\|_2 = \|\boldsymbol{A}^{-1}\|_2.$$

定义

$$\boldsymbol{y} = \frac{\boldsymbol{A}^{-1}\boldsymbol{x}}{\|\boldsymbol{A}^{-1}\boldsymbol{x}\|_2}, \quad \delta\boldsymbol{A} = -\frac{\boldsymbol{x}\boldsymbol{y}^*}{\|\boldsymbol{A}^{-1}\|_2},$$

从而有

$$(\boldsymbol{A}+\delta\boldsymbol{A})\boldsymbol{y} = \frac{\boldsymbol{x}}{\|\boldsymbol{A}^{-1}\boldsymbol{x}\|_2} - \frac{\boldsymbol{x}}{\|\boldsymbol{A}^{-1}\|_2} = \boldsymbol{0},$$

故矩阵 $\boldsymbol{A}+\delta\boldsymbol{A}$ 奇异. 另一方面，有

$$\|\delta \boldsymbol{A}\|_2 = \max_{\|\boldsymbol{z}\|_2=1} \left\| \frac{\boldsymbol{x}\boldsymbol{y}^*\boldsymbol{z}}{\|\boldsymbol{A}^{-1}\|_2} \right\|_2 = \frac{1}{\|\boldsymbol{A}^{-1}\|_2} \max_{\|\boldsymbol{z}\|_2=1} (\boldsymbol{y}^*\boldsymbol{z}) = \frac{1}{\|\boldsymbol{A}^{-1}\|_2},$$

从而定理成立. □

假定 $\widetilde{\boldsymbol{x}}$ 是 $\boldsymbol{A}\boldsymbol{x} = \boldsymbol{b}$ 的近似解，那么是否当残量 $\|\boldsymbol{b} - \boldsymbol{A}\widetilde{\boldsymbol{x}}\|$ 很小时就可以断定 $\widetilde{\boldsymbol{x}}$ 是真实解 $\boldsymbol{x}$ 的一个好的近似呢？下面的定理给出了近似解的残量与它的相对误差间的关系，说明对于良态线性方程组，残量可作为解的相对误差的一个好的度量. 对于病态方程组，虽然残量已经很小，但解的相对误差仍然很大.

定理 1.26 若矩阵 $\boldsymbol{A}$ 非奇异，向量 $\boldsymbol{x}$ 与 $\widetilde{\boldsymbol{x}}$ 分别是线性方程组 $\boldsymbol{A}\boldsymbol{x} = \boldsymbol{b}$ 的真实解与近似解，则有估计式

$$\frac{1}{\kappa(\boldsymbol{A})} \frac{\|\boldsymbol{b} - \boldsymbol{A}\widetilde{\boldsymbol{x}}\|}{\|\boldsymbol{b}\|} \leqslant \frac{\|\boldsymbol{x} - \widetilde{\boldsymbol{x}}\|}{\|\boldsymbol{x}\|} \leqslant \kappa(\boldsymbol{A}) \frac{\|\boldsymbol{b} - \boldsymbol{A}\widetilde{\boldsymbol{x}}\|}{\|\boldsymbol{b}\|}.$$

证明 对于向量 $\boldsymbol{x} - \widetilde{\boldsymbol{x}}$，有

$$\boldsymbol{b} - \boldsymbol{A}\widetilde{\boldsymbol{x}} = \boldsymbol{A}(\boldsymbol{x} - \widetilde{\boldsymbol{x}}), \quad \boldsymbol{x} - \widetilde{\boldsymbol{x}} = \boldsymbol{A}^{-1}(\boldsymbol{b} - \boldsymbol{A}\widetilde{\boldsymbol{x}}),$$

从而

$$\frac{\|\boldsymbol{b} - \boldsymbol{A}\widetilde{\boldsymbol{x}}\|}{\|\boldsymbol{A}\|} \leqslant \|\boldsymbol{x} - \widetilde{\boldsymbol{x}}\| \leqslant \|\boldsymbol{A}^{-1}\|\|\boldsymbol{b} - \boldsymbol{A}\widetilde{\boldsymbol{x}}\|. \tag{1.9}$$

对于向量 $\boldsymbol{x}$，有

$$\boldsymbol{b} = \boldsymbol{A}\boldsymbol{x}, \quad \boldsymbol{x} = \boldsymbol{A}^{-1}\boldsymbol{b},$$

从而

$$\frac{\|\boldsymbol{b}\|}{\|\boldsymbol{A}\|} \leqslant \|\boldsymbol{x}\| \leqslant \|\boldsymbol{A}^{-1}\|\|\boldsymbol{b}\|. \tag{1.10}$$

由关系式 (1.9) 及 (1.10) 结合可得结论. □

例 1.17 对于 10 阶 Hilbert 矩阵 $\boldsymbol{H}_{10}$，令 $\boldsymbol{b} = \boldsymbol{H}_{10}\boldsymbol{x}_*$，其中

$$\boldsymbol{x}_* = (0, 0, 0, 1, 0, 0, 0, 0, 0, 0)^{\mathrm{T}},$$

则 $\boldsymbol{H}_{10}\boldsymbol{x} = \boldsymbol{b}$ 的真实解为 $\boldsymbol{x}_*$. 此外可以验证对于向量 $\widetilde{\boldsymbol{x}} = (0, 0, 0, 1, -1, 1, 1, -1, 1, -1)^{\mathrm{T}}$ 有

$$\frac{\|\boldsymbol{H}_{10}\widetilde{\boldsymbol{x}}-\boldsymbol{b}\|_2}{\|\boldsymbol{b}\|_2}\approx 0.0149,\quad \frac{\|\widetilde{\boldsymbol{x}}-\boldsymbol{x}_*\|_2}{\|\boldsymbol{x}_*\|_2}=\sqrt{6}.$$

这说明虽然残量很小，但近似解与真实解的差距可能较大.

1.6 初等正交变换

本部分主要介绍两种最基本的初等正交变换，它们是数值线性代数最重要的基本工具之一，可以将一般矩阵变为具有特殊结构的矩阵，同时能够保持两者的众多性质不改变，比如 2-范数，F-范数等，也具有良好的数值稳定性.

1.6.1 Householder 变换

Householder 变换，也称为初等反射矩阵或镜像变换，是 Householder 于 1958 年为讨论矩阵特征值问题而提出的.

定义 1.10 设 $\boldsymbol{\omega}\in\mathbb{R}^n$，并且满足 $\|\boldsymbol{\omega}\|_2=1$，称如下定义的矩阵

$$\boldsymbol{H}=\boldsymbol{I}_n-2\boldsymbol{\omega}\boldsymbol{\omega}^{\mathrm{T}}$$

为 n 阶 Householder 矩阵.

Householder 矩阵是单位矩阵的秩一修正，下面的定理简单列出了 Householder 矩阵的一些重要性质.

定理 1.27 n 阶 Householder 矩阵 $\boldsymbol{H}$ 满足：

- 对称正交性；
- $\boldsymbol{H}$ 有且仅有两个互不相同的特征值 ±1，其中 1 是 $n-1$ 重的，-1 是单重的，并且 $\boldsymbol{\omega}$ 就是属于-1 的单位特征向量；
- $\det(\boldsymbol{H})=-1$；
- 对任意的 $\boldsymbol{x}\in(\mathrm{span}\{\boldsymbol{\omega}\})^{\perp}$ 和 $\alpha\in\mathbb{R}$，有

$$\boldsymbol{H}(\boldsymbol{x}+\alpha\boldsymbol{\omega})=\boldsymbol{x}-\alpha\boldsymbol{\omega},$$

即 $\boldsymbol{H}$ 是关于 $\boldsymbol{\omega}$ 的垂直超平面的镜像反射变换图 (1.1).

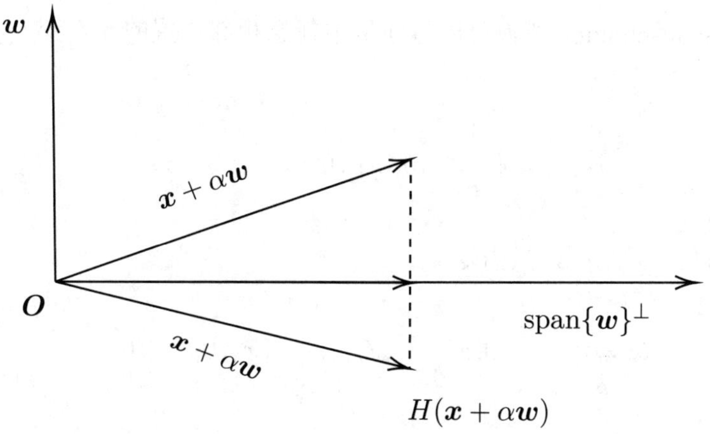

图 1.1　镜像反射变换

Householder 变换可以将任意一个向量变为任一与它具有相同 2-范数的同维向量，如下定理所述.

定理 1.28　设 $\boldsymbol{x}, \boldsymbol{y} \in \mathbb{R}^n$ 且满足 $\|\boldsymbol{x}\|_2 = \|\boldsymbol{y}\|_2$，则一定存在着 n 阶 Householder 矩阵

$$\boldsymbol{H} = \boldsymbol{I}_n - 2\frac{(\boldsymbol{x}-\boldsymbol{y})(\boldsymbol{x}-\boldsymbol{y})^{\mathrm{T}}}{\|\boldsymbol{x}-\boldsymbol{y}\|_2^2},$$

使得 $\boldsymbol{H}\boldsymbol{x} = \boldsymbol{y}$.

证明　对于给定的向量 $\boldsymbol{x}$，有

$$\boldsymbol{H}\boldsymbol{x} = \left(\boldsymbol{I} - 2\frac{(\boldsymbol{x}-\boldsymbol{y})(\boldsymbol{x}-\boldsymbol{y})^{\mathrm{T}}}{(\boldsymbol{x}-\boldsymbol{y})^{\mathrm{T}}(\boldsymbol{x}-\boldsymbol{y})}\right)\boldsymbol{x} = \boldsymbol{x} - 2\frac{\boldsymbol{x}\boldsymbol{x}^{\mathrm{T}} - \boldsymbol{x}\boldsymbol{y}^{\mathrm{T}} - \boldsymbol{y}\boldsymbol{x}^{\mathrm{T}} + \boldsymbol{y}\boldsymbol{y}^{\mathrm{T}}}{\boldsymbol{x}^{\mathrm{T}}\boldsymbol{x} + \boldsymbol{y}^{\mathrm{T}}\boldsymbol{y} - \boldsymbol{x}^{\mathrm{T}}\boldsymbol{y} - \boldsymbol{y}^{\mathrm{T}}\boldsymbol{x}}\boldsymbol{x},$$

由于 $\|\boldsymbol{x}\|_2 = \|\boldsymbol{y}\|_2$，有 $\boldsymbol{x}^{\mathrm{T}}\boldsymbol{x} = \boldsymbol{y}^{\mathrm{T}}\boldsymbol{y}$，又由于 $\boldsymbol{x}^{\mathrm{T}}\boldsymbol{y} = \boldsymbol{y}^{\mathrm{T}}\boldsymbol{x}$，故

$$\boldsymbol{H}\boldsymbol{x} = \boldsymbol{x} - \frac{(\boldsymbol{x}-\boldsymbol{y})(\boldsymbol{x}^{\mathrm{T}}\boldsymbol{x} - \boldsymbol{x}^{\mathrm{T}}\boldsymbol{y})}{\boldsymbol{x}^{\mathrm{T}}\boldsymbol{x} - \boldsymbol{x}^{\mathrm{T}}\boldsymbol{y}} = \boldsymbol{y}.$$

定理得证. □

特别地，Householder 矩阵可以将任一向量变为只有第一个元素非零的同维向量. 即有下面的结论成立.

推论 1.2　设 $\boldsymbol{x} \in \mathbb{R}^n$，则一定存在着 n 阶 Householder 矩阵 $\boldsymbol{H}$，使得

$$\boldsymbol{H}\boldsymbol{x} = \alpha\boldsymbol{e}_1, \alpha = \pm\|\boldsymbol{x}\|_2.$$

实际上，Householder 变换可以将向量中任意相邻位置的元素变为零. 例如，若将向量 $\boldsymbol{x}$ 变为

$$(x_1, \cdots, x_{i-1}, \alpha, 0, \cdots, 0, x_{k+1}, \cdots, x_n),$$

其中 α 满足 $\alpha^2 = \sum\limits_{l=i}^{k} |x_l|^2$，只需令

$$\boldsymbol{\omega} = (0, \cdots, 0, x_i - \alpha, x_{i+1}, \cdots, x_k, 0, \cdots, 0).$$

给定任意一个 $\boldsymbol{x} \in \mathbb{R}^n$，都可根据如下的计算步骤构造 Householder 矩阵 $\boldsymbol{H}$，使其变为一个后 $n-1$ 个分量均为零的向量.

(1) 计算 $\boldsymbol{v} = \boldsymbol{x} \pm \|\boldsymbol{x}\|_2 \boldsymbol{e}_1$；

(2) 计算 $\boldsymbol{\omega} = \boldsymbol{v}/\|\boldsymbol{v}\|_2$；

(3) 计算 $\boldsymbol{H} = \boldsymbol{I} - 2\boldsymbol{\omega}\boldsymbol{\omega}^{\mathrm{T}}$.

在计算过程中，需要注意如下计算问题：

- 计算 $\boldsymbol{v}$ 时，其中的正负号应如何选取；
- 计算 $\boldsymbol{v}$ 时，如果强制要求其中的符号为正，应如何计算；
- 当 $\boldsymbol{x}$ 的分量很大时，如何避免计算过程发生溢出现象.

首先考虑计算 $\boldsymbol{v}$ 时，其中的符号的选取问题. 如果 $\boldsymbol{x}$ 的后 $n-1$ 个分量均接近于零，则 $\boldsymbol{v} = \boldsymbol{x} - \|\boldsymbol{x}\|_2 \boldsymbol{e}_1$ 就会出现两个近似数相减的情形，会造成有效数字的损失. 故在计算过程中应选择 $\|\boldsymbol{x}\|_2$ 前面的符号与 $\boldsymbol{x}$ 的第一个元素的符号相反，即应选取

$$\boldsymbol{v} = \boldsymbol{x} + \mathrm{sgn}(x_1)\|\boldsymbol{x}\|_2 \boldsymbol{e}_1.$$

其次讨论计算 $\boldsymbol{v}$ 时，要求符号固定时的计算问题. 假定符号取正，当 $x_1 < 0$ 时，不会发生两个相近数相减的情形. 当 $x_1 > 0$ 时并且向量 $\boldsymbol{x}$ 接近 $\|\boldsymbol{x}\|_2$ 时，计算 $v_1 = x_1 - \|\boldsymbol{x}\|_2$ 就会出现两个近似数相减的情形，会造成有效数字的损失，只需要对上式进行如下变形

$$v_1 = x_1 - \|\boldsymbol{x}\|_2 = \frac{x_1^2 - \|\boldsymbol{x}\|_2^2}{x_1 + \|\boldsymbol{x}\|_2} = \frac{-(x_2^2 + \cdots + x_n^2)}{x_1 + \|\boldsymbol{x}\|_2},$$

即可避免有效数字的损失.

最后讨论当 $\boldsymbol{x}$ 的分量很大时，如何避免计算过程中可能发生的溢出现象. 为了避

免溢出现象，对向量 $\boldsymbol{x}$ 进行归一化处理，即用 $\boldsymbol{x}'=\dfrac{\boldsymbol{x}}{\|\boldsymbol{x}\|_\infty}$ 代替 $\boldsymbol{x}$，在这个过程中

$$\boldsymbol{v}'=\boldsymbol{x}'+\operatorname{sgn}(x_1')\|\boldsymbol{x}'\|_2\boldsymbol{e}_1=\frac{\boldsymbol{v}}{\|\boldsymbol{v}\|_\infty}$$

也经过归一化处理，但是

$$\boldsymbol{\omega}'=\frac{\boldsymbol{v}'}{\|\boldsymbol{v}'\|_2}=\frac{\boldsymbol{v}}{\|\boldsymbol{v}\|_2}=\boldsymbol{\omega},\boldsymbol{H}'=\boldsymbol{I}-2\boldsymbol{\omega}'(\boldsymbol{\omega}')^{\mathrm{T}}=\boldsymbol{I}-2\boldsymbol{\omega}\boldsymbol{\omega}^{\mathrm{T}}=\boldsymbol{H}$$

没有发生任何改变.

实际计算中，不需要将 $\boldsymbol{\omega}$ 具体表示出来. 对于 Householder 矩阵，有

$$\boldsymbol{H}=\boldsymbol{I}-2\boldsymbol{\omega}\boldsymbol{\omega}^{\mathrm{T}}=\boldsymbol{I}-2\frac{\boldsymbol{v}\boldsymbol{v}^{\mathrm{T}}}{\|\boldsymbol{v}\|_2^2}=\boldsymbol{I}-\beta\boldsymbol{v}\boldsymbol{v}^{\mathrm{T}},$$

只需将 β 及 $\boldsymbol{v}$ 求出. 对于给定的向量 $\boldsymbol{x}$，$\boldsymbol{v}$ 与归一化 $\boldsymbol{x}$ 得到的 $\boldsymbol{x}'$ 的后 $n-1$ 个分量相同，唯一不同在于第一个元素为 $x_1'+\operatorname{sgn}(x_1')\|\boldsymbol{x}'\|_2$. β 的值为

$$\beta=\frac{2}{\|\boldsymbol{v}\|_2^2}=\frac{2}{\|\boldsymbol{x}'\|_2^2-|x_1'|^2+(x_1'+\operatorname{sgn}(x_1')\|\boldsymbol{x}'\|_2)^2}=\frac{1}{(\|\boldsymbol{x}'\|_2+|x_1'|)\|\boldsymbol{x}'\|_2}.$$

在此计算过程中，共需要 $n+1$ 个除法，$n+1$ 个乘法，$n+1$ 个加法，1 个开方运算. 实际计算中，为了存储的需要，我们可以将 $\boldsymbol{v}$ 规格化为第一个分量为 1 的新向量，从而不需要存储新向量的第一个分量. 而 $\boldsymbol{x}$ 约化后的后 $n-1$ 个分量为 0，可将新向量的后 $n-1$ 个分量存储在 $\boldsymbol{x}$ 的后 $n-1$ 个位置. 但注意此时新的 β 值变为 βv_1^2. 基于上述分析，构造实 Householder 矩阵的算法可描述如下：

算法 1.1 实 Householder 矩阵的构造

输入： 向量$\boldsymbol{x}$

输出： 数beta及向量$\boldsymbol{v}$

```
gamma=norm(x,inf);
v = x/gamma;
alpha = norm(v);
newv1 = v(1)+sign(v(1)) * alpha;
beta = newv1 ∧ 2/((alpha + abs(v(1))) * alpha);
v(1) = 1 , v(2 : length(x)) = v(2 : length(x))/newv1;
```

该算法实现了对于给定的向量 $\boldsymbol{x}=(x_1,\cdots,x_n)^{\mathrm{T}}$，构造向量 $\boldsymbol{v}=(1,\cdots,v_n)^{\mathrm{T}}$ 及

数 β 使得

$$(\boldsymbol{I}-\beta\boldsymbol{v}\boldsymbol{v}^{\mathrm{T}})\boldsymbol{x}=-\mathrm{sgn}(x_1)\alpha\boldsymbol{e}_1.$$

上述算法具有很好的数值稳定性. 对于由上述算法计算出的 $\widetilde{\boldsymbol{v}},\widetilde{\beta}$，令 $\widetilde{\boldsymbol{H}}=\boldsymbol{I}-\widetilde{\beta}\widetilde{\boldsymbol{v}}\widetilde{\boldsymbol{v}}^{\mathrm{T}}$，有

$$\|\boldsymbol{H}-\widetilde{\boldsymbol{H}}\|_2=O(u),$$

这就意味着 $\widetilde{\boldsymbol{H}}$ 在机器精度内是正交的. 详细的误差分析参考文献 [49].

在利用 Householder 矩阵将一个矩阵进行约化时，主要是将一个 Householder 矩阵 $\boldsymbol{H}\in\mathbb{R}^{n\times n}$ 与一个矩阵 $\boldsymbol{A}\in\mathbb{R}^{n\times m}$ 相乘，如果直接计算 $\boldsymbol{HA}$，则计算量为 $mn(2n-1)$. 现在考虑如何更加有效地计算 $\boldsymbol{H}$ 与 $\boldsymbol{A}$ 的乘积：

$$\boldsymbol{HA}=(\boldsymbol{I}-\beta\boldsymbol{v}\boldsymbol{v}^{\mathrm{T}})\boldsymbol{A}=\boldsymbol{A}-(\beta\boldsymbol{v})(\boldsymbol{v}^{\mathrm{T}}\boldsymbol{A}).$$

此时的计算量为 $4mn-m+n$. 若用矩阵 $\widetilde{\boldsymbol{H}}$ 对给定的矩阵 $\boldsymbol{A}$ 进行修正，有

$$\begin{aligned}fl(\widetilde{\boldsymbol{H}}\boldsymbol{A})&=\boldsymbol{H}(\boldsymbol{A}+\boldsymbol{E}),\quad \|\boldsymbol{E}\|_2=O(u\|\boldsymbol{A}\|_2),\\ fl(\boldsymbol{A}\widetilde{\boldsymbol{H}})&=(\boldsymbol{A}+\boldsymbol{E})\boldsymbol{H},\quad \|\boldsymbol{E}\|_2=O(u\|\boldsymbol{A}\|_2),\end{aligned}$$

说明利用 $\widetilde{\boldsymbol{H}}$ 近似修正非常接近于利用 $\boldsymbol{H}$ 精确修正. 详细的误差分析参考文献 [49].

复 Householder 矩阵具有如下形式

$$\boldsymbol{H}=\boldsymbol{I}_n-2\boldsymbol{\omega}\boldsymbol{\omega}^*,$$

其中 $\boldsymbol{\omega}\in\mathbb{C}^n$ 且满足 $\|\boldsymbol{\omega}\|_2=1$. 容易验证其为 Hermite、酉矩阵. 与实 Householder 矩阵情形不同的是：对于 $\mathbb{C}^n$ 中任意两个向量 $\boldsymbol{x},\boldsymbol{y}$，单有条件 $\|\boldsymbol{x}\|_2=\|\boldsymbol{y}\|_2$ 并不能保证存在 n 阶复 Householder 矩阵 $\boldsymbol{H}$，使得 $\boldsymbol{Hx}=\boldsymbol{y}$. 事实上，有下述定理成立.

定理 1.29 *设 $\boldsymbol{x},\boldsymbol{y}\in\mathbb{C}^n$，存在复 Householder 矩阵 $\boldsymbol{H}$ 使得 $\boldsymbol{Hx}=\boldsymbol{y}$ 的充分必要条件是*

$$\|\boldsymbol{x}\|_2=\|\boldsymbol{y}\|_2,\quad \overline{\boldsymbol{x}^*\boldsymbol{y}}=\boldsymbol{x}^*\boldsymbol{y}.$$

证明 必要性：复 Householder 矩阵 $\boldsymbol{H}$ 为酉矩阵，故 $\|\boldsymbol{x}\|_2=\|\boldsymbol{y}\|_2$. 复 Householder

矩阵 $\boldsymbol{H}$ 为 Hermite 矩阵，故

$$\overline{\boldsymbol{x}^*\boldsymbol{y}} = \overline{\boldsymbol{x}^*\boldsymbol{H}\boldsymbol{x}} = \boldsymbol{x}^*\boldsymbol{H}^*\boldsymbol{x} = \boldsymbol{x}^*\boldsymbol{H}\boldsymbol{x} = \boldsymbol{x}^*\boldsymbol{y}.$$

充分性：由 $\|\boldsymbol{x}\|_2 = \|\boldsymbol{y}\|_2, \overline{\boldsymbol{x}^*\boldsymbol{y}} = \boldsymbol{x}^*\boldsymbol{y}$ ，可得

$$\|\boldsymbol{x}-\boldsymbol{y}\|_2^2 = (\boldsymbol{x}-\boldsymbol{y})^*(\boldsymbol{x}-\boldsymbol{y}) = \boldsymbol{x}^*\boldsymbol{x} - \boldsymbol{x}^*\boldsymbol{y} - \boldsymbol{y}^*\boldsymbol{x} - \boldsymbol{y}^*\boldsymbol{y} = 2(\boldsymbol{x}^*\boldsymbol{x} - \boldsymbol{y}^*\boldsymbol{x}).$$

令

$$\boldsymbol{H} = \boldsymbol{I}_n - 2\frac{(\boldsymbol{x}-\boldsymbol{y})(\boldsymbol{x}-\boldsymbol{y})^*}{\|\boldsymbol{x}-\boldsymbol{y}\|_2^2},$$

则有

$$\boldsymbol{H}\boldsymbol{x} = \boldsymbol{x} - 2\frac{(\boldsymbol{x}-\boldsymbol{y})(\boldsymbol{x}-\boldsymbol{y})^*\boldsymbol{x}}{\|\boldsymbol{x}-\boldsymbol{y}\|_2^2} = \boldsymbol{x} - 2\frac{(\boldsymbol{x}-\boldsymbol{y})(\boldsymbol{x}^*\boldsymbol{x}-\boldsymbol{y}^*\boldsymbol{x})}{2(\boldsymbol{x}^*\boldsymbol{x}-\boldsymbol{y}^*\boldsymbol{x})} = \boldsymbol{y}.$$

定理得证. □

推论 1.3　设 $\boldsymbol{0} \neq \boldsymbol{x} \in \mathbb{C}^n$，则一定存在酉矩阵

$$\boldsymbol{H} = \boldsymbol{I} - 2\omega\omega^*, \omega = \frac{\boldsymbol{x} - \alpha\boldsymbol{e}_1}{\|\boldsymbol{x} - \alpha\boldsymbol{e}_1\|_2},$$

其中

$$\alpha = \begin{cases} \pm\|\boldsymbol{x}\|_2, & x_1 = 0, \\ \pm\mathrm{e}^{\mathrm{i}\mathrm{Arg}x_1}\|\boldsymbol{x}\|_2, & x_1 \neq 0, \end{cases}$$

$\mathrm{Arg}\,x_1$ 为 x_1 的辐角，使得 $\boldsymbol{H}\boldsymbol{x} = \alpha\boldsymbol{e}_1$.

1.6.2 Givens 变换

Givens 变换也是一种正交变换，不同于上面的 Householder 变换，它每次只能将一个元素变为 0. 在实际应用中，经常需要有选择地消去一些非零元素，而 Givens 变换可以实现这个功能. 它是单位阵的秩二修正矩阵

$$\boldsymbol{G}(i,j,\theta) = \boldsymbol{I} + s(\boldsymbol{e}_i\boldsymbol{e}_k^{\mathrm{T}} - \boldsymbol{e}_k\boldsymbol{e}_i^{\mathrm{T}}) + (c-1)(\boldsymbol{e}_i\boldsymbol{e}_i^{\mathrm{T}} + \boldsymbol{e}_k\boldsymbol{e}_k^{\mathrm{T}}),$$

其中 $c=\cos\theta, s=\sin\theta$. 具有如下形式：

$$
\boldsymbol{G}(i,j,\theta)=\begin{pmatrix}
1 & & & & & & \\
& \ddots & & & & & \\
& & c & \cdots & s & & \\
& & \vdots & \ddots & \vdots & & \\
& & -s & \cdots & c & & \\
& & & & & \ddots & \\
& & & & & & 1
\end{pmatrix}.
$$

在二维情况下，利用该矩阵左乘一个二维向量，就是把该向量沿顺时针方向旋转 θ 角度. 有时也称该变换为平面旋转变换.

给定一个向量 $\boldsymbol{x}\in\mathbb{R}^n$，设 $\boldsymbol{y}=\boldsymbol{G}(i,j,\theta)\boldsymbol{x}$，则有

$$
\begin{cases}
y_k=x_k, & \\
y_i=cx_i+sx_j, & k\neq i,j\\
y_j=-sx_i+cx_j. &
\end{cases}
$$

为使得 $\boldsymbol{y}$ 的第 j 个分量为 0，则应取

$$
c=\frac{x_i}{\sqrt{x_i^2+x_j^2}},\quad s=\frac{x_j}{\sqrt{x_i^2+x_j^2}}.
$$

此算法只需 2 个乘法，2 个除法，1 个加法，1 个开方运算.

对于给定的向量 $\boldsymbol{x}=(x_1,\cdots,x_n)^{\mathrm{T}}$，为防止计算过程中计算 c 和 s 时发生溢出，采用如下策略计算 c 和 s，

- 若 $x_j=0$，则 $c=1, s=0$；
- 若 $|x_j|\geqslant|x_i|$，取 $t=\dfrac{x_i}{x_j}$，$s=\dfrac{1}{\sqrt{1+t^2}}$，$c=st$；
- 若 $|x_j|<|x_i|$，取 $t=\dfrac{x_j}{x_i}$，$c=\dfrac{1}{\sqrt{1+t^2}}$，$s=ct$.

具体来说，对于给定向量的两个分量 x_i,x_j，实现变换

$$
\begin{pmatrix} c & s\\ -s & c\end{pmatrix}\begin{pmatrix} x_i\\ x_j\end{pmatrix}=\begin{pmatrix}\sigma\\ 0\end{pmatrix}
$$

的计算流程如下：

算法 1.2 实 Givens 矩阵的构造

输入： 数 x_1, x_2

输出： 数 σ , c , s

$\sigma = \sqrt{x_1^2 + x_2^2}$;

if $x_2 == 0$ **then**

  $c = 1, s = 0, \sigma = x_1,$ **return**

end if

if $|x_2| >= |x_1|$ **then**

  $t = x_1/x_2, s = 1/\sqrt{1+t^2}, c = st$

else

  $t = x_2/x_1, c = 1/\sqrt{1+t^2}, s = ct$

end if

上述算法需乘法 4 次，除法、加法和开方运算各 2 次，并且具有良好的数值稳定性. 设 $\tilde{c}$ 和 $\tilde{s}$ 是 c 和 s 的计算结果，则有如下估计式：

$$\tilde{c} = c(1+\delta), \quad \delta = O(u),$$
$$\tilde{s} = s(1+\varepsilon), \quad \varepsilon = O(u),$$

详细的误差分析参考文献 [49].

在实际应用中，经常需要计算一个 Givens 矩阵 $\boldsymbol{G}(i,j,\theta)$ 与一个矩阵 $\boldsymbol{A}$ 的乘积 $\boldsymbol{G}(i,j,\theta)A$. 对矩阵 $\boldsymbol{A}$ 左乘 Givens 矩阵 $\boldsymbol{G}(i,j,\theta)$ 只会改变矩阵的第 i 行及第 j 行，其他元素的值不会发生改变，故只需将矩阵 $\boldsymbol{A}$ 的第 i 行及第 j 行替换为

$$c\boldsymbol{A}_i + s\boldsymbol{A}_j, \ -s\boldsymbol{A}_i + c\boldsymbol{A}_j,$$

其中 $\boldsymbol{A}_i$ 及 $\boldsymbol{A}_j$ 分别为矩阵 $\boldsymbol{A}$ 的 i 行及第 j 行. 若用 Givens 矩阵 $\widetilde{\boldsymbol{G}}(i,j,\theta)$ 对给定的矩阵 $\boldsymbol{A}$ 进行修正，有

$$fl(\widetilde{\boldsymbol{G}}(i,j,\theta)\boldsymbol{A}) = \boldsymbol{G}(i,j,\theta)(\boldsymbol{A}+\boldsymbol{E}), \quad \|\boldsymbol{E}\|_2 = O(u\|\boldsymbol{A}\|_2),$$
$$fl(\boldsymbol{A}\widetilde{\boldsymbol{G}}(i,j,\theta)) = (\boldsymbol{A}+\boldsymbol{E})\boldsymbol{G}(i,j,\theta), \quad \|\boldsymbol{E}\|_2 = O(u\|\boldsymbol{A}\|_2),$$

这说明利用 $\widetilde{\boldsymbol{G}}(i,j,\theta)$ 来近似修正与利用 $\boldsymbol{G}(i,j,\theta)$ 来精确修正结果非常接近. 详细的误差分析参考文献 [49].

1.7 矩阵的因子分解

矩阵分解是设计数值算法的重要技术之一. 利用矩阵分解，我们可以将一般的矩阵与特殊矩阵建立联系，通过分析特殊矩阵的性质得到一般矩阵的相关性质. 例如在高等代数中，如果有了一个矩阵的 Jordan 分解，则很容易得到此矩阵的相关特征信息. 另外，将一个矩阵分解为几个具有特殊性质的矩阵的乘积在很多矩阵计算中有很重要的应用，例如，如果可以将一个矩阵分解为两个三角矩阵的乘积，则线性方程组求解问题就可以转化为两个简单的三角形线性方程组的求解. 本部分主要介绍在线性方程组求解问题、最小二乘问题和特征值问题中有重要应用的几种矩阵分解理论：满秩分解、QR 分解、Jordan 分解、Schur 分解及奇异值分解.

1.7.1 满秩分解

对于任意给定的矩阵 $\boldsymbol{A}\in\mathbb{C}^{m\times n}$，且满足 $\operatorname{rank}(\boldsymbol{A})=r$. 令 $\boldsymbol{A}=(\boldsymbol{a}_1,\cdots,\boldsymbol{a}_n)$，则一定存在 r 个 m 维向量 $\boldsymbol{g}_1,\cdots,\boldsymbol{g}_r$ 使得

$$\boldsymbol{a}_i=s_{1i}\boldsymbol{g}_1+s_{2i}\boldsymbol{g}_2+\cdots+s_{ri}\boldsymbol{g}_r.$$

若令

$$\boldsymbol{G}=(\boldsymbol{g}_1,\cdots,\boldsymbol{g}_r),\ \boldsymbol{S}=\begin{pmatrix} s_{11} & s_{12} & \cdots & s_{1n} \\ s_{21} & s_{22} & \cdots & s_{2n} \\ \vdots & \vdots & & \vdots \\ s_{r1} & s_{r2} & \cdots & s_{rn} \end{pmatrix},$$

则有如下因子分解 $\boldsymbol{A}=\boldsymbol{G}\boldsymbol{S}$, 其中 $\operatorname{rank}(\boldsymbol{G})=r$. 进一步由于 $\operatorname{rank}(\boldsymbol{A})=r$，则 $\operatorname{rank}(\boldsymbol{S})=r$. 有如下定理成立.

定理 1.30 设 $\boldsymbol{A}\in\mathbb{C}^{m\times n}$ 且 $\operatorname{rank}(\boldsymbol{A})=r$，则矩阵 $\boldsymbol{A}$ 可以分解为

$$\boldsymbol{A}=\boldsymbol{G}\boldsymbol{S},\tag{1.11}$$

其中 $\boldsymbol{G}\in\mathbb{C}^{m\times r}$ 和 $\boldsymbol{S}\in\mathbb{C}^{r\times n}$ 分别为列满秩和行满秩矩阵.

对于给定的秩为 r 的矩阵 $\boldsymbol{A}$，称式 (1.11) 为矩阵 $\boldsymbol{A}$ 的满秩分解. 另外由第2章的知识可知，对于给定的矩阵，可以利用带主元的 Gauss 消去法数值实现其满秩分解.

1.7.2 QR 分解

矩阵的 QR 分解是数值代数很多重要的计算方法的基础，例如，求矩阵特征值的 QR 方法及求解最小二乘问题的正交化方法等.

假定矩阵 $\boldsymbol{A}\in\mathbb{R}^{n\times n}$ 为非奇异矩阵，对其列 $(\boldsymbol{a}_1,\cdots,\boldsymbol{a}_n)$ 进行 Gram-Schmidt 正交化过程，有

$$\begin{aligned}
&\boldsymbol{b}_1=\boldsymbol{a}_1/\|\boldsymbol{a}_1\|_2, \\
&\widehat{\boldsymbol{b}}_2=\boldsymbol{a}_2-(\boldsymbol{a}_2^{\mathrm{T}}\boldsymbol{b}_1)\boldsymbol{b}_1, && \boldsymbol{b}_2=\widehat{\boldsymbol{b}}_2/\|\widehat{\boldsymbol{b}}_2\|_2, \\
&\quad\vdots \\
&\widehat{\boldsymbol{b}}_n=\boldsymbol{a}_n-(\boldsymbol{a}_n^{\mathrm{T}}\boldsymbol{b}_1)\boldsymbol{b}_1-\cdots-(\boldsymbol{a}_n^{\mathrm{T}}\boldsymbol{b}_{n-1})\boldsymbol{b}_{n-1}, && \boldsymbol{b}_n=\widehat{\boldsymbol{b}}_n/\|\widehat{\boldsymbol{b}}_n\|_2.
\end{aligned}$$

重新改写后可得如下等式

$$\boldsymbol{a}_i=(\boldsymbol{a}_i^{\mathrm{T}}\boldsymbol{b}_1)\boldsymbol{b}_1+\cdots+(\boldsymbol{a}_i^{\mathrm{T}}\boldsymbol{b}_{i-1})\boldsymbol{b}_{i-1}+\|\widehat{\boldsymbol{b}}_i\|_2\boldsymbol{b}_i,\quad 1\leqslant i\leqslant n,$$

矩阵形式为

$$(\boldsymbol{a}_1,\cdots,\boldsymbol{a}_n)=(\boldsymbol{b}_1,\cdots,\boldsymbol{b}_n)\begin{pmatrix}\|\boldsymbol{a}_1\|_2 & \boldsymbol{a}_2^{\mathrm{T}}\boldsymbol{b}_1 & \cdots & \boldsymbol{a}_n^{\mathrm{T}}\boldsymbol{b}_1 \\ & \|\widehat{\boldsymbol{b}}_2\|_2 & \cdots & \boldsymbol{a}_n^{\mathrm{T}}\boldsymbol{b}_2 \\ & & \ddots & \vdots \\ & & & \|\widehat{\boldsymbol{b}}_n\|_2\end{pmatrix}.$$

故存在一个正交阵 $\boldsymbol{Q}$ 及对角元非负的上三角阵 $\boldsymbol{R}$，使得 $\boldsymbol{A}=\boldsymbol{Q}\boldsymbol{R}$. 对于更一般的矩阵 $\boldsymbol{A}$，有如下定理.

定理 1.31 设 $\boldsymbol{A}\in\mathbb{C}^{m\times n}(m\geqslant n)$，则 $\boldsymbol{A}$ 可以分解为

$$\boldsymbol{A}=\boldsymbol{Q}\begin{pmatrix}\boldsymbol{R}\\ \boldsymbol{O}\end{pmatrix}, \tag{1.12}$$

其中 $\boldsymbol{Q}\in\mathbb{C}^{m\times m}$ 为酉矩阵，$\boldsymbol{R}\in\mathbb{C}^{n\times n}$ 为具有非负对角元的上三角阵.

证明 令矩阵 $\boldsymbol{A}=\left(\boldsymbol{a}_1^0,\cdots,\boldsymbol{a}_n^0\right)$，由推论1.3 可知存在 n 阶酉矩阵 $\boldsymbol{Q}_1=\boldsymbol{H}(\omega_1)$ 使得 $\boldsymbol{Q}_1\boldsymbol{a}_1^0=\|\boldsymbol{a}_1^0\|_2\boldsymbol{e}_1$，从而有

$$\boldsymbol{Q}_1\boldsymbol{A}=\begin{pmatrix}\|\boldsymbol{a}_1^0\|_2 & \boldsymbol{v}_1^* \\ \boldsymbol{0}_{m-1,1} & \boldsymbol{A}_1\end{pmatrix}.$$

进一步，对于矩阵 $\boldsymbol{A}_1=(\boldsymbol{a}_1^1,\cdots,\boldsymbol{a}_{n-1}^1)$，存在 $n-1$ 阶酉矩阵 $\boldsymbol{H}(\omega_2)$ 使得 $H(\omega_2)\boldsymbol{a}_1^1=\|\boldsymbol{a}_1^1\|_2\boldsymbol{e}_1$，从而有

$$\boldsymbol{H}(\omega_2)\boldsymbol{A}_1=\begin{pmatrix}\|\boldsymbol{a}_1^1\|_2 & \boldsymbol{v}_2^* \\ \boldsymbol{0}_{m-2,1} & \boldsymbol{A}_2\end{pmatrix}.$$

令 $\boldsymbol{Q}_2=\begin{pmatrix}1 & \\ & \boldsymbol{H}(\omega_2)\end{pmatrix}$，有

$$\boldsymbol{Q}_2\boldsymbol{Q}_1\boldsymbol{A}=\begin{pmatrix}\|\boldsymbol{a}_1^0\|_2 & \boldsymbol{v}_1^{\mathrm{T}} \\ \boldsymbol{0}_{m-1,1} & \boldsymbol{H}(\omega_2)\boldsymbol{A}_1\end{pmatrix}.$$

依次类推，在 $\boldsymbol{A}$ 的左边逐次乘以酉矩阵

$$\boldsymbol{Q}_k=\begin{pmatrix}\boldsymbol{I}_{k-1} & \\ & \boldsymbol{H}(\omega_k)\end{pmatrix},$$

其中 $\boldsymbol{H}(\omega_k)$ 为 $(m-k+1)$ 阶复 Householder 矩阵，所得矩阵

$$\boldsymbol{Q}_n\cdots\boldsymbol{Q}_2\boldsymbol{Q}_1\boldsymbol{A}=\boldsymbol{R}$$

是上三角阵，并且对角元均非负，且 $\boldsymbol{Q}=\boldsymbol{Q}_1^*\boldsymbol{Q}_2^*\cdots\boldsymbol{Q}_n^*$ 也是酉矩阵. □

上述证明过程可以看作是计算矩阵 QR 分解的算法，其计算量为 $2n^2(m-n/3)$，并且具有良好的数值性态，具体舍入误差分析参考文献 [49]. 由于 $\boldsymbol{Q}$ 是多个 Householder 矩阵的乘积，故在每步计算过程当中只需存储 β, v. 以 5×4 矩阵为例，具体存储可表示为

$$\boldsymbol{A}=\begin{pmatrix}r_{11} & r_{12} & r_{13} & r_{14} \\ v_2^{(1)} & r_{22} & r_{23} & r_{24} \\ v_3^{(1)} & v_3^{(2)} & r_{33} & r_{34} \\ v_4^{(1)} & v_4^{(2)} & v_4^{(3)} & r_{44} \\ v_5^{(1)} & v_5^{(2)} & v_5^{(3)} & v_5^{(4)}\end{pmatrix},\boldsymbol{d}=\begin{pmatrix}\beta_1 \\ \beta_2 \\ \beta_3 \\ \beta_4\end{pmatrix}.$$

算法具体描述如下：

算法 1.3　实矩阵的 QR 分解

输入： 矩阵$\boldsymbol{A}$

输出： 矩阵$\boldsymbol{A}$和向量$\boldsymbol{d}$

```
[m, n] = size(A);
for  i = 1 : min(m, n)  do
  [v, beta] = Householder(A(i : m, i)); % 利用算法1.1求数beta及向量v
  A(i : m, i : n) = A(i : m, i : n) − (beta ∗ v) ∗ (v' ∗ A(i : m, i : n));
  d(i) = beta;
  if  i < m  then
    A(i + 1 : m, i) = v(2 : m − i + 1);
  end  if
end  for
```

下面的例子给出了利用 Householder 变换实现矩阵 QR 分解的具体过程及存储，也是算法1.3 的具体实现.

例 1.18　利用 Householder 变换实现如下矩阵 $\boldsymbol{A}$ 的 QR 分解

$$\boldsymbol{A}=\begin{pmatrix}-1&-1&-1\\-2&-3&-1\\-2&-1&5\end{pmatrix}.$$

解　对 $\boldsymbol{A}$ 的第一列 $(-1,-2,-2)^{\mathrm{T}}$，由算法 1.1 构造 Householder 矩阵 $\boldsymbol{H}_1=\boldsymbol{I}_3-\beta_1\boldsymbol{v}_1\boldsymbol{v}_1^{\mathrm{T}}$，其中 $\beta_1=4/3,\quad \boldsymbol{v}_1=(1,1/2,1/2)^{\mathrm{T}}$，使得

$$\boldsymbol{H}_1\boldsymbol{A}=\boldsymbol{A}-(\beta_1\boldsymbol{v}_1)\boldsymbol{v}_1^{\mathrm{T}}\boldsymbol{A}=\begin{pmatrix}3&3&-7/3\\0&-1&-5/3\\0&1&13/3\end{pmatrix}.$$

类似的过程，对向量 $(-1,1)^{\mathrm{T}}$，由算法 1.1 构造 Householder 矩阵 $\widehat{\boldsymbol{H}}_2=\boldsymbol{I}_2-\beta_2\boldsymbol{v}_2\boldsymbol{v}_2^{\mathrm{T}}$，其中 $\beta_2=(2+\sqrt{2})/2,\quad \boldsymbol{v}_2=\left(1,1-\sqrt{2}\right)^{\mathrm{T}}$，使得

$$\boldsymbol{H}_2\boldsymbol{H}_1\boldsymbol{A}=\begin{pmatrix}1&\\&\widehat{\boldsymbol{H}}_2\end{pmatrix}\begin{pmatrix}3&3&-7/3\\0&-1&-5/3\\0&1&13/3\end{pmatrix}=\begin{pmatrix}3&3&-7/3\\0&\sqrt{2}&3\sqrt{2}\\0&0&4\sqrt{2}/3\end{pmatrix}.$$

从而可得矩阵 $\boldsymbol{A}$ 的 QR 分解 $\boldsymbol{A}=\boldsymbol{QR}$，其中

$$\boldsymbol{Q}=\boldsymbol{H}_1\boldsymbol{H}_2=\begin{pmatrix}-1/3 & 0 & -2\sqrt{2}/3\\ -2/3 & -\sqrt{2}/2 & \sqrt{2}/6\\ -2/3 & \sqrt{2}/2 & \sqrt{2}/6\end{pmatrix},\boldsymbol{R}=\begin{pmatrix}3 & 3 & -7/3\\ 0 & \sqrt{2} & 3\sqrt{2}\\ 0 & 0 & 4\sqrt{2}/3\end{pmatrix}.$$

若不将矩阵 $\boldsymbol{Q}$ 显式算出，仅仅存储每步所需的 Householder 矩阵的 $\beta,\boldsymbol{v}$，则矩阵 $\boldsymbol{A}$ 及向量 $\boldsymbol{d}$ 分别存储为

$$\boldsymbol{A}=\begin{pmatrix}3 & 3 & -7/3\\ 1/2 & \sqrt{2} & 3\sqrt{2}\\ 1/2 & 1-\sqrt{2} & 4\sqrt{2}/3\end{pmatrix},\quad \boldsymbol{d}=\begin{pmatrix}4/3\\ (2+\sqrt{2})/2\end{pmatrix}.$$

矩阵的 QR 分解也可以通过 Givens 变换或其他正交化方法实现，下面的算法描述了如何利用 Givens 变换实现矩阵的 QR 分解.

算法 1.4　实矩阵的 QR 分解

输入： 矩阵$\boldsymbol{A}$

输出： 上三角阵$\boldsymbol{A}$

```
[m, n] = size(A)
for i = 1 : n do
   for k = m : -1 : i + 1 do
      [∽, c, s]=Givens(A(k − 1, i), A(k, i))  % 利用算法1.2 求数c, s
      A(k − 1 : k, i : n) = [c s; −s c] ∗ A(k − 1 : k, i : n)
   end for
end for
```

例 1.19　利用 Givens 变换实现如下矩阵 $\boldsymbol{A}$ 的 QR 分解

$$\boldsymbol{A}=\begin{pmatrix}-1 & -1 & -1\\ -2 & -3 & -1\\ -2 & -1 & 5\end{pmatrix}.$$

解　对矩阵逐列处理，每列按照从下到上的顺序逐步将对角线下元素消为零. 对第一列，首先构造 Givens 矩阵 $\boldsymbol{G}_1$ ，将矩阵 $\boldsymbol{A}$ 的 $(3,1)$ 处元素消为零，有

$$G_1 = \begin{pmatrix} 1 & 0 & 0 \\ 0 & \sqrt{2}/2 & \sqrt{2}/2 \\ 0 & -\sqrt{2}/2 & \sqrt{2}/2 \end{pmatrix}, G_1 A = \begin{pmatrix} -1 & -1 & -1 \\ -2\sqrt{2} & -2\sqrt{2} & 2\sqrt{2} \\ 0 & \sqrt{2} & 3\sqrt{2} \end{pmatrix}.$$

其次构造 Givens 矩阵 G_2，将矩阵 G_1A 的 $(2,1)$ 处元素消为零，有

$$G_2 = \begin{pmatrix} 1/3 & 2\sqrt{2}/3 & 0 \\ -2\sqrt{2}/3 & 1/3 & 0 \\ 0 & 0 & 1 \end{pmatrix}, G_2 G_1 A = \begin{pmatrix} -3 & -3 & 7/3 \\ 0 & 0 & 4\sqrt{2}/3 \\ 0 & \sqrt{2} & 3\sqrt{2} \end{pmatrix}.$$

构造 Givens 矩阵 G_3，将矩阵 A 的第二列的 $(3,2)$ 处元素消为零，有

$$G_3 = \begin{pmatrix} 1 & 0 & 0 \\ 0 & 0 & 1 \\ 0 & -1 & 0 \end{pmatrix}, G_3 G_2 G_1 A = \begin{pmatrix} -3 & -3 & 7/3 \\ 0 & \sqrt{2} & 3\sqrt{2} \\ 0 & 0 & -4\sqrt{2}/3 \end{pmatrix}.$$

从而

$$\begin{aligned} A &= (G_3 G_2 G_1)^{\mathrm{T}} \begin{pmatrix} -3 & -3 & 7/3 \\ 0 & \sqrt{2} & 3\sqrt{2} \\ 0 & 0 & -4\sqrt{2}/3 \end{pmatrix} \\ &= \begin{pmatrix} 1/3 & 0 & 2\sqrt{2}/3 \\ 2/3 & -\sqrt{2}/2 & -\sqrt{2}/6 \\ 2/3 & \sqrt{2}/2 & -\sqrt{2}/6 \end{pmatrix} \begin{pmatrix} -3 & -3 & 7/3 \\ 0 & \sqrt{2} & 3\sqrt{2} \\ 0 & 0 & -4\sqrt{2}/3 \end{pmatrix}. \end{aligned}$$

若强制要求上三角阵的对角元均非负，则有如下分解

$$A = \begin{pmatrix} -1/3 & 0 & -2\sqrt{2}/3 \\ -2/3 & -\sqrt{2}/2 & \sqrt{2}/6 \\ -2/3 & \sqrt{2}/2 & \sqrt{2}/6 \end{pmatrix} \begin{pmatrix} 3 & 3 & -7/3 \\ 0 & \sqrt{2} & 3\sqrt{2} \\ 0 & 0 & 4\sqrt{2}/3 \end{pmatrix}.$$

实际应用中，为了保证数值稳定性，定理1.31 中矩阵 R 的对角元可能是负数，下面的定理回答了去除对角元非负约束之后，同一矩阵不同 QR 分解方式之间的关系.

定理 1.32 设矩阵 $\boldsymbol{A} \in \mathbb{R}^{m\times n}(m \geqslant n)$ 有两个分解

$$\boldsymbol{A} = \boldsymbol{U}\begin{pmatrix} \boldsymbol{R} \\ \boldsymbol{O} \end{pmatrix} = \boldsymbol{V}\begin{pmatrix} \boldsymbol{T} \\ \boldsymbol{O} \end{pmatrix}, \tag{1.13}$$

其中 $\boldsymbol{U} = (\boldsymbol{U}_1, \boldsymbol{U}_2), \boldsymbol{V} = (\boldsymbol{V}_1, \boldsymbol{V}_2) \in \mathbb{R}^{m\times m}$ 均为正交矩阵，$\boldsymbol{U}_1 = (\boldsymbol{u}_1, \cdots, \boldsymbol{u}_n), \boldsymbol{V}_1 = (\boldsymbol{v}_1, \cdots, \boldsymbol{v}_n), \boldsymbol{R}, \boldsymbol{T} \in \mathbb{R}^{n\times n}$ 为上三角阵. 若 $\boldsymbol{R}$ 的对角元 $r_{ii} \neq 0$，则存在对角阵 $\boldsymbol{D} = \mathrm{diag}(\delta_1, \cdots, \delta_n), \delta_i = \pm 1$ ，使得

$$\boldsymbol{U}_1 = \boldsymbol{V}_1\boldsymbol{D}, \boldsymbol{T} = \boldsymbol{D}\boldsymbol{R}.$$

即 $\boldsymbol{u}_i = \delta_i \boldsymbol{v}_i, t_{ij} = \delta_i r_{ij}, i, j = 1, \cdots, n.$

证明 由式 (1.13) 可知 $r_{11}\boldsymbol{u}_1 = t_{11}\boldsymbol{v}_1$，两边取 2- 范数可得

$$t_{11} = \delta_1 r_{11}, \delta_1 = \pm 1, \boldsymbol{u}_1 = \delta_1 \boldsymbol{v}_1.$$

假定结论对 $k-1$ 成立，即

$$\boldsymbol{u}_i = \delta_i \boldsymbol{v}_i, t_{ij} = \delta_i r_{ij}, \quad i, j = 1, \cdots, k-1, \tag{1.14}$$

考虑式 (1.13) 中分解的第 k 列，有

$$r_{1k}\boldsymbol{u}_1 + r_{2k}\boldsymbol{u}_2 + \cdots + r_{k-1,k}\boldsymbol{u}_{k-1} + r_{kk}\boldsymbol{u}_k = t_{1k}\boldsymbol{v}_1 + t_{2k}\boldsymbol{v}_2 + \cdots + t_{k-1,k}\boldsymbol{v}_{k-1} + t_{kk}\boldsymbol{v}_k. \tag{1.15}$$

将式 (1.14) 代入式 (1.15) 并整理可得

$$(r_{1k}\delta_1 - t_{1k})\boldsymbol{v}_1 + (r_{2k}\delta_2 - t_{2k})\boldsymbol{v}_2 + \cdots + (r_{k-1,k}\delta_{k-1} - t_{k-1,k})\boldsymbol{v}_{k-1} = t_{kk}\boldsymbol{v}_k - r_{kk}\boldsymbol{u}_k.$$

两边分别与 $\boldsymbol{v}_i, 1 \leqslant i \leqslant k-1$ 做内积可得

$$r_{ik}\delta_i = t_{ik}, 1 \leqslant i \leqslant k-1,$$

从而有 $t_{kk}\boldsymbol{v}_k = r_{kk}\boldsymbol{u}_k$，两边取 2-范数可得

$$\boldsymbol{u}_k = \delta_k \boldsymbol{v}_k, t_{kk} = \delta_k r_{kk}, \delta_k = \pm 1.$$

从而定理得证. □

事实上，即使有 $\boldsymbol{R}$ 对角元非负这个要求，矩阵的 QR 分解也是不唯一的. 例如，若存在矩阵 $\boldsymbol{A}\in\mathbb{C}^{m\times n}(m>n)$ 的 QR 分解

$$\boldsymbol{A}=\boldsymbol{QR}=(\boldsymbol{Q}_1,\boldsymbol{Q}_2)\begin{pmatrix}\boldsymbol{R}\\ \boldsymbol{O}\end{pmatrix},$$

其中 $\boldsymbol{Q}\in\mathbb{C}^{m\times m}$ 为酉矩阵，$\boldsymbol{Q}_1\in\mathbb{C}^{m\times n},\boldsymbol{Q}_2\in\mathbb{C}^{m\times(m-n)}$ 满足 $\boldsymbol{Q}_1^*\boldsymbol{Q}_1=\boldsymbol{I}_n,\boldsymbol{Q}_2^*\boldsymbol{Q}_2=\boldsymbol{I}_{m-n}$，$\boldsymbol{R}\in\mathbb{C}^{n\times n}$ 为具有非负对角元的上三角阵. 令 $\widehat{\boldsymbol{Q}}_2$ 为矩阵 $\boldsymbol{Q}_1$ 的标准正交补，则分解

$$\boldsymbol{A}=\widehat{\boldsymbol{Q}}\boldsymbol{R}=\left(\boldsymbol{Q}_1,\widehat{\boldsymbol{Q}}_2\right)\begin{pmatrix}\boldsymbol{R}\\ \boldsymbol{O}\end{pmatrix}$$

也为矩阵 $\boldsymbol{A}$ 的 QR 分解.

推论 1.4　*若 $\boldsymbol{A}$ 是非奇异方阵，则其 QR 分解是唯一的. 进一步，若 $\boldsymbol{A}$ 是酉矩阵，则其可以表示为一些 Householder 矩阵或 Givens 矩阵的乘积.*

对于稠密矩阵，利用 Givens 变换实现其 QR 分解的计算量是利用 Householder 变换的 2 倍，但是对于带有特殊稀疏结构的矩阵，Givens 变换可以充分利用其稀疏结构减少计算量.

例 1.20　对于 n 阶对角加边矩阵（除对角元、第一行及第一列元素外其余元素均为零）

$$\boldsymbol{A}=\begin{pmatrix}\times & \times & \cdots & \times\\ \times & \times & & \\ \vdots & & \ddots & \\ \times & & & \times\end{pmatrix}$$

分别考虑利用 Householder 变换和 Givens 变换实现其 QR 分解的计算量.

解　若利用 Householder 变换将第一列对角元以下元素变为零，则会将矩阵变为稠密矩阵，故为使得矩阵 $\boldsymbol{A}$ 变为上三角阵，总的计算量为

$$\frac{4}{3}n^3=O(n^3).$$

若利用 Givens 变换，只需进行如下两步：

(1) 依次利用 $(n-k,1)$ 元素将 $(n-k+1,1)$ 元素变为零，其中 $1\leqslant k\leqslant n-2$，此时矩阵具有如下形式

$$
\boldsymbol{B}=\begin{pmatrix}
\times & \times & \cdots & \times & \times \\
\times & \times & \cdots & \times & \times \\
 & \ddots & \ddots & \vdots & \times \\
 & & \times & \times & \times \\
 & & & \times & \times
\end{pmatrix}.
$$

总的计算量为 $6(n-2)+2\sum\limits_{k=2}^{n-1}k=n^2+5n-14$.

(2) 依次利用 (i,i) 元素将 $(i+1,i)$ 元素变为零，其中 $1\leqslant i\leqslant n-1$，即得到上三角阵

$$
\boldsymbol{C}=\begin{pmatrix}
\times & \times & \cdots & \times & \times \\
 & \times & \cdots & \times & \times \\
 & & \ddots & \vdots & \times \\
 & & & \times & \times \\
 & & & & \times
\end{pmatrix}.
$$

总的计算量为 $6(n-1)+4\sum\limits_{k=1}^{n-1}k=2n^2+4n-6$.

故利用 Givens 变换实现矩阵 $\boldsymbol{A}$ 的 QR 分解，总的计算量为

$$
3n^2+9n-20=O(n^2).
$$

如果在 QR 分解过程中引入选主元策略，即每次挑选 2-范数最大的列，则可得下面的具有特殊结构和性质的 QR 分解.

定理 1.33 设 $\boldsymbol{A}\in\mathbb{C}^{m\times n}(m\geqslant n)$ 且 $\operatorname{rank}(\boldsymbol{A})=r$，则存在 n 阶置换阵 $\boldsymbol{P}$，使得 $\boldsymbol{A}$ 可分解为

$$
\boldsymbol{AP}=\boldsymbol{QR}=\boldsymbol{Q}\begin{pmatrix}\boldsymbol{R}_1 & \boldsymbol{R}_2\\ \boldsymbol{O} & \boldsymbol{O}\end{pmatrix}, \tag{1.16}
$$

其中 $\boldsymbol{Q}\in\mathbb{C}^{m\times m}$ 为酉矩阵，$\boldsymbol{R}_1\in\mathbb{C}^{r\times r}$ 为非奇异矩阵，并且对角线元素按照从大到小排列，$\boldsymbol{R}_2\in\mathbb{C}^{r\times(n-r)}$.

证明 令矩阵 $\boldsymbol{A}=\left(\boldsymbol{a}_1^0,\cdots,\boldsymbol{a}_n^0\right)$，假定 $\boldsymbol{a}_i^0$ 为 $\boldsymbol{a}_k^0(1\leqslant k\leqslant n)$ 中 2-范数最大的列，则存在 n 阶置换阵 $\boldsymbol{P}_1$ 使得 $\boldsymbol{AP}_1=\left(\boldsymbol{a}_i^0,\boldsymbol{a}_2^0,\cdots,\boldsymbol{a}_{i-1}^0,\boldsymbol{a}_1^0,\boldsymbol{a}_{i+1}^0,\cdots,\boldsymbol{a}_n^0\right)$ 及酉矩阵 $\boldsymbol{Q}_1=\boldsymbol{H}(\omega_1)$ 使得 $\boldsymbol{Q}_1\boldsymbol{a}_i^0=\|\boldsymbol{a}_i^0\|_2\boldsymbol{e}_1$，从而有

$$\boldsymbol{Q}_1\boldsymbol{AP}_1=\begin{pmatrix}\|\boldsymbol{a}_i^0\|_2 & v_1^*\\ \boldsymbol{0}_{m-1,1} & \boldsymbol{A}_1\end{pmatrix}.$$

进一步，对于矩阵 $\boldsymbol{A}_1=\left(\boldsymbol{a}_1^1,\cdots,\boldsymbol{a}_{n-1}^1\right)$，假定 $\boldsymbol{a}_i^1$ 为 $\boldsymbol{a}_k^1(1\leqslant k\leqslant n-1)$ 中 2- 范数最大的列，则存在 $n-1$ 阶置换阵 $\widetilde{\boldsymbol{P}}_2$ 使得 $\boldsymbol{A}_1\widetilde{\boldsymbol{P}}_2=\left(\boldsymbol{a}_i^1,\boldsymbol{a}_2^1,\cdots,\boldsymbol{a}_{i-1}^1,\boldsymbol{a}_1^1,\boldsymbol{a}_{i+1}^1,\cdots,\boldsymbol{a}_{n-1}^1\right)$ 及酉矩阵 $\boldsymbol{H}(\omega_2)$ 使得 $\boldsymbol{H}(\omega_2)a_i^1=\|\boldsymbol{a}_i^1\|_2\boldsymbol{e}_1$，从而有

$$\boldsymbol{H}(\omega_2)\boldsymbol{A}_1\widetilde{\boldsymbol{P}}_2=\begin{pmatrix}\|\boldsymbol{a}_i^1\|_2 & \boldsymbol{v}_2^*\\ \boldsymbol{0}_{m-2,1} & \boldsymbol{A}_2\end{pmatrix},$$

并且由向量 2-范数的酉不变性和 $\boldsymbol{a}_i^0$ 及 $\boldsymbol{a}_i^1$ 的选择方式得 $\|\boldsymbol{a}_i^1\|_2\leqslant\|\boldsymbol{a}_i^0\|_2$. 令

$$\boldsymbol{P}_2=\begin{pmatrix}1 & \\ & \widetilde{\boldsymbol{P}}_2\end{pmatrix},\boldsymbol{Q}_2=\begin{pmatrix}1 & \\ & \boldsymbol{H}(\omega_2)\end{pmatrix},$$

有

$$\boldsymbol{Q}_2\boldsymbol{Q}_1\boldsymbol{AP}_1\boldsymbol{P}_2=\begin{pmatrix}\|\boldsymbol{a}_1^0\|_2 & \boldsymbol{w}_1^*\\ \boldsymbol{O} & \boldsymbol{H}(\omega_2)\boldsymbol{A}_1\widetilde{\boldsymbol{P}}_2\end{pmatrix}.$$

由矩阵 $\boldsymbol{A}$ 的秩为 r 可得，上述过程仅可进行 r 步. 即在 $\boldsymbol{A}$ 的左、右两边分别逐次乘以酉矩阵 $\boldsymbol{Q}_k$ 及置换阵 $\boldsymbol{P}_k(1\leqslant k\leqslant r)$

$$\boldsymbol{Q}_k=\begin{pmatrix}\boldsymbol{I}_{k-1} & \\ & \boldsymbol{H}(\omega_k)\end{pmatrix},\boldsymbol{P}_k=\begin{pmatrix}\boldsymbol{I}_{k-1} & \\ & \widetilde{\boldsymbol{P}}_k\end{pmatrix},$$

其中 $\boldsymbol{H}(\omega_k)$ 为 $(m-k+1)$ 阶 Householder 矩阵，$\widetilde{\boldsymbol{P}}_k$ 为 $(m-k+1)$ 阶置换阵，得到

$$\boldsymbol{Q}_r\cdots\boldsymbol{Q}_2\boldsymbol{Q}_1\boldsymbol{AP}_1\boldsymbol{P}_2\cdots\boldsymbol{P}_r=\begin{pmatrix}\boldsymbol{R}_1 & \boldsymbol{R}_2\\ \boldsymbol{O} & \boldsymbol{O}\end{pmatrix},$$

其中 $\boldsymbol{R}_1$ 为上三角阵且对角元为正、单调递减. 令 $\boldsymbol{Q}=\boldsymbol{Q}_1^*\boldsymbol{Q}_2^*\cdots\boldsymbol{Q}_r^*,\boldsymbol{P}=\boldsymbol{P}_1\boldsymbol{P}_2\cdots\boldsymbol{P}_r$ 即可得到分解式 (1.16). □

1.7.3 方阵的 Schur 分解

在相似变换下，一个矩阵对应的形式最简单的矩阵为其 Jordan 标准型. 在高等代数课程中，有如下 Jordan 分解定理成立.

定理 1.34 对于方阵 $\boldsymbol{A}\in\mathbb{C}^{n\times n}$，设其 r 个不同的特征值分别为 $\lambda_1,\cdots,\lambda_r$，每个特征值对应的代数重数和几何重数分别为 $m_1,\cdots,m_r$ 及 $n_1,\cdots,n_r$，则存在可逆矩阵 $\boldsymbol{T}$ 使得

$$\boldsymbol{J}=\begin{pmatrix}\boldsymbol{J}_1(\lambda_1) & & \\ & \ddots & \\ & & \boldsymbol{J}_r(\lambda_r)\end{pmatrix}=\boldsymbol{T}^{-1}\boldsymbol{A}\boldsymbol{T},$$

其中

$$\boldsymbol{J}_i(\lambda_i)=\begin{pmatrix}\boldsymbol{J}_{i1}(\lambda_i) & & & \\ & \boldsymbol{J}_{i2}(\lambda_i) & & \\ & & \ddots & \\ & & & \boldsymbol{J}_{in_i}(\lambda_i)\end{pmatrix}_{m_i\times m_i},\boldsymbol{J}_{ik}=\begin{pmatrix}\lambda_i & 1 & & \\ & \ddots & \ddots & \\ & & \ddots & 1 \\ & & & \lambda_i\end{pmatrix}_{s_k\times s_k},$$

满足 $k=1,\cdots,n_i$ 以及 $\sum\limits_{l=1}^{n_i}s_l=m_i$. 并且如果不考虑 Jordan 块 $\boldsymbol{J}_{ik}$ 的排列顺序，$\boldsymbol{J}$ 是唯一的.

Jordan 分解给出了矩阵特征对的所有信息，但是数值上是不稳定的. 下面的 Schur 分解通过将相似变换加强到酉相似变换，得到了一种数值上更稳定的分解. 由 QR 分解定理可知，对任一非奇异矩阵 $\boldsymbol{T}\in\mathbb{C}^{n\times n}$，均存在一酉矩阵 $\boldsymbol{U}$ 及上三角阵 $\boldsymbol{R}$，使得 $\boldsymbol{T}=\boldsymbol{U}\boldsymbol{R}$，故 Jordan 分解可重写为如下形式

$$\boldsymbol{A}=\boldsymbol{T}\boldsymbol{J}\boldsymbol{T}^{-1}=(\boldsymbol{U}\boldsymbol{R})\boldsymbol{J}(\boldsymbol{U}\boldsymbol{R})^{-1}=\boldsymbol{U}(\boldsymbol{R}\boldsymbol{J}\boldsymbol{R}^{-1})\boldsymbol{U}^*,$$

其中 $\boldsymbol{U}$ 为酉矩阵，$\boldsymbol{R}\boldsymbol{J}\boldsymbol{R}^{-1}$ 为上三角阵. 更特殊的，有如下定理成立.

定理 1.35 (Schur 分解定理) 设 $\boldsymbol{A}\in\mathbb{C}^{n\times n}$，则存在酉矩阵 $\boldsymbol{U}\in\mathbb{C}^{n\times n}$ 使得

$$\boldsymbol{U}^*\boldsymbol{A}\boldsymbol{U}=\boldsymbol{R},$$

其中 $\boldsymbol{R}$ 为上三角阵，对角线元素为 $\boldsymbol{A}$ 的特征值，并且可以通过选取 $\boldsymbol{U}$，使得 $\boldsymbol{R}$ 的对角元可按任意顺序排列.

证明　利用数学归纳法对矩阵的阶数进行归纳证明. 当矩阵阶数为 1 的时候，结论明显成立. 假定结论对 $n-1$ 阶矩阵成立.

对于 n 阶矩阵 $\boldsymbol{A}$，按要求的次序取 $\boldsymbol{A}$ 的第一个特征值 λ（即为排在 $\boldsymbol{R}$ 的对角线上的第一个元素）及对应的特征向量 $\boldsymbol{x}$，有 $\boldsymbol{Ax}=\lambda\boldsymbol{x}$. 由1.6节内容知，存在一个酉矩阵 $\boldsymbol{H}$ 使得:

$$\boldsymbol{Hx}=\|\boldsymbol{x}\|_2\boldsymbol{e}_1.$$

对于矩阵 $\boldsymbol{HAH}^*$ 的第一列，有

$$\boldsymbol{HAH}^*\boldsymbol{e}_1=\boldsymbol{HA}\frac{\boldsymbol{x}}{\|\boldsymbol{x}\|_2}=\boldsymbol{H}\frac{\lambda\boldsymbol{x}}{\|\boldsymbol{x}\|_2}=\lambda\boldsymbol{e}_1,$$

故

$$\boldsymbol{HAH}^*=\begin{pmatrix}\lambda & * \\ \boldsymbol{0} & \boldsymbol{A}_1\end{pmatrix}.$$

$\boldsymbol{A}_1$ 为 $n-1$ 阶矩阵，由归纳假设知，存在 $n-1$ 阶酉矩阵 $\boldsymbol{U}_1$，使得 $\boldsymbol{U}_1\boldsymbol{A}_1\boldsymbol{U}_1^*=\boldsymbol{R}_1$ 为上三角阵，并且对角元按指定的顺序排列.

若定义 $\boldsymbol{U}=\boldsymbol{H}^*\begin{pmatrix}1 & \\ & \boldsymbol{U}_1^*\end{pmatrix}$，则

$$\boldsymbol{U}^*\boldsymbol{AU}=\begin{pmatrix}1 & \\ & \boldsymbol{U}_1\end{pmatrix}\boldsymbol{HAH}^*\begin{pmatrix}1 & \\ & \boldsymbol{U}_1^*\end{pmatrix}=\begin{pmatrix}\lambda & * \\ & \boldsymbol{R}_1\end{pmatrix}$$

为上三角阵，并且对角元按指定的顺序排列. □

由于实际应用中涉及的特征值问题大部分是关于实矩阵的，在利用各种方法求特征值时，经常涉及一个实矩阵在正交相似下的标准型问题，有下面的定理成立.

定理 1.36 (实 Schur 分解定理)　设 $\boldsymbol{A}\in\mathbb{R}^{n\times n}$，则存在正交矩阵 $\boldsymbol{Q}\in\mathbb{R}^{n\times n}$ 使得

$$\boldsymbol{Q}^{\mathrm{T}}\boldsymbol{AQ}=\begin{pmatrix}\boldsymbol{R}_{11} & \boldsymbol{R}_{12} & \cdots & \boldsymbol{R}_{1m} \\ & \boldsymbol{R}_{22} & \cdots & \boldsymbol{R}_{2m} \\ & & \ddots & \vdots \\ & & & \boldsymbol{R}_{mm}\end{pmatrix},$$

其中 $\boldsymbol{R}_{ii}(\ 1\leqslant i\leqslant m)$ 或者为一个实数，或者为一个具有一对复共轭特征值的 2 阶方

阵.

定义 1.11 设 $\boldsymbol{A} \in \mathbb{C}^{n\times n}$，如果 $\boldsymbol{A}^*\boldsymbol{A} = \boldsymbol{A}\boldsymbol{A}^*$，则称 $\boldsymbol{A}$ 为正规矩阵.

由定义1.11可知，酉矩阵、Hermite 矩阵、反 Hermite 矩阵均为正规矩阵. 从定理1.35可知，对于正规矩阵的 Schur 分解，下列结论明显成立.

推论 1.5 矩阵 $\boldsymbol{A} \in \mathbb{C}^{n\times n}$ 为正规矩阵的充分必要条件为存在 n 阶酉矩阵 $\boldsymbol{U}$，使得

$$\boldsymbol{U}^*\boldsymbol{A}\boldsymbol{U} = \mathrm{diag}(\lambda_1, \cdots, \lambda_n).$$

进一步，矩阵 $\boldsymbol{A}$ 为酉矩阵、Hermite 矩阵、反 Hermite 矩阵的充分必要条件为 $|\lambda_i| = 1$、λ_i 为实数、λ_i 为 0 或纯虚数，$i = 1, \cdots, n$.

一个方阵可以利用酉相似变换约化为上三角阵，在何种情形下一个方阵可以约化为对角矩阵呢？更一般的，一个 $m \times n$ 阶矩阵可以约化为何种形式？这些问题的答案都可以由奇异值分解给出. 另外，对于不存在特征值的非方阵，奇异值分解也给出了类似方阵谱分解的分解方式.

1.7.4 任意矩阵的奇异值分解

奇异值分解是数值代数中最重要的矩阵分解之一，它在信号处理、数据分析、图像处理等众多领域中都具有十分重要的应用.

设 $\boldsymbol{A} \in \mathbb{C}^{m\times n}$ 且秩为 r，则矩阵 $\boldsymbol{A}^*\boldsymbol{A} \in \mathbb{C}^{n\times n}$ 为 Hermite、半正定矩阵，且

$$\mathrm{rank}(\boldsymbol{A}^*\boldsymbol{A}) = \mathrm{rank}(\boldsymbol{A}\boldsymbol{A}^*) = \mathrm{rank}(\boldsymbol{A}^*) = \mathrm{rank}(\boldsymbol{A}) = r.$$

考虑矩阵 $\boldsymbol{A}^*\boldsymbol{A}$ 的 Schur 分解

$$\boldsymbol{V}^*(\boldsymbol{A}^*\boldsymbol{A})\boldsymbol{V} = \mathrm{diag}(\sigma_1^2, \cdots, \sigma_n^2),$$

其中 $\boldsymbol{V} = (\boldsymbol{v}_1, \cdots, \boldsymbol{v}_n)$ 为酉矩阵，$\sigma_1 \geqslant \cdots \geqslant \sigma_r > 0$，$\sigma_{r+1} = \cdots = \sigma_n = 0$. 令

$$\boldsymbol{V}_1 = (\boldsymbol{v}_1, \cdots, \boldsymbol{v}_r),\ \boldsymbol{V}_2 = (\boldsymbol{v}_{r+1}, \cdots, \boldsymbol{v}_n),\ \boldsymbol{\Sigma}_r = \mathrm{diag}(\sigma_1, \cdots, \sigma_r),$$

则有

$$\boldsymbol{V}^*(\boldsymbol{A}^*\boldsymbol{A})\boldsymbol{V} = (\boldsymbol{A}\boldsymbol{V}_1\ \boldsymbol{A}\boldsymbol{V}_2)^*(\boldsymbol{A}\boldsymbol{V}_1\ \boldsymbol{A}\boldsymbol{V}_2) = \begin{pmatrix} \boldsymbol{\Sigma}_r^2 & \boldsymbol{O} \\ \boldsymbol{O} & \boldsymbol{O} \end{pmatrix},$$

故

$$(\boldsymbol{A}\boldsymbol{V}_1)^*(\boldsymbol{A}\boldsymbol{V}_1) = \boldsymbol{\Sigma}_r^2,\ (\boldsymbol{A}\boldsymbol{V}_2)^*(\boldsymbol{A}\boldsymbol{V}_2) = \boldsymbol{0}.$$

这表明 $\boldsymbol{A}\boldsymbol{V}_1$ 的不同列都是正交的，$\boldsymbol{A}\boldsymbol{V}_2$ 的列均为零向量. 令

$$\boldsymbol{U}_1 = \boldsymbol{A}\boldsymbol{V}_1\boldsymbol{\Sigma}_r^{-1} \in \mathbb{C}^{n\times r},$$

则 $\boldsymbol{U}_1^*\boldsymbol{U}_1 = \boldsymbol{I}_n$，说明 $\boldsymbol{U}_1$ 的各列是标准正交的. 进一步，将 $\boldsymbol{U}_1$ 扩充为 $\mathbb{C}^n$ 的一组标准正交基 $\boldsymbol{U} = (\boldsymbol{U}_1\ \boldsymbol{U}_2)$，则有

$$\boldsymbol{U}^*\boldsymbol{A}\boldsymbol{V} = (\boldsymbol{U}_1\ \boldsymbol{U}_2)^*\boldsymbol{A}(\boldsymbol{V}_1\ \boldsymbol{V}_2) = \begin{pmatrix} \boldsymbol{U}_1^*\boldsymbol{A}\boldsymbol{V}_1 & \boldsymbol{U}_1\boldsymbol{A}\boldsymbol{V}_2 \\ \boldsymbol{U}_2^*\boldsymbol{A}\boldsymbol{V}_1 & \boldsymbol{U}_2^*\boldsymbol{A}\boldsymbol{V}_2 \end{pmatrix} = \begin{pmatrix} \boldsymbol{\Sigma}_r & \boldsymbol{O} \\ \boldsymbol{O} & \boldsymbol{O} \end{pmatrix}.$$

综合上面的分析，对于任意矩阵 $\boldsymbol{A} \in \mathbb{C}^{m\times n}$，有下面重要的奇异值分解定理成立.

定理 1.37 设 $\boldsymbol{A} \in \mathbb{C}^{m\times n}$ 且 $\operatorname{rank}(\boldsymbol{A}) = r$,则存在酉矩阵 $\boldsymbol{U} \in \mathbb{C}^{m\times m}$, $\boldsymbol{V} \in \mathbb{C}^{n\times n}$, 使得

$$\boldsymbol{A} = \boldsymbol{U}\begin{pmatrix} \boldsymbol{\Sigma}_r & \boldsymbol{O} \\ \boldsymbol{O} & \boldsymbol{O} \end{pmatrix}\boldsymbol{V}^*. \tag{1.17}$$

其中 $\boldsymbol{\Sigma}_r = \operatorname{diag}(\sigma_1, \cdots, \sigma_r)$, $\sigma_i > 0$, $i = 1, \cdots, r$.

关系式 (1.17) 也可写为如下更加紧凑的形式:

$$\boldsymbol{A} = \boldsymbol{U}\begin{pmatrix} \boldsymbol{\Sigma}_r & \boldsymbol{O} \\ \boldsymbol{O} & \boldsymbol{O} \end{pmatrix}\boldsymbol{V}^* = (\boldsymbol{U}_1, \boldsymbol{U}_2)\begin{pmatrix} \boldsymbol{\Sigma}_r & \boldsymbol{O} \\ \boldsymbol{O} & \boldsymbol{O} \end{pmatrix}\begin{pmatrix} \boldsymbol{V}_1^* \\ \boldsymbol{V}_2^* \end{pmatrix} = \boldsymbol{U}_1\boldsymbol{\Sigma}_r\boldsymbol{V}_1^*. \tag{1.18}$$

定义 1.12 设 $\boldsymbol{A} \in \mathbb{C}^{m\times n}$，称 $\boldsymbol{A}^*\boldsymbol{A}$ 的特征值的非负平方根为 $\boldsymbol{A}$ 的奇异值，奇异值的全体记为 $\sigma(\boldsymbol{A})$. 称分解式 (1.17) 为矩阵 $\boldsymbol{A}$ 的完全奇异值分解, 称分解式 (1.18) 为矩阵 $\boldsymbol{A}$ 的约化奇异值分解.

分解式 (1.17) 可以写为 $\boldsymbol{A}\boldsymbol{V}_1=\boldsymbol{U}_1\boldsymbol{\Sigma}_r,\boldsymbol{U}_1^*\boldsymbol{A}=\boldsymbol{\Sigma}_r\boldsymbol{V}_1^*$，故有

$$\boldsymbol{A}\boldsymbol{v}_i=\sigma_i\boldsymbol{u}_i,\quad \boldsymbol{u}_i^*\boldsymbol{A}=\sigma_i\boldsymbol{v}_i^*,\quad 1\leqslant i\leqslant r.$$

从而类似方阵特征值和对应的左、右特征向量的概念，有如下定义.

定义 1.13 $\boldsymbol{V}$ 的第 i 列 $\boldsymbol{v}_i$ 称为 $\boldsymbol{A}$ 属于 σ_i 的单位右奇异向量，$\boldsymbol{U}$ 的第 i 列称为 $\boldsymbol{A}$ 属于 σ_i 的单位左奇异向量.

需要说明的是，在分解式 (1.17) 中，$\boldsymbol{\Sigma}_r$ 是由 $\boldsymbol{A}$ 唯一确定的. 而左、右奇异向量不是唯一的，仅当 σ_i^2 是 $\boldsymbol{A}^*\boldsymbol{A}$ 的单特征值时才唯一（除相差一个单位复数因子外）. 由分解式 (1.17) 可以得出

$$\boldsymbol{A}\boldsymbol{A}^*\boldsymbol{U}=\boldsymbol{U}\begin{pmatrix}\boldsymbol{\Sigma}_r & \boldsymbol{O}\\ \boldsymbol{O} & \boldsymbol{O}\end{pmatrix}\boldsymbol{V}^*\boldsymbol{V}\begin{pmatrix}\boldsymbol{\Sigma}_r & \boldsymbol{O}\\ \boldsymbol{O} & \boldsymbol{O}\end{pmatrix}\boldsymbol{U}^*\boldsymbol{U}=\boldsymbol{U}\begin{pmatrix}\boldsymbol{\Sigma}_r^2 & \boldsymbol{O}\\ \boldsymbol{O} & \boldsymbol{O}\end{pmatrix},$$

$$\boldsymbol{A}^*\boldsymbol{A}\boldsymbol{V}=\boldsymbol{V}\begin{pmatrix}\boldsymbol{\Sigma}_r & \boldsymbol{O}\\ \boldsymbol{O} & \boldsymbol{O}\end{pmatrix}\boldsymbol{U}^*\boldsymbol{U}\begin{pmatrix}\boldsymbol{\Sigma}_r & \boldsymbol{O}\\ \boldsymbol{O} & \boldsymbol{O}\end{pmatrix}\boldsymbol{V}^*\boldsymbol{V}=\boldsymbol{V}\begin{pmatrix}\boldsymbol{\Sigma}_r^2 & \boldsymbol{O}\\ \boldsymbol{O} & \boldsymbol{O}\end{pmatrix},$$

从而 $\boldsymbol{A}$ 的左奇异向量为 $\boldsymbol{A}\boldsymbol{A}^*$ 的单位正交特征向量，$\boldsymbol{A}$ 的右奇异向量为 $\boldsymbol{A}^*\boldsymbol{A}$ 的单位正交特征向量. 但并不是任意的 $\boldsymbol{A}\boldsymbol{A}^*$ 与 $\boldsymbol{A}^*\boldsymbol{A}$ 的单位正交特征向量均可构成 $\boldsymbol{U}$ 与 $\boldsymbol{V}$. 若右奇异向量 $\boldsymbol{v}_i$ 已经选定，则相应的左奇异向量由 $\boldsymbol{u}_i=\sigma_i^{-1}\boldsymbol{A}\boldsymbol{v}_i$ 唯一确定；反过来，若左奇异向量 $\boldsymbol{u}_i$ 已经选定，则相应的右奇异向量由 $\boldsymbol{A}^*\boldsymbol{u}_i=\sigma_i\boldsymbol{v}_i$ 唯一确定.

下面给出一个计算矩阵的奇异值分解的简单例子. 需要注意的是实用的奇异值分解算法要更加复杂，有兴趣的读者可以参考文献 [28][6].

例 1.21 设 $\boldsymbol{A}=\begin{pmatrix}2 & 1\\ 0 & 2\\ 1 & 0\end{pmatrix}$，求 $\boldsymbol{A}$ 的奇异值分解.

解 矩阵 $\boldsymbol{A}^{\mathrm{T}}\boldsymbol{A}=\begin{pmatrix}5 & 2\\ 2 & 5\end{pmatrix}$ 的特征值为 $\lambda_1=7,\lambda_2=3$，分别对应的规范化特征向量为

$$\begin{pmatrix}1/\sqrt{2}\\ 1/\sqrt{2}\end{pmatrix},\begin{pmatrix}1/\sqrt{2}\\ -1/\sqrt{2}\end{pmatrix}.$$

令

$$V=\begin{pmatrix}1/\sqrt{2} & 1/\sqrt{2}\\ 1/\sqrt{2} & -1/\sqrt{2}\end{pmatrix},\boldsymbol{\Sigma}_2=\begin{pmatrix}\sqrt{7} & 0\\ 0 & \sqrt{3}\end{pmatrix},U_1=AV\boldsymbol{\Sigma}_2^{-1}=\begin{pmatrix}3/\sqrt{14} & 1/\sqrt{6}\\ 2/\sqrt{14} & -2/\sqrt{6}\\ 1/\sqrt{14} & 1/\sqrt{6}\end{pmatrix},$$

则 $A=U_1\boldsymbol{\Sigma}_2V^*$ 为 A 的约化奇异值分解.

构造

$$U_2=\begin{pmatrix}2/\sqrt{21}\\ -1/\sqrt{21}\\ -4/\sqrt{21}\end{pmatrix},$$

令 $U=(U_1,U_2)$，则矩阵 A 的完全奇异值分解为

$$A=U\boldsymbol{\Sigma}V^*=U\begin{pmatrix}\sqrt{7} & 0 & 0\\ 0 & \sqrt{3} & 0\\ 0 & 0 & 0\end{pmatrix}V^*.$$

利用矩阵的奇异值分解，可以得到许多有用的结论.

定理 1.38 设 $A\in\mathbb{C}^{m\times n}$ 且 $\text{rank}(A)=r$，其完全奇异值分解为式 (1.17) 并且满足

$$\sigma_1\geqslant\cdots\geqslant\sigma_r>0,$$

则有

(1) $u_1,\cdots,u_r$ 是 A 的像空间 $R(A):=\{y\in\mathbb{C}^n:y=Ax,x\in\mathbb{C}^n\}$ 的一组标准正交基；

(2) $v_{r+1},\cdots,v_n$ 是 A 的零空间 $N(A):=\{x\in\mathbb{C}^n:Ax=0\}$ 的一组标准正交基；

(3) $\|A\|_2=\sigma_1$，$\|A\|_F=\sqrt{\sigma_1^2+\cdots+\sigma_r^2}$，$\sigma_1\geqslant\max|a_{ij}|$；

(4) 若 A 为 n 阶方阵，则 $|\det(A)|=\prod\limits_{i=1}^{n}\sigma_i$；

(5) 若 A 为 Hermite 矩阵，则 A 的奇异值为 A 的特征值的绝对值.

定理 1.39 设矩阵 $A\in\mathbb{C}^{m\times n}$ 且 $\text{rank}(A)=r$，其完全奇异值分解为式 (1.17) 且满足 $\sigma_1\geqslant\cdots\geqslant\sigma_r>0$，则 A 可以表示为 r 个秩为 1 的矩阵的和：

$$A=\sum_{i=1}^{r}\sigma_iu_iv_i^*.$$

若对任意满足 $0 < k \leqslant r$ 的 k，定义 $\boldsymbol{A}_k = \sum\limits_{i=1}^{k} \sigma_i \boldsymbol{u}_i \boldsymbol{v}_i^*$，则

$$\begin{aligned}\|\boldsymbol{A}-\boldsymbol{A}_k\|_2 &= \inf_{\operatorname{rank}(\boldsymbol{B})\leqslant k} \|\boldsymbol{A}-\boldsymbol{B}\|_2 = \sigma_{k+1},\\ \|\boldsymbol{A}-\boldsymbol{A}_k\|_F &= \inf_{\operatorname{rank}(\boldsymbol{B})\leqslant k} \|\boldsymbol{A}-\boldsymbol{B}\|_F = \sqrt{\sigma_{k+1}^2+\sigma_{k+2}^2+\cdots+\sigma_r^2}.\end{aligned}$$

证明　首先证明 2-范数关系式. 由 $\boldsymbol{A}_k{=}\boldsymbol{U}\operatorname{diag}(\sigma_1,\cdots,\sigma_k,0,\cdots,0)\boldsymbol{V}^*$，得

$$\boldsymbol{A}-\boldsymbol{A}_k = \boldsymbol{U}\operatorname{diag}(0,\cdots,0,\sigma_{k+1},\cdots,\sigma_r,0,\cdots,0)\boldsymbol{V}^*$$

因此 $\|\boldsymbol{A}-\boldsymbol{A}_k\|_2 = \sigma_{k+1}$.

假设存在 $\boldsymbol{B}\in\mathbb{C}^{m\times n}$，$\operatorname{rank}(\boldsymbol{B})\leqslant k$，且 $\|\boldsymbol{A}-\boldsymbol{B}\|_2 < \sigma_{k+1}$，则 $\dim(N(\boldsymbol{B})) \geqslant n-k$. 从而存在维数不小于 $n-k$ 的子空间 W，使得对任意 $\boldsymbol{w}\in W$，有 $\boldsymbol{B}\boldsymbol{w}=\boldsymbol{0}$，进而

$$\|\boldsymbol{A}\boldsymbol{w}\|_2 = \|(\boldsymbol{A}-\boldsymbol{B})\boldsymbol{w}\|_2 \leqslant \|(\boldsymbol{A}-\boldsymbol{B})\|_2\|\boldsymbol{w}\|_2 < \sigma_{k+1}\|\boldsymbol{w}\|_2.$$

对任意 $\boldsymbol{w} = \sum\limits_{j=1}^{k+1}\alpha_j\boldsymbol{v}_j \in \operatorname{span}\{\boldsymbol{v}_1,\cdots,\boldsymbol{v}_{k+1}\}$，有

$$\|\boldsymbol{w}\|_2 = \sqrt{\sum_{j=1}^{k+1}|\alpha_j|^2},\quad \boldsymbol{A}\boldsymbol{w} = \sum_{j=1}^{k+1}\alpha_j\boldsymbol{A}\boldsymbol{v}_j = \sum_{j=1}^{k+1}\alpha_j\sigma_j\boldsymbol{u}_j.$$

因此

$$\|\boldsymbol{A}\boldsymbol{w}\|_2 = \sqrt{\sum_{j=1}^{k+1}|\alpha_j|^2\sigma_i^2} \geqslant \sigma_{k+1}\sqrt{\sum_{j=1}^{k+1}|\alpha_j|^2} = \sigma_{k+1}\|\boldsymbol{w}\|_2.$$

由于 $W\bigcap\operatorname{span}\{\boldsymbol{v}_1,\cdots,\boldsymbol{v}_{k+1}\}\neq\{\boldsymbol{0}\}$（两个空间维数和超过 n），因此存在

$$\boldsymbol{0}\neq\boldsymbol{w}_0\in W\bigcap\operatorname{span}\{\boldsymbol{v}_1,\cdots,\boldsymbol{v}_{k+1}\},$$

有

$$\sigma_{k+1}\|\boldsymbol{w}_0\|_2 \leqslant \|\boldsymbol{A}\boldsymbol{w}_0\|_2 < \sigma_{k+1}\|\boldsymbol{w}_0\|_2.$$

矛盾. 从而结论成立.

对于 Frobenius 范数关系式，有

$$\|\boldsymbol{A}-\boldsymbol{A}_k\|_F = \|\boldsymbol{U}\operatorname{diag}(0,\cdots,0,\sigma_{k+1},\cdots,\sigma_r,0,\cdots,0)\boldsymbol{V}^*\|_F = \sqrt{\sigma_{k+1}^2+\sigma_{k+2}^2+\cdots+\sigma_r^2}.$$

后续证明类似 2-范数的证明过程. □

这一定理在实际中有十分重要的应用. 例如，在图像处理问题中，我们可以将图像利用矩阵 $\boldsymbol{A}$ 存储，进一步取不同的 k 值，可得矩阵 $\boldsymbol{A}$ 的低秩逼近 $\boldsymbol{A}_k$，对应的图像如图 1.2 所示.

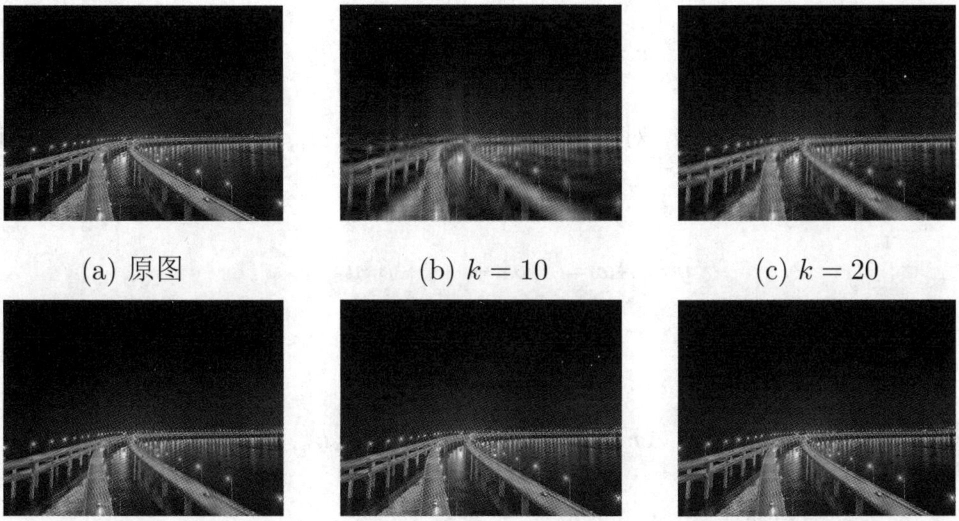

(a) 原图　(b) $k = 10$　(c) $k = 20$

(d)$k = 40$　(e) $k = 80$　(f) $k = 160$

图 1.2　图像低秩逼近

原图对应的矩阵 $\boldsymbol{A}$ 的秩为 875，可以看到当 $k = 80, 160$ 时，$\boldsymbol{A}_k$ 对应的图像已经是原图像很好的逼近了. 另外，随着 k 的增大，可以看到逼近效果越来越好.

上述定理表明，对一个秩为 r 的矩阵 $\boldsymbol{A} \in \mathbb{C}^{m\times n}$，若经扰动 $\delta\boldsymbol{A}$ 后 $\boldsymbol{A} + \delta\boldsymbol{A}$ 变为秩亏损矩阵，例如，秩变为 $k < r$，则 $\delta\boldsymbol{A}$ 的谱范数 $\|\delta\boldsymbol{A}\|_2$ 不能小于 σ_{k+1}；另一方面，存在 $\delta\boldsymbol{A}$，$\|\delta\boldsymbol{A}\|_2 \geqslant \sigma_{k+1}$，使 $\boldsymbol{A} + \delta\boldsymbol{A}$ 的秩为 k. 特别地，有如下定理.

定理 1.40　*若 n 阶方阵 $\boldsymbol{A}$ 非奇异，其奇异值为 $\sigma_1 \geqslant \cdots \geqslant \sigma_n > 0$，则 $\boldsymbol{A} + \delta\boldsymbol{A}$ 变为奇异阵的必要条件是 $\|\delta\boldsymbol{A}\|_2 \geqslant \sigma_n$. 而且必存在满足 $\|\boldsymbol{E}\|_2 = \sigma_n$ 的 n 阶方阵 $\boldsymbol{E}$，使得 $\boldsymbol{A} + \boldsymbol{E}$ 是奇异的.*

矩阵的奇异值分解源于仿射变换将单位球变为椭球. 设 $\boldsymbol{A} \in \mathbb{C}^{n\times n}$ 且 $\mathrm{rank}(\boldsymbol{A}) = r$，$\boldsymbol{A}$ 的奇异值分解为

$$\boldsymbol{A} = \boldsymbol{U\Sigma V}^* = (\boldsymbol{u}_1, \cdots, \boldsymbol{u}_n)\begin{pmatrix} \sigma_1 & & \\ & \ddots & \\ & & \sigma_n \end{pmatrix}(\boldsymbol{v}_1, \cdots, \boldsymbol{v}_n)^*.$$

则有 $\boldsymbol{AV}=\boldsymbol{U\Sigma}$，即 $\boldsymbol{A}\boldsymbol{v}_i=\sigma_i\boldsymbol{u}_i$. 令

$$S^n=\{\boldsymbol{x}\in\mathbb{C}^n \mid \|\boldsymbol{x}\|_2=1\}$$

为 $\mathbb{C}^n$ 空间中的单位球面，由于 $\boldsymbol{v}_1,\cdots,\boldsymbol{v}_n$ 为 n 维复空间的一组基底，从而有

$$\boldsymbol{x}=\alpha_1\boldsymbol{v}_1+\cdots+\alpha_n\boldsymbol{v}_n, \tag{1.19}$$

其中 $|\alpha_1|^2+\cdots+|\alpha_n|^2=1$. 对于向量 $\boldsymbol{y}=\boldsymbol{Ax}$，由于 $\boldsymbol{u}_1,\cdots,\boldsymbol{u}_n$ 也为 n 维复空间的一组基底，故

$$\boldsymbol{y}=\boldsymbol{Ax}=\beta_1\boldsymbol{u}_1+\cdots+\beta_n\boldsymbol{u}_n.$$

又由式 (1.19) 得

$$\boldsymbol{y}=\boldsymbol{Ax}=\alpha_1\sigma_1\boldsymbol{u}_1+\cdots+\alpha_n\sigma_n\boldsymbol{u}_n,$$

从而 $\beta_i=\alpha_i\sigma_i$ 且满足

$$\left|\frac{\beta_1}{\sigma_1}\right|^2+\cdots+\left|\frac{\beta_n}{\sigma_n}\right|^2=1.$$

故 $\boldsymbol{y}=\boldsymbol{Ax}$ 是 $\mathbb{C}^m$ 空间中的椭球

$$\boldsymbol{E}^n=\{\boldsymbol{y}\in\mathbb{C}^m \mid \boldsymbol{y}=\boldsymbol{Ax},\|\boldsymbol{x}\|_2=1\}.$$

它的 n 个半轴长分别正好是 $\boldsymbol{A}$ 的 n 个奇异值，这些轴所在的直线正好是 $\boldsymbol{A}$ 的左奇异向量 $\boldsymbol{u}_i$ 所在的直线.

矩阵的特征值分解与奇异值分解是截然不同的，矩阵的 Jordan 分解只是针对于方阵，而奇异值分解可以针对任意的方阵或者长方阵；矩阵的 Jordan 分解利用一组基底得到 Jordan 标准型，这组基底不要求是正交的，而矩阵的奇异值分解利用两组不同的基底得到，两组基底都要求是正交的.

1.7.5 两个矩阵的同时分解

若将两个矩阵 $\boldsymbol{A}\in\mathbb{R}^{m\times n},\boldsymbol{B}\in\mathbb{R}^{n\times p}$ 同时考虑，还有矩阵对的 QSVD(quotient singular value decomposition) 定理和 CCD(canonical correlation decomposition) 定理，

分别描述如下：

定理 1.41 令 $\boldsymbol{A} \in \mathbb{R}^{m\times n}, \boldsymbol{B} \in \mathbb{R}^{n\times p}$，则存在正交矩阵 $\boldsymbol{U} \in \mathbb{R}^{m\times m}, \boldsymbol{V} \in \mathbb{R}^{p\times p}$ 和非奇异矩阵 $\boldsymbol{Y} \in \mathbb{R}^{n\times n}$ 使得

$$\boldsymbol{A} = \boldsymbol{U}\boldsymbol{\Sigma}_1\boldsymbol{Y}^{-1}, \quad \boldsymbol{B}^{\mathrm{T}} = \boldsymbol{V}\boldsymbol{\Sigma}_2\boldsymbol{Y}^{-1},$$

其中

$$\boldsymbol{\Sigma}_1 = \begin{array}{c} \begin{array}{cccc} r' & s' & t' & n-k' \end{array} \\ \begin{pmatrix} \boldsymbol{I}_{r'} & \boldsymbol{O} & \boldsymbol{O} & \boldsymbol{O} \\ \boldsymbol{O} & \boldsymbol{S} & \boldsymbol{O} & \boldsymbol{O} \\ \boldsymbol{O} & \boldsymbol{O} & \boldsymbol{O} & \boldsymbol{O} \end{pmatrix} \end{array} \begin{array}{l} \\ r' \\ s' \\ m-r'-s' \end{array}$$

$$\boldsymbol{\Sigma}_2 = \begin{array}{c} \begin{array}{cccc} r' & s' & t' & n-k' \end{array} \\ \begin{pmatrix} \boldsymbol{O} & \boldsymbol{O} & \boldsymbol{O} & \boldsymbol{O} \\ \boldsymbol{O} & \boldsymbol{I}_{s'} & \boldsymbol{O} & \boldsymbol{O} \\ \boldsymbol{O} & \boldsymbol{O} & \boldsymbol{I}_{t'} & \boldsymbol{O} \end{pmatrix} \end{array} \begin{array}{l} \\ p+r'-k' \\ s' \\ t' \end{array}$$

$$k' = \mathrm{rank}(\boldsymbol{A}^{\mathrm{T}}, \boldsymbol{B}), \quad r' = k' - \mathrm{rank}(\boldsymbol{B}),$$
$$s' = \mathrm{rank}(\boldsymbol{A}) + \mathrm{rank}(\boldsymbol{B}) - k', \quad \boldsymbol{S} = \mathrm{diag}(\sigma_1, \cdots, \sigma_{s'}),$$
$$\sigma_i > 0 (i = 1, \cdots, s'), \quad t' = k' - r' - s'.$$

特别地，若 $\boldsymbol{A}$ 和 $\boldsymbol{B}^{\mathrm{T}}$ 均为列满秩矩阵，则

$$r' = 0, \quad s' = n, \quad k' = n,$$

$$\boldsymbol{\Sigma}_1 = \begin{array}{c} n \\ \begin{pmatrix} \boldsymbol{S} \\ \boldsymbol{O} \end{pmatrix} \end{array} \begin{array}{l} \\ n \\ m-n \end{array}, \quad \boldsymbol{\Sigma}_2 = \begin{array}{c} n \\ \begin{pmatrix} \boldsymbol{O} \\ \boldsymbol{I}_{s'} \end{pmatrix} \end{array} \begin{array}{l} \\ p-n \\ n \end{array}.$$

定理 1.42 令 $\boldsymbol{A} \in \mathbb{R}^{m\times n}, \boldsymbol{B} \in \mathbb{R}^{n\times p}$，$\mathrm{rank}(\boldsymbol{A}) = r_a, \mathrm{rank}(\boldsymbol{B}) = r_b$ 并且 $r_a \geqslant r_b$，则存在正交矩阵 $\boldsymbol{Q} \in \mathbb{R}^{n\times n}$、非奇异矩阵 $\boldsymbol{X}_A \in \mathbb{R}^{m\times m}, \boldsymbol{X}_B \in \mathbb{R}^{p\times p}$，使得

$$\boldsymbol{A}^{\mathrm{T}} = \boldsymbol{Q}(\boldsymbol{\Sigma}_A, \boldsymbol{O})\boldsymbol{X}_A^{-1}, \quad \boldsymbol{B} = \boldsymbol{Q}(\boldsymbol{\Sigma}_B, \boldsymbol{O})\boldsymbol{X}_B^{-1},$$

其中 $\boldsymbol{\Sigma}_A \in \mathbb{R}^{n\times r_a}$ 和 $\boldsymbol{\Sigma}_B \in \mathbb{R}^{n\times r_b}$ 具有如下形式：

$$\boldsymbol{\Sigma}_A=\begin{pmatrix} \boldsymbol{I}_{r_1} & \boldsymbol{O} & \boldsymbol{O} \\ \boldsymbol{O} & \boldsymbol{\Lambda}_{r_2} & \boldsymbol{O} \\ \boldsymbol{O} & \boldsymbol{O} & \boldsymbol{O} \\ \boldsymbol{O} & \boldsymbol{O} & \boldsymbol{O} \\ \boldsymbol{O} & \boldsymbol{\Delta}_{r_2} & \boldsymbol{O} \\ \boldsymbol{O} & \boldsymbol{O} & \boldsymbol{I}_{r_3} \end{pmatrix}, \quad \boldsymbol{\Sigma}_B=\begin{pmatrix} \boldsymbol{I}_{r_b} \\ \boldsymbol{O} \end{pmatrix}, \tag{1.20}$$

其中 $\boldsymbol{I}_{r_1},\boldsymbol{I}_{r_3},\boldsymbol{I}_{r_b}$ 分别为阶数为 r_1,r_3,r_b 的单位阵，并且

$$\begin{aligned}
&\boldsymbol{\Lambda}_{r_2}=\operatorname{diag}(\lambda_{i+1},\cdots,\lambda_{i+j}),1>\lambda_{i+1}\geqslant\cdots\geqslant\lambda_{i+j}>0,\\
&\boldsymbol{\Delta}_{r_2}=\operatorname{diag}(\delta_{i+1},\cdots,\delta_{i+j}),0<\delta_{i+1}\leqslant\cdots\leqslant\delta_{i+j}<1,\\
&\boldsymbol{\Lambda}_{r_2}^2+\boldsymbol{\Delta}_{r_2}^2=\boldsymbol{I}_{r_2}.
\end{aligned}$$

其中，

$$\begin{aligned}
&r_1=\operatorname{rank}(\boldsymbol{A})+\operatorname{rank}(\boldsymbol{B})-\operatorname{rank}(\boldsymbol{A}^{\mathrm{T}},\boldsymbol{B}),\\
&r_2=\operatorname{rank}(\boldsymbol{A}^{\mathrm{T}},\boldsymbol{B})+\operatorname{rank}(\boldsymbol{AB})-\operatorname{rank}(\boldsymbol{A})-\operatorname{rank}(\boldsymbol{B}),\\
&r_3=\operatorname{rank}(\boldsymbol{A})-\operatorname{rank}(\boldsymbol{AB}).
\end{aligned}$$

习题 1

1. 假定 $\boldsymbol{A}\in\mathbb{C}^{n\times n}$，$\|\cdot\|$ 是向量范数，证明 $\|\boldsymbol{Ax}\|$ 是 $\boldsymbol{x}$ 的连续函数.

2. 证明任一 $k(k<n)$ 元函数不可能是 $\mathbb{R}^n$ 上的范数.

3. 证明：$\lim\limits_{k\to\infty}\|\boldsymbol{x}\|_k=\|\boldsymbol{x}\|_\infty$.

4. 证明定理1.1.

5. 证明定理1.4.

6. 假定 $\|\cdot\|_M$ 是 $\mathbb{C}^{n\times n}$ 上的任一相容矩阵范数，$\boldsymbol{0}\neq\boldsymbol{y}\in\mathbb{C}^n$ 是一给定向量，证明对于任意向量 $\boldsymbol{x}\in\mathbb{C}^n$，非负实值函数

$$\|\boldsymbol{x}\|_V=\|\boldsymbol{xy}^*\|_M$$

是 $\mathbb{C}^n$ 上的一个向量范数.

7. 证明：实值函数 $f(\boldsymbol{A})=\sqrt{m\cdot n}\cdot\max\limits_{i,j}|a_{ij}|$ 具有相容性.

8. 设 $\boldsymbol{R}\in\mathbb{C}^{m\times n}(m\geqslant n)$ 为上三角阵，证明

$$|r_{ii}|\geqslant\min_{\|\boldsymbol{x}\|_2=1}\|\boldsymbol{Rx}\|_2.$$

9. 若矩阵 $\boldsymbol{A}\in\mathbb{C}^{n\times n}$ 非奇异，$\|\cdot\|_{\boldsymbol{M}}$ 是由向量范数 $\|\cdot\|_{\boldsymbol{V}}$ 诱导的矩阵范数，证明

$$\|\boldsymbol{A}^{-1}\|_{\boldsymbol{M}}^{-1}=\min_{\|\boldsymbol{x}\|_{\boldsymbol{V}}=1}\|\boldsymbol{Ax}\|_{\boldsymbol{V}}.$$

10. 证明算子范数满足相容性.

11. 若 $\boldsymbol{A}\in\mathbb{C}^{m\times n}$，证明：$\|\boldsymbol{A}\|_\infty\leqslant\sqrt{n}\|\boldsymbol{A}\|_2$，$\|\boldsymbol{A}\|_2\leqslant\sqrt{m}\|\boldsymbol{A}\|_\infty$.

12. 令 $\boldsymbol{W}=\operatorname{diag}(d_1,\cdots,d_n)$ 为对角矩阵且对角元为正，证明由 $\mathbb{R}^n$ 上的向量范数 $\|\boldsymbol{x}\|=\max\limits_{1\leqslant i\leqslant n}d_i|\boldsymbol{x}_i|$ 诱导出的 $\mathbb{R}^{n\times n}$ 上的算子范数为

$$\|\boldsymbol{A}\|=\max_{1\leqslant i\leqslant n}\sum_{j=1}^{n}|a_{ij}|\frac{d_i}{d_j}.$$

13. 证明：若 $|\boldsymbol{A}|\leqslant\boldsymbol{B}$，则 $\|\boldsymbol{A}\|_2\leqslant\|\boldsymbol{B}\|_2$.

14. 证明：矩阵的 $\boldsymbol{M}_1$-范数与向量的 p-范数相容，矩阵的 F- 范数与向量的 2-范数相容.

15. 证明定理1.8.

16. 证明：对于单位矩阵 $\boldsymbol{I}$、任意非奇异矩阵 $\boldsymbol{A}$、任何相容矩阵范数 $\|\cdot\|_\alpha$ 及任何算子范数 $\|\cdot\|_\beta$，有

$$\|\boldsymbol{I}\|_\alpha\geqslant 1,\quad\|\boldsymbol{I}\|_\beta=1,\quad\|\boldsymbol{A}^{-1}\|_\alpha\geqslant 1/\|\boldsymbol{A}\|_\alpha.$$

17. 证明定理1.11.

18. 证明定理1.12及推论1.1.

19. 证明当矩阵 $\boldsymbol{A}$ 为对称矩阵时，有 $\|\boldsymbol{A}\|_2=\rho(\boldsymbol{A})$. 而对于一般矩阵，上述结论不成立.

20. 对于对称半正定矩阵 $\boldsymbol{A}$ 以及常数 $\alpha>0$，有

$$\left\|(\alpha\boldsymbol{I}+\boldsymbol{A})^{-1}(\alpha\boldsymbol{I}-\boldsymbol{A})\right\|_2\leqslant 1.$$

21. 对于 n 阶矩阵 $\boldsymbol{C},\boldsymbol{D}$，证明：

(1) $\operatorname{trace}(\boldsymbol{CD})=\operatorname{trace}(\boldsymbol{DC})$;

(2) 若 $\boldsymbol{A} \geqslant 0, \boldsymbol{B} \leqslant 0$, 则 $\operatorname{trace}(\boldsymbol{AB}) \leqslant 0$. 提示：利用正定矩阵的 Cholesky 分解及 F-范数.

22. 求矩阵乘法 $\boldsymbol{C} = \boldsymbol{AB}$ 的误差分析，其中矩阵 $\boldsymbol{A}, \boldsymbol{B}$ 均为 n 阶矩阵.

23. 设 $\boldsymbol{A} \in \mathbb{R}^{n\times n}, \boldsymbol{x} \in \mathbb{R}^n, nu \leqslant 0.01$，证明：

(1) $fl(\sum\limits_{i=1}^{n} x_i) = \sum\limits_{i=1}^{n} x_i(1+\eta_i)$，其中

$$\begin{cases} |\eta_1| \leqslant 1.01(n-1)u, \\ |\eta_i| \leqslant 1.01(n-i+1)u(i \geqslant 2). \end{cases}$$

(2) $fl(\boldsymbol{Ax}) = (\boldsymbol{A}+\boldsymbol{E})\boldsymbol{x}$，其中 $\boldsymbol{E}$ 的元素满足

$$\begin{cases} |e_{i1}| \leqslant 1.01n|a_{i1}|u, & i = 1, \cdots, n. \\ |e_{ij}| \leqslant 1.01(n-j+2)|a_{ij}|u, & i = 1, \cdots, n, j = 2, \cdots, n. \end{cases}$$

24. 设 $\boldsymbol{P}, \boldsymbol{Q} \in \mathbb{C}^{m\times n}$ 且满足 $\boldsymbol{P}^*\boldsymbol{P} = \boldsymbol{Q}^*\boldsymbol{Q} = \boldsymbol{I}_n$，若 $\boldsymbol{P} = \boldsymbol{QR}$，其中 $\boldsymbol{R}$ 为非奇异上三角阵，则 $\boldsymbol{R}$ 必为对角矩阵，且其所有对角元的模均为 1.

25. 设 $\boldsymbol{A} \in \mathbb{C}^{n\times n}, \boldsymbol{Q} \in \mathbb{C}^{n\times p}$ 且 $\boldsymbol{Q}$ 满足 $\boldsymbol{Q}^*\boldsymbol{Q} = \boldsymbol{I}_p$，证明 $\|\boldsymbol{Q}^*\boldsymbol{AQ}\|_F \leqslant \|\boldsymbol{A}\|_F$.

26. 设矩阵 $\boldsymbol{A} \in \mathbb{C}^{n\times n}$ 非奇异，$\boldsymbol{A}^{-1}$ 具有形式 $\boldsymbol{A}^{-1} = (\boldsymbol{a}_1, \cdots, \boldsymbol{a}_n)^{\mathrm{T}}$，则

$$\|\boldsymbol{A}^{-1}\|_2^{-1} \leqslant \min_{1\leqslant i\leqslant n} 1/\|\boldsymbol{a}_i\|_2 \leqslant \sqrt{n}\|\boldsymbol{A}^{-1}\|_2^{-1}.$$

27. 矩阵 $\boldsymbol{A}, \boldsymbol{B}$ 均为 Hermite 正定的，则 $\rho(\boldsymbol{AB}) \leqslant \rho(\boldsymbol{A})\rho(\boldsymbol{B})$.

28. 矩阵 $\boldsymbol{U}$ 为分块酉矩阵 $\boldsymbol{U} = \begin{pmatrix} \boldsymbol{U}_{11} & \boldsymbol{U}_{12} \\ \boldsymbol{U}_{21} & \boldsymbol{U}_{22} \end{pmatrix}$，其中 $\boldsymbol{U}_{11} \in \mathbb{C}^{r\times r}$ 满足 $r \leqslant n/2$，若 $\boldsymbol{U}_{11}$ 非奇异，则矩阵 $\boldsymbol{U}_{22}$ 非奇异且满足 $\|\boldsymbol{U}_{11}^{-1}\|_2 = \|\boldsymbol{U}_{22}^{-1}\|_2$.

29. 设矩阵 $\boldsymbol{G}$ 为 n 阶对称矩阵，$\boldsymbol{A} \in \mathbb{R}^{m\times n}(m \leqslant n)$ 行满秩，矩阵 $\boldsymbol{Z} \in \mathbb{R}^{n\times r}$ 列满秩且满足 $\boldsymbol{AZ} = \boldsymbol{0}_{m,r}$，证明：若 $\boldsymbol{Z}^{\mathrm{T}}\boldsymbol{GZ}$ 正定，则矩阵 $\begin{pmatrix} \boldsymbol{G} & \boldsymbol{A}^{\mathrm{T}} \\ \boldsymbol{A} & \boldsymbol{O}_{m,m} \end{pmatrix}$ 非奇异.

30. 证明定理1.22.

31. 证明定理1.27.

32. 证明推论1.3.

33. 令 $\boldsymbol{x}, \boldsymbol{y} \in \mathbb{C}^n, \sigma \in \mathbb{C}$，对于矩阵 $\boldsymbol{A} = \boldsymbol{I}_n - \sigma\boldsymbol{x}\boldsymbol{y}^*$，证明

(1) $\det(\boldsymbol{A}) = 1 - \sigma\boldsymbol{y}^*\boldsymbol{x}$；

(2) 若 $1 - \sigma\boldsymbol{y}^*\boldsymbol{x} \neq 0$，则矩阵 $\boldsymbol{A}$ 可逆，且 $\boldsymbol{A}^{-1} = \boldsymbol{I}_n - \dfrac{\sigma}{\sigma\boldsymbol{y}^*\boldsymbol{x} - 1}\boldsymbol{x}^*\boldsymbol{y}$.

34. 设 $\boldsymbol{H}$ 为 n 阶 Householder 矩阵，则块对角矩阵 $\mathrm{diag}(\boldsymbol{I}_m, \boldsymbol{H})$ 仍为 Householder 矩阵.

35. 设 $\boldsymbol{x} = (1,0,4,5,5,3)^{\mathrm{T}}$，求 Householder 变换 $\boldsymbol{H}$ 和一个负数 α 使得 $\boldsymbol{Hx} = (1,\alpha,0,5,5,0)^{\mathrm{T}}$.

36. 构造 Givens 矩阵 $\boldsymbol{G}$ 及数 α，使得 $\boldsymbol{G}\begin{pmatrix} 3 \\ 4 \end{pmatrix} = \alpha \begin{pmatrix} 1 \\ 1 \end{pmatrix}$.

37. 证明任意 n 阶正交矩阵一定可以写为至多 $n(n-1)/2$ 个 Givens 矩阵的乘积.

38. 假定 $\boldsymbol{L} \in \mathbb{R}^{m\times n}(m \geqslant n)$ 是下三角阵,说明如何确定 Householder 变换 $\boldsymbol{H}_1, \cdots, \boldsymbol{H}_n$ 使得

$$\boldsymbol{H}_n \cdots \boldsymbol{H}_1 \boldsymbol{L} = \begin{pmatrix} \boldsymbol{L}_1 \\ \boldsymbol{O}_{m-n,n} \end{pmatrix},$$

其中 $\boldsymbol{L}_1 \in \mathbb{R}^{n\times n}$ 为下三角阵.

39. 计算矩阵 $\begin{pmatrix} 1 & 1 \\ 1 & 1 \end{pmatrix}$ 的 QR 分解.

40. 证明推论1.4.

41. 证明推论1.5.

42. 若上三角阵 $\boldsymbol{T}$ 为正规矩阵，则 $\boldsymbol{T}$ 为对角矩阵. 若上三角阵 $\boldsymbol{T}$ 为酉矩阵，则 $\boldsymbol{T}$ 为对角矩阵且对角元模为 1.

43. 设向量 $\boldsymbol{y}$ 为 n 元单位列向量，证明 $\boldsymbol{yy}^*$ 的非零奇异值只有一个且为 1.

44. 设方阵 $\boldsymbol{A}$ 的特征值互不相同，其 Schur 分解为 $\boldsymbol{Q}^*\boldsymbol{AQ} = \boldsymbol{T}$. 若矩阵 $\boldsymbol{B}$ 满足 $\boldsymbol{AB} = \boldsymbol{BA}$，则 $\boldsymbol{Q}^*\boldsymbol{BQ}$ 也为上三角阵.

45. 设矩阵 $\boldsymbol{A}$ 的最大奇异值为 σ，对应的左奇异向量为 $\boldsymbol{u}$，则 $\|\boldsymbol{A}^*\boldsymbol{u}\|_2 = \sigma$.

46. 设 $\boldsymbol{A} \in \mathbb{C}^{m\times n}(m \geqslant n)$ 为列满秩矩阵，σ 为其最小奇异值且不为零，利用矩阵的奇异值分解证明

$$\|(\boldsymbol{A}^*\boldsymbol{A})^{-1}\|_2 = \sigma^{-2}, \|(\boldsymbol{A}^*\boldsymbol{A})^{-1}\boldsymbol{A}^*\|_2 = \sigma^{-1}, \|\boldsymbol{I}_m - \boldsymbol{A}(\boldsymbol{A}^*\boldsymbol{A})^{-1}\boldsymbol{A}^*\|_2 = \min\{m-n, 1\}.$$

47. 证明：若矩阵 $\boldsymbol{A}$ 非奇异，其奇异值为 $\sigma_1 \geqslant \sigma_2 \geqslant \cdots \geqslant \sigma_n$，则 $\kappa_2(\boldsymbol{A}) = \sigma_1/\sigma_n$.

48. 设 $\boldsymbol{A} = \begin{pmatrix} 1 & 2 & 1 \\ 1 & 1 & -1 \end{pmatrix}$，确定单位球上的向量 $\boldsymbol{x}$ 使得 $\|\boldsymbol{Ax}\|_2$ 最大.

49. 证明定理1.38.

50. 令 $S \subset \mathbb{C}^n$ 是一个子空间，若矩阵 $\boldsymbol{P} \in \mathbb{C}^{n\times n}$ 满足：

$$R(\boldsymbol{P}) = S, \boldsymbol{P}^2 = \boldsymbol{P}, \boldsymbol{P}^* = \boldsymbol{P},$$

则称 $\boldsymbol{P} \in \mathbb{C}^{n\times n}$ 为 $\mathbb{C}^n$ 到 S 上的正交投影. 试证明 $\mathbb{C}^n$ 到 S 上的正交投影是唯一的. 进一步，设矩阵 $\boldsymbol{A} \in \mathbb{C}^{m\times n}$ 且满足 $\text{rank}(\boldsymbol{A}) = \text{r}$，它的奇异值分解为 $\boldsymbol{A} = \boldsymbol{U\Sigma V}^*$，令 $\boldsymbol{U} = (\boldsymbol{U}_r, \widetilde{\boldsymbol{U}}_r), \boldsymbol{V} = (\boldsymbol{V}_r, \widetilde{\boldsymbol{V}}_r)$，其中 $\boldsymbol{U}_r \in \mathbb{C}^{m\times r}, \boldsymbol{V}_r \in \mathbb{C}^{m\times r}$，则：

(1) $\boldsymbol{V}_r\boldsymbol{V}_r^*$ 是 $\mathbb{C}^n$ 到 $R(\boldsymbol{A}^*)$ 的正交投影；

(2) $\widetilde{\boldsymbol{V}}_r\widetilde{\boldsymbol{V}}_r^*$ 是 $\mathbb{C}^n$ 到 $N(\boldsymbol{A})$ 的正交投影；

(3) $\boldsymbol{U}_r\boldsymbol{U}_r^*$ 是 $\mathbb{C}^n$ 到 $R(\boldsymbol{A})$ 的正交投影；

(4) $\widetilde{\boldsymbol{U}}_r\widetilde{\boldsymbol{U}}_r^*$ 是 $\mathbb{C}^n$ 到 $N(\boldsymbol{A}^*)$ 的正交投影；

(5) 设 $\boldsymbol{A} \in \mathbb{C}^{m\times n}$ 为列满秩的,则 $\mathbb{C}^m$ 到 $R(\boldsymbol{A})$ 上的正交投影为 $\boldsymbol{P} = \boldsymbol{A}(\boldsymbol{A}^*\boldsymbol{A})^{-1}\boldsymbol{A}^*$.

上机实验题 1

1. 设 $S_n = \sum\limits_{k=2}^{n} \dfrac{10^7}{k^2-1}$，编写程序，并按从小到大和从大到小的顺序分别计算 S_{10^6}，并指出两种方法计算结果的有效位数.

2. 编写程序计算矩阵的 Schur 分解及奇异值分解.

第 2 章　直接法求解线性方程组

线性方程组是最重要也是最基本的一类代数方程组. 自然科学和工程领域的许多问题最终都归结为求解线性方程组或者问题的求解过程中需要求解线性方程组. 例如, 偏微分方程的数值解、最优化等.

早在中国古代的《九章算术》中就提到了线性方程组的求解. 它将变元的系数和常数项排成一个长方阵（相当于现在的矩阵), 然后利用遍乘直除算法求解. 这是世界上最早的完整的线性方程组的解法. 到 17 世纪, 西方也提出了完整的线性方程组的解法.

线性方程组的求解问题表述为: 对给定的 n 阶复矩阵 $\boldsymbol{A} \in \mathbb{C}^{n\times n}$ 及 n 维复向量 $\boldsymbol{b} \in \mathbb{C}^n$, 求 n 维复向量 $\boldsymbol{x} \in \mathbb{C}^n$, 使得 $\boldsymbol{Ax} = \boldsymbol{b}$. 线性方程组用矩阵形式表示为 $\boldsymbol{Ax} = \boldsymbol{b}$, 其中

$$\boldsymbol{A} = \begin{pmatrix} a_{11} & a_{12} & \cdots & a_{1n} \\ a_{21} & a_{22} & \cdots & a_{2n} \\ \vdots & \vdots & & \vdots \\ a_{n1} & a_{n2} & \cdots & a_{nn} \end{pmatrix}, \quad \boldsymbol{b} = \begin{pmatrix} b_1 \\ b_2 \\ \vdots \\ b_n \end{pmatrix},$$

分别称为线性方程组的系数矩阵和常向量.

线性方程组的求解方法有两种: 直接法和迭代法. 直接法是通过有限次四则运算求得方程组的精确解（计算过程没有舍入误差), 迭代法是从一个初始向量开始, 通过构造一个迭代序列, 经过多次迭代得到方程组的一个近似解. 直接法是一种精确求解方法, 但是在计算机实现上由于舍入误差的存在, 使得每步只能求得问题的一个近似解, 当舍入操作进行多次之后, 求得的解距离真实解可能有一定的误差. 另外, 在求解过程中, 直接法会破坏问题本身的稀疏结构（大多数元素为零）或者其他特殊结构, 所以直接法适合于求解中小规模的、稠密的、没有特殊结构的线性方程组. 迭代法能够利用方程组的稀疏结构或其他特殊结构, 并且程序设计简单, 是求解大型稀疏线性方程组的有效方法, 但是存在收敛性及收敛速度等问题.

2.1 矩阵的 LU 分解及线性方程组求解

由高等代数知识可知，一般线性方程组的求解问题，可以通过一系列初等变换转化为三角形线性方程组的求解问题. 在本节中我们将从矩阵分解的角度重新设计求解线性方程组的方法，下面考虑给出几种具体的矩阵分解策略.

2.1.1 矩阵的 LU 分解

利用 Gauss 消去法求解线性方程组的过程可以归结为利用初等行变换将系数矩阵 $\boldsymbol{A}$ 逐步化为上三角形式的过程. 具体来说，假定矩阵 $\boldsymbol{A}$ 经过 $i-1$ 步消去之后 (i,i) 位置的元素不为零，则第 i 步是把第 i 列中的元素 $a_{ji}(j>i)$ 消为 0，每步操作可以通过左乘如下定义的矩阵来完成.

定义 2.1 称形如

$$\boldsymbol{L}_i=\begin{pmatrix}1 & & & & & \\ & \ddots & & & & \\ & & 1 & & & \\ & & -l_{i+1,i} & 1 & & \\ & & \vdots & & \ddots & \\ & & -l_{ni} & \cdots & & 1\end{pmatrix} \tag{2.1}$$

的单位下三角阵 $\boldsymbol{L}_i$ 为 Gauss 变换矩阵.

Gauss 消去法中第 i 步消去过程等价于对增广矩阵左乘一个形如式 (2.1) 的 Gauss 变换矩阵，其中 $l_{ji}=a_{ji}/a_{ii}$, $j=i+1,\cdots,n$. Gauss 变换矩阵 $\boldsymbol{L}_i$ 具有如下性质：

定理 2.1 (1) Gauss 变换矩阵 $\boldsymbol{L}_i$ 的逆矩阵为

$$\boldsymbol{L}_i^{-1}=\begin{pmatrix}1 & & & & & \\ & \ddots & & & & \\ & & 1 & & & \\ & & l_{i+1,i} & 1 & & \\ & & \vdots & & \ddots & \\ & & l_{ni} & \cdots & & 1\end{pmatrix}. \tag{2.2}$$

(2) Gauss 变换矩阵 $\boldsymbol{L}_i$ 与 $\boldsymbol{L}_j(i<j)$ 的乘积为

$$\boldsymbol{L}_i\boldsymbol{L}_j=\begin{pmatrix}1&&&&&&&\\&\ddots&&&&&&\\&&1&&&&&\\&&-l_{i+1,i}&1&&&&\\&&\vdots&&\ddots&&&\\&&\vdots&&&1&&\\&&\vdots&&&-l_{j+1,j}&1&\\&&\vdots&&&\vdots&&\ddots&\\&&-l_{ni}&\cdots&&-l_{nj}&\cdots&&1\end{pmatrix}. \tag{2.3}$$

证明　矩阵 $\boldsymbol{L}_i$ 为单位阵加上一个秩一矩阵，而每个秩一矩阵可以表示为一个列向量与行向量的乘积，故 Gauss 变换矩阵 $\boldsymbol{L}_i$ 可表示为

$$\boldsymbol{L}_i=\boldsymbol{I}-\boldsymbol{l}_i\boldsymbol{e}_i^{\mathrm{T}},$$

其中向量 $\boldsymbol{l}_i=(\underbrace{0,\cdots,0}_{i},l_{i+1,i},\cdots,l_{ni})^{\mathrm{T}}$.

(1) 由于 $\boldsymbol{e}_i^{\mathrm{T}}\boldsymbol{l}_i=0$，则

$$(\boldsymbol{I}-\boldsymbol{l}_i\boldsymbol{e}_i^{\mathrm{T}})(\boldsymbol{I}+\boldsymbol{l}_i\boldsymbol{e}_i^{\mathrm{T}})=\boldsymbol{I}-\boldsymbol{l}_i\boldsymbol{e}_i^{\mathrm{T}}\boldsymbol{l}_i\boldsymbol{e}_i^{\mathrm{T}}=\boldsymbol{I}.$$

故

$$\boldsymbol{L}_i^{-1}=\boldsymbol{I}+\boldsymbol{l}_i\boldsymbol{e}_i^{\mathrm{T}}.$$

从而式 (2.2) 成立.

(2) 当 $i<j$ 时，由于 $\boldsymbol{e}_i^{\mathrm{T}}\boldsymbol{l}_j=0$，则

$$\boldsymbol{L}_i\boldsymbol{L}_j=(\boldsymbol{I}-\boldsymbol{l}_i\boldsymbol{e}_i^{\mathrm{T}})(\boldsymbol{I}-\boldsymbol{l}_j\boldsymbol{e}_j^{\mathrm{T}})=\boldsymbol{I}-\boldsymbol{l}_i\boldsymbol{e}_i^{\mathrm{T}}-\boldsymbol{l}_j\boldsymbol{e}_j^{\mathrm{T}}+\boldsymbol{l}_i\boldsymbol{e}_i^{\mathrm{T}}\boldsymbol{l}_j\boldsymbol{e}_j^{\mathrm{T}}=\boldsymbol{I}-\boldsymbol{l}_i\boldsymbol{e}_i^{\mathrm{T}}-\boldsymbol{l}_j\boldsymbol{e}_j^{\mathrm{T}}.$$

从而式 (2.3) 成立. □

下面具体描述系数矩阵 $\boldsymbol{A}$ 的 LU 分解. 对于一般的系数矩阵 $\boldsymbol{A}\in\mathbb{R}^{n\times n}$，令 $\boldsymbol{A}^{(0)}=\boldsymbol{A}$，如果 $a_{11}^{(0)}\neq 0$，则对 $\boldsymbol{A}^{(0)}$ 左乘 Gauss 变换矩阵 $\boldsymbol{L}_1$，其中 $l_{i1}=a_{i1}^{(0)}/a_{11}^{(0)},i=2,\cdots,n$，

可得

$$\boldsymbol{L}_1\boldsymbol{A}=\begin{pmatrix} a_{11}^{(0)} & a_{12}^{(0)} & \cdots & a_{1n}^{(0)} \\ 0 & a_{22}^{(1)} & \cdots & a_{2n}^{(1)} \\ \vdots & \vdots & & \vdots \\ 0 & a_{n2}^{(1)} & \cdots & a_{nn}^{(1)} \end{pmatrix},$$

假定对系数矩阵 $\boldsymbol{A}$ 进行了 $k-1$ 步 Gauss 变换得到如下矩阵：

$$\boldsymbol{L}_{k-1}\cdots\boldsymbol{L}_1\boldsymbol{A}=\begin{pmatrix} a_{11}^{(0)} & \cdots & a_{1k}^{(0)} & \cdots & a_{1n}^{(0)} \\ & \ddots & \vdots & \vdots & \vdots \\ & & a_{kk}^{(k-1)} & \cdots & a_{kn}^{(k-1)} \\ & & \vdots & \vdots & \vdots \\ & & a_{nk}^{(k-1)} & \cdots & a_{nn}^{(k-1)} \end{pmatrix},$$

则若 $a_{kk}^{(k-1)}\neq 0$，可构造 Gauss 变换矩阵 $\boldsymbol{L}_k$，其中 $l_{ik}=a_{ik}^{(k-1)}/a_{kk}^{(k-1)}, i=k+1,\cdots,n$，使得

$$\boldsymbol{L}_k\boldsymbol{L}_{k-1}\cdots\boldsymbol{L}_1\boldsymbol{A}=\begin{pmatrix} a_{11}^{(0)} & \cdots & a_{1k}^{(0)} & a_{1,k+1}^{(0)} & \cdots & a_{1n}^{(0)} \\ & \ddots & \vdots & \vdots & \vdots & \vdots \\ & & a_{kk}^{(k-1)} & a_{k,k+1}^{(k-1)} & \cdots & a_{kn}^{(k-1)} \\ & & & a_{k+1,k+1}^{(k)} & \cdots & a_{k+1,n}^{(k)} \\ & & & \vdots & \vdots & \vdots \\ & & & a_{n,k+1}^{(k)} & \cdots & a_{nn}^{(k)} \end{pmatrix}.$$

假定每步消元后对角元均不为零，则上述过程可重复 $n-1$ 次，有

$$\boldsymbol{L}_{n-1}\cdots\boldsymbol{L}_1\boldsymbol{A}=\boldsymbol{U}=\begin{pmatrix} a_{11}^{(0)} & \cdots & a_{1k}^{(0)} & \cdots & a_{1n}^{(0)} \\ & \ddots & \vdots & \vdots & \vdots \\ & & a_{kk}^{(k-1)} & \cdots & a_{kn}^{(k-1)} \\ & & & \ddots & \vdots \\ & & & & a_{nn}^{(n-1)} \end{pmatrix}.$$

令 $\boldsymbol{L}=(\boldsymbol{L}_{n-1}\cdots\boldsymbol{L}_1)^{-1}$，则由定理2.1 知

$$\boldsymbol{L}=(\boldsymbol{L}_{n-1}\cdots\boldsymbol{L}_1)^{-1}=\boldsymbol{L}_1^{-1}\cdots\boldsymbol{L}_{n-1}^{-1}=\begin{pmatrix}1 & & & \\ l_{21} & 1 & & \\ \vdots & \ddots & \ddots & \\ l_{n1} & \cdots & l_{n,n-1} & 1\end{pmatrix},$$

从而矩阵 $\boldsymbol{A}$ 具有如下 LU 分解

$$\boldsymbol{A}=\boldsymbol{L}\boldsymbol{U}.$$

定义 2.2　对于 n 阶方阵 $\boldsymbol{A}$，如果存在 n 阶单位下三角阵 $\boldsymbol{L}$ 和 n 阶上三角阵 $\boldsymbol{U}$，使得 $\boldsymbol{A}=\boldsymbol{L}\boldsymbol{U}$，则称其为矩阵 $\boldsymbol{A}$ 的 LU 分解.

第 k 步消去过程需要进行 $(n-k+1)(n-k)$ 个乘除法以及 $(n-k)(n-k)$ 个加减法，则矩阵的 LU 分解的计算量为

$$\sum_{k=1}^{n-1}((n-k+1)(n-k)+(n-k)(n-k))=\frac{2}{3}n^3-\frac{1}{2}n^2-\frac{1}{6}n.$$

在消去过程中，在第 k 步只需存储 l_k 的 $n-k$ 个非零元素，而 $\boldsymbol{A}^{(k)}$ 的第 k 列对角线下面的元素 $a_{ik}^{(k)}(i=k+1,\cdots,n)$ 都为 0，无须存储，故可将 l_k 的 $n-k$ 个非零元素存储在这 $n-k$ 个位置. 结合此存储策略，矩阵 $\boldsymbol{A}$ 经过 k 步消去后元素为

$$\begin{pmatrix}
a_{11}^{(0)} & \cdots & \cdots & a_{1k}^{(0)} & a_{1,k+1}^{(0)} & \cdots & a_{1n}^{(0)} \\
l_{21} & a_{22}^{(1)} & \cdots & a_{2k}^{(1)} & a_{2,k+1}^{(1)} & \cdots & a_{2n}^{(1)} \\
\vdots & l_{32} & \ddots & \vdots & \vdots & \cdots & \vdots \\
\vdots & \vdots & \ddots & a_{kk}^{(k-1)} & a_{k,k+1}^{(k-1)} & \cdots & a_{kn}^{(k-1)} \\
\vdots & \vdots & \cdots & l_{k+1,k} & a_{k+1,k+1}^{(k)} & \cdots & a_{k+1,n}^{(k)} \\
\vdots & \vdots & \cdots & \vdots & \vdots & \cdots & \vdots \\
l_{n1} & l_{n2} & \cdots & l_{nk} & a_{n,k+1}^{(k)} & \cdots & a_{nn}^{(k)}
\end{pmatrix}.$$

综合上述分析，可得如下矩阵 $\boldsymbol{A}$ 的 LU 分解的计算流程.

算法 2.1 矩阵的 LU 分解

输入： 矩阵$\boldsymbol{A}$

输出： 存储矩阵$\boldsymbol{L},\boldsymbol{U}$ 相关信息的矩阵$\boldsymbol{A}$

```
for k = 1 : m do
  if A(k,k) ~= 0 then
    A(k+1:m, k) = A(k+1:m, k)/A(k,k);
    A(k+1:m, k+1:n) = A(k+1:m, k+1:n)
                    - A(k+1:m, k) * A(k, k+1:n);
  end if
end for
```

并不是所有的方阵都可进行 LU 分解. 若分解过程中对角元为零，则分解无法继续下去. 下面给出矩阵的 LU 分解存在的更一般的条件，将矩阵 $\boldsymbol{A}$ 划分为

$$\boldsymbol{A}=\begin{pmatrix}\boldsymbol{A}_{11} & \boldsymbol{A}_{12}\\ \boldsymbol{A}_{21} & \boldsymbol{A}_{22}\end{pmatrix},$$

其中 $\boldsymbol{A}_{11},\boldsymbol{A}_{22}$ 分别为 $k,n-k$ 阶方阵. 对应地将 $\boldsymbol{L},\boldsymbol{U}$ 进行如下划分：

$$\boldsymbol{L}=\begin{pmatrix}\boldsymbol{L}_{11} & \boldsymbol{O}\\ \boldsymbol{L}_{21} & \boldsymbol{L}_{22}\end{pmatrix},\boldsymbol{U}=\begin{pmatrix}\boldsymbol{U}_{11} & \boldsymbol{U}_{12}\\ \boldsymbol{O} & \boldsymbol{U}_{22}\end{pmatrix},$$

其中

$$\boldsymbol{L}_{11}=\begin{pmatrix}1 & & & \\ l_{11} & 1 & & \\ \vdots & \ddots & \ddots & \\ l_{k1} & \cdots & l_{k,k-1} & 1\end{pmatrix},\boldsymbol{U}_{11}=\begin{pmatrix}a_{11}^{(0)} & \cdots & a_{1k}^{(0)}\\ & \ddots & \vdots\\ & & a_{kk}^{(k-1)}\end{pmatrix},$$

有 $\boldsymbol{A}$ 的 k 阶顺序主子式

$$D_k:=\det(\boldsymbol{A}_{11})=\det(\boldsymbol{L}_{11})\det(\boldsymbol{U}_{11})=a_{11}^{(0)}\cdots a_{kk}^{(k-1)}.$$

故若令 $D_0=1$，则有上三角阵 $\boldsymbol{U}$ 的对角元为

$$a_{kk}^{(k-1)}=D_k/D_{k-1}.$$

从而有下面的存在唯一性定理成立.

定理 2.2　如果矩阵 $\boldsymbol{A}$ 的前 $n-1$ 阶顺序主子式均不为 0，则存在唯一的单位下三角阵 $\boldsymbol{L}$ 及上三角阵 $\boldsymbol{U}$ 使得 $\boldsymbol{A}=\boldsymbol{LU}$.

定理 2.3　如果矩阵 $\boldsymbol{A}$ 存在 LU 分解，并且 $\boldsymbol{A}$ 非奇异，则 LU 分解是唯一的.

证明　假定矩阵 $\boldsymbol{A}$ 存在两个 LU 分解

$$\boldsymbol{A}=\boldsymbol{L}_1\boldsymbol{U}_1=\boldsymbol{L}_2\boldsymbol{U}_2.$$

由于 $\boldsymbol{A}$ 非奇异，则 $\boldsymbol{L}_1,\boldsymbol{U}_1,\boldsymbol{L}_2,\boldsymbol{U}_2$ 均为非奇异矩阵，有 $\boldsymbol{L}_2^{-1}\boldsymbol{L}_1=\boldsymbol{U}_2\boldsymbol{U}_1^{-1}$，由本章习题 1 可知

$$\boldsymbol{L}_2^{-1}\boldsymbol{L}_1=\boldsymbol{U}_2\boldsymbol{U}_1^{-1}=\boldsymbol{I},$$

从而 $\boldsymbol{L}_1=\boldsymbol{L}_2,\boldsymbol{U}_1=\boldsymbol{U}_2$，故分解唯一.　□

上述两个定理只是给出了判断矩阵的 LU 分解存在唯一性的充分条件. 从下面的例子可以看出，当 $\boldsymbol{A}$ 的第 $k\leqslant n-1$ 阶顺序主子式为 0 时，LU 分解的存在性比较复杂：LU 分解可能不存在，也可能存在但不唯一.

例 2.1　判断下列矩阵的 LU 分解是否具有存在性和唯一性.

$$\boldsymbol{A}=\begin{pmatrix}2&1&0\\1&2&3\\-1&2&5\end{pmatrix},\boldsymbol{B}=\begin{pmatrix}1&-1&2\\-2&2&2\\1&0&3\end{pmatrix},\boldsymbol{C}=\begin{pmatrix}2&-1&3\\-2&1&5\\0&0&8\end{pmatrix}.$$

解　对于矩阵 $\boldsymbol{A}$，前 1 阶、2 阶顺序主子式分别为 2，3，均不为 0，故 LU 分解存在唯一.

对于矩阵 $\boldsymbol{B}$，前 1 阶、2 阶顺序主子式分别为 1，0. 进行一步消元之后有

$$\boldsymbol{B}^{(1)}=\begin{pmatrix}1&-1&2\\0&0&6\\0&1&1\end{pmatrix},$$

故 LU 分解不存在.

对于矩阵 $\boldsymbol{C}$，前 1 阶、2 阶顺序主子式分别为 2，0. 进行一步消元之后有

$$\boldsymbol{B}^{(1)}=\begin{pmatrix}2 & -1 & 3\\ 0 & 0 & 8\\ 0 & 0 & 8\end{pmatrix},$$

故 LU 分解存在但不唯一.

利用矩阵的 LU 分解，结合三角线性方程组的求解算法，人们就得到了求解线性方程组 $\boldsymbol{Ax}=\boldsymbol{b}$ 的基于 LU 分解的 Gauss 消去法. 具体来说，设系数矩阵 $\boldsymbol{A}$ 非奇异且 LU 分解存在，则求解过程分为如下三步：

(1) 将矩阵 $\boldsymbol{A}$ 进行 LU 分解：$\boldsymbol{A}=\boldsymbol{LU}$，其中 $\boldsymbol{L},\boldsymbol{U}$ 分别为单位下三角及上三角阵；

(2) 求解线性方程组：$\boldsymbol{Ly}=\boldsymbol{Pb}$；

(3) 求解线性方程组：$\boldsymbol{Ux}=\boldsymbol{y}$.

对于第 2 步中的下三角形线性方程组

$$\begin{pmatrix}l_{11} & & \\ \vdots & \ddots & \\ l_{n1} & \cdots & l_{nn}\end{pmatrix}\begin{pmatrix}x_1\\ \vdots\\ x_n\end{pmatrix}=\begin{pmatrix}b_1\\ \vdots\\ b_n\end{pmatrix} \tag{2.4}$$

若 $l_{ii}\neq 0, i=1,\cdots,n$，则可利用第 1 个方程得到 $x_1=b_1/l_{11}$，然后利用公式

$$x_i=(b_i-\sum_{k=1}^{i-1}l_{ik}x_k)/l_{ii}, \tag{2.5}$$

求得 $x_2,\cdots,x_n$ 的值. 这种求解方法称为求解下三角形线性方程组的前代法. 利用表达式 (2.5) 求下三角形线性方程组 (2.4) 的计算流程如下：

算法 2.2 求解非奇异下三角形线性方程组的前代法

输入： 下三角阵 $\boldsymbol{L}$，向量 $\boldsymbol{b}$

输出： 线性方程组 $\boldsymbol{Lx}=\boldsymbol{b}$ 的解 $\boldsymbol{x}$

$x_1=b_1/L_{11}$;

for $i=2:n$ **do**

  for $j=1:i-1$ **do**

    $b_i=b_i-L_{ij}x_j$;

  end for

  $x_i=b_i/L_{ii}$;

end　for

计算每个 $x_i(1 \leqslant i \leqslant n)$ 的值需要 $i-1$ 个乘法、$i-1$ 个减法及 1 个除法，则总共需要的加减乘除四则运算的次数为

$$\sum_{i=1}^{n}(2i-1)=n^2.$$

求解下三角形方程组的计算量为 n^2.

对于第 3 步中的上三角形线性方程组

$$\begin{pmatrix} u_{11} & \cdots & u_{1n} \\ & \ddots & \vdots \\ & & u_{nn} \end{pmatrix}\begin{pmatrix} x_1 \\ \vdots \\ x_n \end{pmatrix}=\begin{pmatrix} b_1 \\ \vdots \\ b_n \end{pmatrix}, \tag{2.6}$$

令 $u_{ii}\neq 0,\ i=1,\cdots,n$，方程组 (2.6) 的第 n 个方程为 $u_{nn}x_n=b_n$. 由于 $u_{nn}\neq 0$，故可得 $x_n=b_n/u_{nn}$. 再由第 $n-1$ 个方程 $u_{n-1,n-1}x_{n-1}+u_{n-1,n}x_n=b_{n-1}$ 可得 $x_{n-1}=(b_{n-1}-u_{n-1,n}x_n)/u_{n-1,n-1}$. 递推下去，如果我们已经得到 $x_n,\cdots,x_{i+1}$ 的值，则由第 i 个方程

$$u_{ii}x_i+u_{i,i+1}x_{i+1}+\cdots+u_{in}x_n=b_i$$

可得

$$x_i=(b_i-\sum_{k=i+1}^{n}u_{ik}x_k)/u_{ii}, \tag{2.7}$$

其中 $i=n,n-1,\cdots,1$，这种求解方法称为求上三角形线性方程组的后代法. 利用表达式 (2.7) 求上三角形线性方程组 (2.6) 的计算流程如下：

算法 2.3　求解非奇异上三角形线性方程组的后代法

输入： 上三角阵 $\boldsymbol{U}$，向量 $\boldsymbol{b}$

输出： 线性方程组 $\boldsymbol{Ux}=\boldsymbol{b}$ 的解 $\boldsymbol{x}$

$x_n=b_n/U_{nn}$;

for $i=(n-1):-1:1$ **do**

　for $j=i+1:n$ **do**

　　$b_i=b_i-U_{ij}x_j$;

end for

$x_i = b_i/U_{ii}$;

end for

同样地，该算法的计算量也为 n^2.

利用基于 LU 分解的 Gauss 消去法求解线性方程组的计算量为

$$\frac{2}{3}n^3 - \frac{1}{2}n^2 - \frac{1}{6}n + n^2 + n^2 = \frac{2}{3}n^3 + \frac{3}{2}n^2 - \frac{1}{6}n.$$

通过前面的计算量分析，我们知道算法的关键在于第一步，即如何将矩阵进行 LU 分解.

基于 LU 分解的 Gauss 消去法求解线性方程组的向后误差分析为: 对于利用 LU 分解的 Gauss 消去法求解线性方程组 $\boldsymbol{Ax} = \boldsymbol{b}$ 得到的 $\widetilde{\boldsymbol{x}}$, 寻找矩阵 $\delta\boldsymbol{A}$, 使得 $(\boldsymbol{A}+\delta\boldsymbol{A})\widetilde{\boldsymbol{x}} = \boldsymbol{b}$，并给出矩阵 $\delta\boldsymbol{A}$ 的误差界. 我们在此仅列出最终的结果，具体的推导过程可以参考文献 [12].

对于矩阵 $\boldsymbol{A} = (a_{ij})_{n\times n}$，引入记号 $|\boldsymbol{A}| = (|a_{ij}|)_{n\times n}$ 表示其绝对值，即每一个元素为矩阵对应元素的绝对值. 矩阵 $\boldsymbol{A}$ 的向后误差分析为寻求上三角阵 $\widetilde{\boldsymbol{U}}$、下三角阵 $\widetilde{\boldsymbol{L}}$ 及矩阵 $\boldsymbol{E}$，使得 $\boldsymbol{A} = \widetilde{\boldsymbol{L}}\widetilde{\boldsymbol{U}} + \boldsymbol{E}$.

定理 2.4 [12]　设 $\boldsymbol{A} \in \mathbb{R}^{n\times n}$ 并且在计算机中能精确表示，并且假定 $1.01nu \leqslant 0.01$，其中 u 为机器精度，则利用算法 2.1 计算得到的单位下三角阵 $\widetilde{\boldsymbol{L}}$ 及上三角阵 $\widetilde{\boldsymbol{U}}$ 满足

$$\widetilde{\boldsymbol{L}}\widetilde{\boldsymbol{U}} = \boldsymbol{A} + \boldsymbol{E}, \quad |\boldsymbol{E}| \leqslant 2.05nu|\widetilde{\boldsymbol{L}}||\widetilde{\boldsymbol{U}}|.$$

对于三对角形线性方程组的直接法的向后误差分析，有如下结论.

定理 2.5　设 $\boldsymbol{T}$ 为 n 阶三对角矩阵，$\boldsymbol{b}$ 为 n 维向量，假定 $nu \leqslant 0.01$，则利用求解下三角形方程组的直接法求得的 $\boldsymbol{Tx} = \boldsymbol{b}$ 的解 $\widetilde{\boldsymbol{x}}$ 应满足

$$(\boldsymbol{T} + \delta\boldsymbol{T})\widetilde{\boldsymbol{x}} = \boldsymbol{b}, \quad |\delta\boldsymbol{T}| \leqslant 1.01nu|\boldsymbol{T}|.$$

结合矩阵的 LU 分解及三对角形方程组求解的向后误差分析，有如下定理成立.

定理 2.6 [12]　设 $\boldsymbol{A}$ 为 n 阶非奇异矩阵，假定 $1.01nu \leqslant 0.01$，则利用基于 LU 分解的 Gauss 消去法解线性方程组 $\boldsymbol{Ax} = \boldsymbol{b}$ 所得的计算解 $\widetilde{\boldsymbol{x}}$ 满足

$$(\boldsymbol{A} + \delta\boldsymbol{A})\widetilde{\boldsymbol{x}} = \boldsymbol{b}, \quad \|\delta\boldsymbol{A}\|_\infty \leqslant 4.09n^3u\max_{i,j,k}|a_{ij}^{(k)}|.$$

上述定理说明，由计算机得到的计算解为对系数矩阵做小的扰动之后得到的线性方程组的精确解. 一般来说，这个扰动矩阵相对于原始的系数矩阵是很小的. 从这个意义上来说，基于矩阵的 LU 分解的 Gauss 消去法是稳定的.

2.1.2　矩阵的全选主元 LU 分解

由 LU 分解过程可知，在每步分解中，对角元均用作除数，故当某步消去过程的对角元等于 0 时，分解将无法进行下去. 即使对角元不为零，但当其很小时，大数除以小数也会导致计算结果不可信.

例 2.2　在八位十进制的计算机上，求矩阵 $\boldsymbol{A}$ 的 LU 分解，其中矩阵 $\boldsymbol{A}$ 为

$$\boldsymbol{A}=\begin{pmatrix}10^{-8} & 1 & 2\\ 1 & 2 & 3\\ 2 & 1 & 4\end{pmatrix}.$$

其前两阶顺序主子式分别为 10^{-8} 与 $-1+2\times10^{-8}$，均不为 0，故 LU 分解存在且唯一. 又由于 $\det(\boldsymbol{A})=-4+5\times10^{-8}$，$\det(\boldsymbol{A})=\det(\boldsymbol{L})\det(\boldsymbol{U})=\det(\boldsymbol{U})$，故 $\det(\boldsymbol{U})\neq0$.

若不选主元进行 LU 分解，Gauss 变换矩阵 $\boldsymbol{L}_1$ 及第一步消去后的矩阵 $\boldsymbol{L}_1\boldsymbol{A}$ 分别为

$$\boldsymbol{L}_1=\begin{pmatrix}1 & & \\ -10^{8} & 1 & \\ -2\times10^{8} & & 1\end{pmatrix},\boldsymbol{L}_1\boldsymbol{A}=\begin{pmatrix}10^{-8} & 1 & 2\\ 0 & -10^{8} & -2\times10^{8}\\ 0 & -10^{8} & -2\times10^{8}\end{pmatrix},$$

Gauss 变换矩阵 $\boldsymbol{L}_2$ 及第二步消去后的矩阵 $\boldsymbol{L}_2\boldsymbol{L}_1\boldsymbol{A}$ 分别为

$$\boldsymbol{L}_2=\begin{pmatrix}1 & & \\ & 1 & \\ & -1 & 1\end{pmatrix},\boldsymbol{L}_2\boldsymbol{L}_1\boldsymbol{A}=\begin{pmatrix}10^{-8} & 1 & 2\\ 0 & -10^{8} & -2\times10^{8}\\ 0 & 0 & 0\end{pmatrix}.$$

从而有矩阵 $\boldsymbol{A}$ 的 LU 分解 $\boldsymbol{A}=\boldsymbol{L}\boldsymbol{U}$，其中

$$\boldsymbol{L}=\boldsymbol{L}_1^{-1}\boldsymbol{L}_2^{-1}=\begin{pmatrix}1 & & \\ 10^{8} & 1 & \\ 2\times10^{8} & 1 & 1\end{pmatrix},\boldsymbol{U}=\begin{pmatrix}10^{-8} & 1 & 2\\ 0 & -10^{8} & -2\times10^{8}\\ 0 & 0 & 0\end{pmatrix}.$$

由于 $\det(\boldsymbol{U})=0$，矛盾. 说明不选主元的 LU 分解结果不可信.

使计算结果精确的一个策略就是全选主元策略. 即在第 k 步消元过程中, 选取矩阵右下角的 $n-k+1$ 阶子块中的绝对值最大的元素, 然后进行行列交换将其变换为矩阵的第 (k,k) 个元素, 利用这个元素作为主元进行消元.

例 2.3 (例2.2续) 考虑全选主元 LU 分解法, 初等置换阵 $\boldsymbol{P}_1, \boldsymbol{Q}_1$ 及选主元后的矩阵 $\boldsymbol{P}_1\boldsymbol{A}\boldsymbol{Q}_1$ 分别为

$$\boldsymbol{P}_1=\begin{pmatrix} & & 1\\ & 1 & \\ 1 & & \end{pmatrix}, \boldsymbol{Q}_1=\begin{pmatrix} & & 1\\ & 1 & \\ 1 & & \end{pmatrix}, \boldsymbol{P}_1\boldsymbol{A}\boldsymbol{Q}_1=\begin{pmatrix} 4 & 1 & 2\\ 3 & 2 & 1\\ 2 & 1 & 10^{-8} \end{pmatrix},$$

Gauss 变换矩阵 $\boldsymbol{L}_1$ 及第一步消去后的矩阵 $\boldsymbol{L}_1\boldsymbol{P}_1\boldsymbol{A}\boldsymbol{Q}_1$ 分别为

$$\boldsymbol{L}_1=\begin{pmatrix} 1 & & \\ -3/4 & 1 & \\ -1/2 & & 1 \end{pmatrix}, \boldsymbol{L}_1\boldsymbol{P}_1\boldsymbol{A}\boldsymbol{Q}_1=\begin{pmatrix} 4 & 1 & 2\\ 0 & 5/4 & -1/2\\ 0 & 1/2 & -1 \end{pmatrix},$$

初等置换阵 $\boldsymbol{P}_2, \boldsymbol{Q}_2$ 及选主元后的矩阵 $\boldsymbol{P}_2\boldsymbol{L}_1\boldsymbol{P}_1\boldsymbol{A}\boldsymbol{Q}_1\boldsymbol{Q}_2$ 分别为

$$\boldsymbol{P}_2=\begin{pmatrix} 1 & & \\ & 1 & \\ & & 1 \end{pmatrix}, \boldsymbol{Q}_2=\begin{pmatrix} 1 & & \\ & 1 & \\ & & 1 \end{pmatrix}, \boldsymbol{P}_2\boldsymbol{L}_1\boldsymbol{P}_1\boldsymbol{A}\boldsymbol{Q}_1\boldsymbol{Q}_2=\begin{pmatrix} 4 & 1 & 2\\ 0 & 5/4 & -1/2\\ 0 & 1/2 & -1 \end{pmatrix},$$

Gauss 变换矩阵 $\boldsymbol{L}_2$ 及第二步消去后的矩阵 $\boldsymbol{L}_2\boldsymbol{P}_2\boldsymbol{L}_1\boldsymbol{P}_1\boldsymbol{A}\boldsymbol{Q}_1\boldsymbol{Q}_2$ 分别为

$$\boldsymbol{L}_2=\begin{pmatrix} 1 & & \\ & 1 & \\ & -2/5 & 1 \end{pmatrix}, \boldsymbol{L}_2\boldsymbol{P}_2\boldsymbol{L}_1\boldsymbol{P}_1\boldsymbol{A}\boldsymbol{Q}_1\boldsymbol{Q}_2=\begin{pmatrix} 4 & 1 & 2\\ 0 & 5/4 & -1/2\\ 0 & 0 & -4/5 \end{pmatrix},$$

从而有矩阵 $\boldsymbol{A}$ 的全选主元 LU 分解 $\boldsymbol{P}\boldsymbol{A}\boldsymbol{Q}=\boldsymbol{L}\boldsymbol{U}$, 其中

$$\boldsymbol{P}=\boldsymbol{P}_2\boldsymbol{P}_1=\begin{pmatrix} & & 1\\ & 1 & \\ 1 & & \end{pmatrix}, \boldsymbol{Q}=\boldsymbol{Q}_1\boldsymbol{Q}_2=\begin{pmatrix} & & 1\\ & 1 & \\ 1 & & \end{pmatrix},$$

$$\boldsymbol{L}=\boldsymbol{P}_2\boldsymbol{L}_1^{-1}\boldsymbol{P}_2\boldsymbol{L}_2^{-1}=\begin{pmatrix} 1 & & \\ 3/4 & 1 & \\ 1/2 & 2/5 & 1 \end{pmatrix}, \boldsymbol{U}=\begin{pmatrix} 4 & 1 & 2\\ 0 & 5/4 & -1/2\\ 0 & 0 & -4/5 \end{pmatrix}.$$

进而有 $\det(\boldsymbol{U})=-4$. 从两种方法的数值计算结果可看出，全选主元 LU 分解法具有更好的数值稳定性.

下面考虑结合全选主元策略的矩阵 LU 分解具体过程. 消去过程的第一步为从 $\boldsymbol{A}$ 中选取绝对值最大的元素并将其置换到位置 $(1,1)$，然后利用这个元素将第一列的对角线下方元素全消为 0，即存在着初等置换阵 $\boldsymbol{P}_1,\boldsymbol{Q}_1$ 和 Gauss 变换矩阵 $\boldsymbol{L}_1$，使得

$$\boldsymbol{A}^{(1)}=\boldsymbol{L}_1\boldsymbol{P}_1\boldsymbol{A}\boldsymbol{Q}_1=\begin{pmatrix} a_{11}^{(1)} & \boldsymbol{A}_{12}^{(1)} \\ \boldsymbol{0} & \boldsymbol{A}_{22}^{(1)} \end{pmatrix}.$$

假定消去过程已经进行了 $k-1$ 步，得到矩阵 $\boldsymbol{A}^{(k-1)}=(a_{ij}^{(k-1)})_{n\times n}$，即存在初等置换阵 $\boldsymbol{P}_1,\cdots,\boldsymbol{P}_{k-1}\in\mathbb{R}^{n\times n}$ 及 $\boldsymbol{Q}_1,\cdots,\boldsymbol{Q}_{k-1}\in\mathbb{R}^{n\times n}$ 及 Gauss 变换矩阵 $\boldsymbol{L}_1,\cdots,\boldsymbol{L}_{k-1}\in\mathbb{R}^{n\times n}$ 使得

$$\boldsymbol{A}^{(k-1)}=\boldsymbol{L}_{k-1}\boldsymbol{P}_{k-1}\cdots\boldsymbol{L}_1\boldsymbol{P}_1\boldsymbol{A}\boldsymbol{Q}_1\cdots\boldsymbol{Q}_{k-1}=\begin{pmatrix} \boldsymbol{A}_{11}^{(k-1)} & \boldsymbol{A}_{12}^{(k-1)} \\ \boldsymbol{O} & \boldsymbol{A}_{22}^{(k-1)} \end{pmatrix}.$$

下面考虑第 k 步消去过程. 首先从 $\boldsymbol{A}^{(k-1)}$ 的右下角的 $n-k+1$ 阶子块 $\boldsymbol{A}_{22}^{(k-1)}$ 中选取绝对值最大的元素 $a_{i_0j_0}^{(k-1)}$，即

$$\left|a_{i_0j_0}^{(k-1)}\right|=\max_{a_{ij}^{(k-1)}\in\boldsymbol{A}_{22}^{(k-1)}}\left|a_{ij}^{(k-1)}\right|,$$

若 $a_{i_0j_0}^{(k-1)}=0$，说明矩阵的秩为 $k-1$，消元过程只能进行 $k-1$ 步；否则将 $a_{i_0j_0}^{(k-1)}$ 置换到位置 (k,k)，相当于对矩阵 $\boldsymbol{A}^{(k-1)}$ 进行如下变换 $\boldsymbol{P}_k\boldsymbol{A}^{(k-1)}\boldsymbol{Q}_k$，设变换后的矩阵的右下角 $n-k$ 阶子块为

$$\widetilde{\boldsymbol{A}}_{22}^{(k-1)}=\begin{pmatrix} \widetilde{a}_{kk}^{(k-1)} & \cdots & \widetilde{a}_{kn}^{(k-1)} \\ \vdots & & \vdots \\ \widetilde{a}_{nk}^{(k-1)} & \cdots & \widetilde{a}_{nn}^{(k-1)} \end{pmatrix}.$$

下面构造 Gauss 变换矩阵 $\boldsymbol{L}_k=\boldsymbol{I}-\boldsymbol{l}_k\boldsymbol{e}_k^{\mathrm{T}}$，其中

$$\boldsymbol{l}_k=\left(0,\cdots,0,\widetilde{l}_{k+1,k},\cdots,\widetilde{l}_{n,k}\right)^{\mathrm{T}},\widetilde{l}_{ik}=\frac{\widetilde{a}_{ik}^{(k-1)}}{\widetilde{a}_{kk}^{(k-1)}},i=k+1,\cdots,n,$$

有

$$A^{(k)} = L_k P_k A^{(k-1)} Q_k = \begin{pmatrix} A_{11}^{(k)} & A_{12}^{(k)} \\ O & A_{22}^{(k)} \end{pmatrix}.$$

假定上述过程可进行 s 步，可得到初等置换阵 P_k, Q_k 和 Gauss 变换矩阵 L_k，$k = 1, \cdots, s$，使得

$$L_s P_s \cdots L_1 P_1 A Q_1 \cdots Q_s = U$$

为上三角阵. 令

$$\begin{aligned} Q &= Q_1 \cdots Q_s, \\ P &= P_s \cdots P_1, \\ L &= P(L_s P_s \cdots L_1 P_1)^{-1}, \end{aligned} \tag{2.8}$$

则有 $PAQ = LU$. 并且由 $P_i, Q_i (1 \leqslant i \leqslant s)$ 的构造过程知，U 的对角线上的非零元个数为 A 的秩，P 为行排列阵，Q 为列排列阵. 对于矩阵 L，由于选主元策略的存在，可以证明其为单位下三角阵并且其元素绝对值均不超过 1. 事实上，对于矩阵 L，有

$$L = \widetilde{L}_1^{-1} \widetilde{L}_2^{-1} \cdots \widetilde{L}_s^{-1}, \quad \widetilde{L}_k^{-1} = P_s \cdots P_{k+1} L_k^{-1} P_{k+1} \cdots P_s, \quad k = 1, \cdots, s.$$

由上述分解过程知，L_k^{-1} 对角线下方元素绝对值均不超过 1，而由 $P_i (i > k+1)$ 的作用可知 $P_s \cdots P_{k+1} L_k^{-1} P_{k+1} \cdots P_s$ 只是对 L_k^{-1} 的第 k 列对角线下方元素进行重排，故 $\widetilde{L}_k^{-1}$ 仍为 Gauss 变换矩阵且对角线下方元素绝对值不超过 1. 结合上述分析有下面的定理成立.

定理 2.7 设 $A \in \mathbb{R}^{n \times n}$，则存在 n 阶行排列阵 P，n 阶列排列阵 Q，n 阶单位下三角阵 L 及上三角阵 U，使得

$$PAQ = LU,$$

其中 L 的所有元素的绝对值都不超过 1，U 的非零对角元的个数为 A 的秩.

在存储方面，这一算法与矩阵的 LU 分解类似，也是将 L 与 U 分别存于矩阵 A 的下三角部分和上三角部分，但该算法需要额外的两个向量存储行排列矩阵 P 与列排列矩阵 Q. 矩阵的全选主元 LU 分解算法流程如下.

算法 2.4　矩阵的全选主元 LU 分解算法

输入： 矩阵$\boldsymbol{A}$

输出： 存储矩阵$\boldsymbol{L},\boldsymbol{U}$ 相关信息的矩阵$\boldsymbol{A}$ 及向量$\boldsymbol{P},\boldsymbol{Q}$

for $k=1:(m-1)$ **do**

　确定row, column 使得$|A_{\text{row,column}}|=\max(|A(k:m,k:n)|)$;

　$P(k)=\text{row}$; $Q(k)=\text{column}$;

　$A(k,k:n)\leftrightarrow A(P(k),k:n); A(k:m,k)\leftrightarrow A(k:m,Q(k))$;

　if $A(k,k)\backsim=0$ **then**

　　$A(k+1:m,k)=A(k+1:m,k)/A(k,k)$;

　　$A(k+1:m,k+1:n)=A(k+1:m,k+1:n)$

　　　　　　　　　　　　$-A(k+1:m,k)*A(k,k+1:n)$;

　end if

end for

与不选主元的 LU 分解法相比，全选主元 LU 分解法具有良好的数值稳定性，但是选主元带来了额外的昂贵的计算量，在系数矩阵 $\boldsymbol{A}$ 非奇异的情况下，选主元需要进行

$$\sum_{k=1}^{n-1}(n-k+1)^2=\frac{1}{3}n^3+\frac{1}{2}n^2+\frac{1}{6}n-1$$

次两两元素比较，是费时的. 为了减少元素比较次数，人们提出了更加实用的带选主元策略的 LU 分解法——列选主元 LU 分解.

2.1.3　矩阵的列选主元 LU 分解

不同于全选主元 LU 分解法，在整个分解过程中，每步选主元操作针对的只是某一列. 这种选择策略仍会保持数值上的稳定性，但大大减少了选主元的计算量.

例 2.4 (例2.2续)　考虑列选主元 LU 分解. 初等置换阵 $\boldsymbol{P}_1$、Gauss 变换矩阵 $\boldsymbol{L}_1$ 及第一步消去后的矩阵 $\boldsymbol{L}_1\boldsymbol{P}_1\boldsymbol{A}$ 分别为

$$\boldsymbol{P}_1=\begin{pmatrix} & & 1\\ & 1 & \\ 1 & & \end{pmatrix},\boldsymbol{L}_1=\begin{pmatrix}1 & & \\ -0.5 & 1 & \\ 0 & & 1\end{pmatrix},\boldsymbol{L}_1\boldsymbol{P}_1\boldsymbol{A}=\begin{pmatrix}2 & 1 & 4\\ 0 & 1.5 & 1\\ 0 & 1 & 2\end{pmatrix}.$$

初等置换阵 $\boldsymbol{P}_2$、Gauss 变换矩阵 $\boldsymbol{L}_2$ 及第二步消去后的矩阵 $\boldsymbol{L}_2\boldsymbol{P}_2\boldsymbol{L}_1\boldsymbol{P}_1\boldsymbol{A}$ 分别为

$$\boldsymbol{P}_2=\begin{pmatrix}1&&\\&1&\\&&1\end{pmatrix},\boldsymbol{L}_2=\begin{pmatrix}1&&\\&1&\\&-2/3&1\end{pmatrix},\boldsymbol{L}_2\boldsymbol{P}_2\boldsymbol{L}_1\boldsymbol{P}_1\boldsymbol{A}=\begin{pmatrix}2&1&4\\0&1.5&1\\0&0&4/3\end{pmatrix}.$$

从而有矩阵 $\boldsymbol{A}$ 的 LU 分解 $\boldsymbol{PA}=\boldsymbol{LU}$，其中

$$\boldsymbol{P}=\boldsymbol{P}_2\boldsymbol{P}_1=\begin{pmatrix}&&1\\&1&\\1&&\end{pmatrix},$$

$$\boldsymbol{L}=\boldsymbol{P}_2\boldsymbol{L}_1^{-1}\boldsymbol{P}_2\boldsymbol{L}_2^{-1}=\begin{pmatrix}1&&\\0.5&1&\\0&2/3&1\end{pmatrix},$$

$$\boldsymbol{U}=\begin{pmatrix}2&1&4\\0&1.5&1\\0&0&4/3\end{pmatrix}.$$

从数值计算结果可看出，列选主元 LU 分解法较不选主元的 LU 分解法具有更好的数值稳定性.

类似矩阵的全选主元 LU 分解过程，只要矩阵是非奇异的，则列选主元的算法可以一直进行 $n-1$ 步，最终得到分解

$$\boldsymbol{PA}=\boldsymbol{LU},$$

其中，$\boldsymbol{P}=\boldsymbol{P}_{n-1}\cdots\boldsymbol{P}_1$ 为行排列阵，$\boldsymbol{L}=\boldsymbol{P}(\boldsymbol{L}_{n-1}\boldsymbol{P}_{n-1}\cdots\boldsymbol{L}_1\boldsymbol{P}_1)^{-1}$ 为单位下三角阵，$\boldsymbol{U}=\boldsymbol{A}^{(n-1)}$ 为上三角阵.

在存储方面，这一算法也是将 $\boldsymbol{L}$ 与 $\boldsymbol{U}$ 分别存在矩阵 $\boldsymbol{A}$ 的下三角部分和上三角部分，另需要一个新的向量存储行排列矩阵 $\boldsymbol{P}$. 列选主元 LU 分解算法的具体流程如下:

算法 2.5 矩阵的列选主元 LU 分解算法

输入: 矩阵 $\boldsymbol{A}$

输出: 存储矩阵 $\boldsymbol{L},\boldsymbol{U}$ 相关信息的矩阵 $\boldsymbol{A}$ 及向量 $\boldsymbol{P}$

for $k=1:(m-1)$ **do**

  确定index 使得 $|A_{\text{index,k}}|=\max(|(A(k:m,k)|)$;

```
    P(k) = index;
    A(k, k : n) ↔ A(P(k), k : n);
    if  A(k, k) ∽= 0  then
        A(k + 1 : m, k) = A(k + 1 : m, k)/A(k, k);
        A(k + 1 : m, k + 1 : n) = A(k + 1 : m, k + 1 : n)
                                  −A(k + 1 : m, k) ∗ A(k, k + 1 : n);
    end  if
end  for
```

列选主元 LU 分解算法需要做的元素比较次数为

$$\sum_{k=1}^{n-1}(n-k+1)=\frac{n(n+1)}{2}-1,$$

大大少于全选主元 LU 分解算法的选主元计算量.

类似地，结合矩阵的列选主元 LU 分解与三角形线性方程组的求解算法，人们就得到了求解中小规模稠密线性方程组的最受欢迎的方法：基于列选主元 LU 分解的列选主元 Gauss 消去法，主要过程分为三步

(1) 将矩阵 $\boldsymbol{A}$ 进行列选主元 LU 分解：$\boldsymbol{PA}=\boldsymbol{LU}$，其中 $\boldsymbol{P}$ 为行排列阵，$\boldsymbol{L},\boldsymbol{U}$ 分别为单位下三角及上三角阵；

(2) 利用前代法求解线性方程组：$\boldsymbol{Ly}=\boldsymbol{Pb}$;

(3) 利用后代法求解线性方程组：$\boldsymbol{Ux}=\boldsymbol{y}$.

需要注意的是第二步当中的矩阵乘以向量运算 $\boldsymbol{Pb}$ 并不需要，乘积 $\boldsymbol{Pb}$ 的结果仅仅是向量 $\boldsymbol{b}$ 的元素重排，这可以通过至多 n 次元素交换实现. 由于列选主元 Gauss 消去法只是额外多出了选择策略，所以相比于不选主元的 Gauss 消去法，不会带来额外的误差，与不选主元的基于 LU 分解的 Gauss 消去法具有相同的向后误差分析.

2.1.4　基于 LU 分解的 Gauss 消去法的优势

在高等代数中，我们已经了解到求解线性方程组 $\boldsymbol{Ax}=\boldsymbol{b}$ 的基于初等行变换的 Gauss 消去法. 它的基本思想是利用初等行变换将增广矩阵 $(\boldsymbol{A}|\boldsymbol{b})$ 化成矩阵 $(\boldsymbol{U}|\boldsymbol{c})$，其中 $\boldsymbol{U}$ 为上三角阵，进而利用后代法求解上三角形方程组 $\boldsymbol{Ux}=\boldsymbol{c}$. 此方法将系数矩阵 $\boldsymbol{A}$ 化成上三角阵 $\boldsymbol{U}$ 的过程即为计算矩阵 $\boldsymbol{A}$ 的 LU 分解的过程；将常数项 $\boldsymbol{b}$ 化成 $\boldsymbol{c}$ 的过程即为求解下三角形方程组 $\boldsymbol{Ly}=\boldsymbol{b}$ 的过程，故基于初等行变换的 Gauss 消去法与基于 LU 分解的 Gauss 消去法在求解一个线性方程组时本质上是相同的，仅仅是表述方式的不同. 那么很自然的一个问题就是：两种方法相对来说，基于矩阵的初等行变换

的方法的表述更直观，从算法过程上也更容易接受；基于 LU 分解的方法需要证明分解的存在唯一性以及一些特殊的性质，从理论上理解更加困难. 既然两者过程类似，计算量相同，那么已经有了基于矩阵的初等行变换求解的方法，为什么还要考虑基于 LU 分解的 Gauss 消去法求解线性方程组？

我们给出求解线性方程组的基于 LU 分解的 Gauss 消去法优于基于初等行变换的 Gauss 消去法的两个例子.

例 2.5 利用拟牛顿法求解问题 $F(\boldsymbol{x})=\mathbf{0}$ 时，为了节省计算量，会将牛顿迭代公式

$$\boldsymbol{x}_{k+1}=\boldsymbol{x}_k-\left(F'(\boldsymbol{x}_k)\right)^{-1}F(\boldsymbol{x}_k), k=0,1,\cdots$$

中的矩阵 $(F'(\boldsymbol{x}_k))^{-1}$ 利用一个常矩阵 $\boldsymbol{C}$ 代替，故求解迭代向量 $\boldsymbol{x}_{k+1}$ 等价于求解线性方程组

$$\boldsymbol{C}(\boldsymbol{x}_{k+1}-\boldsymbol{x}_k)=F(\boldsymbol{x}_k). \tag{2.9}$$

若利用基于初等行变换的 Gauss 消去法求解线性方程组 (2.9)，每一个迭代向量 $\boldsymbol{x}_{k+1}$ 的生成要依赖前一个迭代向量 $\boldsymbol{x}_k$，故求解时，只能一步步进行求解，故为求得第 m 步迭代向量 $\boldsymbol{x}_m$ 需执行 m 次消去过程，即 m 次 LU 分解过程.

若利用基于 LU 分解的 Gauss 消去法求解线性方程组 (2.9)，同样地，每一个迭代向量 $\boldsymbol{x}_{k+1}$ 的生成要依赖前一个迭代向量 $\boldsymbol{x}_k$，但是由于具有相同的系数矩阵 $\boldsymbol{C}$，故可以首先将系数矩阵进行 LU 分解得到 $\boldsymbol{C}=\boldsymbol{LU}$，后续计算任一迭代向量 $\boldsymbol{x}_i$ 时，只需求解一个上三角形方程组和一个下三角形方程组.

综上，为求得第 m 步迭代向量 $\boldsymbol{x}_m$，利用基于 LU 分解的 Gauss 消去法求解线性方程组 (2.9) 的计算量约为利用基于初等行变换的 Gauss 消去法求解的计算量的 $\dfrac{1}{m}$.

例 2.6 对于给定的矩阵 $\boldsymbol{A},\boldsymbol{B}\in\mathbb{C}^{n\times n}$ 及向量 $\boldsymbol{b}\in\mathbb{C}^n$,求解线性方程组 $\boldsymbol{A}^2\boldsymbol{B}^2\boldsymbol{x}=\boldsymbol{b}$.

解 若先计算矩阵 $\boldsymbol{C}=\boldsymbol{A}^2\boldsymbol{B}^2$，再利用基于初等行变换的 Gauss 消去法或基于 LU 分解的 Gauss 消去法求解 $\boldsymbol{Cx}=\boldsymbol{b}$，其计算量分别为

$$3\left(2n^3-n^2\right),\quad \frac{2}{3}n^3+\frac{3}{2}n^2-\frac{1}{6}n,$$

则总的计算量为 $\dfrac{20}{3}n^3-\dfrac{3}{2}n^2-\dfrac{1}{6}n$.

利用基于初等行变换的 Gauss 消去法求解，类似于求解 $\boldsymbol{LUx}=\boldsymbol{b}$ 的策略，求解算法为

$$\boldsymbol{A\omega}=\boldsymbol{b},\boldsymbol{Az}=\boldsymbol{\omega},\boldsymbol{By}=\boldsymbol{z},\boldsymbol{Bx}=\boldsymbol{y},$$

每步的计算量为 $\frac{2}{3}n^3+\frac{3}{2}n^2-\frac{1}{6}n$，故总的计算量为 $\frac{8}{3}n^3+6n^2-\frac{2}{3}n$.

利用基于 LU 分解的 Gauss 消去法求解，首先将矩阵 $\boldsymbol{A},\boldsymbol{B}$ 进行 LU 分解得到 $\boldsymbol{A}=\boldsymbol{L}_1\boldsymbol{U}_1,\boldsymbol{B}=\boldsymbol{L}_2\boldsymbol{U}_2$，计算量为 $\frac{4}{3}n^3-n^2-\frac{1}{3}n$，然后逐步求解

$$\boldsymbol{L}_1\boldsymbol{U}_1\boldsymbol{L}_1\boldsymbol{U}_1\boldsymbol{L}_2\boldsymbol{U}_2\boldsymbol{L}_2\boldsymbol{U}_2\boldsymbol{x}=\boldsymbol{b},$$

计算量为 $8n^2$，故总的计算量为 $\frac{4}{3}n^3+7n^2-\frac{1}{3}n$.

利用基于 LU 分解的 Gauss 消去法求解如上线性方程组的计算量约为利用基于初等行变化的 Gauss 消去法求解的计算量的 $\frac{1}{2}$，约为直接算法的计算量的 $\frac{1}{5}$.

2.2　特殊矩阵的 LU 分解

本部分主要介绍几种特殊矩阵的 LU 分解，考虑如何充分利用其特殊结构，设计更加快速高效的分解算法.

2.2.1　对称正定矩阵的 Cholesky 分解

对于一般矩阵，其 LU 分解不一定存在. 但对于对称正定矩阵，其 LU 分解一定存在. 事实上，若 $\boldsymbol{A}$ 为对称正定矩阵，则其各阶顺序主子式都大于 0. 由定理2.2知，$\boldsymbol{A}$ 存在唯一的 LU 分解 $\boldsymbol{A}=\boldsymbol{L}_1\boldsymbol{U}_1$. 进一步令 $\boldsymbol{U}_1=\boldsymbol{DU}_2$，其中 $\boldsymbol{D}$ 为对角矩阵，其对角元为矩阵 $\boldsymbol{U}_1$ 的对角元，则 $\boldsymbol{A}=\boldsymbol{L}_1\boldsymbol{DU}_2$. $\boldsymbol{A}$ 为对称矩阵，则

$$\boldsymbol{A}=\boldsymbol{L}_1\boldsymbol{DU}_2=\boldsymbol{A}^{\mathrm{T}}=(\boldsymbol{L}_1\boldsymbol{DU}_2)^{\mathrm{T}}=\boldsymbol{U}_2^{\mathrm{T}}(\boldsymbol{DL}_1^{\mathrm{T}}),$$

由唯一性知 $\boldsymbol{U}_2=\boldsymbol{L}_1^{\mathrm{T}}$，故 $\boldsymbol{A}=\boldsymbol{L}_1\boldsymbol{DL}_1^{\mathrm{T}}$. 由上节讨论可知，$\boldsymbol{D}$ 的第 i 个对角元素 d_{ii} 为矩阵 $\boldsymbol{A}$ 的 i 阶顺序主子式与第 $i-1$ 阶顺序主子式的商，再由 $\boldsymbol{A}$ 的对称正定性可知 $\boldsymbol{D}$ 的对角元均大于零. 令 $\boldsymbol{D}^{1/2}$ 为对角矩阵，其对角元为 $d_{ii}(i=1,\cdots,n)$ 的平方根，有

$$\boldsymbol{A}=\boldsymbol{L}_1\boldsymbol{D}^{1/2}\boldsymbol{D}^{1/2}\boldsymbol{L}_1^{\mathrm{T}}=\left(\boldsymbol{L}_1\boldsymbol{D}^{1/2}\right)\left(\boldsymbol{L}_1\boldsymbol{D}^{1/2}\right)^{\mathrm{T}}.$$

令 $\boldsymbol{L}=\boldsymbol{L}_1\boldsymbol{D}^{1/2}$，则 $\boldsymbol{A}=\boldsymbol{LL}^{\mathrm{T}}$，其中 $\boldsymbol{L}$ 为下三角阵.

定义 2.3 令 $\boldsymbol{L}$ 为下三角阵，称分解 $\boldsymbol{A}=\boldsymbol{L}\boldsymbol{L}^{\mathrm{T}}$ 为对称正定矩阵 $\boldsymbol{A}$ 的 Cholesky 分解. 进一步，如果要求 $\boldsymbol{L}$ 的对角元为正，则分解是唯一的.

上述分析可形成算法用来求对称正定矩阵 $\boldsymbol{A}$ 的 Cholesky 分解，但整个计算过程并没有充分利用矩阵的特殊性质，故不够高效. 下面考虑直接求对称正定矩阵 $\boldsymbol{A}$ 的 Cholesky 分解. 令下三角阵 $\boldsymbol{L}$ 为

$$\boldsymbol{L}=\begin{pmatrix} l_{11} & & & \\ l_{21} & l_{22} & & \\ \vdots & \vdots & \ddots & \\ l_{n1} & l_{n2} & \cdots & l_{nn} \end{pmatrix}, \tag{2.10}$$

比较 $\boldsymbol{A}=\boldsymbol{L}\boldsymbol{L}^{\mathrm{T}}$ 两边的对应元素，有 $l_{11}^2=a_{11}$，再由 $a_{i1}=l_{11}l_{i1}$ 可得

$$l_{i1}=a_{i1}/l_{11}, i=2,\cdots,n.$$

这样便得到了 $\boldsymbol{L}$ 的第一列元素. 假定已经得到了矩阵的前 $j-1$ 列元素，当 $i\geqslant j$ 时，有

$$a_{ij}=\sum_{k=1}^{j-1}l_{ik}l_{jk}+l_{ij}l_{jj},$$

从而对任意的 $1\leqslant j\leqslant i\leqslant n$，有

$$\begin{cases} l_{jj} &= \left(a_{jj}-\sum\limits_{k=1}^{j-1}l_{jk}^2\right)^{\frac{1}{2}}, \\ l_{ij} &= \left(a_{ij}-\sum\limits_{k=1}^{j-1}l_{ik}l_{jk}\right)/l_{jj}. \end{cases} \tag{2.11}$$

这样便得到 $\boldsymbol{L}$ 的第 j 列元素. 这种计算下三角阵 $\boldsymbol{L}$ 的方法称为平方根法. 由计算公式 (2.11) 可知，Cholesky 分解算法的计算量为 $\dfrac{1}{3}n^3+O(n^2)$，约为 LU 分解计算量的一半. 实际计算时，将 $\boldsymbol{L}$ 的元素存储在 $\boldsymbol{A}$ 的对应位置上. 综上所述，具体算法流程可描述如下：

算法 2.6 计算对称正定矩阵 Cholesky 分解的平方根法

输入： 对称正定矩阵 $\boldsymbol{A}$

输出： 存储下三角阵 $\boldsymbol{L}$ 相关信息的矩阵 $\boldsymbol{A}$

```
for  k = 1 : n  do
   A(k, k) = A(k, k) ∧ (1/2) ;
   A(k + 1 : n, k) = A(k + 1 : n, k)/A(k, k);
   for  i = k + 1 : n  do
      A(i : n, i) = A(i : n, i) − A(i : n, k) ∗ A(i, k) ;
   end  for
end  for
```

由于

$$a_{kk} = \sum_{i=1}^{k} l_{ki}^2,$$

故 $|l_{ij}| \leqslant \sqrt{a_{ii}}$，说明矩阵 $\boldsymbol{L}$ 的元素是可以控制的，从而 Cholesky 分解过程是稳定的. 将 Cholesky 分解与三角形线性方程组的求解结合即可得到求解系数矩阵对称正定的线性方程组 $\boldsymbol{Ax} = \boldsymbol{b}$ 最常用的一种数值求解算法. 具体来说，求解步骤如下：

(1) 求系数矩阵 $\boldsymbol{A}$ 的 Cholesky 分解：$\boldsymbol{A} = \boldsymbol{L}\boldsymbol{L}^{\mathrm{T}}$;

(2) 求解下三角形方程组 $\boldsymbol{Ly} = \boldsymbol{b}$;

(3) 求解上三角形方程组 $\boldsymbol{L}^{\mathrm{T}}\boldsymbol{x} = \boldsymbol{y}$.

为了避免上述算法中的开方运算，考虑系数矩阵 $\boldsymbol{A}$ 的如下形式的分解

$$\boldsymbol{A} = \boldsymbol{L}\boldsymbol{D}\boldsymbol{L}^{\mathrm{T}}, \tag{2.12}$$

其中 $\boldsymbol{L}$ 为单位下三角阵，$\boldsymbol{D}$ 为对角元均为正数的对角矩阵，这种分解称为改进的 Cholesky 分解. 类似于 Cholesky 分解，比较式 (2.12) 对应元素可得：

$$a_{ij} = \sum_{k=1}^{j-1} d_k l_{ik} l_{jk} + l_{ij} d_j, 1 \leqslant j \leqslant i \leqslant n,$$

故有如下递推公式：

$$\begin{cases} d_j &= a_{jj} - \sum\limits_{k=1}^{j-1} l_{jk}^2 d_k \\ l_{ij} &= \left(a_{ij} - \sum\limits_{k=1}^{j-1} l_{ik} l_{jk} d_k \right) / d_j. \end{cases}$$

改进的 Cholesky 分解的计算量为 $\dfrac{1}{3}n^3$，与 Cholesky 分解的计算量一致，仍为 Gauss

消去法的一半，但是不需要进行开方运算. 存储方面，实际计算时，将 $\boldsymbol{L}$ 的非对角线上的元素存储在 $\boldsymbol{A}$ 的下三角，$\boldsymbol{D}$ 的元素存储在 $\boldsymbol{A}$ 的对角线上. 具体的算法流程可描述如下：

算法 2.7 计算对称正定矩阵改进的 Cholesky 分解的改进平方根法

输入： 对称正定矩阵$\boldsymbol{A}$

输出： 存储单位下三角阵$\boldsymbol{L}$ 及对角矩阵$\boldsymbol{D}$ 相关信息的矩阵$\boldsymbol{A}$

```
A(2:n,1) = A(2:n,1)/A(1,1);
for k = 2:n do
   for i = 1:k-1 do
      v(i) = A(k,i) * A(i,i);
   end for
   A(k,k) = A(k,k) - A(k,1:k-1) * v(1:k-1);
   A(k+1:n,k) = (A(k+1:n,k)
                 -A(k+1:n,1:k-1) * v(1:k-1))/A(k,k);
end for
```

利用改进的 Cholesky 分解即可得到求解系数矩阵对称正定的线性方程组 $\boldsymbol{Ax}=\boldsymbol{b}$ 的最常用的改进的平方根法. 具体来说，求解步骤如下：

(1) 求系数矩阵 $\boldsymbol{A}$ 的改进的 Cholesky 分解：$\boldsymbol{A}=\boldsymbol{LDL}^{\mathrm{T}}$;

(2) 求解单位下三角形方程组 $\boldsymbol{Ly}=\boldsymbol{b}$;

(3) 求解单位上三角形方程组 $\boldsymbol{L}^{\mathrm{T}}\boldsymbol{x}=\boldsymbol{D}^{-1}\boldsymbol{y}$.

例 2.7 设线性方程组为 $\boldsymbol{Ax}=\boldsymbol{b}$，其中系数矩阵 $\boldsymbol{A}$ 为

$$\boldsymbol{A}=\begin{pmatrix} \boldsymbol{T}_{n-1} & -\boldsymbol{I}_{n-1} & & \\ -\boldsymbol{I}_{n-1} & \ddots & \ddots & \\ & \ddots & \ddots & -\boldsymbol{I}_{n-1} \\ & & -\boldsymbol{I}_{n-1} & \boldsymbol{T}_{n-1} \end{pmatrix}, \boldsymbol{T}_{n-1}=\begin{pmatrix} 4 & 1 & & \\ 1 & \ddots & \ddots & \\ & \ddots & \ddots & 1 \\ & & 1 & 4 \end{pmatrix},$$

常向量 $\boldsymbol{b}=\boldsymbol{Ae}$，其中 $\boldsymbol{e}=(1,\cdots,1)^{\mathrm{T}}$ 为 $(n-1)^2$ 维列向量. 明显地，此线性方程组的解为 $\boldsymbol{x}_*=\boldsymbol{e}$. 图 2.1 给出了求解 $\boldsymbol{Ax}=\boldsymbol{b}$ 的 Cholesky 分解法、LU 分解法的时间比较. 横轴为矩阵的阶数，纵轴为计算时间.

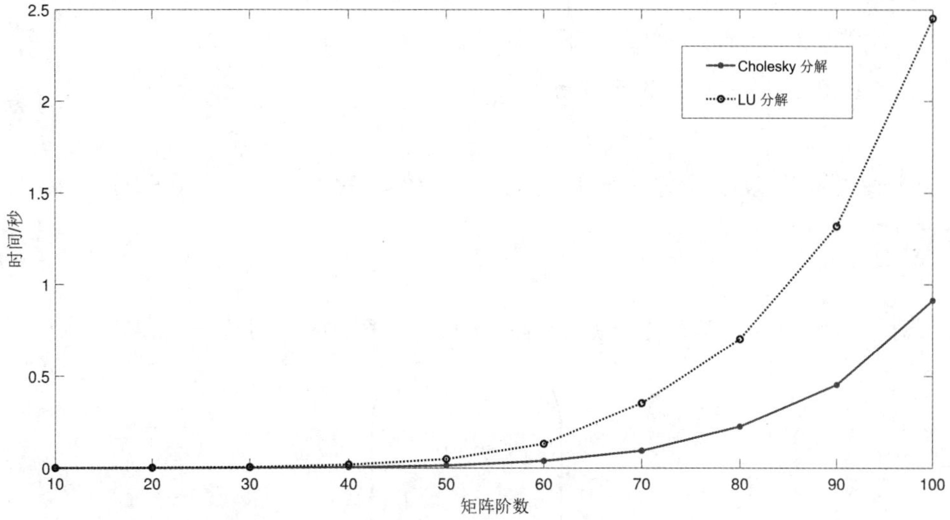

图 2.1　Cholesky 分解与 LU 分解的比较

从图像可以看出, Cholesky 分解法的求解时间约为 LU 分解法求解时间的一半, 这与理论结果相符.

2.2.2　带状矩阵的 LU 分解

实际应用中的众多线性方程组都是具有特殊稀疏结构的，带状结构就是一种常见的稀疏结构，它的非零元均集中在对角线附近.

定义 2.4　令 $\boldsymbol{A} \in \mathbb{R}^{n\times n}$，若 $\boldsymbol{A}$ 的非零元集中在其对角线附近，则称 $\boldsymbol{A}$ 为带状矩阵. 称

$$s = \max\{j - i \mid a_{ij} \neq 0, i < j\}$$

为 $\boldsymbol{A}$ 的上带宽，称

$$t = \max\{i - j \mid a_{ij} \neq 0, i > j\}$$

为 $\boldsymbol{A}$ 的下带宽，称 $s + t + 1$ 为 $\boldsymbol{A}$ 的带宽.

对于带状矩阵的四则运算，有如下关于带宽的定理成立. 证明留作课后习题.

定理 2.8 设 $\boldsymbol{A},\boldsymbol{B}\in\mathbb{R}^{n\times n}$ 为上带宽为 s 、下带宽为 t 的矩阵，则

- $\boldsymbol{A}$ 与 $\boldsymbol{B}$ 的和与差的上（下）带宽至多为 $s\ (t)$;
- $\boldsymbol{AB}$ 的上（下）带宽至多为 $2s\ (2t)$.

定理 2.9 设 $\boldsymbol{A}\in\mathbb{R}^{n\times n}$ 上（下）带宽为 s, $\boldsymbol{B}\in\mathbb{R}^{n\times n}$ 上（下）带宽为 t, 则 $\boldsymbol{AB}$ 的上（下）带宽至多为 $s+t$.

对于带状矩阵，其逆不一定仍为带状矩阵. 考虑如下对称三对角阵

$$\begin{pmatrix} 2 & 1 & & \\ 1 & 2 & 1 & \\ & 1 & 2 & 1 \\ & & 1 & 2 \end{pmatrix} \tag{2.13}$$

其逆矩阵为

$$\begin{pmatrix} 0.8 & -0.6 & 0.4 & -0.2 \\ -0.6 & 1.2 & -0.8 & 0.4 \\ 0.4 & -0.8 & 1.2 & -0.6 \\ -0.2 & 0.4 & -0.6 & 0.8 \end{pmatrix}, \tag{2.14}$$

逆矩阵不具有带状结构. 但对于某些特殊的带状矩阵，其逆具有特殊结构.

定义 2.5 设矩阵 $\boldsymbol{H}=(h_{ij})_{n\times n}$，满足当 $i>j+1$ 时，$h_{ij}=0$，即 $\boldsymbol{H}$ 具有如下形式

$$H=\begin{pmatrix} \times & \times & \cdots & \times \\ \times & \times & \cdots & \times \\ & \ddots & \ddots & \vdots \\ & & \times & \times \end{pmatrix},$$

则称矩阵 $\boldsymbol{H}$ 为上 Hessenberg 矩阵. 特别地，若 $\boldsymbol{H}$ 下次对角线上的元素 $h_{i+1,i}$ 均不为零，则称其为不可约的.

下面的定理给出了不可约上 Hessenberg 矩阵的逆形式，说明其逆矩阵不一定仍为上 Hessenberg 矩阵，但其下三角及上次对角元部分的元素可以完全由两个向量决定.

定理 2.10　令 $\boldsymbol{H}$ 为 n 阶非奇异实不可约上 Hessenberg 矩阵，则存在两个 n 维向量 $\boldsymbol{p},\boldsymbol{q}\in\mathbb{R}^n$，使得

$$(\boldsymbol{H}^{-1})_{ij}=p_iq_j, i\geqslant j.$$

反过来，若非奇异矩阵 $\boldsymbol{H}=(h_{ij})_{n\times n}$ 满足当 $i\geqslant j$ 时 $h_{ij}=p_iq_j$，则 $\boldsymbol{H}^{-1}$ 为一上 Hessenberg 矩阵.

例 2.8　对于矩阵 $\boldsymbol{A}$ 及其逆矩阵

$$\boldsymbol{A}=\begin{pmatrix}1&1&1&1&1\\-1&-1&1&1&1\\&1&-1&-1&1\\&&-1&-1&1\\&&&-2&2\end{pmatrix},$$

$$\boldsymbol{A}^{-1}=\begin{pmatrix}0.5&-0.5&-1&1&0\\0&0&1&-1&0\\0&0&0&-1&0.5\\0.25&0.25&0&0.5&-0.5\\0.25&0.25&0&0.5&0\end{pmatrix}.$$

令 $\boldsymbol{p}=(0.5,0,0,0.25,0.25)^{\mathrm{T}},\boldsymbol{q}=(1,1,0,2,0)^{\mathrm{T}}$，可得 $\boldsymbol{A}^{-1}$ 的下半部分为矩阵 $\boldsymbol{pq}^{\mathrm{T}}$ 的下三角部分.

定理 2.11　设矩阵 $\boldsymbol{T}$ 为一个非奇异不可约三对角阵，即

$$\boldsymbol{T}=\begin{pmatrix}\alpha_1&\beta_2&&&\\\gamma_2&\alpha_2&\beta_3&&\\&\ddots&\ddots&\ddots&\\&&\gamma_{n-1}&\alpha_{n-1}&\beta_n\\&&&\gamma_n&\alpha_n\end{pmatrix},$$

则 $\boldsymbol{S}=(s_{ij})_{n\times n}$ 为 $\boldsymbol{T}$ 的逆矩阵的充分必要条件为存在向量 $\boldsymbol{u},\boldsymbol{v},\boldsymbol{w},\boldsymbol{t}\in\mathbb{R}^n$，使得

$$s_{ij}=\begin{cases}u_iv_j, & i\geqslant j;\\ w_it_j, & i<j.\end{cases}$$

其中计算公式为

$$\begin{aligned}
&w_1=1,w_2=-\frac{\alpha_1}{\beta_2},w_i=-\frac{1}{\beta_i}\left(\alpha_{i-1}w_{i-1}+\gamma_{i-1}w_{i-2}\right),i=3,\cdots,n;\\
&t_n=(\gamma_n w_{n-1}+\alpha_n w_n)^{-1},t_{n-1}=-\frac{\alpha_n}{\beta_n}t_n,\\
&t_i=-\frac{1}{\beta_{i+1}}\left(\alpha_{i+1}t_{i+1}+\gamma_{i+2}t_{i+2}\right),i=n-2,\cdots,1.\\
&v_1=1,v_2=-\frac{\alpha_1}{\gamma_2},v_i=-\frac{1}{\gamma_i}\left(\alpha_{i-1}v_{i-1}+\beta_{i-1}v_{i-2}\right),i=3,\cdots,n-1;\\
&u_n=(\beta_n v_{n-1}+\alpha_n v_n)^{-1},u_{n-1}=-\frac{\alpha_n}{\gamma_n}u_n,\\
&u_i=-\frac{1}{\gamma_{i+1}}\left(\alpha_{i+1}u_{i+1}+\beta_{i+2}u_{i+2}\right),i=n-2,\cdots,1.
\end{aligned}\tag{2.15}$$

进一步假定 $\boldsymbol{T}$ 为对称矩阵，即 $\beta_i=\gamma_i$，$\boldsymbol{S}=(s_{ij})_{n\times n}$ 为其逆矩阵的充分必要条件为存在向量 $\boldsymbol{u},\boldsymbol{v}\in\mathbb{R}^n$，使得

$$s_{ij}=\begin{cases}u_iv_j, & i\geqslant j;\\ u_jv_i, & i<j.\end{cases}$$

对于对称正定三对角阵，计算格式如下

$$\begin{aligned}
&v_1=1,v_2=-\frac{\alpha_1}{\beta_2},\\
&v_{i+1}=-\left(\frac{\beta_i}{\beta_{i+1}}v_{i-1}+\frac{\alpha_i}{\beta_{i+1}}v_i\right),i=2,\cdots,n-1;\\
&u_n=\frac{1}{\beta_n v_{n-1}+\alpha_n v_n},u_{n-1}=-\frac{\alpha_n u_n}{\beta_n},\\
&u_i=-\left(\frac{\alpha_{i+1}}{\beta_{i+1}}u_{i+1}+\frac{\beta_{i+2}}{\beta_{i+1}}u_{i+2}\right),i=n-2,\cdots,1.
\end{aligned}\tag{2.16}$$

例 2.9 计算矩阵 (2.13) 的逆.

利用迭代公式 (2.16) 可得

$$\boldsymbol{u}=(0.8,-0.6,0.4,-0.2)^{\mathrm{T}},\boldsymbol{v}=(1,-2,3,-4)^{\mathrm{T}},$$

从而可得矩阵 (2.13) 的逆为式 (2.14).

对于带状矩阵的 LU 分解，若不使用选主元策略，则从消元过程可知，分解后的三角矩阵具有保带宽性.

定理 2.12 设 $\boldsymbol{A}\in\mathbb{R}^{n\times n}$ 为上带宽 s，下带宽 t 的矩阵，若其 LU 分解存在，则得到的单位下三角阵 $\boldsymbol{L}$ 具有下带宽 t，上三角阵 $\boldsymbol{U}$ 具有上带宽 s.

三对角阵为实际应用中经常遇到的一类特殊的带状矩阵，具有如下形式

$$\boldsymbol{A}=\begin{pmatrix} a_1 & b_2 & & \\ c_1 & a_2 & \ddots & \\ & \ddots & \ddots & b_n \\ & & c_{n-1} & a_n \end{pmatrix}. \tag{2.17}$$

对应于 $\boldsymbol{A}$ 的特殊结构，我们希望矩阵 $\boldsymbol{A}$ 具有分解 $\boldsymbol{A}=\boldsymbol{L}\boldsymbol{U}$，其中 $\boldsymbol{L},\boldsymbol{U}$ 具有如下特殊结构

$$\boldsymbol{L}=\begin{pmatrix} 1 & & & \\ l_1 & 1 & & \\ & \ddots & \ddots & \\ & & l_{n-1} & 1 \end{pmatrix},\boldsymbol{U}=\begin{pmatrix} u_1 & d_2 & & \\ & u_2 & \ddots & \\ & & \ddots & d_n \\ & & & u_n \end{pmatrix}. \tag{2.18}$$

如果 $\boldsymbol{A}$ 具有上述分解，则矩阵 $\boldsymbol{A},\boldsymbol{L},\boldsymbol{U}$ 的元素应满足如下条件

$$\begin{cases} u_1=a_1, & \\ d_i=b_i, & i=2,\cdots,n, \\ l_iu_i=c_i, & i=1,\cdots,n-1, \\ l_{i-1}d_i+u_i=a_i, & i=2,\cdots,n. \end{cases} \tag{2.19}$$

从而有

$$\begin{cases} u_1=a_1, & \\ d_i=b_i, & i=2,\cdots,n, \\ l_i=c_i/u_i, & i=1,\cdots,n-1, \\ u_i=a_i-l_{i-1}b_i, & i=2,\cdots,n. \end{cases} \tag{2.20}$$

计算顺序为 $u_1,l_1,u_2,l_2,\cdots,u_i,l_i,\cdots,u_{n-1},l_{n-1}\,u_n$. 上述算法得到 $\boldsymbol{A}$ 的形如式 (2.18) 的分解需要 $2(n-1)$ 个乘除法以及 $n-1$ 个加减法. 三对角形方程组的系数矩阵是稀疏的，只有 $3n-2$ 个非零元. 在存储时，只利用三个向量存储矩阵的对角元和次对角元，计算出的 u_i,l_i,d_i 分别存储在 a_i,c_i,b_i 的位置. 具体的算法流程可描述如下.

算法 2.8　三对角阵的 LU 分解

输入：三 个 向 量 $\boldsymbol{a},\boldsymbol{b},\boldsymbol{c}$

输出：三个向量$\boldsymbol{a}, \boldsymbol{b}, \boldsymbol{c}$分别存储$\boldsymbol{u}, \boldsymbol{l}, \boldsymbol{d}$

$[a, b, c] = \text{PLUQ}(a, b, c)$;

$c(1) = c(1)/a(1)$;

for $k = 2 : n-1$ **do**

  $a(i) = a(i) - l(i-1) * b(i-1)$;

  $c(i) = c(i)/a(i)$;

end for

$a(n) = a(n) - c(n-1) * b(n-1)$;

要使三对角阵具有形如式 (2.18) 的 LU 分解，则分解过程中不选主元，故需要考虑数值稳定性. 有下面的定理成立.

定理 2.13 设 $\boldsymbol{A}$ 是形如式 (2.17) 的三对角阵，并且满足如下条件

- $|a_1| > |c_1|$;
- $|a_n| > |b_n|$;
- $|a_i| \geqslant |b_i| + |c_i|$，并且 $b_i c_{i-1} \neq 0, i = 2, \cdots, n.$;

则线性方程组 $\boldsymbol{Ax} = \boldsymbol{b}$ 有唯一解，并且数值解法是稳定的.

满足定理2.13条件的三对角阵可以分解为形式 (2.18)，并且分解是稳定的. 实际上对于另一类满足

$$|a_1| > |b_2|, \quad |a_n| > |c_{n-1}|, \quad |a_i| \geqslant |b_i| + |c_{i-1}|, b_i c_{i-1} \neq 0, i = 2, \cdots, n,$$

的三对角阵，对应的稳定的 LU 分解具有如下形式

$$\boldsymbol{L} = \begin{pmatrix} u_1 & & & \\ l_1 & u_2 & & \\ & \ddots & \ddots & \\ & & l_{n-1} & u_n \end{pmatrix}, \boldsymbol{U} = \begin{pmatrix} 1 & d_2 & & \\ & 1 & \ddots & \\ & & \ddots & d_n \\ & & & 1 \end{pmatrix}. \tag{2.21}$$

具体的计算过程及稳定性分析留作课后习题.

利用三对角阵的上述 LU 分解，我们就得到了求解三对角形方程组的著名的数值算法：追赶法，其本质是基于不选主元的 LU 分解的 Gauss 消去法. 具体来说，对于三对角形方程组 $\boldsymbol{Ax} = \boldsymbol{f}$，首先求得三对角阵 $\boldsymbol{A}$ 的 LU 分解 $\boldsymbol{A} = \boldsymbol{LU}$，其中 $\boldsymbol{L}, \boldsymbol{U}$ 具有式 (2.18) 的特殊结构. 再通过求解下三角形方程组 $\boldsymbol{Ly} = \boldsymbol{f}$ 得到向量 $\boldsymbol{y}$，最后通过求解上三角形方程组 $\boldsymbol{Ux} = \boldsymbol{y}$ 得到 $\boldsymbol{x}$，即为三对角形方程组 $\boldsymbol{Ax} = \boldsymbol{f}$ 的解.

对于单位下三角形方程组 $\boldsymbol{Ly}=\boldsymbol{f}$，通过第一个方程可得 $y_1=f_1$，其第 i 个方程为

$$l_{i-1}y_{i-1}+y_i=f_i,\quad i=2,\cdots,n,$$

故有

$$y_i=f_i-l_{i-1}y_{i-1},\quad i=2,\cdots,n.$$

上述算法需要 $n-1$ 个乘除法以及 $n-1$ 个加减法.

对于上三角形方程组 $\boldsymbol{Ux}=\boldsymbol{y}$，通过第 n 个方程可得 $x_n=y_n/u_n$，其第 i 个方程为

$$u_ix_i+d_{i+1}x_{i+1}=y_i,\quad i=n-1,\cdots,1,$$

故有

$$x_i=(y_i-d_{i+1}x_{i+1})/u_i,\quad i=n-1,\cdots,1.$$

求解上三角形方程组 $\boldsymbol{Ux}=\boldsymbol{y}$ 需要 $2(n-1)+1$ 个乘除法以及 $n-1$ 个加减法. 综合所有计算，利用追赶法求解三对角形方程组 $\boldsymbol{Ax}=\boldsymbol{f}$ 需要 $5n-4$ 个乘除法以及 $3n-3$ 个加减法.

2.3 基于 LU 分解的 Gauss 消去法的迭代改进

由于舍入误差的存在，仅利用一次基于矩阵的列选主元 LU 分解的 Gauss 消去法有时很难得到问题的满足精度要求的解，这时就需要多次利用 Gauss 消去法求问题的高精度的解. 具体来说，假定已经得到系数矩阵 $\boldsymbol{A}$ 的列选主元 LU 分解 $\boldsymbol{LU}=\boldsymbol{PA}$，计算过程如下：

算法 2.9　线性方程组高精度解的迭代修正算法

输入： 矩阵$\boldsymbol{A}$、向量$\boldsymbol{b}$ 及修正次数n

输出： 向量$\boldsymbol{x}$

计算矩阵的列选主元LU分解$PA=LU$；

求解$Ly=Pb$得到y；

求解$Ux=y$得到x；

for $k=1:(n-1)$ **do**

利用双精度计算$r = b - Ax$；
求解$Ly = Pr$得到y；
求解$Uz = y$得到z；
$x = y + z$；
end for

实际经验表明，如果系数矩阵 $\boldsymbol{A}$ 病态不严重，则上面的迭代策略一般可求得机器精度的解；但是若问题本身是病态的，上述迭代过程也很难得到机器精度的解.

有两个问题需要讨论：如上算法是否收敛，为了达到需要的精度最少需要进行多少步迭代校正. 计算出初始近似解 $\boldsymbol{x}^{(0)}$ 之后，算法的迭代过程的循环部分可以表示为：

$$\begin{aligned} \text{计算残量} \quad \boldsymbol{r}^{(k)} &= \boldsymbol{b} - \boldsymbol{A}\boldsymbol{x}^{(k)}; \\ \text{计算迭代向量} \quad \boldsymbol{A}\boldsymbol{z}^{(k)} &= \boldsymbol{r}^{(k)}; \\ \text{更新向量} \quad \boldsymbol{x}^{(k+1)} &= \boldsymbol{x}^{(k)} + \boldsymbol{z}^{(k)}; \end{aligned} \tag{2.22}$$

假定 $\boldsymbol{x}_*$ 是问题的真实解，我们需要找到 $\boldsymbol{x}^{(k+1)} - \boldsymbol{x}_*$ 与 $\boldsymbol{x}^{(k)} - \boldsymbol{x}_*$ 之间的关系，假定式 (2.22) 中第一步及第三步是精确计算的，则由定理2.6知，存在矩阵 $\delta\boldsymbol{A}$ 使得向量 $\boldsymbol{z}^{(k)}$ 精确满足

$$(\boldsymbol{A} + \delta\boldsymbol{A})\boldsymbol{z}^{(k)} = \boldsymbol{r}^{(k)} = \boldsymbol{b} - \boldsymbol{A}\boldsymbol{x}^{(k)},$$

即

$$(\boldsymbol{I} + \boldsymbol{A}^{-1}\delta\boldsymbol{A})\boldsymbol{z}^{(k)} = \boldsymbol{A}^{-1}\boldsymbol{r}^{(k)} = \boldsymbol{x}_* - \boldsymbol{x}^{(k)},$$

故

$$\begin{aligned} \|\boldsymbol{x}^{(k+1)} - \boldsymbol{x}_*\| &= \|\boldsymbol{x}^{(k)} + \boldsymbol{z}^{(k)} - \boldsymbol{x}_*\| \\ &= \|\boldsymbol{x}^{(k)} - \boldsymbol{x}_* + (\boldsymbol{I} + \boldsymbol{A}^{-1}\delta\boldsymbol{A})^{-1}(\boldsymbol{x}_* - \boldsymbol{x}^{(k)})\| \\ &= \|(\boldsymbol{I} + \boldsymbol{A}^{-1}\delta\boldsymbol{A})^{-1}\boldsymbol{A}^{-1}\delta\boldsymbol{A}(\boldsymbol{x}^{(k)} - \boldsymbol{x}_*)\| \\ &\leqslant \frac{\|\boldsymbol{A}^{-1}\delta\boldsymbol{A}\|}{1 - \|\boldsymbol{A}^{-1}\delta\boldsymbol{A}\|}\|(\boldsymbol{x}^{(k)} - \boldsymbol{x}_*)\|, \end{aligned}$$

从而

$$\|\boldsymbol{x}^{(k)} - \boldsymbol{x}_*\| \leqslant \left(\frac{\|\boldsymbol{A}^{-1}\delta\boldsymbol{A}\|}{1 - \|\boldsymbol{A}^{-1}\delta\boldsymbol{A}\|}\right)^k \|(\boldsymbol{x}^{(0)} - \boldsymbol{x}_*)\|. \tag{2.23}$$

由于 $\delta\boldsymbol{A}$ 只是矩阵 $\boldsymbol{A}$ 的一个小的扰动，故可假设 $\|\boldsymbol{A}^{-1}\delta\boldsymbol{A}\| \leqslant \tau < \dfrac{1}{2}$，此时有

$$\frac{\|\boldsymbol{A}^{-1}\delta\boldsymbol{A}\|}{1-\|\boldsymbol{A}^{-1}\delta\boldsymbol{A}\|}\| \leqslant \frac{\tau}{1-\tau} < 1.$$

故每修正一步，可得到线性方程组 $\boldsymbol{Ax} = \boldsymbol{b}$ 的一个更高精度的解，并且利用估计式 (2.23) 可以给出达到要求的精度需要进行的迭代步数上界.

习题 2

1. 证明如下结论：

(1) 两个单位上（下）三角矩阵的乘积仍为单位上（下）三角矩阵；

(2) 单位上（下）三角矩阵的逆仍为单位上（下）三角矩阵.

2. 假定 $\boldsymbol{A}, \boldsymbol{B} \in \mathbb{R}^{n\times n}$ 均为可逆矩阵，计算块下三角阵 $\begin{pmatrix} \boldsymbol{A} & \boldsymbol{O} \\ \boldsymbol{B} & \boldsymbol{I}_n \end{pmatrix}$ 的逆.

3. 对于给定的矩阵 $\boldsymbol{A}, \boldsymbol{B} \in \mathbb{C}^{l\times l}$ 及向量 $\boldsymbol{b} \in \mathbb{C}^l$，设计求解线性方程组 $\boldsymbol{A}^m\boldsymbol{B}^n\boldsymbol{x} = \boldsymbol{b}$ 的实用方法，并分析计算量.

4. 设

$$\boldsymbol{A} = \begin{pmatrix} 1 & 2 & -1 \\ 2 & a^2 & 2 \\ 3 & a+4 & 3 \end{pmatrix}.$$

当 a 取何值时，矩阵 $\boldsymbol{A}$ 的 LU 分解存在且唯一、LU 分解存在但唯一、LU 分解不存在.

5. 假定经过一次 Gauss 变换后矩阵 $\boldsymbol{A}$ 变为

$$\begin{pmatrix} a_{11} & \boldsymbol{a}^{\mathrm{T}} \\ \boldsymbol{0} & \boldsymbol{A}_2 \end{pmatrix},$$

证明：

(1) $\boldsymbol{A}$ 为对称正定矩阵，则 $\boldsymbol{A}_2$ 也为对称正定矩阵；

(2) $\boldsymbol{A}$ 为严格对角占优矩阵（满足 $|a_{ii}| > \sum\limits_{j=1,j\neq i}^{n} |a_{ij}|, i = 1, \cdots, n$），则 $\boldsymbol{A}_2$ 也为严格对角占优矩阵.

6. 设 $\boldsymbol{A}$ 为 n 阶严格对角占优矩阵，则 $\boldsymbol{A}$ 可逆，且有

$$\|\boldsymbol{A}^{-1}\|_\infty \leqslant \left(\min_{1\leqslant i\leqslant n}(|a_{ii}| - \sum_{j=1,j\neq i}^{n}|a_{ij}|)\right)^{-1}.$$

7. 设 $\boldsymbol{A}\in\mathbb{R}^{n\times n}$ 且存在 LU 分解 $\boldsymbol{A}=\boldsymbol{LU}$，其中 $|l_{ij}|\leqslant 1$，证明 $\|\boldsymbol{U}\|_\infty\leqslant 2^{n-1}\|\boldsymbol{A}\|_\infty$.

8. 假定 n 阶对称矩阵 $\boldsymbol{A}$ 的前 $n-1$ 阶顺序主子式均不为零，证明：

(1) 矩阵 $\boldsymbol{A}$ 有唯一的分解式 $\boldsymbol{A}=\boldsymbol{LDL}^{\mathrm{T}}$，其中 $\boldsymbol{L}$ 为单位下三角阵，$\boldsymbol{D}$ 为对角矩阵.

(2) 写出计算 $\boldsymbol{L}$ 和 $\boldsymbol{D}$ 的算法，并给出计算量分析.

9. 计算矩阵 $\boldsymbol{A}=\begin{pmatrix}4 & -1 & 0\\ -1 & 4 & -1\\ 0 & -1 & 4\end{pmatrix}$ 的 Cholesky 分解.

10. 仿照 LU 分解的推导过程设计计算公式 $\boldsymbol{A}=\boldsymbol{LU}$，其中 $\boldsymbol{L}$ 为下三角阵，$\boldsymbol{U}$ 为单位上三角阵. 并将之用于分解矩阵

$$\boldsymbol{A}=\begin{pmatrix}1 & 2 & 1\\ 2 & 2 & 3\\ -1 & -3 & 0\end{pmatrix}.$$

11. 证明：对称正定矩阵 $\boldsymbol{A}$ 的 LU 分解过程中，每步的绝对值最大的元素必在对角线上取得.

12. 结合对称正定矩阵的对称性，利用矩阵的 LU 分解法设计求对称正定矩阵的 Cholesky 分解的 LU 分解法，要求其计算量为 $O(n^3/3)$.

13. 利用追赶法求解线性方程组

$$\boldsymbol{A}=\begin{pmatrix}2 & -1 & & & \\ -1 & 2 & -1 & & \\ & -1 & 2 & -1 & \\ & & -1 & 2 & -1\\ & & & -1 & 2\end{pmatrix}\begin{pmatrix}x_1\\ x_2\\ x_3\\ x_4\\ x_5\end{pmatrix}=\begin{pmatrix}3\\ -4\\ 3\\ -2\\ 2\end{pmatrix}$$

14. 证明定理2.8.

15. 证明定理2.13.

16. 设 $nu\leqslant 0.01$，对任意 $\alpha\in\mathbb{R}$，有 $fl(\sqrt{a})=\sqrt{a}(1+\eta)$ 或 $fl(\sqrt{a})=\sqrt{a}/(1+\eta)$，

其中 $|\eta| < 1.01u$. 对对称正定矩阵 $\boldsymbol{A}$ 作 Cholesky 分解实际计算得到的下三角阵 $\boldsymbol{L}$ 满足 $\boldsymbol{L}\boldsymbol{L}^{\mathrm{T}} = \boldsymbol{A} + \boldsymbol{E}$，试估计矩阵 $\boldsymbol{E}$ 的元素上界.

17. 非奇异三对角阵的任意连续两阶顺序主子式不能同时为零.

18. 证明：非奇异三对角阵 $\boldsymbol{T} \in \mathbb{C}^{n\times n}$ 可以分解为 $\boldsymbol{T} = \boldsymbol{L}\boldsymbol{D}\boldsymbol{R}$，其中 $\boldsymbol{L} \in \mathbb{C}^{n\times n}$ 为下单位块双对角矩阵，$\boldsymbol{R} \in \mathbb{C}^{n\times n}$ 是上单位块双对角矩阵，$\boldsymbol{D} \in \mathbb{C}^{n\times n}$ 是对角矩阵，其对角块是 2 阶或 1 阶的.

上机实验题 2

1. 本章给出的是列选主元 LU 分解，设计行选主元 LU 分解法并编程实现.

2. 编写追赶法的 Matlab 程序, 并求解线性方程组

$$\begin{pmatrix} 2 & -1 & & \\ -1 & 3 & -1 & \\ & -1 & 3 & -1 \\ & & -1 & 2 \end{pmatrix}\begin{pmatrix} x_1 \\ x_2 \\ x_3 \\ x_4 \end{pmatrix} = \begin{pmatrix} 5 \\ -12 \\ 11 \\ -1 \end{pmatrix}.$$

3. 编写基于列选主元 LU 分解的 Gauss 消去法的程序，并用于求解线性方程组

$$\begin{pmatrix} 1 & 1 & 0 & 3 \\ 2 & 1 & -1 & 1 \\ 3 & -1 & -1 & 3 \\ -1 & 2 & 3 & -1 \end{pmatrix}\begin{pmatrix} x_1 \\ x_2 \\ x_3 \\ x_4 \end{pmatrix} = \begin{pmatrix} 4 \\ 1 \\ -3 \\ 4 \end{pmatrix}.$$

4. 构造一个系数矩阵对称正定的线性方程组，分别利用基于 LU 分解的 Gauss 消去法及基于 Cholesky 分解的算法求解，画出矩阵阶数不同时的比较结果.

第 3 章　古典迭代法求解线性方程组

工程应用中出现的线性方程组大多是稀疏的、带有结构的，如果利用前面提到的直接法求解，会破坏问题的结构，不能充分利用结构的特殊性. 针对这类线性方程组，求解方法主要有两类：一类是设计可以利用稀疏结构的直接法，即在 Gauss 消去过程中，充分采取灵活的选主元策略，在消元过程中尽量保持系数矩阵的稀疏性. 另一类是迭代法，它可以充分利用矩阵的稀疏结构.

3.1　迭代法概述

迭代法是一种规则，按照这种规则可以通过已知元素或者已求得的元素求得后继元素，从而形成一个序列，利用该序列的极限过程逐步逼近问题的精确解. l 步迭代法一般可以表示为

$$\boldsymbol{x}_k = \phi_k(\boldsymbol{x}_{k-1}, \cdots, \boldsymbol{x}_{k-l}), \quad k = l, l+1, \cdots, \tag{3.1}$$

其中 ϕ_k 称为迭代算子，$\boldsymbol{x}_0, \cdots, \boldsymbol{x}_{l-1}$ 称为迭代初值. 当 $l = 1$ 时称为单步迭代法；若迭代过程中，迭代算子保持不变，则称迭代法为定常迭代，否则称为不定常迭代；若迭代算子为线性算子，则称迭代法为线性迭代法，否则称为非线性迭代法.

一个实用的迭代法需要考虑下述三个基本问题.

- 迭代格式 (3.1) 的构造方式.
- 迭代序列的收敛性及收敛速度. 即在何种条件下可以保证迭代格式是收敛的？在迭代格式收敛的前提下，收敛速度如何？影响收敛速度的因素是什么？
- 迭代序列极限与真实解的误差. 因为迭代过程是无限的，而计算总是有限次的，这就要求考虑求得的近似解与真实解的接近程度.

对第一个基本问题，在本章中我们主要讨论的是单步线性定常迭代法. 具体的构造方面的基本思想是将任意线性方程组 $\boldsymbol{Ax} = \boldsymbol{b}$ 等价地转化为线性方程组 $\boldsymbol{x} = \boldsymbol{Gx} + \boldsymbol{c}$,

并基于此等价形式构造如下的迭代格式

$$\boldsymbol{x}_{k+1} = \boldsymbol{G}\boldsymbol{x}_k + \boldsymbol{c}, \tag{3.2}$$

其中 $\boldsymbol{G}$ 称为迭代矩阵. 在算法的收敛性方面，给定任意的迭代初值 $\boldsymbol{x}_0$，如果由式 (3.2) 产生的迭代序列 $\{\boldsymbol{x}_k\}_{k=0}^{\infty}$ 都收敛到向量 $\boldsymbol{x}_*$，则称迭代法是收敛的，否则称为发散的.

下面两个定理部分回答了后两个基本问题，给出了迭代序列中元素与真实解的误差估计，并在此基础上给出了算法收敛的条件，同时也刻画了影响收敛速度的核心因素.

定理 3.1　迭代法 (3.2) 收敛的充分必要条件是 $\rho(\boldsymbol{G}) < 1$.

证明　若迭代序列 $\{\boldsymbol{x}_k\}_{k=0}^{\infty}$ 是收敛的，即 $\lim\limits_{k\to\infty} \boldsymbol{x}_k = \boldsymbol{x}_*$，则由迭代公式 (3.2) 可得

$$\boldsymbol{x}_* = \boldsymbol{G}\boldsymbol{x}_* + \boldsymbol{c},$$

从而有

$$\boldsymbol{x}_k - \boldsymbol{x}_* = (\boldsymbol{G}\boldsymbol{x}_{k-1} + \boldsymbol{c}) - (\boldsymbol{G}\boldsymbol{x}_* + \boldsymbol{c}) = \boldsymbol{G}(\boldsymbol{x}_{k-1} - \boldsymbol{x}_*) = \cdots = \boldsymbol{G}^k(\boldsymbol{x}_0 - \boldsymbol{x}_*).$$

故由 $\boldsymbol{x}_0$ 的任意性可知，迭代法收敛的充分必要条件为 $\boldsymbol{G}^k \to \boldsymbol{O}(k \to \infty)$，由定理 1.15 可得 $\rho(\boldsymbol{G}) < 1$. □

该定理表明，迭代矩阵 $\boldsymbol{G}$ 谱半径越小，迭代法收敛速度越快. 在实际应用中，求解一个矩阵的特征值需要较大的计算量，故上述定理不适合用于直接判断一种迭代公式是否收敛. 实际中常用的是迭代矩阵的某种范数. 下面的定理描述了如何利用矩阵范数衡量迭代法的收敛性，并刻画了第 k 步迭代向量与真实解之间的误差界，也从侧面给出了影响迭代法收敛速度的另一个主要因素.

定理 3.2　若相容矩阵范数 $\|\cdot\|_M$ 满足 $\|\boldsymbol{G}\|_M < 1$，则迭代公式 (3.2) 收敛，并且

$$\|\boldsymbol{x}_k - \boldsymbol{x}_*\|_V \leqslant \frac{\|\boldsymbol{G}\|_M^k}{1 - \|\boldsymbol{G}\|_M}\|\boldsymbol{x}_0 - \boldsymbol{x}_1\|_V,$$

其中 $\|\cdot\|_V$ 为与矩阵范数 $\|\cdot\|_M$ 相容的向量范数.

证明 由迭代公式可知

$$\begin{aligned}\|\boldsymbol{x}_k-\boldsymbol{x}_*\|_{\boldsymbol{V}} &= \|\boldsymbol{G}\boldsymbol{x}_{k-1}-\boldsymbol{G}\boldsymbol{x}_*\|_{\boldsymbol{V}}=\|\boldsymbol{G}\boldsymbol{x}_{k-1}-\boldsymbol{G}(\boldsymbol{I}-\boldsymbol{G})^{-1}\boldsymbol{c}\|_{\boldsymbol{V}}\\ &= \|\boldsymbol{G}(\boldsymbol{I}-\boldsymbol{G})^{-1}\left((\boldsymbol{I}-\boldsymbol{G})\boldsymbol{x}_{k-1}-\boldsymbol{c}\right)\|_{\boldsymbol{V}}\\ &= \|\boldsymbol{G}(\boldsymbol{I}-\boldsymbol{G})^{-1}\left(\boldsymbol{x}_{k-1}-\boldsymbol{x}_k\right)\|_{\boldsymbol{V}}.\end{aligned}$$

由于向量范数 $\|\cdot\|_{\boldsymbol{V}}$ 与矩阵范数 $\|\cdot\|_{\boldsymbol{M}}$ 相容，则

$$\|\boldsymbol{x}_k-\boldsymbol{x}_*\|_{\boldsymbol{V}}\leqslant\|\boldsymbol{G}\|_{\boldsymbol{M}}\|(\boldsymbol{I}-\boldsymbol{G})^{-1}\|_{\boldsymbol{M}}\|\boldsymbol{x}_{k-1}-\boldsymbol{x}_k\|_{\boldsymbol{V}}.$$

进一步由定理 1.16 及关系式

$$\boldsymbol{x}_k-\boldsymbol{x}_{k-1}=\boldsymbol{G}(\boldsymbol{x}_{k-1}-\boldsymbol{x}_{k-2})$$

可得

$$\begin{aligned}\|\boldsymbol{x}_k-\boldsymbol{x}_*\|_V &\leqslant \frac{\|\boldsymbol{G}\|_{\boldsymbol{M}}}{1-\|\boldsymbol{G}\|_{\boldsymbol{M}}}\|\boldsymbol{x}_{k-1}-\boldsymbol{x}_k\|_V\\ &\leqslant \frac{\|\boldsymbol{G}\|_{\boldsymbol{M}}^2}{1-\|\boldsymbol{G}\|_{\boldsymbol{M}}}\|\boldsymbol{x}_{k-1}-\boldsymbol{x}_{k-2}\|_V\\ &\ \ \vdots\\ &\leqslant \frac{\|\boldsymbol{G}\|_{\boldsymbol{M}}^k}{1-\|\boldsymbol{G}\|_{\boldsymbol{M}}}\|\boldsymbol{x}_1-\boldsymbol{x}_0\|_V,\end{aligned}$$

定理得证. □

由定理可以看出，$\boldsymbol{x}_k$ 收敛于 $\boldsymbol{x}_*$ 的速度依赖于 $\|\boldsymbol{G}\|_{\boldsymbol{M}}$ 与 1 的接近程度. 当 $\|\boldsymbol{G}\|_{\boldsymbol{M}}$ 非常接近于 1 时，收敛速度慢，而当 $\|\boldsymbol{G}\|_{\boldsymbol{M}}$ 较小时，收敛速度快.

3.2 具体迭代法

为构造线性方程组 $\boldsymbol{A}\boldsymbol{x}=\boldsymbol{b}$ 的迭代求解方法,需将其转化为等价的形式 $\boldsymbol{x}=\boldsymbol{G}\boldsymbol{x}+\boldsymbol{c}$. 假定矩阵 $\boldsymbol{A}$ 的对角元均不为零，则等价形式的第 i 个方程的一种简单构造方法为

$$x_i=(a_{i1}x_1+\cdots+a_{i,i-1}x_{i-1}+a_{i,i+1}x_{i+1}+\cdots+a_{in}x_n)/a_{ii}.$$

此时对应的迭代法为

$$
\begin{cases}
x_1^{(k+1)} = (a_{12}x_2^{(k)} + \cdots + a_{1n}x_n^{(k)})/a_{11}, \\
\quad\vdots \\
x_i^{(k+1)} = (a_{i1}x_1^{(k)} + \cdots + a_{i,i-1}x_{i-1}^{(k)} + a_{i,i+1}x_{i+1}^{(k)} + \cdots + a_{in}x_n^{(k)})/a_{ii}, \\
\quad\vdots \\
x_n^{(k+1)} = (a_{n1}x_1^{(k)} + \cdots + a_{n,n-1}x_{n-1}^{(k)})/a_{nn}.
\end{cases}
\tag{3.3}
$$

在迭代法中，一般认为新产生的迭代值会比前面的迭代值好，故在上述迭代法中利用新产生的分量值代替旧分量值，有

$$
\begin{cases}
x_1^{(k+1)} = (a_{12}x_2^{(k)} + \cdots + a_{1n}x_n^{(k)})/a_{11}, \\
\quad\vdots \\
x_i^{(k+1)} = (a_{i1}x_1^{(k+1)} + \cdots + a_{i,i-1}x_{i-1}^{(k+1)} + a_{i,i+1}x_{i+1}^{(k)} + \cdots + a_{in}x_n^{(k)})/a_{ii}, \\
\quad\vdots \\
x_n^{(k+1)} = (a_{n1}x_1^{(k+1)} + \cdots + a_{n,n-1}x_{n-1}^{(k+1)})/a_{nn}.
\end{cases}
\tag{3.4}
$$

3.2.1　分裂技巧

为了方便迭代法的理论分析，我们需要给出其矩阵格式. 事实上，古典迭代法可由基于系数矩阵分裂的理论给出. 假定矩阵 $\boldsymbol{A}$ 具有如下分裂

$$
\boldsymbol{A} = \boldsymbol{M} - \boldsymbol{N},
$$

则求解线性方程组 $\boldsymbol{Ax} = \boldsymbol{b}$ 等价于求解线性方程组 $\boldsymbol{Mx} = \boldsymbol{Nx} + \boldsymbol{b}$. 若矩阵 $\boldsymbol{M}$ 可逆，则可构造如下等价形式

$$
\boldsymbol{x} = \boldsymbol{M}^{-1}\boldsymbol{N}\boldsymbol{x} + \boldsymbol{M}^{-1}\boldsymbol{b}.
$$

进而有如下迭代格式

$$
\boldsymbol{x}_{k+1} = \boldsymbol{M}^{-1}\boldsymbol{N}\boldsymbol{x}_k + \boldsymbol{M}^{-1}\boldsymbol{b}. \tag{3.5}
$$

此时迭代矩阵为

$$
\boldsymbol{M}^{-1}\boldsymbol{N} = \boldsymbol{M}^{-1}(\boldsymbol{M} - \boldsymbol{A}) = \boldsymbol{I} - \boldsymbol{M}^{-1}\boldsymbol{A},
$$

故当 $\boldsymbol{M}$ 为 $\boldsymbol{A}$ 的一个好的近似时，迭代矩阵接近零矩阵，具有小的谱半径，迭代格式收敛速度较快.

对系数矩阵 $\boldsymbol{A}$ 进行不同的分裂即可得到不同的迭代格式，系数矩阵 $\boldsymbol{A}$ 可以简单地分裂为如下形式

$$\boldsymbol{A}=\boldsymbol{D}-\boldsymbol{L}-\boldsymbol{U},$$

其中 $\boldsymbol{D}=\mathrm{diag}(a_{11},\cdots,a_{nn})$ 为 $\boldsymbol{A}$ 的对角元组成的对角矩阵，$\boldsymbol{L},\boldsymbol{U}$ 分别为

$$\boldsymbol{L}=\begin{pmatrix} 0 & & & & \\ -a_{21} & 0 & & & \\ -a_{31} & -a_{32} & 0 & & \\ \vdots & \vdots & \ddots & \ddots & \\ -a_{n1} & -a_{n2} & \cdots & -a_{n,n-1} & 0 \end{pmatrix},\quad \boldsymbol{U}=\begin{pmatrix} 0 & -a_{12} & -a_{13} & \cdots & -a_{1n} \\ & 0 & -a_{23} & \cdots & -a_{2n} \\ & & \ddots & \ddots & \vdots \\ & & & \ddots & -a_{n-1,n} \\ & & & & 0 \end{pmatrix}.$$

假定系数矩阵 $\boldsymbol{A}$ 的对角元均不为零，在迭代公式 (3.5) 中取

$$\boldsymbol{M}=\boldsymbol{D},\boldsymbol{N}=\boldsymbol{L}+\boldsymbol{U},$$

则有如下迭代格式

$$\boldsymbol{x}_{k+1}=\boldsymbol{D}^{-1}(\boldsymbol{L}+\boldsymbol{U})\boldsymbol{x}_k+\boldsymbol{D}^{-1}\boldsymbol{b}. \tag{3.6}$$

该迭代格式称为 Jacobi 迭代法，分量形式恰为式 (3.3).

Jacobi 迭代法是最基本的迭代法，对于给定的初始向量 $\boldsymbol{x}_0$，代入式 (3.6) 右端即可得到 $\boldsymbol{x}_1$，进而得到 $\boldsymbol{x}_2$，以此类推即可得到迭代序列 $\boldsymbol{x}_k,k=0,1,2,\cdots$. 若向量序列收敛到向量 $\boldsymbol{x}_*$，则由式 (3.6) 可得

$$\boldsymbol{x}_*=\boldsymbol{D}^{-1}(\boldsymbol{L}+\boldsymbol{U})\boldsymbol{x}_*+\boldsymbol{D}^{-1}\boldsymbol{b},$$

即 $\boldsymbol{A}\boldsymbol{x}_*=\boldsymbol{b}$，表明迭代序列 $\boldsymbol{x}_k,k=0,1,2,\cdots$ 的极限 $\boldsymbol{x}_*$ 为线性方程组 $\boldsymbol{A}\boldsymbol{x}=\boldsymbol{b}$ 的解.

假定系数矩阵 $\boldsymbol{A}$ 的对角元均不为零，在迭代公式 (3.5) 中取

$$\boldsymbol{M}=\boldsymbol{D}-\boldsymbol{L},\boldsymbol{N}=\boldsymbol{U},$$

则有如下迭代格式

$$\boldsymbol{x}_{k+1} = (\boldsymbol{D} - \boldsymbol{L})^{-1}\boldsymbol{U}\boldsymbol{x}_k + (\boldsymbol{D} - \boldsymbol{L})^{-1}\boldsymbol{b},$$

称为 Gauss-Seidel 迭代法，分量形式为式 (3.4)，它与 Jacobi 迭代法的不同之处在于它利用了新计算出的元素值.

例 3.1　利用 Jacobi 迭代法求解线性方程组

$$\begin{cases} 5x_1 - x_2 - 3x_3 & = & 1, \\ -x_1 + 2x_2 + 4x_3 & = & 5, \\ -3x_1 + 4x_2 + 15x_3 & = & 16 \end{cases}$$

终止准则：$\|\boldsymbol{b} - \boldsymbol{A}\boldsymbol{x}_k\|_2 \leqslant 10^{-7}$ 或迭代步数大于 150. 图 3.1 给出了 Jacobi 迭代法和 Gauss-Seidel 迭代法的结果比较，横轴值为迭代步数，纵轴值为 $\log_{10}\|\boldsymbol{b} - \boldsymbol{A}\boldsymbol{x}\|_2$.

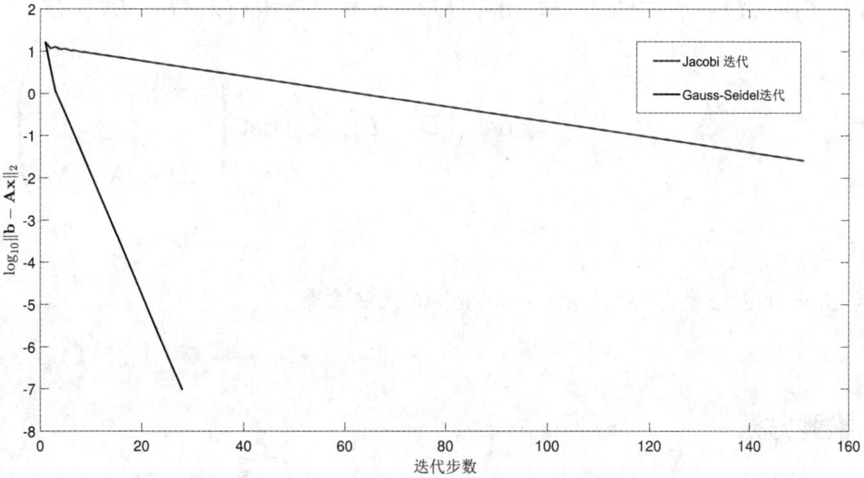

图 3.1　Jacobi 迭代和 Gauss-Seidel 迭代速度比较

从图 3.1 中可以看出随着迭代步数 k 的增加，绝对误差 $\|\boldsymbol{b} - \boldsymbol{A}\boldsymbol{x}_k\|_2$ 逐步减小. 对于此问题，Gauss-Seidel 迭代法具有更快的收敛速度，Gauss-Seidel 迭代法在 28 步即可达到误差为 10^{-7}，Jacobi 迭代法迭代 150 步后的误差约为 10^{-1}. 事实上，Jacobi、Gauss-Seidel 迭代法的迭代矩阵的谱半径分别为 0.9592 和 0.5193.

但并不是 Gauss-Seidel 迭代法一定比 Jacobi 迭代法收敛速度快. 下面的例子表明对某些问题，Jacobi 迭代法收敛，但 Gauss-Seidel 迭代法不收敛.

例 3.2 判断求解线性方程组

$$\begin{cases} x_1+2x_2-2x_3 = 1, \\ x_1+x_2+x_3 = 1, \\ 2x_1+2x_2+x_3 = 1 \end{cases}$$

的 Jacobi 迭代法和 Gauss-Seidel 迭代法是否收敛.

解 Jacobi 迭代法的迭代矩阵为

$$\boldsymbol{B}=\boldsymbol{D}^{-1}(\boldsymbol{L}+\boldsymbol{U})=\begin{pmatrix} 0 & -2 & 2 \\ -1 & 0 & -1 \\ -2 & -2 & 0 \end{pmatrix},$$

计算可得其特征值为 0(3重)，故 Jacobi 迭代法收敛.

对于 Gauss-Seidel 迭代法，假定 $\lambda \in \lambda\left((\boldsymbol{D}-\boldsymbol{L})^{-1}\boldsymbol{U}\right)$，则有

$$\begin{aligned} \det\left(\lambda \boldsymbol{I}_3-(\boldsymbol{D}-\boldsymbol{L})^{-1}\boldsymbol{U}\right) &= \det\left((\boldsymbol{D}-\boldsymbol{L})^{-1}\boldsymbol{U}\right)\det\left(\lambda(\boldsymbol{D}-\boldsymbol{L})-\boldsymbol{U}\right) \\ &= \det\left((\boldsymbol{D}-\boldsymbol{L})^{-1}\boldsymbol{U}\right)\det\begin{pmatrix} \lambda & 2 & -2 \\ \lambda & \lambda & 1 \\ 2\lambda & 2\lambda & \lambda \end{pmatrix} \\ &= 0, \end{aligned}$$

计算可得 $\lambda=0,2$ (2重)，故 Gauss-Seidel 迭代法发散. □

3.2.2 松弛方法

在迭代法中还有一种非常重要的技巧：松弛技巧. 任意一种迭代法的当前步均可看作是由上一步做了一个改变得到的，故具有如下形式

$$\boldsymbol{x}_{k+1}=\boldsymbol{x}_k+\Delta\boldsymbol{x}_k.$$

松弛方法就是对改变量做一个松弛 $\omega \in \mathbb{R}$，即

$$\boldsymbol{x}_{k+1}=\boldsymbol{x}_k+\omega\Delta\boldsymbol{x}_k.$$

将不同的迭代法与松弛技巧结合即可得到不同的松弛法.

对于线性方程组 $\boldsymbol{Ax}=\boldsymbol{b}$，可以得到如下等价形式

$$\boldsymbol{x}=\boldsymbol{x}+(\boldsymbol{b}-\boldsymbol{Ax}),$$

从而可以构造如下迭代格式

$$\boldsymbol{x}_{k+1}=\boldsymbol{x}_k+(\boldsymbol{b}-\boldsymbol{Ax}_k)=(\boldsymbol{I}-\boldsymbol{A})\boldsymbol{x}_k+\boldsymbol{b}, \tag{3.7}$$

引入松弛技巧，可得如下迭代格式

$$\boldsymbol{x}_{k+1}=\boldsymbol{x}_k+\omega(\boldsymbol{b}-\boldsymbol{Ax}_k)=(\boldsymbol{I}-\omega\boldsymbol{A})\boldsymbol{x}_k+\omega\boldsymbol{b}, \tag{3.8}$$

称为 Richardson 迭代法，分量形式为

$$x_i^{(k+1)}=(1-\omega a_{ii})\,x_i^{(k)}+\omega\left(b_i-\sum_{j\neq i}a_{ij}x_j^{(k)}\right).$$

对 Jacobi 迭代法有

$$\Delta\boldsymbol{x}_k=\boldsymbol{x}_{k+1}-\boldsymbol{x}_k=\boldsymbol{D}^{-1}(\boldsymbol{L}+\boldsymbol{U})\boldsymbol{x}_k+\boldsymbol{D}^{-1}\boldsymbol{b}-\boldsymbol{x}_k.$$

使用松弛技巧，有

$$\boldsymbol{x}_{k+1}=\boldsymbol{x}_k+\omega\left(\boldsymbol{D}^{-1}(\boldsymbol{L}+\boldsymbol{U})\boldsymbol{x}_k+\boldsymbol{D}^{-1}\boldsymbol{b}-\boldsymbol{x}_k\right),$$

整理得如下迭代格式

$$\boldsymbol{x}_{k+1}=(\boldsymbol{I}-\omega\boldsymbol{D}^{-1}\boldsymbol{A})\boldsymbol{x}_k+\omega\boldsymbol{D}^{-1}\boldsymbol{b}, \tag{3.9}$$

称为 JOR 迭代法，分量形式为

$$x_i^{(k+1)}=(1-\omega)x_i^{(k)}+\frac{\omega}{a_{ii}}\left(b_i-\sum_{j\neq i}a_{ij}x_j^{(k)}\right).$$

进一步采用 Gauss-Seidel 方法技巧，有如下迭代格式

$$\boldsymbol{x}_{k+1}=\boldsymbol{x}_k+\omega\left(\boldsymbol{D}^{-1}\boldsymbol{L}\boldsymbol{x}_{k+1}+\boldsymbol{D}^{-1}\boldsymbol{U}\boldsymbol{x}_k+\boldsymbol{D}^{-1}\boldsymbol{b}-\boldsymbol{x}_k\right).$$

整理可得如下迭代格式

$$\boldsymbol{x}_{k+1}=(\boldsymbol{D}-\omega\boldsymbol{L})^{-1}\left((1-\omega)\boldsymbol{D}+\omega\boldsymbol{U}\right)\boldsymbol{x}_k+\omega(\boldsymbol{D}-\omega\boldsymbol{L})^{-1}\boldsymbol{b},$$

称为以 ω 为松弛因子的逐次超松弛迭代法（Successive over Relaxation，简称 SOR），分量形式为

$$x_i^{(k+1)}=(1-\omega)x_i^{(k)}+\frac{\omega}{a_{ii}}\left(b_i-\sum_{j=1}^{i-1}a_{ij}x_j^{(k+1)}-\sum_{j=i+1}^{n}a_{ij}x_j^{(k)}\right).$$

将 $\boldsymbol{L}$ 和 $\boldsymbol{U}$ 等同看待连续使用两次 SOR 迭代法得到如下迭代格式

$$\begin{aligned}(\boldsymbol{D}-\omega\boldsymbol{L})\boldsymbol{x}_{k+\frac{1}{2}}&=((1-\omega)\boldsymbol{D}+\omega\boldsymbol{U})\boldsymbol{x}_k+\omega\boldsymbol{b},\\(\boldsymbol{D}-\omega\boldsymbol{U})\boldsymbol{x}_{k+1}&=((1-\omega)\boldsymbol{D}+\omega\boldsymbol{L})\boldsymbol{x}_{k+\frac{1}{2}}+\omega\boldsymbol{b},\end{aligned}$$

称为以 ω 为松弛因子的对称逐次超松弛迭代法（SSOR）. 也可合并为

$$\begin{aligned}\boldsymbol{x}_{k+1}=&(\boldsymbol{D}-\omega\boldsymbol{U})^{-1}\left((1-\omega)\boldsymbol{D}+\omega\boldsymbol{L}\right)(\boldsymbol{D}-\omega\boldsymbol{L})^{-1}\left((1-\omega)\boldsymbol{D}+\omega\boldsymbol{U}\right)\boldsymbol{x}_k\\&+\omega(\boldsymbol{D}-\omega\boldsymbol{U})^{-1}\left((1-\omega)\boldsymbol{D}+\omega\boldsymbol{L}\right)(\boldsymbol{D}-\omega\boldsymbol{L})^{-1}\boldsymbol{b}+\omega(\boldsymbol{D}-\omega\boldsymbol{U})^{-1}\boldsymbol{b}.\end{aligned}$$

分量形式为

$$\begin{aligned}x_i^{(k+\frac{1}{2})}&=(1-\omega)x_i^{(k)}+\frac{\omega}{a_{ii}}\left(b_i-\sum_{j=1}^{i-1}a_{ij}x_j^{(k+\frac{1}{2})}-\sum_{j=i+1}^{n}a_{ij}x_j^{(k)}\right),\\x_i^{(k+1)}&=(1-\omega)x_i^{(k+\frac{1}{2})}+\frac{\omega}{a_{ii}}\left(b_i-\sum_{j=1}^{i-1}a_{ij}x_j^{(k+\frac{1}{2})}-\sum_{j=i+1}^{n}a_{ij}x_j^{(k+1)}\right).\end{aligned}$$

类似于 Jacobi 迭代法、Gauss-Seidel 迭代法，Richardson 迭代法、SOR 迭代法、SSOR 迭代法也可以看作由矩阵分裂方法得到的.

定理 3.3 Richardson 迭代法中矩阵 $\boldsymbol{M},\boldsymbol{N}$ 分别为

$$\boldsymbol{M}=\frac{1}{\omega}\boldsymbol{I},\quad \boldsymbol{N}=\frac{1}{\omega}(\boldsymbol{I}-\omega\boldsymbol{A}).$$

JOR 迭代法中矩阵 $\boldsymbol{M},\boldsymbol{N}$ 分别为

$$\boldsymbol{M}=\frac{1}{\omega}\boldsymbol{D},\quad \boldsymbol{N}=\frac{1}{\omega}(\boldsymbol{D}-\omega\boldsymbol{A}).$$

SOR 迭代法中矩阵 $\boldsymbol{M},\boldsymbol{N}$ 分别为

$$\boldsymbol{M}=\frac{1}{\omega}\boldsymbol{D}-\boldsymbol{L},\boldsymbol{N}=\frac{1-\omega}{\omega}\boldsymbol{D}+\boldsymbol{U}.$$

SSOR 迭代法中矩阵 $\boldsymbol{M},\boldsymbol{N}$ 分别为

$$\boldsymbol{M}=\frac{1}{\omega(2-\omega)}(\boldsymbol{D}-\omega\boldsymbol{L})\boldsymbol{D}^{-1}(\boldsymbol{D}-\omega\boldsymbol{U}),$$
$$\boldsymbol{N}=\frac{1}{\omega(2-\omega)}((1-\omega)\boldsymbol{D}+\omega\boldsymbol{L})\boldsymbol{D}^{-1}((1-\omega)\boldsymbol{D}+\omega\boldsymbol{U}).$$

证明　对于 Richardson 迭代法，有

$$\begin{aligned}\boldsymbol{M}-\boldsymbol{N}&=\frac{1}{\omega}\boldsymbol{I}-\frac{1}{\omega}(\boldsymbol{I}-\omega\boldsymbol{A})=\boldsymbol{A},\\ \boldsymbol{M}^{-1}\boldsymbol{N}&=\omega\frac{1}{\omega}(\boldsymbol{I}-\omega\boldsymbol{A})=\boldsymbol{I}-\omega\boldsymbol{A}.\end{aligned}$$

对于 JOR 迭代法，有

$$\begin{aligned}\boldsymbol{M}-\boldsymbol{N}&=\frac{1}{\omega}\boldsymbol{D}-\frac{1}{\omega}(\boldsymbol{D}-\omega\boldsymbol{A})=\boldsymbol{A},\\ \boldsymbol{M}^{-1}\boldsymbol{N}&=\omega\boldsymbol{D}^{-1}\frac{1}{\omega}(\boldsymbol{D}-\omega\boldsymbol{A})=\boldsymbol{I}-\omega\boldsymbol{D}^{-1}\boldsymbol{A}.\end{aligned}$$

对于 SOR 迭代法，有

$$\begin{aligned}\boldsymbol{M}-\boldsymbol{N}&=\frac{1}{\omega}\boldsymbol{D}-\boldsymbol{L}-\left(\frac{1-\omega}{\omega}\boldsymbol{D}+\boldsymbol{U}\right)=\boldsymbol{D}-\boldsymbol{L}-\boldsymbol{U}=\boldsymbol{A},\\ \boldsymbol{M}^{-1}\boldsymbol{N}&=\left(\frac{1}{\omega}\boldsymbol{D}-\boldsymbol{L}\right)^{-1}\left(\frac{1-\omega}{\omega}\boldsymbol{D}+\boldsymbol{U}\right)=(\boldsymbol{D}-\omega\boldsymbol{L})^{-1}((1-\omega)\boldsymbol{D}+\omega\boldsymbol{U}).\end{aligned}$$

对于 SSOR 迭代法，有

$$\begin{aligned}\boldsymbol{M}-\boldsymbol{N}&=\frac{1}{\omega(2-\omega)}(\boldsymbol{D}-\omega\boldsymbol{L})\boldsymbol{D}^{-1}(\boldsymbol{D}-\omega\boldsymbol{U})\\ &\quad-\frac{1}{\omega(2-\omega)}((1-\omega)\boldsymbol{D}+\omega\boldsymbol{L})\boldsymbol{D}^{-1}((1-\omega)\boldsymbol{D}+\omega\boldsymbol{U})\end{aligned}$$

$$
\begin{aligned}
&= \frac{1}{\omega(2-\omega)}\left((\boldsymbol{D}-\omega(\boldsymbol{U}+\boldsymbol{L}))-((1-\omega)^2\boldsymbol{D}+\omega(1-\omega)(\boldsymbol{L}+\boldsymbol{U}))\right),\\
&= \frac{1}{\omega(2-\omega)}\left(\omega(2-\omega)(\boldsymbol{D}-\boldsymbol{L}-\boldsymbol{U})\right)=\boldsymbol{D}-\boldsymbol{L}-\boldsymbol{U}=\boldsymbol{A},
\end{aligned}
$$

$$
\begin{aligned}
\boldsymbol{M}^{-1}\boldsymbol{N} &= \left((\boldsymbol{D}-\omega\boldsymbol{L})\boldsymbol{D}^{-1}(\boldsymbol{D}-\omega\boldsymbol{U})\right)^{-1}((1-\omega)\boldsymbol{D}+\omega\boldsymbol{L})\boldsymbol{D}^{-1}((1-\omega)\boldsymbol{D}+\omega\boldsymbol{U})\\
&= (\boldsymbol{D}-\omega\boldsymbol{U})^{-1}\boldsymbol{D}(\boldsymbol{D}-\omega\boldsymbol{L})^{-1}((2-\omega)\boldsymbol{D}-\boldsymbol{D}+\omega\boldsymbol{L})\boldsymbol{D}^{-1}((1-\omega)\boldsymbol{D}+\omega\boldsymbol{U})\\
&= (\boldsymbol{D}-\omega\boldsymbol{U})^{-1}\boldsymbol{D}((2-\omega)(\boldsymbol{D}-\omega\boldsymbol{L})^{-1}-\boldsymbol{D}^{-1})((1-\omega)\boldsymbol{D}+\omega\boldsymbol{U})\\
&= (\boldsymbol{D}-\omega\boldsymbol{U})^{-1}\boldsymbol{D}\boldsymbol{D}^{-1}((2-\omega)\boldsymbol{D}-(\boldsymbol{D}-\omega\boldsymbol{L}))(\boldsymbol{D}-\omega\boldsymbol{L})^{-1}((1-\omega)\boldsymbol{D}+\omega\boldsymbol{U})\\
&= (\boldsymbol{D}-\omega\boldsymbol{U})^{-1}\left((1-\omega)\boldsymbol{D}+\omega\boldsymbol{L}\right)(\boldsymbol{D}-\omega\boldsymbol{L})^{-1}\left((1-\omega)\boldsymbol{D}+\omega\boldsymbol{U}\right).
\end{aligned}
$$

定理得证. □

另一类更加广泛的迭代法为快速超松弛迭代法（Accelerated over Relaxation method，简称 AOR 迭代法），是由 Hadjidimos 于 1978 年给出的，具体形式为

$$
\boldsymbol{x}_{k+1}=(\boldsymbol{D}-\gamma\boldsymbol{L})^{-1}\left((1-\omega)\boldsymbol{D}+(\omega-\gamma)\boldsymbol{L}+\omega\boldsymbol{U}\right)\boldsymbol{x}_k+\omega(\boldsymbol{D}-\gamma\boldsymbol{L})^{-1}\boldsymbol{b},
$$

其中 ω,γ 均为松弛参数. 前述迭代法均可看作 AOR 迭代法的特例.

(1) 当 $\gamma=\omega$ 时，AOR 迭代法即为 SOR 迭代法;

(2) 当 $\gamma=\omega=1$ 时，AOR 迭代法即为 Gauss-Seidel 迭代法;

(3) 当 $\gamma=0,\omega=1$ 时，AOR 迭代法即为 Jacobi 迭代法.

将 $\boldsymbol{L}$ 和 $\boldsymbol{U}$ 等同看待连续使用两次 AOR 迭代法得到如下迭代格式

$$
\begin{aligned}
(\boldsymbol{D}-\gamma\boldsymbol{L})\boldsymbol{x}_{k+\frac{1}{2}} &= \left((1-\omega)\boldsymbol{D}+(\omega-\gamma)\boldsymbol{L}+\omega\boldsymbol{U}\right)\boldsymbol{x}_k+\omega\boldsymbol{b},\\
(\boldsymbol{D}-\gamma\boldsymbol{U})\boldsymbol{x}_{k+1} &= \left((1-\omega)\boldsymbol{D}+(\omega-\gamma)\boldsymbol{U}+\omega\boldsymbol{L}\right)\boldsymbol{x}_{k+\frac{1}{2}}+\omega\boldsymbol{b},
\end{aligned}
$$

称为以 γ,ω 为松弛因子的对称快速超松弛迭代法（SAOR 迭代法），它是 SSOR 迭代法的推广. 容易看出，当 $\omega=\gamma$ 时，SAOR 迭代法即为 SSOR 迭代法.

3.3 迭代法收敛性

实际应用中，利用范数来判断迭代法的收敛性是比较方便的. 与 Gauss-Seidel 迭代法的迭代矩阵相比，Jacobi 迭代法的迭代矩阵是容易计算的，下面的定理描述了如何利用 Jacobi 迭代法的迭代矩阵判断 Gauss-Seidel 迭代法是否收敛，证明参考文献 [12].

定理 3.4 设 $\boldsymbol{B}=(b_{ij})_{n\times n}$ 是 Jacobi 迭代法的迭代矩阵，若 $\|\boldsymbol{B}\|_\infty<1$，则

Gauss-Seidel 迭代法收敛，并且有估计式

$$\|\boldsymbol{x}_k - \boldsymbol{x}_*\|_\infty \leqslant \frac{\mu^k}{1-\mu}\|\boldsymbol{x}_1 - \boldsymbol{x}_0\|_\infty,$$

其中

$$\mu = \max_i \left(\sum_{j=i+1}^{n} |b_{ij}| / (1 - \sum_{j=1}^{i-1} |b_{ij}|) \right) \leqslant \|\boldsymbol{B}\|_\infty < 1.$$

定理 3.5　设 $\boldsymbol{B} = (b_{ij})_{n\times n}$ 是 Jacobi 迭代法的迭代矩阵，若 $\|\boldsymbol{B}\|_1 < 1$，则 Gauss-Seidel 迭代法收敛，并且有估计式

$$\|\boldsymbol{x}_k - \boldsymbol{x}_*\|_1 \leqslant \frac{\mu^k}{(1-\mu)(1-s)}\|\boldsymbol{x}_1 - \boldsymbol{x}_0\|_1,$$

其中

$$s = \max_i \sum_{j=i+1}^{n} |b_{ji}|, \mu = \max_i \left(\sum_{j=1}^{i-1} |b_{ji}| / (1 - \sum_{j=i+1}^{n} |b_{ji}|) \right) \leqslant \|\boldsymbol{B}\|_1 < 1.$$

对于一般的线性方程组，这些迭代法的收敛性讨论起来比较复杂，故我们仅针对具有特殊结构的线性方程组进行讨论. 对于系数矩阵为对称正定、严格对角占优或不可约对角占优的线性方程组，各类迭代法具有下述收敛性定理.

3.3.1 系数矩阵为对称正定矩阵的线性方程组

定理 3.6　若系数矩阵 $\boldsymbol{A}$ 对称，对角元素 $a_{ii} > 0$，则 Jacobi 迭代法收敛的充分必要条件为 $\boldsymbol{A}$ 和 $2\boldsymbol{D} - \boldsymbol{A}$ 都正定.

证明　Jacobi 迭代法的迭代矩阵为

$$\boldsymbol{D}^{-1}(\boldsymbol{L}+\boldsymbol{U}) = \boldsymbol{I} - \boldsymbol{D}^{-1}\boldsymbol{A} = \boldsymbol{D}^{-\frac{1}{2}}(\boldsymbol{I} - \boldsymbol{D}^{-\frac{1}{2}}\boldsymbol{A}\boldsymbol{D}^{-\frac{1}{2}})\boldsymbol{D}^{\frac{1}{2}}$$

$\boldsymbol{D}^{-1}(\boldsymbol{L}+\boldsymbol{U})$ 与 $\boldsymbol{I} - \boldsymbol{D}^{-\frac{1}{2}}\boldsymbol{A}\boldsymbol{D}^{-\frac{1}{2}}$ 具有相同的特征值. $\boldsymbol{I} - \boldsymbol{D}^{-\frac{1}{2}}\boldsymbol{A}\boldsymbol{D}^{-\frac{1}{2}}$ 为对称矩阵，其特征值均为实数，故 $\boldsymbol{D}^{-1}(\boldsymbol{L}+\boldsymbol{U})$ 的特征值也为实数.

必要性：假定 Jacobi 迭代法收敛，故迭代矩阵 $\boldsymbol{D}^{-1}(\boldsymbol{L}+\boldsymbol{U})$ 的特征值在 $(-1,1)$，从而矩阵 $\boldsymbol{D}^{-\frac{1}{2}}\boldsymbol{A}\boldsymbol{D}^{-\frac{1}{2}}$ 的特征值介于 $(0,2)$，从而 $\boldsymbol{D}^{-\frac{1}{2}}\boldsymbol{A}\boldsymbol{D}^{-\frac{1}{2}}$ 及 $2\boldsymbol{I} - \boldsymbol{D}^{-\frac{1}{2}}\boldsymbol{A}\boldsymbol{D}^{-\frac{1}{2}}$ 均

为正定矩阵. 由 $\boldsymbol{D}^{-\frac{1}{2}}\boldsymbol{A}\boldsymbol{D}^{-\frac{1}{2}}$ 正定知 $\boldsymbol{A}$ 为正定矩阵. 由于

$$2\boldsymbol{I}-\boldsymbol{D}^{-\frac{1}{2}}\boldsymbol{A}\boldsymbol{D}^{-\frac{1}{2}}=\boldsymbol{D}^{-\frac{1}{2}}(2\boldsymbol{D}-\boldsymbol{A})\boldsymbol{D}^{-\frac{1}{2}},$$

故 $2\boldsymbol{D}-\boldsymbol{A}$ 也为正定矩阵.

充分性：由于

$$\boldsymbol{I}-(\boldsymbol{I}-\boldsymbol{D}^{-1}\boldsymbol{A})=\boldsymbol{D}^{-1}\boldsymbol{A}=\boldsymbol{D}^{-\frac{1}{2}}(\boldsymbol{D}^{-\frac{1}{2}}\boldsymbol{A}\boldsymbol{D}^{-\frac{1}{2}})\boldsymbol{D}^{\frac{1}{2}},$$

由 $\boldsymbol{A}$ 正定知 $\boldsymbol{D}^{-\frac{1}{2}}(\boldsymbol{D}^{-\frac{1}{2}}\boldsymbol{A}\boldsymbol{D}^{-\frac{1}{2}})\boldsymbol{D}^{\frac{1}{2}}$ 的特征值均为正数，故 $\boldsymbol{I}-\boldsymbol{D}^{-1}\boldsymbol{A}$ 的特征值小于 1. 又由于

$$\boldsymbol{I}+(\boldsymbol{I}-\boldsymbol{D}^{-1}\boldsymbol{A})=2\boldsymbol{I}-\boldsymbol{D}^{-1}\boldsymbol{A}=\boldsymbol{D}^{-\frac{1}{2}}\boldsymbol{D}^{-\frac{1}{2}}(2\boldsymbol{D}-\boldsymbol{A})\boldsymbol{D}^{-\frac{1}{2}}\boldsymbol{D}^{\frac{1}{2}},$$

由 $2\boldsymbol{D}-\boldsymbol{A}$ 正定知 $\boldsymbol{D}^{-\frac{1}{2}}\boldsymbol{D}^{-\frac{1}{2}}(2\boldsymbol{D}-\boldsymbol{A})\boldsymbol{D}^{-\frac{1}{2}}\boldsymbol{D}^{\frac{1}{2}}$ 的特征值均为正数，故 $(\boldsymbol{I}-\boldsymbol{D}^{-1}\boldsymbol{A})$ 的特征值大于 -1. 故迭代法收敛. □

定理 3.7 若系数矩阵 $\boldsymbol{A}$ 对称正定，则 Gauss-Seidel 迭代法收敛.

证明 由 $\boldsymbol{A}$ 对称知 $\boldsymbol{U}=\boldsymbol{L}^{\mathrm{T}}$，设 λ 为迭代矩阵 $(\boldsymbol{D}-\boldsymbol{L})^{-1}\boldsymbol{L}^{\mathrm{T}}$ 的特征值，对应的特征向量为 $\boldsymbol{x}$，即 $(\boldsymbol{D}-\boldsymbol{L})^{-1}\boldsymbol{L}^{\mathrm{T}}\boldsymbol{x}=\lambda\boldsymbol{x}$，从而有 $\boldsymbol{L}^{\mathrm{T}}\boldsymbol{x}=\lambda(\boldsymbol{D}-\boldsymbol{L})\boldsymbol{x}$，故

$$\boldsymbol{x}^*\boldsymbol{L}^{\mathrm{T}}\boldsymbol{x}=\lambda\boldsymbol{x}^*(\boldsymbol{D}-\boldsymbol{L})\boldsymbol{x}=\lambda\boldsymbol{x}^*\boldsymbol{D}\boldsymbol{x}-\lambda\boldsymbol{x}^*\boldsymbol{L}\boldsymbol{x}.$$

令 $\boldsymbol{x}^*\boldsymbol{D}\boldsymbol{x}=\alpha$，由 $\boldsymbol{A}$ 正定知 $\alpha>0$. 令 $\boldsymbol{x}^*\boldsymbol{L}\boldsymbol{x}=a+b\mathbf{i}$，则 $\boldsymbol{x}^*\boldsymbol{L}^{\mathrm{T}}\boldsymbol{x}=a-b\mathbf{i}$. 故

$$|\lambda|^2=\frac{|a-b\mathbf{i}|^2}{|\alpha-a-b\mathbf{i}|^2}=\frac{a^2+b^2}{(\alpha-a)^2+b^2}.$$

$\boldsymbol{A}$ 为正定矩阵，则 $\boldsymbol{x}^*(\boldsymbol{D}-\boldsymbol{L}-\boldsymbol{L}^{\mathrm{T}})\boldsymbol{x}=\alpha-2a>0$，故 $|\lambda|<1$. 从而迭代法收敛. □

定理 3.8 设系数矩阵 $\boldsymbol{A}$ 为对称正定矩阵，$\lambda\in\lambda(\boldsymbol{A})$，迭代式 (3.7) 收敛的充分必要条件为 $0<\lambda<2$.

证明 迭代式 (3.7) 的迭代矩阵为 $\boldsymbol{I}-\boldsymbol{A}$，故其特征值为 $1-\lambda$，迭代式收敛的充分必要条件为 $|1-\lambda|<1$，从而有 $0<\lambda<2$，定理得证. □

定理 3.9　设系数矩阵 $\boldsymbol{A}$ 为对称正定矩阵，Richardson 迭代式 (3.8) 收敛的充分必要条件为 $0 < \omega < 2/\lambda_{\max}(\boldsymbol{A})$.

证明　令 $\lambda \in \lambda(\boldsymbol{A})$，则 Richardson 迭代法的迭代矩阵 $\boldsymbol{I} - \omega\boldsymbol{A}$ 的特征值为 $1 - \omega\lambda$. 由 $\lambda > 0$ 可得迭代法收敛的充分必要条件为 $-1 < 1 - \omega\lambda < 1$，即

$$0 < \omega < 2/\lambda_{\max}(\boldsymbol{A}),$$

定理得证. □

上述两个定理表明，对于系数矩阵对称正定的线性方程组，不带松弛因子的迭代式 (3.7) 收敛就必须要求系数矩阵的特征值介于 $(0, 2)$，而带松弛因子的迭代式 (3.8) 只需适当地选取松弛因子即可收敛.

定理 3.10　设系数矩阵 $\boldsymbol{A}$ 为对称正定矩阵，JOR 迭代法 (3.9) 收敛的充分必要条件为 $0 < \omega < 2/\lambda_{\max}(\boldsymbol{D}^{-1}\boldsymbol{A})$.

证明　JOR 迭代法的迭代矩阵为 $\boldsymbol{I} - \omega\boldsymbol{D}^{-1}\boldsymbol{A}$，由于

$$\boldsymbol{D}^{-1}\boldsymbol{A} = \boldsymbol{D}^{-1/2}(\boldsymbol{D}^{-1/2}\boldsymbol{A}\boldsymbol{D}^{-1/2})\boldsymbol{D}^{1/2},$$

故 $\boldsymbol{D}^{-1}\boldsymbol{A}$ 与 $\boldsymbol{D}^{-1/2}\boldsymbol{A}\boldsymbol{D}^{-1/2}$ 具有相同的特征值. 从而若 $\boldsymbol{A}$ 对称正定，则 $\boldsymbol{D}^{-1/2}\boldsymbol{A}\boldsymbol{D}^{-1/2}$ 也为对称正定矩阵. 类似于 Richardson 迭代法收敛性的证明可以得到 JOR 迭代法的收敛性. □

定理 3.11　设 SOR 迭代法和 SSOR 迭代法收敛，则有 $0 < \omega < 2$.

证明　SOR 迭代法的迭代矩阵为

$$(\boldsymbol{D} - \omega\boldsymbol{L})^{-1}\left((1-\omega)\boldsymbol{D} + \omega\boldsymbol{U}\right).$$

由于迭代法收敛，则其特征值的模均小于 1，故

$$\begin{aligned}
&\left|\det\left((\boldsymbol{D} - \omega\boldsymbol{L})^{-1}\left((1-\omega)\boldsymbol{D} + \omega\boldsymbol{U}\right)\right)\right| \\
= &\left|\det((\boldsymbol{D} - \omega\boldsymbol{L})^{-1})\right| \cdot \left|\det((1-\omega)\boldsymbol{D} + \omega\boldsymbol{U})\right| \\
= &\frac{1}{|a_{11}\cdots a_{nn}|}|1-\omega|^n|a_{11}\cdots a_{nn}| = |1-\omega|^n < 1,
\end{aligned}$$

从而有 $0<\omega<2$. SSOR 迭代法的迭代矩阵为

$$(\boldsymbol{D}-\omega\boldsymbol{U})^{-1}\left((1-\omega)\boldsymbol{D}+\omega\boldsymbol{L}\right)(\boldsymbol{D}-\omega\boldsymbol{L})^{-1}\left((1-\omega)\boldsymbol{D}+\omega\boldsymbol{U}\right).$$

由于迭代法收敛，则其特征值的模均小于 1，故

$$\begin{aligned}&\left|\det\left((\boldsymbol{D}-\omega\boldsymbol{U})^{-1}\left((1-\omega)\boldsymbol{D}+\omega\boldsymbol{L}\right)(\boldsymbol{D}-\omega\boldsymbol{L})^{-1}\left((1-\omega)\boldsymbol{D}+\omega\boldsymbol{U}\right)\right)\right|\\ =\ &\frac{1}{|a_{11}\cdots a_{nn}|^2}(1-\omega)^{2n}|a_{11}\cdots a_{nn}|^2=(1-\omega)^{2n}<1,\end{aligned}$$

从而有 $0<\omega<2$. □

定理 3.11 表明要使 SOR 迭代法和 SSOR 迭代法收敛，一个基本的要求就是松弛因子 ω 的选择范围为 $0<\omega<2$.

定理 3.12 若系数矩阵 $\boldsymbol{A}$ 对称，对角元素均为正值，则 SOR 迭代法和 SSOR 迭代法收敛的充分必要条件为 $\boldsymbol{A}$ 正定及 $0<\omega<2$.

证明 充分性：设 λ 是 SOR 迭代法的迭代矩阵的任一特征值，故存在非零向量 $\boldsymbol{x}$，使得

$$(\boldsymbol{D}-\omega\boldsymbol{L})^{-1}\left((1-\omega)\boldsymbol{D}+\omega\boldsymbol{U}\right)\boldsymbol{x}=\lambda\boldsymbol{x},$$

即

$$\left((1-\omega)\boldsymbol{D}+\omega\boldsymbol{U}\right)\boldsymbol{x}=\lambda(\boldsymbol{D}-\omega\boldsymbol{L})\boldsymbol{x}.$$

又由 $\boldsymbol{A}$ 的对称性知 $\boldsymbol{U}=\boldsymbol{L}^{\mathrm{T}}$，两边同时乘以 $\boldsymbol{x}^*$，有

$$\boldsymbol{x}^*\left((1-\omega)\boldsymbol{D}+\omega\boldsymbol{L}^{\mathrm{T}}\right)\boldsymbol{x}=\lambda\boldsymbol{x}^*(\boldsymbol{D}-\omega\boldsymbol{L})\boldsymbol{x}.$$

令 $\boldsymbol{x}^*\boldsymbol{D}\boldsymbol{x}=\alpha$，$\boldsymbol{x}^*\boldsymbol{L}\boldsymbol{x}=a+b\mathbf{i}$，有

$$|\lambda|^2=\frac{|a\omega+(1-\omega)\alpha-b\omega\mathbf{i}|^2}{|\alpha-\omega a-\omega b\mathbf{i}|^2}=\frac{(a\omega+(1-\omega)\alpha)^2+b^2\omega^2}{(\alpha-a\omega)^2+(b\omega)^2}.$$

由于 $\boldsymbol{A}$ 为对称正定矩阵，故 $\alpha>0,\alpha>2a$. 进一步有

$$(a\omega+(1-\omega)\alpha)^2+b^2\omega^2-(\alpha-a\omega)^2-(b\omega)^2=\omega\alpha(\alpha-2a)(\omega-2)<0,$$

故 $|\lambda|<1$，从而迭代法收敛.

对于 SSOR 迭代法，由定理 3.3 证明过程可知，其迭代矩阵为

$$\begin{aligned}&(\boldsymbol{D}-\omega\boldsymbol{U})^{-1}\big((1-\omega)\boldsymbol{D}+\omega\boldsymbol{L}\big)(\boldsymbol{D}-\omega\boldsymbol{L})^{-1}\big((1-\omega)\boldsymbol{D}+\omega\boldsymbol{U}\big)\\=\;&(\boldsymbol{D}-\omega\boldsymbol{U})^{-1}\boldsymbol{D}(\boldsymbol{D}-\omega\boldsymbol{L})^{-1}\big((1-\omega)\boldsymbol{D}+\omega L\big)\boldsymbol{D}^{-1}\big((1-\omega)\boldsymbol{D}+\omega\boldsymbol{U}\big),\end{aligned}$$

设 λ 是 SSOR 迭代法的迭代矩阵的一个特征值，故存在非零向量 $\boldsymbol{x}$，使得

$$(\boldsymbol{D}-\omega\boldsymbol{U})^{-1}\boldsymbol{D}(\boldsymbol{D}-\omega\boldsymbol{L})^{-1}\big((1-\omega)\boldsymbol{D}+\omega\boldsymbol{L}\big)\boldsymbol{D}^{-1}\big((1-\omega)\boldsymbol{D}+\omega\boldsymbol{U}\big)\boldsymbol{x}=\lambda\boldsymbol{x}.$$

从而有

$$\big((1-\omega)\boldsymbol{D}+\omega\boldsymbol{L}\big)\boldsymbol{D}^{-1}\big((1-\omega)\boldsymbol{D}+\omega\boldsymbol{U}\big)\boldsymbol{x}=\lambda(\boldsymbol{D}-\omega\boldsymbol{L})\boldsymbol{D}^{-1}(\boldsymbol{D}-\omega\boldsymbol{U})\boldsymbol{x},$$

两边同时乘以 $\boldsymbol{x}^*$，又由于 $\boldsymbol{U}=\boldsymbol{L}^{\mathrm{T}}$，令 $\boldsymbol{x}^*\boldsymbol{L}\boldsymbol{D}^{-1}\boldsymbol{L}^{\mathrm{T}}\boldsymbol{x}=\beta\in\mathbb{R}$，有

$$\begin{aligned}\lambda&=\frac{\boldsymbol{x}^*\big((1-\omega)\boldsymbol{D}+\omega\boldsymbol{L}\big)\boldsymbol{D}^{-1}\big((1-\omega)\boldsymbol{D}+\omega\boldsymbol{U}\big)\boldsymbol{x}}{\boldsymbol{x}^*(\boldsymbol{D}-\omega\boldsymbol{L})\boldsymbol{D}^{-1}(\boldsymbol{D}-\omega\boldsymbol{U})\boldsymbol{x}}\\&=\frac{\boldsymbol{x}^*\big((1-\omega)^2\boldsymbol{D}+\omega(1-\omega)(\boldsymbol{L}+\boldsymbol{U})+\omega^2\boldsymbol{L}\boldsymbol{D}^{-1}\boldsymbol{U}\big)\boldsymbol{x}}{\boldsymbol{x}^*\big(\boldsymbol{D}-\omega(\boldsymbol{L}+\boldsymbol{U})+\omega^2\boldsymbol{L}\boldsymbol{D}^{-1}\boldsymbol{U}\big)\boldsymbol{x}}\\&=\frac{2\omega(1-\omega)a+\alpha(1-\omega)^2+\beta\omega^2}{\alpha-2\omega a+\beta\omega^2}>0.\end{aligned}$$

由 $\omega\in(0,2),\alpha>2a$，可得

$$\big(2\omega(1-\omega)a+\alpha(1-\omega)^2+\beta\omega^2\big)-\big(\alpha-2\omega a+\beta\omega^2\big)=\omega(\omega-2)(\alpha-2a)<0,$$

故 $\lambda<1$，从而 SSOR 迭代法收敛.

必要性：假定 $\boldsymbol{A}$ 非正定，则存在非零向量 $\boldsymbol{x}_0$ 使得

$$\boldsymbol{x}_0^*\boldsymbol{A}\boldsymbol{x}_0=\tau<0,$$

假定矩阵 $\boldsymbol{A}$ 具有分裂 $\boldsymbol{A}=\boldsymbol{M}-\boldsymbol{N}$，其中 $\boldsymbol{M}$ 为非奇异矩阵. 以 $\boldsymbol{x}_0$ 为初始点，构造迭代序列

$$\boldsymbol{x}_k=\boldsymbol{M}^{-1}\boldsymbol{N}\boldsymbol{x}_{k-1},\quad k=1,2,\cdots,\tag{3.10}$$

故

$$\boldsymbol{x}_k^*\boldsymbol{A}\boldsymbol{x}_k-\boldsymbol{x}_{k-1}^*\boldsymbol{A}\boldsymbol{x}_{k-1}=\boldsymbol{x}_k^*(\boldsymbol{M}-\boldsymbol{N})\,\boldsymbol{x}_k-\boldsymbol{x}_{k-1}^*(\boldsymbol{M}-\boldsymbol{N})\,\boldsymbol{x}_{k-1},$$

由式 (3.10) 可得 $\boldsymbol{M}\boldsymbol{x}_k=\boldsymbol{N}\boldsymbol{x}_{k-1}$，从而有

$$\begin{aligned}&\boldsymbol{x}_k^*(\boldsymbol{M}-\boldsymbol{N})\,\boldsymbol{x}_k-\boldsymbol{x}_{k-1}^*(\boldsymbol{M}-\boldsymbol{N})\,\boldsymbol{x}_{k-1}\\=\;&\boldsymbol{x}_k^*(\boldsymbol{N}\boldsymbol{x}_{k-1}-\boldsymbol{N}\boldsymbol{x}_k)-\boldsymbol{x}_{k-1}^*(\boldsymbol{M}\boldsymbol{x}_{k-1}-\boldsymbol{M}\boldsymbol{x}_k)\\=\;&\boldsymbol{x}_k^*\boldsymbol{N}(\boldsymbol{x}_{k-1}-\boldsymbol{x}_k)-\boldsymbol{x}_{k-1}^*\boldsymbol{M}(\boldsymbol{x}_{k-1}-\boldsymbol{x}_k).\end{aligned}$$

由 $\boldsymbol{A}$ 对称可得

$$\boldsymbol{M}=\boldsymbol{A}+\boldsymbol{N}=\boldsymbol{M}^{\mathrm{T}}-\boldsymbol{N}^{\mathrm{T}}+\boldsymbol{N}$$

故

$$\begin{aligned}&\boldsymbol{x}_k^*\boldsymbol{N}(\boldsymbol{x}_{k-1}-\boldsymbol{x}_k)-\boldsymbol{x}_{k-1}^*\boldsymbol{M}(\boldsymbol{x}_{k-1}-\boldsymbol{x}_k)\\=\;&\boldsymbol{x}_k^*\boldsymbol{N}(\boldsymbol{x}_{k-1}-\boldsymbol{x}_k)-\boldsymbol{x}_{k-1}^*\boldsymbol{M}^{\mathrm{T}}(\boldsymbol{x}_{k-1}-\boldsymbol{x}_k)\\&+\boldsymbol{x}_{k-1}^*\boldsymbol{N}^{\mathrm{T}}(\boldsymbol{x}_{k-1}-\boldsymbol{x}_k)-\boldsymbol{x}_{k-1}^*\boldsymbol{N}(\boldsymbol{x}_{k-1}-\boldsymbol{x}_k)\\=\;&\boldsymbol{x}_k^*\boldsymbol{N}(\boldsymbol{x}_{k-1}-\boldsymbol{x}_k)-\boldsymbol{x}_{k-1}^*\boldsymbol{M}^{\mathrm{T}}(\boldsymbol{x}_{k-1}-\boldsymbol{x}_k)\\&+\boldsymbol{x}_k^*\boldsymbol{M}^{\mathrm{T}}(\boldsymbol{x}_{k-1}-\boldsymbol{x}_k)-\boldsymbol{x}_{k-1}^*\boldsymbol{N}(\boldsymbol{x}_{k-1}-\boldsymbol{x}_k)\\=\;&-(\boldsymbol{x}_k-\boldsymbol{x}_{k-1})^*(\boldsymbol{N}+\boldsymbol{M}^{\mathrm{T}})(\boldsymbol{x}_k-\boldsymbol{x}_{k-1}).\end{aligned}$$

对于 SOR 迭代法，有

$$\boldsymbol{M}=\frac{1}{\omega}\boldsymbol{D}-\boldsymbol{L},$$
$$\boldsymbol{N}=\frac{1-\omega}{\omega}\boldsymbol{D}+\boldsymbol{U}.$$

又由于 $\boldsymbol{A}$ 为对称矩阵，则矩阵

$$\boldsymbol{M}^{\mathrm{T}}+\boldsymbol{N}=\frac{1}{\omega}\boldsymbol{D}-\boldsymbol{L}^{\mathrm{T}}+\frac{1-\omega}{\omega}\boldsymbol{D}+\boldsymbol{U}=\frac{2-\omega}{\omega}\boldsymbol{D}$$

为正定矩阵. 由于

$$\boldsymbol{A}\boldsymbol{x}_k=(\boldsymbol{M}-\boldsymbol{N})\boldsymbol{x}_k=\boldsymbol{M}(\boldsymbol{x}_k-\boldsymbol{x}_{k+1})\neq\boldsymbol{0},$$

故 $\boldsymbol{x}_{k+1}-\boldsymbol{x}_k$ 为非零向量，从而

$$\boldsymbol{x}_{k+1}^*\boldsymbol{A}\boldsymbol{x}_{k+1} < \boldsymbol{x}_k^*\boldsymbol{A}\boldsymbol{x}_k < \cdots < \boldsymbol{x}_0^*\boldsymbol{A}\boldsymbol{x}_0 = \tau < 0. \tag{3.11}$$

又由于 SOR 迭代法收敛，从而

$$\boldsymbol{x}_k = \left((\boldsymbol{D}-\omega\boldsymbol{L})^{-1}\left((1-\omega)\boldsymbol{D}+\omega\boldsymbol{U}\right)\right)\boldsymbol{x}_{k-1} = \left((\boldsymbol{D}-\omega\boldsymbol{L})^{-1}\left((1-\omega)\boldsymbol{D}+\omega\boldsymbol{U}\right)\right)^k\boldsymbol{x}_0 \to \boldsymbol{0},$$

这与式 (3.11) 矛盾，从而矩阵 $\boldsymbol{A}$ 为正定阵.

对于 SSOR 迭代法，有

$$\begin{aligned}
\boldsymbol{M} &= \frac{1}{\omega(2-\omega)}(\boldsymbol{D}-\omega\boldsymbol{L})\boldsymbol{D}^{-1}(\boldsymbol{D}-\omega\boldsymbol{L}^{\mathrm{T}}),\\
\boldsymbol{N} &= \frac{1}{\omega(2-\omega)}\Big((1-\omega)\boldsymbol{D}+\omega\boldsymbol{L}\Big)\boldsymbol{D}^{-1}\left((1-\omega)\boldsymbol{D}+\omega\boldsymbol{L}^{\mathrm{T}}\right).
\end{aligned}$$

由 $\boldsymbol{M},\boldsymbol{N}$ 的正定性可得 $\boldsymbol{N}+\boldsymbol{M}^{\mathrm{T}}$ 也为正定阵. 类似于 SOR 迭代法的证明可知 $\boldsymbol{A}$ 正定. □

推论 3.1　设 $\boldsymbol{A}$ 为对称正定矩阵，且 $0<\omega<2$，则 SOR 迭代法和 SSOR 迭代法收敛.

3.3.2　系数矩阵为不可约对角占优矩阵或严格对角占优矩阵的线性方程组

下面考虑求解另一类具有特殊结构的线性方程组的迭代法的收敛性，对此类问题，迭代法的收敛性非常直观. 首先引进两个基本的概念.

定义 3.1　设矩阵 $\boldsymbol{A}\in\mathbb{R}^{n\times n}$，若对任意的 $1\leqslant i\leqslant n$，其元素满足

$$|a_{ii}| \geqslant \sum_{j\neq i}|a_{ij}|, \tag{3.12}$$

并且对所有的 i，式 (3.12) 中至少有一个不等号严格成立，则称矩阵 $\boldsymbol{A}$ 为弱对角占优矩阵. 若对所有 i，式 (3.12) 中所有不等号都严格成立，则称矩阵 $\boldsymbol{A}$ 为严格对角占优矩阵.

定义 3.2　设矩阵 $\boldsymbol{A}\in\mathbb{R}^{n\times n}$，若存在一个 n 阶排列阵 $\boldsymbol{P}$，使得

$$\boldsymbol{P}\boldsymbol{A}\boldsymbol{P}^{\mathrm{T}} = \begin{pmatrix} \boldsymbol{A}_{11} & \boldsymbol{O} \\ \boldsymbol{A}_{21} & \boldsymbol{A}_{22} \end{pmatrix},$$

其中 $\boldsymbol{A}_{11},\boldsymbol{A}_{22}$ 均为方阵，则称 $\boldsymbol{A}$ 为可约矩阵. 反之称为不可约矩阵.

不可约矩阵的另一个等价说法是：对于 n 阶方阵，令 $\Omega=\{1,2,\cdots,n\}$，若存在两个非空子集 Ψ,Φ 满足

$$\Psi\cup\Phi=\Omega,\quad \Psi\cap\Phi=\varnothing,$$

使得 $a_{ij}=0\ (i\in\Psi,j\in\Phi)$，则称矩阵 $\boldsymbol{A}$ 为可约的. 否则称为不可约的.

若一个矩阵 $\boldsymbol{A}$ 是可约的，则线性方程组 $\boldsymbol{Ax}=\boldsymbol{b}$ 可转化为 $\boldsymbol{PAP}^{\mathrm{T}}\boldsymbol{Px}=\boldsymbol{Pb}$，即

$$\begin{pmatrix}\boldsymbol{A}_{11} & \boldsymbol{O}\\ \boldsymbol{A}_{21} & \boldsymbol{A}_{22}\end{pmatrix}\boldsymbol{Px}=\boldsymbol{Pb},$$

其中 $\boldsymbol{A}_{11}$ 为 r 阶方阵. 令 $\boldsymbol{y}=\boldsymbol{Px},\boldsymbol{c}=\boldsymbol{Pb}$，则有

$$\boldsymbol{A}_{11}\boldsymbol{y}_1=\boldsymbol{c}_1,\quad \boldsymbol{A}_{21}\boldsymbol{y}_1+\boldsymbol{A}_{22}\boldsymbol{y}_2=\boldsymbol{c}_2,\tag{3.13}$$

其中 $\boldsymbol{y}_1,\boldsymbol{c}_1$ 均为 r 维列向量，$\boldsymbol{y}_2,\boldsymbol{c}_2$ 均为 $n-r$ 维列向量. 利用式 (3.13) 中第一个等式可求得 $\boldsymbol{y}_1$，进而代入第二个等式可求得 $\boldsymbol{y}_2$，从而将一个高维问题可以转化为两个低维问题，故在后续讨论中我们一般假设矩阵不可约.

下面的定理给出了不可约对角占优矩阵或严格对角占优矩阵的一个重要性质：非奇异性. 它在证明迭代法的收敛性中具有重要的作用. 另外，还给出了对称不可约对角占优矩阵或严格对角占优矩阵与正定矩阵之间的关系.

定理 3.13 不可约弱对角占优矩阵或严格对角占优矩阵是非奇异的.

证明 利用反证法. 若矩阵 $\boldsymbol{A}$ 奇异，则线性方程组 $\boldsymbol{Ax}=\boldsymbol{0}$ 有非零解. 不妨设解 $\boldsymbol{x}$ 满足 $\|\boldsymbol{x}\|_\infty=1$ 并且有 $x_i=1$.

先证明当 $\boldsymbol{A}$ 为严格对角占优矩阵时非奇异. 由 $\boldsymbol{Ax}=\boldsymbol{0}$，有下列关系式成立

$$|a_{ii}|=|a_{ii}x_i|=|\sum_{j\neq i}a_{ij}x_j|\leqslant\sum_{j\neq i}|a_{ij}||x_j|\leqslant\sum_{j\neq i}|a_{ij}|.$$

这与 $\boldsymbol{A}$ 为严格对角占优矩阵矛盾，故 $\boldsymbol{A}$ 非奇异.

下面证明当 $\boldsymbol{A}$ 为不可约对角占优矩阵时非奇异. 令指标集

$$\Psi=\{k\mid |x_k|=1\},\Phi=\{k\mid |x_k|<1\},$$

有 $\Psi \cup \Phi = \{1, 2, \cdots, n\}, \Psi \cap \Phi = \varnothing$. 进一步，由矩阵 $\boldsymbol{A}$ 的弱对角占优性知 $\Phi \neq \varnothing$；由矩阵 $\boldsymbol{A}$ 的不可约性知存在 $i \in \Psi, j \in \Phi$ 使得 $a_{ij} \neq 0$，故

$$|a_{ii}| \leqslant \sum_{j\in\Psi, j\neq i} |a_{ij}||x_j| + \sum_{j\in\Phi} |a_{ij}||x_j| < \sum_{j\in\Psi, j\neq i} |a_{ij}| + \sum_{j\in\Phi} |a_{ij}| = \sum_{j\neq i} |a_{ij}|.$$

这与 $\boldsymbol{A}$ 弱对角占优矛盾，故 $\boldsymbol{A}$ 非奇异. □

推论 3.2　*不可约对角占优矩阵或严格对角占优矩阵的对角元一定不为 0.*

定理 3.14　*若 $\boldsymbol{A}$ 为不可约对角占优或严格对角占优的对称矩阵，并且其对角元素均为正数，则 $\boldsymbol{A}$ 为正定矩阵.*

证明　$\boldsymbol{A}$ 为对称矩阵，故其特征值均为实数，只需证明矩阵 $\boldsymbol{A}$ 的特征值全为正数. 利用反证法. 假定 $\lambda \in \lambda(\boldsymbol{A})$，并且 $\lambda \leqslant 0$. $\boldsymbol{A} - \lambda\boldsymbol{I}$ 的对角元由 a_{ii} 变为 $a_{ii} - \lambda$. 由于 $a_{ii} > 0, \lambda \leqslant 0$，$\boldsymbol{A}$ 为不可约对角占优或严格对角占优的对称矩阵，故 $\boldsymbol{A} - \lambda\boldsymbol{I}$ 仍为不可约对角占优或严格对角占优矩阵，从而 $\det(\boldsymbol{A} - \lambda\boldsymbol{I}) \neq 0$，这与 $\lambda \in \lambda(\boldsymbol{A})$ 矛盾. 故结论成立. □

对于系数矩阵为严格对角占优或不可约对角占优的线性方程组，Jacobi 迭代法、Gauss-Seidel 迭代法、SOR 迭代法、SSOR 迭代法、AOR 迭代法、SAOR 迭代法具有下述收敛性定理.

定理 3.15　*若系数矩阵 $\boldsymbol{A}$ 是严格对角占优或不可约对角占优矩阵，则 Jacobi 迭代法、Gauss-Seidel 迭代法均收敛.*

证明　Jacobi 迭代法的迭代矩阵为 $\boldsymbol{D}^{-1}(\boldsymbol{L} + \boldsymbol{U})$，假定 $\lambda \in \lambda(\boldsymbol{D}^{-1}(\boldsymbol{L} + \boldsymbol{U}))$，有

$$\det(\lambda\boldsymbol{I} - \boldsymbol{D}^{-1}(\boldsymbol{L} + \boldsymbol{U})) = \det(\boldsymbol{D}^{-1}) \det(\lambda\boldsymbol{D} - \boldsymbol{L} - \boldsymbol{U}).$$

利用反证法. 若 $|\lambda| \geqslant 1$，则由 $\boldsymbol{A}$ 为严格对角占优或不可约对角占优矩阵知

$$\lambda\boldsymbol{D} - \boldsymbol{L} - \boldsymbol{U} = \begin{pmatrix} \lambda a_{11} & a_{12} & \cdots & a_{1n} \\ a_{21} & \lambda a_{22} & \cdots & a_{2n} \\ \vdots & \vdots & & \vdots \\ a_{n1} & a_{n2} & \cdots & \lambda a_{nn} \end{pmatrix}$$

为严格对角占优或不可约对角占优矩阵，故 $\det(\lambda\boldsymbol{D} - \boldsymbol{L} - \boldsymbol{U}) \neq 0$. 这与 λ 为 $\boldsymbol{D}^{-1}(\boldsymbol{L} + \boldsymbol{U})$ 的特征值矛盾. 故 $|\lambda| < 1$，从而 Jacobi 迭代法收敛.

Gauss-Seidel 迭代法的迭代矩阵为 $(\boldsymbol{D}-\boldsymbol{L})^{-1}\boldsymbol{U}$，假定 $\lambda \in \lambda((\boldsymbol{D}-\boldsymbol{L})^{-1}\boldsymbol{U})$，有

$$\det(\lambda \boldsymbol{I}-(\boldsymbol{D}-\boldsymbol{L})^{-1}\boldsymbol{U})=\det((\boldsymbol{D}-\boldsymbol{L})^{-1})\det(\lambda(\boldsymbol{D}-\boldsymbol{L})-\boldsymbol{U}).$$

利用反证法. 若 $|\lambda| \geqslant 1$，则由 $\boldsymbol{A}$ 为严格对角占优或不可约对角占优矩阵知，

$$\lambda(\boldsymbol{D}-\boldsymbol{L})-\boldsymbol{U}=\begin{pmatrix} \lambda a_{11} & a_{12} & \cdots & a_{1n} \\ \lambda a_{21} & \lambda a_{22} & \cdots & a_{2n} \\ \vdots & \vdots & & \vdots \\ \lambda a_{n1} & \lambda a_{n2} & \cdots & \lambda a_{nn} \end{pmatrix}$$

为严格对角占优或不可约对角占优矩阵，故 $\det(\lambda(\boldsymbol{D}-\boldsymbol{L})-\boldsymbol{U}) \neq 0$. 这与 λ 为 $(\boldsymbol{D}-\boldsymbol{L})^{-1}\boldsymbol{U}$ 的特征值矛盾. 故 $|\lambda|<1$，从而 Gauss-Seidel 迭代法收敛. □

定理 3.16 *若系数矩阵 $\boldsymbol{A}$ 是严格对角占优或不可约对角占优矩阵, 则 $0<\omega \leqslant 1$ 的 SOR 迭代法收敛.*

证明 对于 SOR 迭代法，假定 $\lambda \in \lambda\left((\boldsymbol{D}-\omega \boldsymbol{L})^{-1}((1-\omega)\boldsymbol{D}+\omega \boldsymbol{U})\right)$，有

$$\begin{aligned} & \det\left(\lambda \boldsymbol{I}-(\boldsymbol{D}-\omega \boldsymbol{L})^{-1}((1-\omega)\boldsymbol{D}+\omega \boldsymbol{U})\right) \\ = & \det\left((\boldsymbol{D}-\omega \boldsymbol{L})^{-1}\right)\det((\lambda-1+\omega)\boldsymbol{D}-\lambda\omega \boldsymbol{L}-\omega \boldsymbol{U}) \\ = & \ 0, \end{aligned}$$

从而有

$$\det((\lambda-1+\omega)\boldsymbol{D}-\lambda\omega \boldsymbol{L}-\omega \boldsymbol{U})=0. \tag{3.14}$$

利用反证法. 假定 $|\lambda| \geqslant 1$，考虑矩阵 $(\lambda-1+\omega)\boldsymbol{D}-\lambda\omega \boldsymbol{L}-\omega \boldsymbol{U}$ 的性质. 设 $\lambda=a+b\mathbf{i}$，由于

$$\begin{aligned} |\lambda-1+\omega|^2-|\lambda\omega|^2 &= (1-\omega^2)|\lambda|^2+(1-\omega)^2-(1-\omega)(\lambda+\bar{\lambda}) \\ &= (1-\omega)\left((1+\omega)(a^2+b^2)+(1-\omega)-2a\right) \\ &= (1-\omega)\left((a-1)^2+b^2+\omega(a^2+b^2-1)\right) \geqslant 0, \end{aligned}$$

由 $\boldsymbol{A}$ 为严格对角占优或不可约对角占优矩阵知，$(\lambda-1+\omega)\boldsymbol{D}-\lambda\omega \boldsymbol{L}-\omega \boldsymbol{U}$ 为严格对

角占优或不可约对角占优矩阵，故

$$\det((\lambda-1+\omega)\boldsymbol{D}-\lambda\omega\boldsymbol{L}-\omega\boldsymbol{U})\neq 0.$$

这与式 (3.14) 矛盾. 故 $|\lambda|<1$，从而迭代法收敛. □

类似 SOR 迭代法的证明，有如下定理成立.

定理 3.17　若系数矩阵 $\boldsymbol{A}$ 是严格对角占优或不可约对角占优矩阵，则 $0\leqslant\gamma\leqslant 1, 0<\omega\leqslant 1$ 的 AOR 迭代法收敛.

证明　对于 AOR 迭代法，假定 $\lambda\in\lambda\left((\boldsymbol{D}-\gamma\boldsymbol{L})^{-1}((1-\omega)\boldsymbol{D}+(\omega-\gamma)\boldsymbol{L}+\omega\boldsymbol{U})\right)$，有

$$\begin{aligned}&\det\left(\lambda\boldsymbol{I}-(\boldsymbol{D}-\gamma\boldsymbol{L})^{-1}((1-\omega)\boldsymbol{D}+(\omega-\gamma)\boldsymbol{L}+\omega\boldsymbol{U})\right)\\=\;&\det\left((\boldsymbol{D}-\gamma\boldsymbol{L})^{-1}\right)\det(\lambda(\boldsymbol{D}-\gamma\boldsymbol{L})-(1-\omega)\boldsymbol{D}-(\omega-\gamma)\boldsymbol{L}-\omega\boldsymbol{U})=0,\end{aligned}$$

从而有

$$\begin{aligned}&\det(\lambda(\boldsymbol{D}-\gamma\boldsymbol{L})-(1-\omega)\boldsymbol{D}-(\omega-\gamma)\boldsymbol{L}-\omega\boldsymbol{U})\\=\;&\det((\lambda-1+\omega)\boldsymbol{D}-(\lambda\gamma-\gamma+\omega)\boldsymbol{L}-\omega\boldsymbol{U})=0.\end{aligned}\tag{3.15}$$

利用反证法. 假定 $|\lambda|\geqslant 1$，考虑矩阵 $(\lambda-1+\omega)\boldsymbol{D}-(\lambda\gamma-\gamma+\omega)\boldsymbol{L}-\omega\boldsymbol{U}$ 的性质. 由定理 3.16 证明过程可得如下不等式

$$|\lambda-1+\omega|^2-\omega^2\geqslant|\lambda-1+\omega|^2-|\lambda\omega|^2\geqslant 0.$$

设 $\lambda=a\mathrm{e}^{\mathrm{i}\theta}$，有

$$\begin{aligned}&|\lambda-1+\omega|^2-|\gamma\lambda-\gamma+\omega|^2\\=\;&(1-\gamma^2)a^2+(2\omega-1-\gamma)(\gamma-1)+2a\cos\theta(\omega-1+\gamma^2-\gamma\omega)\\=\;&(1-\gamma)\left((1+\gamma)a^2+(1+\gamma)-2\omega+2a\cos\theta(\omega-1-\gamma)\right).\end{aligned}$$

由于 $\omega-1-\gamma<0, a>1, 0\leqslant\gamma\leqslant 1$，有

$$\begin{aligned}&|\lambda-1+\omega|^2-|\gamma\lambda-\gamma+\omega|^2\\\geqslant\;&(1-\gamma)\left((1+\gamma)a^2+(1+\gamma)-2\omega+2a(\omega-1-\gamma)\right),\\=\;&(1-\gamma)\left((1+\gamma)(a-1)^2+2(a-1)\omega)\right)\geqslant 0.\end{aligned}$$

由 $\boldsymbol{A}$ 为严格对角占优或不可约对角占优矩阵知，$(\lambda-1+\omega)\boldsymbol{D}-(\lambda\gamma-\gamma+\omega)\boldsymbol{L}-\omega\boldsymbol{U}$ 为严格对角占优或不可约对角占优矩阵，故

$$\det((\lambda-1+\omega)\boldsymbol{D}-(\lambda\gamma-\gamma+\omega)\boldsymbol{L}-\omega\boldsymbol{U})\neq 0.$$

这与式 (3.15) 矛盾. 故 $|\lambda|<1$，从而迭代法收敛. □

3.3.3 最佳松弛因子选择策略

各种松弛法的收敛速度对松弛因子的选取很敏感. 下面的例子表明同一种松弛法对于不同的松弛因子具有不同的收敛速度.

例 3.3 对于例 3.1，图 3.2 给出不同松弛因子对应的 SOR 的收敛速度比较. 横轴值为迭代步数，纵轴值为 $\log_{10}\|\boldsymbol{b}-\boldsymbol{A}\boldsymbol{x}\|_2$.

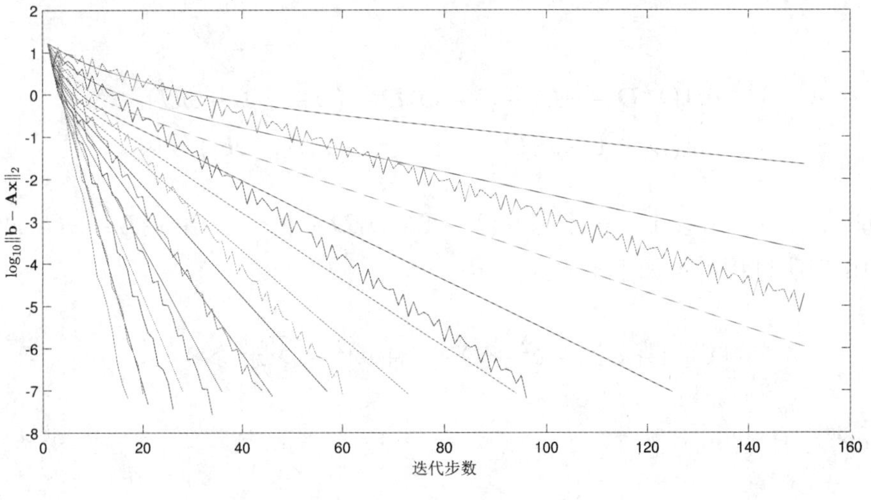

图 3.2 不同松弛因子对应的 SOR 的收敛速度比较

从图中可以看出，具有不同 ω 值的 SOR 迭代法的收敛速度不同，甚至差别很大.

为了使得迭代法具有更快的收敛速度，应选取最佳的松弛因子 ω，但是实际应用中，最佳松弛因子是很难计算的. 下面考虑求解系数矩阵对称正定的线性方程组的各种松弛法的最佳因子的选择策略.

对于 Richardson 迭代法，要使得收敛速度最快，则需寻找松弛因子 $\omega\in\mathbb{R}$ 使得迭

代矩阵的谱半径最小，即如下最优化问题

$$\min_{\omega\in\mathbb{R}}\max_{\lambda\in\lambda(\boldsymbol{A})}\{|1-\omega\lambda|\}.$$

系数矩阵 $\boldsymbol{A}$ 为 n 阶对称正定矩阵，设其特征值为 $0<\lambda_1\leqslant\cdots\leqslant\lambda_n$，则问题转化为

$$\min_{\omega\in\mathbb{R}}\max_{\lambda_1\leqslant\lambda\leqslant\lambda_n}\{|1-\omega\lambda|\}.$$

由 Chebyshev 多项式的性质可知，最佳松弛因子为

$$\omega_{\rm opt}=\frac{2}{\lambda_1+\lambda_n}. \tag{3.16}$$

此结果也具有几何直观性，由于迭代矩阵的特征值 $\varphi(\lambda)$ 与矩阵 $\boldsymbol{A}$ 的特征值 λ 之间具有关系 $\varphi(\lambda)=1-\omega\lambda$，它表示过 (0,1) 点，斜率为 $-\omega$ 的直线，从图 3.3 中可以看出迭代矩阵的谱半径只能在 $\lambda=\lambda_1$ 或 $\lambda=\lambda_n$ 处取得，故从图中可以观察出其最佳松弛因子满足 (3.16).

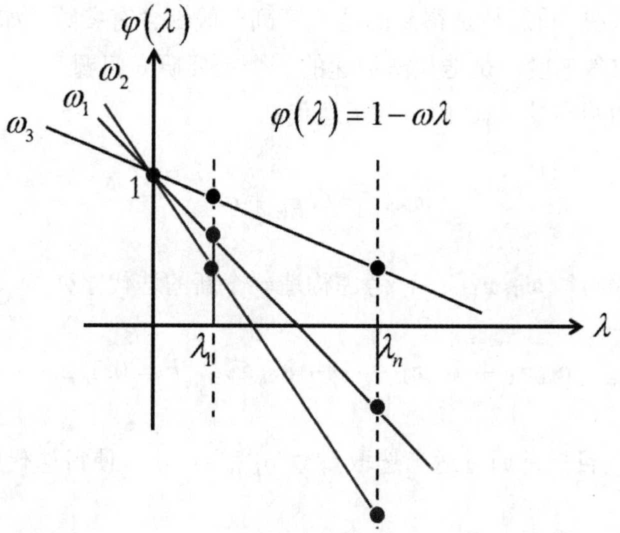

图 3.3　Richardson 迭代法松弛因子选取

类似于 Richardson 迭代法，若线性方程组的系数矩阵 $\boldsymbol{A}$ 为 n 阶对称正定矩阵，则 JOR 迭代法的最优松弛因子为

$$\omega_{\rm opt}=\frac{2}{\mu_{\max}+\mu_{\min}}.$$

其中 $\mu_{\max}$ 与 $\mu_{\min}$ 分别为矩阵 $\boldsymbol{D}^{-1}\boldsymbol{A}$ 的最大及最小特征值.

对于 SOR 迭代法，当 $\omega = 1$ 时，就是 Gauss-Seidel 迭代法，故通过适当地选择松弛因子 ω，就可使得 SOR 方法较 Gauss-Seidel 迭代法具有更快的收敛速度. SOR 迭代法的收敛速度对松弛因子的选取很敏感. 最佳松弛因子的选取问题，即如何选取松弛因子 ω 使得对应的迭代法有最快的收敛速度，是 SOR 方法研究的难点和重点. 对于一类由椭圆微分方程离散得到的线性方程组，Young 给出了最佳松弛因子

$$\omega_{\text{opt}} = \frac{2}{1+\sqrt{1-\rho^2(\boldsymbol{J})}},$$

其中 $\boldsymbol{J}$ 为 Jacobi 迭代法的迭代矩阵.

对于 SSOR 迭代法，利用 SOR 方法求解某些问题时，可能不收敛，但是仍可能构造出收敛的 SSOR 方法. 相比于 SOR 迭代法，SSOR 迭代法的收敛速度对松弛因子的选取不敏感.

3.4 迭代法加速

迭代法的加速就是寻找一种改进的迭代法，使得原来不收敛的序列变得收敛，收敛慢的序列变得收敛快. 重新构造得到的迭代序列一般都含有参数，如何选取参数使得迭代法具有更快的收敛速度，是迭代法加速的一个重要研究问题.

对于给定的初始向量 $\boldsymbol{x}_0$，假定利用迭代法

$$\boldsymbol{x}_{k+1} = \boldsymbol{G}\boldsymbol{x}_k + \boldsymbol{c}$$

已经有了一组迭代向量 $\boldsymbol{x}_0, \boldsymbol{x}_1, \cdots$，考虑构造一个新的迭代序列

$$\boldsymbol{y}_k = a_{k0}\boldsymbol{x}_0 + a_{k1}\boldsymbol{x}_1 + \cdots + a_{kk}\boldsymbol{x}_k, \quad k = 0, 1, 2, \cdots$$

其中 $\sum\limits_{j=0}^{k} a_{kj} = 1$，目标是通过适当选取系数 $a_{k0}, \cdots, a_{kk}$ 使得迭代序列 $\{\boldsymbol{y}_k\}_{k=0}^{\infty}$ 具有更快的收敛速度.

假定 $\boldsymbol{x}_*$ 是线性方程组的解，假定迭代法 $\boldsymbol{x}_{k+1} = \boldsymbol{G}\boldsymbol{x}_k + \boldsymbol{c}$ 收敛，则有

$$\begin{aligned}
\boldsymbol{y}_k - \boldsymbol{x}_* &= a_{k0}\boldsymbol{x}_0 + a_{k1}\boldsymbol{x}_1 + \cdots + a_{kk}\boldsymbol{x}_k - \boldsymbol{x}_* \\
&= a_{k0}(\boldsymbol{x}_0 - \boldsymbol{x}_*) + a_{k1}(\boldsymbol{x}_1 - \boldsymbol{x}_*) + \cdots + a_{kk}(\boldsymbol{x}_k - \boldsymbol{x}_*) \\
&= a_{k0}(\boldsymbol{x}_0 - \boldsymbol{x}_*) + a_{k1}\boldsymbol{G}(\boldsymbol{x}_0 - \boldsymbol{x}_*) + \cdots + a_{kk}\boldsymbol{G}^k(\boldsymbol{x}_0 - \boldsymbol{x}_*) \\
&= (a_{k0} + a_{k1}\boldsymbol{G} + \cdots + a_{kk}\boldsymbol{G}^k)(\boldsymbol{x}_0 - \boldsymbol{x}_*).
\end{aligned}$$

要使迭代序列 $\boldsymbol{y}_k$ 具有更快的收敛速度，则需要选取参数 $a_{k0},\cdots,a_{kk}$ 使得矩阵 $a_{k0}+a_{k1}\boldsymbol{G}+\cdots+a_{kk}\boldsymbol{G}^k$ 的谱半径尽可能小. 设迭代矩阵 $\boldsymbol{G}$ 的特征值为 λ，则上述问题转化为如下最优化问题：寻找 k 次多项式 $p_k(\lambda)$，使得

$$\max_{\lambda\in\lambda(\boldsymbol{G})}|p_k(\lambda)|=\min_{q_k(\lambda)\in P_k}\max_{\lambda\in\lambda(\boldsymbol{G})}|q_k(\lambda)|, \tag{3.17}$$

其中 P_k 为所有的满足 $q_k(1)=1$ 的 k 次多项式 $q_k(\lambda)$ 组成的集合. 进一步，设迭代矩阵 $\boldsymbol{G}$ 的特征值 λ 均包含在椭圆

$$\frac{(x-\xi)^2}{\alpha^2}+\frac{y^2}{\beta^2}=1 \tag{3.18}$$

围成的区域 $\varOmega$ 内，其中 α,β,ξ 为实数，并且满足 $\alpha>\beta>0$. 由于特征值的实部均小于 1，则 $\alpha+\xi<1$，故离散优化问题 (3.17) 转化为连续的优化问题，即寻找 k 次多项式 $p_k(\lambda)$ 使得：

$$\max_{\lambda\in\varOmega}|p_k(\lambda)|=\min_{q_k(\lambda)\in P_k}\max_{\lambda\in\varOmega}|q_k(\lambda)|. \tag{3.19}$$

对于问题有如下定理成立：

定理 3.18　令 $\varOmega$ 是椭圆 (3.18) 围成的区域，则满足式 (3.19) 的 k 次多项式为

$$p_k(t)=\frac{T_k(\varpi(t))}{T_k(\varpi(1))} \tag{3.20}$$

其中 $\varpi(t)=\dfrac{t-\xi}{\gamma},\gamma=(\alpha^2-\beta^2)^{1/2}$，其中 $T_k(t)$ 为 k 次 Chebyshev 多项式.

下面针对迭代矩阵特征值分两种情况来求解上述优化问题：(1) 特征值全为实数；(2) 特征值存在复数.

1. 若迭代矩阵 $\boldsymbol{G}$ 的特征值均为实数.

(1) 当 $\boldsymbol{G}$ 的特征值均小于 1 时，令 $[a,b]$ 为包含 $\boldsymbol{G}$ 的所有特征值的区间，则优化问题 (3.19) 转化为寻找 k 次多项式 $p_k(\lambda)$ 使得

$$\max_{\lambda\in[a,b]}|p_k(\lambda)|=\min_{q_k(\lambda)\in P_k}\max_{\lambda\in[a,b]}|q(\lambda)|. \tag{3.21}$$

对应于定理 3.18，在实情形下，有

$$\xi=\frac{a+b}{2},\quad \gamma=\frac{b-a}{2}.$$

优化问题 (3.19) 的最优解为

$$p_k(t)=\frac{T_k(\omega(t))}{T_k(\omega(1))},\quad \omega(t)=\frac{2t-a-b}{b-a}, \tag{3.22}$$

利用 T_k 的三项递推公式

$$\begin{cases} T_0(t)=1, \\ T_1(t)=t, \\ T_k(t)=2tT_{k-1}(t)-T_{k-2}(t),\ k\geqslant 2, \end{cases}$$

可以得到多项式 $p_k(t)$ 的表达式，从而可以得到最佳参数. 但是这种方法计算量太大，实际应用中并不适用. 下面给出 $p_k(t)$ 的一种实用的递推公式.

当 $k\geqslant 2$ 时，对于式 (3.22)，有

$$\begin{aligned} p_k(t) &= \frac{T_k(\omega(t))}{T_k(\omega(1))}=\frac{2\omega(t)T_{k-1}(\omega(t))-T_{k-2}(\omega(t))}{T_k(\omega(1))} \\ &= 2\omega(t)\frac{T_{k-1}(\omega(1))}{T_k(\omega(1))}\frac{T_{k-1}(\omega(t))}{T_{k-1}(\omega(1))}-\frac{T_{k-2}(\omega(1))}{T_k(\omega(1))}\frac{T_{k-2}(\omega(t))}{T_{k-2}(\omega(1))} \\ &= 2\omega(t)\frac{T_{k-1}(\omega(1))}{T_k(\omega(1))}p_{k-1}(t)-\frac{T_{k-2}(\omega(1))}{T_k(\omega(1))}p_{k-2}(t). \end{aligned} \tag{3.23}$$

由 $T_k(t)=2tT_{k-1}(t)-T_{k-2}(t)$ 得

$$1=\frac{T_k(\omega(1))}{T_k(\omega(1))}=2\omega(1)\frac{T_{k-1}(\omega(1))}{T_k(\omega(1))}-\frac{T_{k-2}(\omega(1))}{T_k(\omega(1))}.$$

令 $\rho_k=2\omega(1)\dfrac{T_{k-1}(\omega(1))}{T_k(\omega(1))}$，则 $1-\rho_k=-\dfrac{T_{k-2}(\omega(1))}{T_k(\omega(1))}$，代入式 (3.23) 有

$$p_k(t)=\rho_k\frac{\omega(t)}{\omega(1)}p_{k-1}(t)+(1-\rho_k)p_{k-2}(t)=\rho_k p_1(t)p_{k-1}(t)+(1-\rho_k)p_{k-2}(t).$$

对于 ρ_k，有 $\rho_1=2$，并且

$$\rho_k\rho_{k-1}=4\omega^2(1)\frac{T_{k-2}(\omega(1))}{T_k(\omega(1))}=4\omega^2(1)(1-\rho_k),$$

从而

$$\rho_k=\left(1-\frac{\rho_{k-1}}{4\omega^2(1)}\right)^{-1}.$$

综合上面的讨论，可以得到下面的定理.

定理 3.19　若多项式 $p_k(t)=\dfrac{T_k(\omega(t))}{T_k(\omega(1))}$，则具有如下递推关系

$$\begin{cases} p_0(t)=1,\\ p_1(t)=\dfrac{2t-a-b}{2-b-a},\\ p_k(t)=\rho_k p_1(t)p_{k-1}(t)+(1-\rho_k)p_{k-2}(t),\ k\geqslant 2,\end{cases}$$

其中 ρ_k 具有如下递推关系

$$\begin{cases} \rho_1=2,\\ \rho_k=\left(1-\dfrac{\rho_{k-1}}{4\omega^2(1)}\right)^{-1},\ k\geqslant 2.\end{cases}$$

下面需要考虑新的迭代矩阵 $p(\boldsymbol{G})$ 的谱半径是否小于 1. 由于 $\max\limits_{a\leqslant t\leqslant b}|T_k(\omega(t))|=1$，并且当 $t>1$ 时，

$$T_k(t)=\left((t-\sqrt{t^2-1})^k+(t+\sqrt{t^2-1})^k\right)/2.$$

故

$$\rho(p(\boldsymbol{G}))=\max_{\mu\in\lambda(\boldsymbol{G})}|p(\mu)|\leqslant\max_{a\leqslant t\leqslant b}|p(t)|=(T_k(\omega(1)))^{-1}<1.$$

将 Chebyshev 多项式加速技巧与具体的迭代法

$$\boldsymbol{x}_{k+1}=\boldsymbol{G}\boldsymbol{x}_k+\boldsymbol{c} \tag{3.24}$$

相结合即可以得到新的迭代法. 设 $\{\boldsymbol{x}_k\}_{k=0}^{\infty}$ 和 $\{\boldsymbol{y}_k\}_{k=0}^{\infty}$ 分别为迭代法和利用 Chebyshev 加速方法得到的迭代序列，由 $p_0(t)$ 及 $p_1(t)$ 的表达式知

$$\boldsymbol{y}_0=\boldsymbol{x}_0,\quad \boldsymbol{y}_1=\tau\boldsymbol{x}_1+(1-\tau)\boldsymbol{x}_0,$$

其中 $\tau=\dfrac{2}{2-b-a}$，进一步有

$$\begin{aligned}\boldsymbol{y}_k-\boldsymbol{x}_* &= p_k(\boldsymbol{G})\,(\boldsymbol{x}_0-\boldsymbol{x}_*)\\ &= \Big(\rho_k p_1(\boldsymbol{G})p_{k-1}(\boldsymbol{G})+\big(1-\rho_k\big)p_{k-2}(\boldsymbol{G})\Big)\,(\boldsymbol{x}_0-\boldsymbol{x}_*)\end{aligned}$$

$$\begin{aligned}
&= \rho_k p_1(\boldsymbol{G}) p_{k-1}(\boldsymbol{G}) (\boldsymbol{x}_0 - \boldsymbol{x}_*) + (1-\rho_k) p_{k-2}(\boldsymbol{G}) (\boldsymbol{x}_0 - \boldsymbol{x}_*) \\
&= \rho_k p_1(\boldsymbol{G}) (\boldsymbol{y}_{k-1} - \boldsymbol{x}_*) + (1-\rho_k) (\boldsymbol{y}_{k-2} - \boldsymbol{x}_*) \\
&= \rho_k \tau \boldsymbol{G} (\boldsymbol{y}_{k-1} - \boldsymbol{x}_*) + \rho_k (1-\tau) (\boldsymbol{y}_{k-1} - \boldsymbol{x}_*) + (1-\rho_k) (\boldsymbol{y}_{k-2} - \boldsymbol{x}_*) \\
&= \rho_k \Big(\tau (\boldsymbol{G}\boldsymbol{y}_{k-1} + \boldsymbol{c}) + (1-\tau) \boldsymbol{y}_{k-1} \Big) + (1-\rho_k) \boldsymbol{y}_{k-2} - \boldsymbol{x}_*,
\end{aligned}$$

故有如下递推公式

$$\begin{aligned}
\rho_1 &= 2, \\
\boldsymbol{y}_1 &= \tau(\boldsymbol{G}\boldsymbol{y}_0 + \boldsymbol{c}) + (1-\tau)\boldsymbol{y}_0, \\
\rho_k &= \frac{4\omega^2(1)}{4\omega^2(1) - \rho_{k-1}},\ k \geqslant 2 \\
\boldsymbol{y}_k &= \rho_k \Big(\tau (\boldsymbol{G}\boldsymbol{y}_{k-1} + \boldsymbol{c}) + (1-\tau) \boldsymbol{y}_{k-1} \Big) + (1-\rho_k) \boldsymbol{y}_{k-2},\ k \geqslant 2,
\end{aligned}$$

称为 Chebyshev 半迭代法.

在实用中，经常取定一个常数 m，利用 Chebyshev 半迭代法迭代 m 次后得到 $\boldsymbol{x}_m$，再以 $\boldsymbol{x}_m$ 为初始值重新启动 Chebyshev 半迭代法，周而复始进行下去直到达到满足精度要求为止，这种迭代法称为循环 m 步 Chebyshev 迭代法.

(2) 当 $\boldsymbol{G}$ 的某一特征值大于 1 时，由于 $\boldsymbol{I}-\boldsymbol{G}$ 非奇异，则 1 必然不是 $\boldsymbol{G}$ 的特征值. 故存在 $a<b<1$ 使得

$$\lambda(\boldsymbol{G}) \subset [a,b] \cup [2-b, 2-a],$$

令 $\boldsymbol{G}_1 = \boldsymbol{G}(2\boldsymbol{I}-\boldsymbol{G})$，则

$$\lambda(\boldsymbol{G}_1) \subset [a(2-a), b(2-b)] \subset (-\infty, 1).$$

利用 $\boldsymbol{G}_1$ 作为迭代矩阵即可构造收敛的迭代序列，假定原来的迭代公式为 (3.24)，由于

$$\boldsymbol{I} - \boldsymbol{G}_1 = (\boldsymbol{I}-\boldsymbol{G})^2,$$

故此时的迭代公式为

$$\boldsymbol{x}_{k+1} = \boldsymbol{G}_1 \boldsymbol{x}_k + (\boldsymbol{I}-\boldsymbol{G})\boldsymbol{c}.$$

此种情况下的收敛性质与 $\lambda \in \lambda(\boldsymbol{G}) \subset (\infty, 1)$ 下的情况类似. 新的迭代序列只需将 $\lambda \in \lambda(\boldsymbol{G}) \subset (\infty, 1)$ 情况下的迭代矩阵 $\boldsymbol{G}$ 及向量 $\boldsymbol{c}$ 分别换为 $\boldsymbol{G}_1$ 及 $(\boldsymbol{I}-\boldsymbol{G})\boldsymbol{c}$.

2. 若 $\boldsymbol{G}$ 的特征值不全为实数. 设其包含在由椭圆

$$\frac{(x-\xi)^2}{\alpha^2}+\frac{y^2}{\beta^2}=1$$

围成的区域 $\boldsymbol{E}$ 内，其中 α,β,ξ 为实数，并且满足 $\alpha>\beta>0,\alpha+\xi<1$. 此时优化问题转化为

$$\max_{\lambda\in E}|p(\lambda)|=\min_{q\in P_k}\max_{\lambda\in E}|q(\lambda)|,$$

其唯一解为

$$p_k(t)=\frac{T_k(\varpi(t))}{T_k(\varpi(1))},$$

其中 $\varpi(t)=\dfrac{t-\xi}{\gamma},\gamma=(\alpha^2-\beta^2)^{1/2}$. 利用 Chebyshev 三项递推公式可以得到如下递推公式.

定理 3.20　*若多项式 $p_k(t)=\dfrac{T_k(\varpi(t))}{T_k(\varpi(1))}$，则具有如下递推关系*

$$\begin{cases}p_0(t)=1,\\ p_1(t)=vt-v+1,\\ p_k(t)=\rho_k p_1(t)p_{k-1}(t)+(1-\rho_k)p_{k-2}(t), k\geqslant 2,\end{cases}$$

其中 $v=(1-\xi)^{-1}$，ρ_k 具有如下递推关系

$$\rho_1=2,\ \rho_k=\frac{2\varpi(1)T_{k-1}(\varpi(1))}{T_k(\varpi(1))}.$$

此种情况下的收敛性质及新的迭代序列与 $\lambda\in\lambda(\boldsymbol{G})\subset(-\infty,1)$ 下的情况类似.

将 Chebyshev 加速公式与各种不同的迭代法相结合就可以得到不同的新的迭代法，实际中常用的是迭代矩阵的特征值为实数的新的迭代法，从前面的讨论知道只要系数矩阵 $\boldsymbol{A}$ 是对称的，则对应的 SSOR 迭代法的特征值均为实数，故实际中最常用的迭代法是将 Chebyshev 加速公式与 SSOR 方法相结合的新的迭代法. 上面的方法允许原迭代法的特征值小于 -1 或者大于 1，故加速技巧给出了基于已有的不收敛的迭代法构造收敛、快速迭代法的方法.

Chebyshev 加速公式的主要困难在于包含所有特征值的椭圆的选取. 对于不同的实际问题，已经有了许多文章和程序探讨椭圆的选取，基于篇幅的限制，在此处不予过多

讨论，有兴趣的读者可以参考文献 [7].

习题 3

1. 设 $\boldsymbol{G} \in \mathbb{R}^{n\times n}$ 满足 $\rho(\boldsymbol{G})=0$，证明对任意向量 $\boldsymbol{c}, \boldsymbol{x}_0 \in \mathbb{R}^n$，迭代格式

$$\boldsymbol{x}_{k+1} = \boldsymbol{G}\boldsymbol{x}_k + \boldsymbol{c}$$

最多迭代 n 步即可得到线性方程组 $\boldsymbol{x} = \boldsymbol{G}\boldsymbol{x} + \boldsymbol{c}$ 的精确解.

2. 若存在对称正定矩阵 $\boldsymbol{P}$，使得 $\boldsymbol{Q} = \boldsymbol{P} - \boldsymbol{H}^{\mathrm{T}}\boldsymbol{P}\boldsymbol{H}$ 为对称正定矩阵，证明迭代法 $\boldsymbol{x}_{k+1} = \boldsymbol{H}\boldsymbol{x}_k + \boldsymbol{b}$ 收敛.

3. 设 $\boldsymbol{A} \in \mathbb{R}^{n\times n}$，则 $\rho(\boldsymbol{A}) < 1$ 的充要条件是 $\boldsymbol{I} - \boldsymbol{A}$ 非奇异和 $(\boldsymbol{I} - \boldsymbol{A})^{-1}(\boldsymbol{I} + \boldsymbol{A})$ 的特征值具有正实部.

4. 判断利用 Jacobi 迭代法、Gauss-Seidel 迭代法求解具有系数矩阵

$$\boldsymbol{A} = \begin{pmatrix} 2 & -1 & 1 \\ 1 & 1 & 1 \\ 1 & 1 & -2 \end{pmatrix}, \quad \boldsymbol{B} = \begin{pmatrix} 1 & -2 & 2 \\ -1 & 1 & -1 \\ -2 & -2 & 1 \end{pmatrix},$$

的线性方程组的敛散性.

5. 对于线性方程组

$$\begin{cases} a_{11}x_1 + a_{12}x_2 = b_1, \\ a_{21}x_1 + a_{22}x_2 = b_2, \end{cases}$$

并且 a_{11}, a_{22} 均不为零，证明:

(1) 求解此线性方程组的 Jacobi 迭代法和 Gauss-Seidel 迭代法收敛的充分必要条件为 $|a_{11}a_{22}| > |a_{12}a_{21}|$;

(2) 求解此线性方程组的 Jacobi 迭代法和 Gauss-Seidel 迭代法同时收敛或者同时发散.

6. 给出求解线性方程组

$$\begin{cases} x_1 - 3x_2 = -2, \\ 2x_1 + x_2 = 3, \end{cases}$$

的 Jacobi 迭代法、Gauss-Seidel 迭代法收敛分析的几何解释. 并证明求解交换方程顺

序后的新线性方程组的 Jacobi 迭代法和 Gauss-Seidel 迭代法是收敛的.

7. 线性方程组 $\boldsymbol{Ax}=\boldsymbol{b}$ 的系数矩阵为 $\begin{pmatrix} 3 & 7 & 1 \\ 0 & 4 & t+1 \\ 0 & -t+1 & -1 \end{pmatrix}$，求使得 Jacobi 迭代法收敛的实数 t 的取值范围.

8. 线性方程组 $\boldsymbol{Ax}=\boldsymbol{b}$ 的系数矩阵为 $\begin{pmatrix} t & 1 & 1 \\ 1/t & t & 0 \\ 1/t & 0 & t \end{pmatrix}$，求使得 Gauss-Seidel 迭代法收敛的实数 t 的取值范围.

9. 设矩阵 $\boldsymbol{A}$ 是具有正对角元的非奇异对称矩阵，证明：若求解线性方程组 $\boldsymbol{Ax}=\boldsymbol{b}$ 的 Gauss-Seidel 迭代法对任意初始向量都收敛，则矩阵 $\boldsymbol{A}$ 正定.

10. 证明定理 3.13 中集合 $\varPhi$ 非空.

11. 不可约对角占优矩阵的对角元均不为零.

12. 严格对角占优矩阵不一定是不可约对角占优矩阵，反之亦然.

13. 证明：对于严格对角占优矩阵 $\boldsymbol{A}$，有 $|\det(\boldsymbol{A})| \geqslant \prod_{i=1}^{n}\left(|a_{ii}|-\sum_{j\neq i}|a_{ij}|\right)$.

14. 证明：若求解系数矩阵严格对角占优的线性方程组的 Gauss-Seidel 迭代法的迭代矩阵的 1-范数小于 1，则迭代法收敛.

15. 设 $\boldsymbol{A}\in\mathbb{C}^{n\times n}$ 是 Hermite 矩阵，且有分裂 $\boldsymbol{A}=\boldsymbol{M}-\boldsymbol{N}$，其中 $\boldsymbol{M}$ 为非奇异矩阵，证明：

(1) 若 $\boldsymbol{A}$ 和 $\boldsymbol{M}^*+\boldsymbol{N}$ 正定，则 $\rho(\boldsymbol{M}^{-1}\boldsymbol{N})<1$；

(2) 若 $\rho(\boldsymbol{M}^{-1}\boldsymbol{N})<1$ 和 $\boldsymbol{M}^*+\boldsymbol{N}$ 正定，则 $\boldsymbol{A}$ 正定.

16. 若矩阵 $\boldsymbol{A}$ 对称，证明：

(1) 当 $2\boldsymbol{D}-\boldsymbol{A}$ 正定且 Jacobi 迭代法收敛时，$\boldsymbol{A}$ 正定；

(2) 当 $\boldsymbol{D}$ 正定且存在 $\omega\in(0,2)$ 使得 SOR 或 SSOR 迭代法收敛时，$\boldsymbol{A}$ 正定.

17. 证明：当求解线性方程组的 Jacobi 迭代法收敛时，JOR 迭代法对 $\omega\in(0,1]$ 收敛.

18. 若矩阵 $\boldsymbol{A}$ 对称且对角元为正，则 JOR 迭代法收敛的充分必要条件为 $\boldsymbol{A}$ 及 $2\omega^{-1}\boldsymbol{D}-\boldsymbol{A}$ 均为对称正定矩阵.

19. 对于矩阵 $\boldsymbol{A}=\begin{pmatrix} 4 & -1 & & & \\ -1 & 4 & -1 & & \\ & -1 & 4 & -1 & \\ & & -1 & 4 & -1 \\ & & & -1 & 4 \end{pmatrix}$,确定对应的 SOR 迭代法和 SSOR 迭代法的最优参数 ω，比较它们谱半径的大小.

20. 对于块三对角阵

$$\begin{pmatrix} \boldsymbol{D}_1 & \boldsymbol{C}_2 & & & \\ \boldsymbol{B}_2 & \boldsymbol{D}_2 & \boldsymbol{C}_3 & & \\ & \boldsymbol{B}_3 & \boldsymbol{D}_3 & \ddots & \\ & & \ddots & \ddots & \boldsymbol{C}_s \\ & & & \boldsymbol{B}_s & \boldsymbol{D}_s \end{pmatrix},$$

其中 $\boldsymbol{D}_i \in \mathbb{R}^{n_i \times n_i}$ 非奇异，证明：

(1) 对任意非零复数 μ 有

$$\det(\boldsymbol{D} - \mu \boldsymbol{C}_{\boldsymbol{L}} - \frac{1}{\mu}\boldsymbol{C}_{\boldsymbol{U}}) = \det(\boldsymbol{D} - \boldsymbol{C}_{\boldsymbol{L}} - \boldsymbol{C}_{\boldsymbol{U}}),$$

其中 $\boldsymbol{D} = \operatorname{diag}(\boldsymbol{D}_1, \cdots, \boldsymbol{D}_s)$，

$$\boldsymbol{C}_{\boldsymbol{L}} = -\begin{pmatrix} \boldsymbol{O} & & & & \\ \boldsymbol{B}_2 & \boldsymbol{O} & & & \\ & \boldsymbol{B}_3 & \boldsymbol{O} & & \\ & & \ddots & \ddots & \\ & & & \boldsymbol{B}_s & \boldsymbol{O} \end{pmatrix}, \boldsymbol{C}_{\boldsymbol{U}} = -\begin{pmatrix} \boldsymbol{O} & \boldsymbol{C}_2 & & & \\ & \boldsymbol{O} & \boldsymbol{C}_3 & & \\ & & \boldsymbol{O} & \ddots & \\ & & & \ddots & \boldsymbol{C}_s \\ & & & & \boldsymbol{O} \end{pmatrix},$$

(2) 当 $\omega \neq 1$ 时，$\lambda \in \lambda\left((\boldsymbol{D} - \omega \boldsymbol{C}_{\boldsymbol{L}})^{-1}((1-\omega)\boldsymbol{D} + \omega \boldsymbol{C}_{\boldsymbol{U}})\right)$ 的充分必要条件是存在 $\mu \in \lambda(\boldsymbol{D}^{-1}(\boldsymbol{C}_{\boldsymbol{L}} + \boldsymbol{C}_{\boldsymbol{U}}))$ 使得

$$\lambda = \frac{1}{4}(\omega\mu + (\omega^2\mu^2 - 4\omega + 4)^{\frac{1}{2}})^2.$$

上机实验题 3

1. 对于例 2.7 中的线性方程组，考虑具有不同松弛因子的 SOR 迭代法的求解效率，要求终止准则为 $\|\boldsymbol{b} - \boldsymbol{A}\boldsymbol{x}_k\|_2 < 10^{-8}$，其中初始点选择为 $(0, \cdots, 0)^{\mathrm{T}}$.

(1) 画一个直线图来展示 Jacobi 迭代法、Gauss-Seidel 迭代法、松弛因子为 1.3 的 SOR 迭代法每步迭代误差.

(2) 完成表 3.1 的填写，其中 ω 为松弛因子，step 为达到收敛精度时的迭代步数，$\rho(\boldsymbol{G})$ 为迭代矩阵 $\boldsymbol{G}$ 的谱半径，error 为迭代终止后误差，即 $\|\boldsymbol{x}_k - \boldsymbol{x}_*\|_2$.

表 3.1　不同松弛因子的收敛速度比较

ω	n	步长	$\rho(\boldsymbol{G})$	误差
0.2				
0.4				
0.6				
0.8				
1.0				

2. 登录矩阵市场 (matrix market) 网站: https://math.nist.gov/MatrixMarket/，下载相关矩阵 wiki-Vote、web-Google、web-Stanford，利用各种迭代法求解并进行效率比较.

第 4 章　Krylov 子空间法

对称正定线性方程组出现在各种实际应用中. 对此类线性方程组，上一章提到的迭代法存在一些不足. 对于 Jacobi 迭代法，除了要求系数矩阵 $\boldsymbol{A}$ 对称正定外，还需要 $2\boldsymbol{D}-\boldsymbol{A}$ 对称正定；对于 Gauss-Seidel 迭代法，很多情形下，收敛速度很慢；对于 SOR 迭代法，其最佳松弛因子的确定非常困难. 本章我们将给出另外一种更加有效的方法——共轭梯度法. 并在此基础上给出求解一般非奇异线性方程组的 Krylov 子空间法.

4.1　共轭梯度法

对于系数矩阵对称正定的实线性方程组 $\boldsymbol{A}\boldsymbol{x}=\boldsymbol{b}$，其解存在唯一，记为 $\boldsymbol{x}_*$. 由于 $\boldsymbol{A}$ 对称正定，令 $\|\boldsymbol{x}\|_{\boldsymbol{A}}=\sqrt{\boldsymbol{x}^{\mathrm{T}}\boldsymbol{A}\boldsymbol{x}}$，则求 $\boldsymbol{x}_*$ 等价于求如下问题

$$\min_{\boldsymbol{x}\in\mathbb{R}^n}\|\boldsymbol{x}-\boldsymbol{x}_*\|_{\boldsymbol{A}}^2 \tag{4.1}$$

的最优解. 由于 $\boldsymbol{A}\boldsymbol{x}_*=\boldsymbol{b}$，则

$$\|\boldsymbol{x}-\boldsymbol{x}_*\|_{\boldsymbol{A}}^2=(\boldsymbol{x}-\boldsymbol{x}_*)^{\mathrm{T}}\boldsymbol{A}(\boldsymbol{x}-\boldsymbol{x}_*)=\boldsymbol{x}^{\mathrm{T}}\boldsymbol{A}\boldsymbol{x}-2\boldsymbol{b}^{\mathrm{T}}\boldsymbol{x}+\boldsymbol{x}_*^{\mathrm{T}}\boldsymbol{A}\boldsymbol{x}_*.$$

故求 $\boldsymbol{x}_*$ 的问题等价于求如下最优化问题

$$\min_{\boldsymbol{x}\in\mathbb{R}^n}\varphi(\boldsymbol{x}):=\boldsymbol{x}^{\mathrm{T}}\boldsymbol{A}\boldsymbol{x}-2\boldsymbol{b}^{\mathrm{T}}\boldsymbol{x} \tag{4.2}$$

的最优解.

考虑利用迭代法求解最优化问题 (4.2). 首先任意给定初始向量 $\boldsymbol{x}_0$，沿下降方向 $\boldsymbol{d}_0$ 经过步长 α_0 得到一个新的向量 $\boldsymbol{x}_1=\boldsymbol{x}_0+\alpha_0\boldsymbol{d}_0$，使得

$$\varphi(\boldsymbol{x}_1)=\varphi(\boldsymbol{x}_0+\alpha_0\boldsymbol{d}_0)=\min_{\alpha\in\mathbb{R}}\varphi(\boldsymbol{x}_0+\alpha\boldsymbol{d}_0).$$

然后从 $\boldsymbol{x}_1$ 出发，再沿下降方向 $\boldsymbol{d}_1$ 前进步长 α_1，使得

$$\varphi(\boldsymbol{x}_2)=\varphi(\boldsymbol{x}_1+\alpha_1\boldsymbol{d}_1)=\min_{\alpha\in\mathbb{R}}\varphi(\boldsymbol{x}_1+\alpha\boldsymbol{d}_1).$$

此过程一直进行下去，直到求得问题 (4.2) 的最优解. 不同的下降方向和步长确定策略可以给出不同的迭代法.

4.1.1　最速下降法

首先考虑步长的选择策略. 明显地，若下降方向 $\boldsymbol{d}_k$ 给定，则 α_k 的选取应使得函数

$$\begin{aligned}\varphi(\boldsymbol{x}) &= \varphi(\boldsymbol{x}_k+\alpha\boldsymbol{d}_k)\\ &= (\boldsymbol{x}_k+\alpha\boldsymbol{d}_k)^{\mathrm{T}}\boldsymbol{A}(\boldsymbol{x}_k+\alpha\boldsymbol{d}_k)-2\boldsymbol{b}^{\mathrm{T}}(\boldsymbol{x}_k+\alpha\boldsymbol{d}_k)\\ &= \alpha^2\boldsymbol{d}_k^{\mathrm{T}}\boldsymbol{A}\boldsymbol{d}_k-2\alpha(\boldsymbol{b}-\boldsymbol{A}\boldsymbol{x}_k)^{\mathrm{T}}\boldsymbol{d}_k+\varphi(\boldsymbol{x}_k)\end{aligned}$$

在 $\boldsymbol{x}=\boldsymbol{x}_k+\alpha_k\boldsymbol{d}_k$ 处取得最小值. 记 $\boldsymbol{r}_k=\boldsymbol{b}-\boldsymbol{A}\boldsymbol{x}_k$，对上式关于 α 求导得

.

$$2\alpha\boldsymbol{p}_k^{\mathrm{T}}\boldsymbol{A}\boldsymbol{p}_k-2\boldsymbol{r}_k^{\mathrm{T}}\boldsymbol{p}_k=0.$$

由此确定的 α 即为所求的步长

$$\alpha_k=\frac{\boldsymbol{r}_k^{\mathrm{T}}\boldsymbol{d}_k}{\boldsymbol{d}_k^{\mathrm{T}}\boldsymbol{A}\boldsymbol{d}_k}.$$

其次考虑下降方向的选择策略. 由微积分知识可知，若在局部要求下降最快，则下降方向应为负梯度方向，故我们可以选择在 $\boldsymbol{x}_k$ 点的负梯度方向

$$\boldsymbol{d}_k=\boldsymbol{r}_k=\boldsymbol{b}-\boldsymbol{A}\boldsymbol{x}_k$$

作为下降方向. 此时，

$$\varphi(\boldsymbol{x}_{k+1})-\varphi(\boldsymbol{x}_k)=\alpha_k^2\boldsymbol{d}_k^{\mathrm{T}}\boldsymbol{A}\boldsymbol{d}_k-2\alpha_k\boldsymbol{r}_k^{\mathrm{T}}\boldsymbol{d}_k=-\frac{(\boldsymbol{r}_k^{\mathrm{T}}\boldsymbol{d}_k)^2}{\boldsymbol{d}_k^{\mathrm{T}}\boldsymbol{A}\boldsymbol{d}_k}.$$

由 $\boldsymbol{A}$ 的正定性知，只要 $\boldsymbol{r}_k\neq\boldsymbol{0}$，有 $\boldsymbol{r}_k^{\mathrm{T}}\boldsymbol{d}_k=\boldsymbol{r}_k^{\mathrm{T}}\boldsymbol{r}_k\neq 0$，则 $\varphi(\boldsymbol{x}_{k+1})<\varphi(\boldsymbol{x}_k)$.

此算法简单有效并且算法过程中主要是矩阵和向量的乘积及向量的内积运算，故可以充分利用问题的稀疏性. 综合上面的讨论可以得到以下算法流程：

算法 4.1　对称正定线性方程组的最速下降法

输入：矩阵$\boldsymbol{A}$、向量$\boldsymbol{b}$、初始向量$\boldsymbol{x}_0$ 及精度ε
输出：向量$\boldsymbol{x}$
计算残量$r_0 = b - Ax_0$；
$k = 0$
while $\|r_k\| \geqslant \varepsilon$ **do**
  $k = k + 1$；
  计算步长$\alpha_{k-1} = r_{k-1}^{\mathrm{T}} r_{k-1}/(r_{k-1}^{\mathrm{T}} A r_{k-1})$；
  计算更新后的向量$x_k = x_{k-1} + \alpha_{k-1} r_{k-1}$；
  计算当前残量$r_k = b - Ax_k$；
end while

最后给出最速下降法的收敛性结论及其证明. 在此之前先给出如下定理，它在最速下降法及共轭梯度法的证明中具有非常重要的作用.

定理 4.1 设 $\boldsymbol{A}$ 为对称正定矩阵，$p(x)$ 为实系数多项式，则对于任意向量 $\boldsymbol{x}$，有

$$\|p(\boldsymbol{A})\boldsymbol{x}\|_{\boldsymbol{A}} \leqslant \max_{\lambda \in \lambda(\boldsymbol{A})} |p(\lambda)| \|\boldsymbol{x}\|_{\boldsymbol{A}}.$$

证明 由 $\boldsymbol{A}$ 为对称正定矩阵，则有谱分解 $\boldsymbol{A} = \boldsymbol{Q\Lambda Q}^{\mathrm{T}}$，其中 $\boldsymbol{Q}$ 为正交矩阵，$\boldsymbol{\Lambda}$ 为对角元均为正的对角矩阵. 定义 $\boldsymbol{A}^{\frac{1}{2}} = \boldsymbol{Q\Lambda}^{\frac{1}{2}}\boldsymbol{Q}^{\mathrm{T}}$，故对任意的 $\boldsymbol{x}$ 有：$\|\boldsymbol{x}\|_{\boldsymbol{A}} = \sqrt{\boldsymbol{x}^{\mathrm{T}}\boldsymbol{A}\boldsymbol{x}} = \sqrt{\boldsymbol{x}^{\mathrm{T}}\boldsymbol{A}^{\frac{1}{2}}\boldsymbol{A}^{\frac{1}{2}}\boldsymbol{x}} = \|\boldsymbol{A}^{\frac{1}{2}}\boldsymbol{x}\|_2$，因此

$$\begin{aligned}
\|p(\boldsymbol{A})\boldsymbol{x}\|_{\boldsymbol{A}} &= \|\boldsymbol{A}^{\frac{1}{2}}p(\boldsymbol{A})\boldsymbol{x}\|_2 = \|p(\boldsymbol{A})\boldsymbol{A}^{\frac{1}{2}}\boldsymbol{x}\|_2 \\
&\leqslant \|p(\boldsymbol{A})\|_2\|\boldsymbol{A}^{\frac{1}{2}}\boldsymbol{x}\|_2 = \|p(\boldsymbol{A})\|_2\|\boldsymbol{x}\|_{\boldsymbol{A}} \\
&= \max_{\lambda \in \lambda(\boldsymbol{A})} |p(\lambda)| \|\boldsymbol{x}\|_{\boldsymbol{A}}.
\end{aligned}$$

上述关系式利用了等式 $\boldsymbol{A}^{\frac{1}{2}}p(\boldsymbol{A}) = p(\boldsymbol{A})\boldsymbol{A}^{\frac{1}{2}}$ 及范数的相容性，最后一个不等式用到了定理1.18. 定理得证. □

关于最速下降法，其收敛性定理如下：

定理 4.2 设系数矩阵 $\boldsymbol{A}$ 的特征值为 $0 < \lambda_1 \leqslant \cdots \leqslant \lambda_n$，$\boldsymbol{x}_*$ 为 $\boldsymbol{Ax} = \boldsymbol{b}$ 的解，则最速下降法产生的迭代序列 $\{\boldsymbol{x}_k\}_{k=0}^{\infty}$ 满足：

$$\|\boldsymbol{x}_k - \boldsymbol{x}_*\|_{\boldsymbol{A}} \leqslant \left(\frac{\lambda_n - \lambda_1}{\lambda_1 + \lambda_n}\right)^k \|\boldsymbol{x}_0 - \boldsymbol{x}_*\|_{\boldsymbol{A}}.$$

证明　由于 $\varphi(\boldsymbol{x}_k) \leqslant \varphi(\boldsymbol{x}_{k-1} + \alpha \boldsymbol{p}_{k-1})$，有

$$\begin{aligned}\|\boldsymbol{x}_k - \boldsymbol{x}_*\|_{\boldsymbol{A}} &\leqslant \|\boldsymbol{x}_{k-1} + \alpha p_{k-1} - \boldsymbol{x}_*\|_{\boldsymbol{A}} \\ &= \|\boldsymbol{x}_{k-1} + \alpha(\boldsymbol{b} - \boldsymbol{A}\boldsymbol{x}_{k-1}) - \boldsymbol{x}_*\|_{\boldsymbol{A}} \\ &= \|(\boldsymbol{I} - \alpha\boldsymbol{A})(\boldsymbol{x}_{k-1} - \boldsymbol{x}_*)\|_{\boldsymbol{A}}.\end{aligned}$$

由定理4.1知

$$\begin{aligned}\|\boldsymbol{x}_k - \boldsymbol{x}_*\|_{\boldsymbol{A}} &= \|(\boldsymbol{I} - \alpha\boldsymbol{A})(\boldsymbol{x}_{k-1} - \boldsymbol{x}_*)\|_{\boldsymbol{A}} \\ &\leqslant \max_{\lambda_1 \leqslant \lambda \leqslant \lambda_n} |1 - \alpha\lambda| \; \|\boldsymbol{x}_{k-1} - \boldsymbol{x}_*\|_{\boldsymbol{A}} \\ &= \max_{-1 \leqslant t \leqslant 1} \left|1 - \alpha\left(\frac{\lambda_n - \lambda_1}{2} t + \frac{\lambda_n + \lambda_1}{2}\right)\right| \; \|\boldsymbol{x}_{k-1} - \boldsymbol{x}_*\|_{\boldsymbol{A}}.\end{aligned}$$

由 Chebyshev 多项式性质有

$$\begin{aligned}\|\boldsymbol{x}_k - \boldsymbol{x}_*\|_{\boldsymbol{A}} &\leqslant \frac{2}{\lambda_1 + \lambda_n} \frac{\lambda_n - \lambda_1}{2} \|\boldsymbol{x}_{k-1} - \boldsymbol{x}_*\|_{\boldsymbol{A}} \\ &= \frac{\lambda_n - \lambda_1}{\lambda_1 + \lambda_n} \|\boldsymbol{x}_{k-1} - \boldsymbol{x}_*\|_{\boldsymbol{A}} \\ &\leqslant \cdots \leqslant \left(\frac{\lambda_n - \lambda_1}{\lambda_1 + \lambda_n}\right)^k \|\boldsymbol{x}_0 - \boldsymbol{x}_*\|_{\boldsymbol{A}}.\end{aligned}$$

结论成立. □

从定理可以看出，从任一向量出发，最速下降法产生的迭代向量都会收敛到问题的解，并且其收敛速度依赖于 $\dfrac{\lambda_n - \lambda_1}{\lambda_1 + \lambda_n}$ 的大小. 当 $\lambda_n \approx \lambda_1$ 时，收敛速度很快；但当 $\lambda_n \gg \lambda_1$ 时，收敛速度很慢.

下面通过几何图形说明为什么当矩阵 $\boldsymbol{A}$ 的特征值相差很远时收敛速度很慢，而当矩阵 $\boldsymbol{A}$ 的特征值很接近时收敛速度很快. $\boldsymbol{A}$ 为对称正定矩阵，$\varphi(\boldsymbol{x}) = \gamma$ 等价于

$$(\boldsymbol{x} - \boldsymbol{x}_*)^{\mathrm{T}} \boldsymbol{A} (\boldsymbol{x} - \boldsymbol{x}_*) = \gamma - \varphi(\boldsymbol{x}_*).$$

若 $\gamma > \varphi(\boldsymbol{x}_*)$，则 $\varphi(\boldsymbol{x}) = \gamma$ 是一个以 $\boldsymbol{x}_* = \boldsymbol{A}^{-1}\boldsymbol{b}$ 为中心的 $n-1$ 维超椭球面 E_{n-1}. 从几何上来看，$\varphi(\boldsymbol{x})$ 的极小值点就是 E_{n-1} 的中心. 而最速下降法的每一步就相当于从一个给定的点 $\boldsymbol{x}_k$ 出发，沿着超椭球面的内法线方向 $\boldsymbol{r}_k = \boldsymbol{b} - \boldsymbol{A}\boldsymbol{x}_k$ 寻找 $\varphi(\boldsymbol{x})$ 的最小值，即寻找 $\varphi(\boldsymbol{x})$ 在 $\pi_1 : \boldsymbol{x} = \boldsymbol{x}_k + \alpha \boldsymbol{r}_k$ 上的极小点. π_1 与 $\boldsymbol{x}_k$ 所在的椭球有两个交点，最小值在这两个点连线的中点处取得. 在二维情形下，利用最速下降法求 $\varphi(\boldsymbol{x})$ 的最小值可以通过图 4.1 表示:

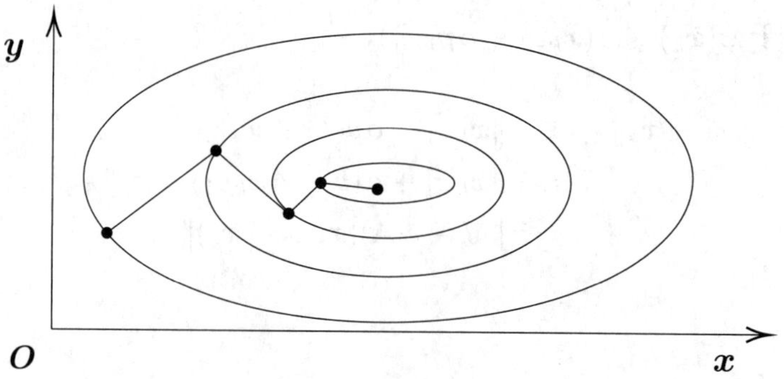

图 4.1 最速下降法

当椭球面比较圆时，收敛速度较快，当特征值均相同时，一步迭代即可得到问题的最优解. 而当椭球面非常扁平时，如果初始点 $\boldsymbol{x}_k$ 位于较平坦的一面，则收敛速度非常慢. 这说明虽然每步我们选择地方向都是最速下降方向，但是整体来看这种方向选择策略并不是最合适的. 下面考虑给出另外一种方向选择策略，从而引出下面的共轭梯度法.

4.1.2 共轭梯度法

共轭梯度法是在 20 世纪 50 年代初期由 Hestenes 和 Stiefel 首先提出的，目前已成为求解大型稀疏线性方程组的一类重要算法. 从上节的讨论可知，每步选取最速下降方向并不是最合适的，应选择更加合理有效的下降方向，并且方向的选择不应带来太多的额外计算量.

首先考虑步长的选择策略. 假设已得到了迭代向量 $\boldsymbol{x}_k$ 及下降方向 $\boldsymbol{d}_k$，则下一步在直线 $\boldsymbol{x}_k+\alpha\boldsymbol{d}_k$ 上寻找极小点，与最速下降法的讨论类似，可得

$$\boldsymbol{x}_{k+1}=\boldsymbol{x}_k+\alpha_k\boldsymbol{d}_k,$$

其中

$$\alpha_k=\frac{\boldsymbol{r}_k^{\mathrm{T}}\boldsymbol{d}_k}{\boldsymbol{d}_k^{\mathrm{T}}\boldsymbol{A}\boldsymbol{d}_k},\ \boldsymbol{r}_k=\boldsymbol{b}-\boldsymbol{A}\boldsymbol{x}_k. \tag{4.3}$$

下面考虑如何选择迭代方向 $\boldsymbol{d}_k$. 在初始步，可用信息少，此时选择负梯度方向 $\boldsymbol{d}_0=\boldsymbol{r}_0=\boldsymbol{b}-\boldsymbol{A}\boldsymbol{x}_0$ 作为下降方向. 在后续迭代步中，从式 (4.3) 可以看出，在下步步长的计算中 $\boldsymbol{r}_k$ 是必需的；而上步方向 $\boldsymbol{d}_{k-1}$ 是已知的，故在选取当前步的下降方向 $\boldsymbol{d}_k$

时可以充分利用 $\boldsymbol{r}_k$ 及 $\boldsymbol{d}_{k-1}$ 的信息，这并没有引进额外的计算量. 由于

$$\begin{aligned} \boldsymbol{d}_{k-1}^{\mathrm{T}}\boldsymbol{r}_k &= \boldsymbol{d}_{k-1}^{\mathrm{T}}(\boldsymbol{b}-\boldsymbol{A}(\boldsymbol{x}_{k-1}+\alpha_{k-1}\boldsymbol{d}_{k-1})) \\ &= \boldsymbol{d}_{k-1}^{\mathrm{T}}(\boldsymbol{r}_{k-1}-\alpha_{k-1}\boldsymbol{A}\boldsymbol{d}_{k-1})) \\ &= \boldsymbol{d}_{k-1}^{\mathrm{T}}\boldsymbol{r}_{k-1}-\alpha_{k-1}\boldsymbol{d}_{k-1}^{\mathrm{T}}\boldsymbol{A}\boldsymbol{d}_{k-1}=0, \end{aligned} \tag{4.4}$$

说明 $\boldsymbol{d}_{k-1}$ 与 $\boldsymbol{r}_k$ 垂直，故自然地可以在过 $\boldsymbol{x}_k$ 由 $\boldsymbol{r}_k$ 及 $\boldsymbol{d}_{k-1}$ 张成的平面

$$\{\boldsymbol{x}=\boldsymbol{x}_k+\xi\boldsymbol{r}_k+\eta\boldsymbol{d}_{k-1},\quad \xi,\eta\in\mathbb{R}\}$$

中寻求下一步迭代点. 类似前述分析，ξ,η 需满足

$$\frac{\partial\varphi\left(\boldsymbol{x}_k+\xi\boldsymbol{r}_k+\eta\boldsymbol{d}_{k-1}\right)}{\partial\xi}=0,\quad \frac{\partial\varphi\left(\boldsymbol{x}_k+\xi\boldsymbol{r}_k+\eta\boldsymbol{d}_{k-1}\right)}{\partial\eta}=0.$$

计算并整理可得

$$\left\{\begin{aligned} \xi\boldsymbol{r}_k^{\mathrm{T}}\boldsymbol{A}\boldsymbol{r}_k+\eta\boldsymbol{r}_k^{\mathrm{T}}\boldsymbol{A}\boldsymbol{d}_{k-1} &= \boldsymbol{r}_k^{\mathrm{T}}\boldsymbol{r}_k, \\ \xi\boldsymbol{r}_k^{\mathrm{T}}\boldsymbol{A}\boldsymbol{d}_{k-1}+\eta\boldsymbol{d}_{k-1}^{\mathrm{T}}\boldsymbol{A}\boldsymbol{d}_{k-1} &= \boldsymbol{d}_{k-1}^{\mathrm{T}}\boldsymbol{r}_k. \end{aligned}\right. \tag{4.5}$$

由于 $\boldsymbol{d}_{k-1}^{\mathrm{T}}\boldsymbol{r}_k=0$，若 $\boldsymbol{r}_k\neq\boldsymbol{0}$，则必有 $\xi\neq 0$. 否则，由第二个等式有 $\eta\boldsymbol{d}_{k-1}^{\mathrm{T}}\boldsymbol{A}\boldsymbol{d}_{k-1}=0$，故 $\eta=0$. 此时第一个等式不成立. 因此当前步下降方向可取为

$$\boldsymbol{d}_k=\boldsymbol{r}_k+\frac{\eta}{\xi}\boldsymbol{d}_{k-1}=\boldsymbol{r}_k+\beta_{k-1}\boldsymbol{d}_{k-1},$$

其中

$$\beta_{k-1}=-\boldsymbol{d}_{k-1}^{\mathrm{T}}\boldsymbol{A}\boldsymbol{r}_k/\boldsymbol{d}_{k-1}^{\mathrm{T}}\boldsymbol{A}\boldsymbol{d}_{k-1}.$$

综合上面的讨论，对于任意给定的初始向量 $\boldsymbol{x}_0\in\mathbb{R}^n$ 有 $\boldsymbol{r}_0=\boldsymbol{b}-\boldsymbol{A}\boldsymbol{x}_0$. 令 $\boldsymbol{d}_0=\boldsymbol{r}_0$，我们有如下递推公式:

$$\begin{aligned} &\alpha_k=\boldsymbol{d}_k^{\mathrm{T}}\boldsymbol{r}_k/\boldsymbol{d}_k^{\mathrm{T}}\boldsymbol{A}\boldsymbol{d}_k, \\ &\boldsymbol{x}_{k+1}=\boldsymbol{x}_k+\alpha_k\boldsymbol{d}_k, \\ &\boldsymbol{r}_{k+1}=\boldsymbol{b}-\boldsymbol{A}\boldsymbol{x}_{k+1}, \\ &\beta_k=-\boldsymbol{d}_k^{\mathrm{T}}\boldsymbol{A}\boldsymbol{r}_{k+1}/\boldsymbol{d}_k^{\mathrm{T}}\boldsymbol{A}\boldsymbol{d}_k, \\ &\boldsymbol{d}_{k+1}=\boldsymbol{r}_{k+1}+\beta_k\boldsymbol{d}_k \end{aligned}$$

其中 $k=0,1,2,\cdots$.

实际应用中，上述公式可进行进一步简化. 对于每步残量 $\boldsymbol{r}_{k+1}$，由于在计算 α_k 时 $\boldsymbol{A}\boldsymbol{d}_k$ 已计算，故 $\boldsymbol{r}_{k+1}$ 可写为如下形式

$$\boldsymbol{r}_{k+1}=\boldsymbol{b}-\boldsymbol{A}\boldsymbol{x}_{k+1}=\boldsymbol{b}-\boldsymbol{A}(\boldsymbol{x}_k+\alpha_k\boldsymbol{d}_k)=\boldsymbol{r}_k-\alpha_k\boldsymbol{A}\boldsymbol{d}_k.$$

由关系式 (4.4) 有 $\boldsymbol{d}_{k-1}^{\mathrm{T}}\boldsymbol{r}_k=0$. 进而由 $\boldsymbol{d}_k=\boldsymbol{r}_k+\beta_{k-1}\boldsymbol{d}_{k-1}$ 有

$$\alpha_k=\frac{\boldsymbol{d}_k^{\mathrm{T}}\boldsymbol{r}_k}{\boldsymbol{d}_k^{\mathrm{T}}\boldsymbol{A}\boldsymbol{d}_k}=\frac{(\boldsymbol{r}_k+\beta_{k-1}\boldsymbol{d}_{k-1})^{\mathrm{T}}\boldsymbol{r}_k}{\boldsymbol{d}_k^{\mathrm{T}}\boldsymbol{A}\boldsymbol{d}_k}=\frac{\boldsymbol{r}_k^{\mathrm{T}}\boldsymbol{r}_k}{\boldsymbol{d}_k^{\mathrm{T}}\boldsymbol{A}\boldsymbol{d}_k}.$$

由 $\boldsymbol{r}_{k+1}=\boldsymbol{r}_k-\alpha_k\boldsymbol{A}\boldsymbol{d}_k$，并结合后面定理4.3 中的关系式 $\boldsymbol{r}_{k+1}^{\mathrm{T}}\boldsymbol{r}_k=0$，有

$$\beta_k=-\frac{\boldsymbol{d}_k^{\mathrm{T}}\boldsymbol{A}\boldsymbol{r}_{k+1}}{\boldsymbol{d}_k^{\mathrm{T}}\boldsymbol{A}\boldsymbol{d}_k}=-\frac{\boldsymbol{r}_{k+1}^{\mathrm{T}}(\boldsymbol{r}_k-\boldsymbol{r}_{k+1})}{\alpha_k\boldsymbol{d}_k^{\mathrm{T}}\boldsymbol{A}\boldsymbol{d}_k}=\frac{\boldsymbol{r}_{k+1}^{\mathrm{T}}\boldsymbol{r}_{k+1}}{\boldsymbol{r}_k^{\mathrm{T}}\boldsymbol{r}_k}.$$

综合上述讨论，可得如下算法：

算法 4.2 求解对称正定线性方程组的共轭梯度法

输入： 矩阵$\boldsymbol{A}$、向量$\boldsymbol{b}$、初始向量$\boldsymbol{x}_0$

输出： 向量$\boldsymbol{x}$

计算残量及方向$r_0=b-Ax_0$，$p_0=r_0$；

$k=1$；

计算步长$\alpha_0=r_0^{\mathrm{T}}r_0/(p_0^{\mathrm{T}}Ap_0)$；

计算更新后向量$x_1=x_0+\alpha_0p_0$；

计算当前残量$r_1=b-Ax_1$；

while $r_k\neq 0$ **do**

  $k=k+1$；

  计算参数$\beta_{k-2}=r_{k-1}^{\mathrm{T}}r_{k-1}/(r_{k-2}^{\mathrm{T}}r_{k-2})$；

  计算方向$p_{k-1}=r_{k-1}+\beta_{k-2}p_{k-2}$；

  计算步长$\alpha_{k-1}=r_{k-1}^{\mathrm{T}}r_{k-1}/(p_{k-1}^{\mathrm{T}}Ap_{k-1})$；

  计算更新后的向量$x_k=x_{k-1}+\alpha_{k-1}p_{k-1}$；

  计算当前残量$r_k=r_{k-1}-\alpha_{k-1}Ap_{k-1}$；

end while

共轭梯度法具有良好的性质，可以归纳为如下定理：

定理 4.3 对于任意给定的初始向量 $\boldsymbol{x}_0$，由共轭梯度法迭代 m 步产生的残量序列 $\{\boldsymbol{r}_k\}_{k=0}^{m}$ 及方向序列 $\{\boldsymbol{d}_k\}_{k=0}^{m}$ 满足：

- 当前步的残量与前面任一步的下降方向均正交，即

$$\boldsymbol{r}_k^{\mathrm{T}}\boldsymbol{d}_i = 0,\ i = 0,\cdots,k-1,\ 1 \leqslant k \leqslant m;$$

- 任意两步的残量均正交，即

$$\boldsymbol{r}_i^{\mathrm{T}}\boldsymbol{r}_j = 0,\ 0 \leqslant i \neq j \leqslant m;$$

- 任意两步的下降方向均关于矩阵 $\boldsymbol{A}$ 正交，即

$$\boldsymbol{d}_i^{\mathrm{T}}\boldsymbol{A}\boldsymbol{d}_j = 0,\ 0 \leqslant i \neq j \leqslant m;$$

- $\mathrm{span}\{\boldsymbol{r}_0,\boldsymbol{r}_1,\cdots,\boldsymbol{r}_k\} = \mathrm{span}\{\boldsymbol{d}_0,\boldsymbol{d}_1,\cdots,\boldsymbol{d}_k\} = \mathrm{span}\{\boldsymbol{r}_0,\boldsymbol{A}\boldsymbol{r}_0,\cdots,\boldsymbol{A}^k\boldsymbol{r}_0\}$，$0 \leqslant k \leqslant m$.

证明 利用数学归纳法进行证明. 首先证明当 $k=1$ 时定理成立.

$$\begin{aligned}
&\boldsymbol{r}_0 = \boldsymbol{b} - \boldsymbol{A}\boldsymbol{x}_0,\ \boldsymbol{d}_0 = \boldsymbol{r}_0,\ \boldsymbol{r}_1 = \boldsymbol{r}_0 - \alpha_0\boldsymbol{A}\boldsymbol{d}_0,\ \boldsymbol{d}_1 = \boldsymbol{r}_1 + \beta_0\boldsymbol{d}_0,\\
&\boldsymbol{r}_0^{\mathrm{T}}\boldsymbol{r}_1 = \boldsymbol{d}_0^{\mathrm{T}}\boldsymbol{r}_1 = \boldsymbol{d}_0^{\mathrm{T}}(\boldsymbol{r}_0 - \alpha_0\boldsymbol{A}\boldsymbol{d}_0) = 0,\\
&\boldsymbol{d}_0^{\mathrm{T}}\boldsymbol{A}\boldsymbol{d}_1 = \boldsymbol{d}_0^{\mathrm{T}}\boldsymbol{A}(\boldsymbol{r}_1 + \beta_0\boldsymbol{d}_0) = 0,\\
&\mathrm{span}\{\boldsymbol{r}_0,\boldsymbol{r}_1\} = \mathrm{span}\{\boldsymbol{d}_0,\boldsymbol{r}_1\} = \mathrm{span}\{\boldsymbol{d}_0,\boldsymbol{d}_1\},\\
&\mathrm{span}\{\boldsymbol{r}_0,\boldsymbol{r}_1\} = \mathrm{span}\{\boldsymbol{r}_0,\boldsymbol{A}\boldsymbol{d}_0\} = \mathrm{span}\{\boldsymbol{r}_0,\boldsymbol{A}\boldsymbol{r}_0\}.
\end{aligned}$$

假定上述结论对 k 成立，下面证明对 $k+1$ 时也成立，

(1) 由 $\boldsymbol{r}_{k+1} = \boldsymbol{r}_k - \alpha_k\boldsymbol{A}\boldsymbol{d}_k$ 有

$$\boldsymbol{d}_i^{\mathrm{T}}\boldsymbol{r}_{k+1} = \boldsymbol{d}_i^{\mathrm{T}}(\boldsymbol{r}_k - \alpha_k\boldsymbol{A}\boldsymbol{d}_k),$$

利用归纳法假设，对 $0 \leqslant i \leqslant k-1$ 有 $\boldsymbol{d}_i^{\mathrm{T}}\boldsymbol{r}_{k+1} = 0$. 当 $i = k$ 时，利用 α_k 的定义，有

$$\boldsymbol{d}_k^{\mathrm{T}}\boldsymbol{r}_{k+1} = \boldsymbol{d}_k^{\mathrm{T}}(\boldsymbol{r}_k - \alpha_k\boldsymbol{A}\boldsymbol{d}_k) = 0.$$

故结论对 $k+1$ 也成立.

(2) 由归纳假设知

$$\mathrm{span}\{\boldsymbol{r}_0, \boldsymbol{r}_1, \cdots, \boldsymbol{r}_k\} = \mathrm{span}\{\boldsymbol{d}_0, \boldsymbol{d}_1, \cdots, \boldsymbol{d}_k\},$$

由 (1) 知 $\boldsymbol{r}_{k+1}$ 与上述子空间正交，故结论对于 $k+1$ 成立.

(3) 由于 $\boldsymbol{d}_{k+1} = \boldsymbol{r}_{k+1} + \beta_k \boldsymbol{d}_k$，$\boldsymbol{r}_{k+1} = \boldsymbol{r}_k - \alpha_k \boldsymbol{A}\boldsymbol{d}_k$ 以及归纳假设知

$$\boldsymbol{d}_i^{\mathrm{T}} \boldsymbol{A} \boldsymbol{d}_{k+1} = \boldsymbol{r}_{k+1}^{\mathrm{T}} (\boldsymbol{r}_i - \boldsymbol{r}_{i+1})/\alpha_i + \beta_k \boldsymbol{d}_k^{\mathrm{T}} \boldsymbol{A} \boldsymbol{d}_i = 0$$

对于 $i \leqslant k-1$ 成立. 当 $i = k$ 时，由 β_{k+1} 的定义知

$$\boldsymbol{d}_k^{\mathrm{T}} \boldsymbol{A} \boldsymbol{d}_{k+1} = (\boldsymbol{r}_{k+1} + \beta_k \boldsymbol{d}_k)^{\mathrm{T}} \boldsymbol{A} \boldsymbol{d}_k = 0.$$

故结论对于 $k+1$ 成立.

(4) 由 $\boldsymbol{r}_k, \boldsymbol{d}_k \in \mathrm{span}\{\boldsymbol{r}_0, \boldsymbol{A}\boldsymbol{r}_0, \cdots, \boldsymbol{A}^k \boldsymbol{r}_0\}$，有

$$\begin{aligned} \boldsymbol{r}_{k+1} &= \boldsymbol{r}_k - \alpha_k \boldsymbol{A}\boldsymbol{d}_k \in \{\boldsymbol{r}_0, \boldsymbol{A}\boldsymbol{r}_0, \cdots, \boldsymbol{A}^{k+1}\boldsymbol{r}_0\}, \\ \boldsymbol{d}_{k+1} &= \boldsymbol{r}_{k+1} + \beta_k \boldsymbol{d}_k \in \{\boldsymbol{r}_0, \boldsymbol{A}\boldsymbol{r}_0, \cdots, \boldsymbol{A}^{k+1}\boldsymbol{r}_0\}. \end{aligned}$$

故结论对于 $k+1$ 成立. □

对于给定的非奇异矩阵 $\boldsymbol{A} \in \mathbb{R}^{n\times n}$ 及向量 $\boldsymbol{r}_0 \in \mathbb{R}^n$，定义

$$\mathcal{K}_m(\boldsymbol{A}, \boldsymbol{r}_0) = \mathrm{span}\left\{\boldsymbol{r}_0, \boldsymbol{A}\boldsymbol{r}_0, \cdots, \boldsymbol{A}^{m-1}\boldsymbol{r}_0\right\}$$

为 $\mathbb{R}^n$ 关于 $\boldsymbol{A}$ 及 $\boldsymbol{r}_0$ 的 Krylov 子空间，其维数为

$$\dim(\mathcal{K}_m(\boldsymbol{A}, \boldsymbol{r}_0)) = \min\left\{m, \mathrm{grad}(\boldsymbol{A}, \boldsymbol{r}_0)\right\},$$

其中 $\mathrm{grad}(\boldsymbol{A}, \boldsymbol{r}_0)$ 为使得 $p(\boldsymbol{A})\boldsymbol{r}_0 = 0$ 成立的所有首项系数为 1 的多项式的最低次数.

由残量的正交性可知，共轭梯度法最多经过 n 步一定会终止，故共轭梯度法可以看作是直接法. 但是由于实际使用中舍入误差的存在使得正交性很快会丢失，其有限步终止的性质也会不成立，故实际中一般作为迭代法使用. 另外，在算法4.2中，部分运算是重复性的，例如 $\boldsymbol{r}_{k-1}^{\mathrm{T}}\boldsymbol{r}_{k-1}, \boldsymbol{A}\boldsymbol{p}_{k-1}$ 等，这些重复计算可以通过存储已计算结果避免. 综合上述讨论，可得如下实用的算法：

算法 4.3　求解对称正定线性方程组的共轭梯度法

输入： 矩阵$\boldsymbol{A}$、向量$\boldsymbol{b}$、初始向量$\boldsymbol{x}$、精度ε 及最大迭代步数$k_{\max}$

输出： 向量$\boldsymbol{x}$

$r = b - Ax$，$\gamma = r^{\mathrm{T}}r$，$p = r$；

$k = 1, \omega = Ap, \alpha = \gamma/(p^{\mathrm{T}}\omega), x = x + \alpha p$；

$r = r - \alpha\omega, \widetilde{\gamma} = \gamma, \gamma = r^{\mathrm{T}}r$；

while $\sqrt{\gamma} \geqslant \varepsilon\|b\|$ & $k < k_{\max}$ **do**

　$k = k + 1, \beta = \gamma/\widetilde{\gamma}, p = r + \beta p$；

　$\omega = Ap, \alpha = \gamma/(p^{\mathrm{T}}\omega), x = x + \alpha p$；

　$r = r - \alpha\omega, \widetilde{\gamma} = \gamma, \gamma = r^{\mathrm{T}}r$；

end while

对于某些特殊的病态线性方程组，例如系数矩阵为 Hilbert 矩阵的线性方程组，利用共轭梯度法可能会得到比较理想的结果.

例 4.1　对于线性方程组 $\boldsymbol{Ax} = \boldsymbol{b}$，令系数矩阵 $\boldsymbol{A}$ 为 n 阶 Hilbert 矩阵，$\boldsymbol{e} = (1, \cdots, 1)^{\mathrm{T}}$ 为元素全为 1 的 n 维列向量，常向量 $\boldsymbol{b}$ 为 $\boldsymbol{Ae}$. 明显地，线性方程组的解为 $\boldsymbol{e}$. 分别利用基于 LU 分解的 Gauss 消去法和共轭梯度法求解线性方程组 $\boldsymbol{Ax} = \boldsymbol{b}$，两种方法求得解的结果比较如图 4.2 所示，$x$ 轴为矩阵 $\boldsymbol{A}$ 的阶数，y 轴为 $\log_{10}\|\boldsymbol{b} - \boldsymbol{Ax}\|_2$. 实线为共轭梯度法的结果，虚线为利用基于 LU 分解的 Gauss 消去法的结果.

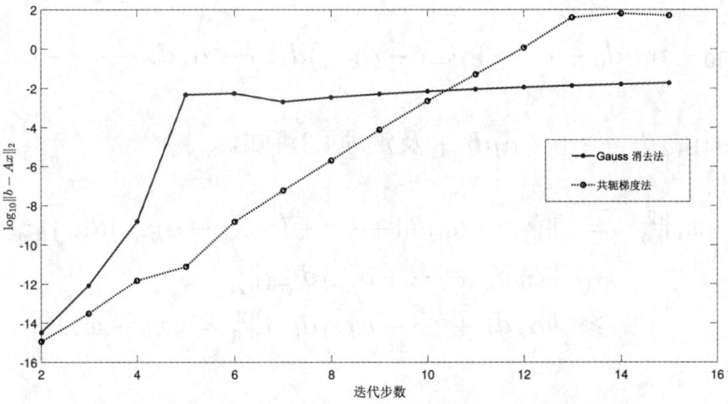

图 4.2　Gauss 消去法与共轭梯度法比较

从图 4.2 中数据可以看出，随着阶数 n 的增大，共轭梯度法较基于 LU 分解的 Gauss 消去法求得的解更为理想，绝对误差在 10^{-3} 附近.

利用共轭梯度法得到的第 k 个迭代向量，有下面的定理成立.

定理 4.4 令 $\boldsymbol{x}_k$ 为利用共轭梯度法得到的第 k 个迭代向量，则有

$$\varphi(\boldsymbol{x}_k)=\min\left\{\varphi(\boldsymbol{x}):\boldsymbol{x}\in\boldsymbol{x}_0+\mathcal{K}_k(\boldsymbol{A},\boldsymbol{r}_0)\right\},$$

或者

$$\|\boldsymbol{x}_k-\boldsymbol{x}_*\|_{\boldsymbol{A}}=\min\left\{\|\boldsymbol{x}-\boldsymbol{x}_*\|_{\boldsymbol{A}}:\boldsymbol{x}\in\boldsymbol{x}_0+\mathcal{K}_k(\boldsymbol{A},\boldsymbol{r}_0)\right\}.$$

证明 假定 $\boldsymbol{x}_k$ 为共轭梯度法的第 k 步迭代向量，有

$$\begin{aligned}\boldsymbol{x}_k &= \boldsymbol{x}_{k-1}+\alpha_{k-1}\boldsymbol{d}_{k-1}=\boldsymbol{x}_{k-2}+\alpha_{k-2}\boldsymbol{d}_{k-2}+\alpha_{k-1}\boldsymbol{d}_{k-1}\\ &= \cdots=\boldsymbol{x}_0+\alpha_0\boldsymbol{d}_0+\cdots+\alpha_{k-1}\boldsymbol{d}_{k-1}.\end{aligned}$$

假设共轭梯度法经过 l 步求得问题的解，即 $\boldsymbol{r}_l=0$. 则

$$\boldsymbol{x}_*=\boldsymbol{x}_l=\boldsymbol{x}_0+\alpha_0\boldsymbol{d}_0+\cdots+\alpha_{l-1}\boldsymbol{d}_{l-1}.$$

对任意 $\boldsymbol{x}\in\boldsymbol{x}_0+\mathcal{K}_k(\boldsymbol{A},\boldsymbol{r}_0)$，有

$$\boldsymbol{x}=\boldsymbol{x}_0+\gamma_0\boldsymbol{d}_0+\cdots+\gamma_{k-1}\boldsymbol{d}_{k-1}.$$

则

$$\boldsymbol{x}-\boldsymbol{x}_*=(\gamma_0-\alpha_0)\boldsymbol{d}_0+\cdots+(\gamma_{k-1}-\alpha_{k-1})\boldsymbol{d}_{k-1}-\alpha_k\boldsymbol{d}_k-\cdots-\alpha_{l-1}\boldsymbol{d}_{l-1}.$$

由 $\boldsymbol{x}_k-\boldsymbol{x}_*=-\alpha_{k+1}\boldsymbol{d}_k-\cdots-\alpha_l\boldsymbol{d}_{l-1}$ 及定理4.3可知，

$$\begin{aligned}\|\boldsymbol{x}-\boldsymbol{x}_*\|_{\boldsymbol{A}}^2 &= \|(\gamma_0-\alpha_0)\boldsymbol{d}_0+\cdots+(\gamma_{k-1}-\alpha_{k-1})\boldsymbol{d}_{k-1}\|_{\boldsymbol{A}}^2\\ &+ \|\alpha_k\boldsymbol{d}_k+\cdots+\alpha_{l-1}\boldsymbol{d}_{l-1}\|_{\boldsymbol{A}}^2\\ &\geqslant \|\alpha_k\boldsymbol{d}_k+\cdots+\alpha_{l-1}\boldsymbol{d}_{l-1}\|_{\boldsymbol{A}}^2=\|\boldsymbol{x}_k-\boldsymbol{x}_*\|_{\boldsymbol{A}}^2.\end{aligned}$$

定理得证. □

关于共轭梯度法的收敛性估计，有以下定理成立

定理 4.5 由共轭梯度法产生的迭代序列 $\{\boldsymbol{x}_k\}_{k=0}^{\infty}$ 满足：

$$\|\boldsymbol{x}_k-\boldsymbol{x}_*\|_{\boldsymbol{A}}\leqslant 2\left(\frac{\sqrt{\kappa_2(\boldsymbol{A})}-1}{\sqrt{\kappa_2(\boldsymbol{A})}+1}\right)^k\|\boldsymbol{x}_0-\boldsymbol{x}_*\|_{\boldsymbol{A}}.$$

证明　对任意的 $\boldsymbol{x} \in \boldsymbol{x}_0 + \mathcal{K}_k(\boldsymbol{A}, \boldsymbol{r}_0)$，有

$$\begin{aligned}\boldsymbol{x}_* - \boldsymbol{x} &= \boldsymbol{x}_* - \boldsymbol{x}_0 + \alpha_0 \boldsymbol{r}_0 + \alpha_1 \boldsymbol{A}\boldsymbol{r}_0 + \cdots + \alpha_{k-1}\boldsymbol{A}^{k-1}\boldsymbol{r}_0 \\ &= (\boldsymbol{I} + \alpha_0 \boldsymbol{A} + \alpha_1 \boldsymbol{A}^2 + \cdots + \alpha_{k-1}\boldsymbol{A}^k)(\boldsymbol{x}_* - \boldsymbol{x}_0) = p(\boldsymbol{A})(\boldsymbol{x}_* - \boldsymbol{x}_0),\end{aligned}$$

其中 $p(\boldsymbol{x})$ 为 k 次多项式，满足 $p(\boldsymbol{0}) = 1$. 令 P_k 为所有 $p(\boldsymbol{x})$ 组成的集合. 由定理4.4及定理4.1 知

$$\begin{aligned}\|\boldsymbol{x}_k - \boldsymbol{x}_*\|_{\boldsymbol{A}} &= \min\{\|\boldsymbol{x} - \boldsymbol{x}_*\|_{\boldsymbol{A}} : \boldsymbol{x} \in K_k(\boldsymbol{A}, \boldsymbol{r}_0)\} \\ &= \min_{p\in P_k} \|p(\boldsymbol{A})(\boldsymbol{x}_* - \boldsymbol{x}_0)\|_{\boldsymbol{A}} \\ &\leqslant \min_{p\in P_k} \max_{\lambda\in\lambda(\boldsymbol{A})} |p(\lambda)| \, \|\boldsymbol{x}_* - \boldsymbol{x}_0\|_{\boldsymbol{A}} \\ &\leqslant \min_{p\in P_k} \max_{\lambda\in(\lambda_1,\lambda_n)} |p(\lambda)| \, \|\boldsymbol{x}_* - \boldsymbol{x}_0\|_{\boldsymbol{A}},\end{aligned}$$

其中 $0 < \lambda_1 \leqslant \cdots \leqslant \lambda_n$. 由定理3.18 知

$$\min_{p\in P_k} \max_{\lambda\in(\lambda_1,\lambda_n)} |p(\lambda)| = \frac{1}{\left|T_k\left(\dfrac{\lambda_1+\lambda_n}{\lambda_n-\lambda_1}\right)\right|}.$$

对于 Chebyshev 多项式有如下结论成立:

$$\frac{1}{T_k(t)} = \frac{2}{(t+\sqrt{t^2-1})^k + (t+\sqrt{t^2-1})^{-k}},$$

故

$$\begin{aligned}\|\boldsymbol{x}_k - \boldsymbol{x}_*\|_{\boldsymbol{A}} &\leqslant \frac{2}{\left(\dfrac{\sqrt{\lambda_1}+\sqrt{\lambda_n}}{\sqrt{\lambda_n}-\sqrt{\lambda_1}}\right)^k + \left(\dfrac{\sqrt{\lambda_1}+\sqrt{\lambda_n}}{\sqrt{\lambda_n}-\sqrt{\lambda_1}}\right)^{-k}} \|\boldsymbol{x}_* - \boldsymbol{x}_0\|_{\boldsymbol{A}} \\ &\leqslant 2\left(\frac{\sqrt{\lambda_n}-\sqrt{\lambda_1}}{\sqrt{\lambda_n}+\sqrt{\lambda_1}}\right)^k \|\boldsymbol{x}_* - \boldsymbol{x}_0\|_{\boldsymbol{A}} \\ &= 2\left(\frac{\sqrt{\kappa_2(\boldsymbol{A})}-1}{\sqrt{\kappa_2(\boldsymbol{A})}+1}\right)^k \|\boldsymbol{x}_* - \boldsymbol{x}_0\|_{\boldsymbol{A}}.\end{aligned}$$

定理得证. □

由定理4.5可知，共轭梯度法的收敛性依赖于系数矩阵的条件数. 当系数矩阵的条件数接近于 1 或者大部分的特征值集中在一点附近时，共轭梯度法具有较快的收敛速度.

4.1.3　预优共轭梯度法

如何提高共轭梯度法的收敛速度是很重要的研究课题. 通过定理4.5可知，如果选取一个非奇异矩阵 $\boldsymbol{C}$ 使得

$$\widetilde{\boldsymbol{A}}=\boldsymbol{C}^{-1}\boldsymbol{A}\boldsymbol{C}^{-\mathrm{T}}$$

仍为对称正定矩阵，并且其特征值分布比较集中，或者较 $\boldsymbol{A}$ 具有更好的条件数，则线性方程组 $\widetilde{\boldsymbol{A}}\boldsymbol{C}^{\mathrm{T}}\boldsymbol{x}=\boldsymbol{C}^{-1}\boldsymbol{b}$ 与线性方程组 $\boldsymbol{A}\boldsymbol{x}=\boldsymbol{b}$ 具有相同的解，并且用共轭梯度法求解前者具有更快的收敛速度，会更快求得线性方程组 $\boldsymbol{A}\boldsymbol{x}=\boldsymbol{b}$ 的解.

假定已经找到非奇异矩阵 $\boldsymbol{C}$ 满足上述条件，令 $\widetilde{\boldsymbol{x}}=\boldsymbol{C}^{\mathrm{T}}\boldsymbol{x},\widetilde{\boldsymbol{b}}=\boldsymbol{C}^{-1}\boldsymbol{b}$，将共轭梯度法应用于线性方程组 $\widetilde{\boldsymbol{A}}\widetilde{\boldsymbol{x}}=\widetilde{\boldsymbol{b}}$ 的求解. 对于任意给定的初始向量 $\widetilde{\boldsymbol{x}}_0$，有 $\widetilde{\boldsymbol{r}}_0=\widetilde{\boldsymbol{b}}-\widetilde{\boldsymbol{A}}\widetilde{\boldsymbol{x}}_0$，令 $\widetilde{\boldsymbol{d}}_0=\widetilde{\boldsymbol{r}}_0$，有如下迭代公式:

$$\begin{aligned}
&\alpha_k=\widetilde{\boldsymbol{r}}_k^{\mathrm{T}}\widetilde{\boldsymbol{r}}_k/\widetilde{\boldsymbol{d}_k}^{\mathrm{T}}\widetilde{\boldsymbol{A}}\widetilde{\boldsymbol{d}}_k,\\
&\widetilde{\boldsymbol{x}}_{k+1}=\widetilde{\boldsymbol{x}}_k+\alpha_k\widetilde{\boldsymbol{d}_k},\\
&\widetilde{\boldsymbol{r}}_{k+1}=\widetilde{\boldsymbol{r}}_k-\alpha_k\widetilde{\boldsymbol{A}}\widetilde{\boldsymbol{d}}_k,\\
&\beta_k=\widetilde{\boldsymbol{r}}_{k+1}^{\mathrm{T}}\widetilde{\boldsymbol{r}}_{k+1}/\widetilde{\boldsymbol{r}}_k^{\mathrm{T}}\widetilde{\boldsymbol{r}}_k,\\
&\widetilde{\boldsymbol{d}}_{k+1}=\widetilde{\boldsymbol{r}}_{k+1}+\beta_k\widetilde{\boldsymbol{d}}_k,
\end{aligned}$$

其中 $k=0,1,2,\cdots$，$\widetilde{\boldsymbol{d}}_0=\widetilde{\boldsymbol{r}}_0=\widetilde{\boldsymbol{b}}-\widetilde{\boldsymbol{A}}\widetilde{\boldsymbol{x}}_0$. 在如上的迭代公式中需要计算

$$\widetilde{\boldsymbol{A}}=\boldsymbol{C}^{-1}\boldsymbol{A}\boldsymbol{C}^{-\mathrm{T}},\ \widetilde{\boldsymbol{b}}=\boldsymbol{C}^{-1}\boldsymbol{b},$$

还需要将迭代得到的解 $\widetilde{\boldsymbol{x}}_k$ 通过变换 $\boldsymbol{x}_k=\boldsymbol{C}^{-\mathrm{T}}\widetilde{\boldsymbol{x}}_k$ 转化为原方程组的解. 为了避免上面这些运算增加的额外的计算量,考虑下面的直接算法,左边为直接对线性方程组 $\widetilde{\boldsymbol{A}}\widetilde{\boldsymbol{x}}=\widetilde{\boldsymbol{b}}$ 采用共轭梯度法而得到的算法，右边为只对 $\boldsymbol{A},\boldsymbol{b}$ 进行操作的算法. 给定 $\boldsymbol{A},\boldsymbol{b},\boldsymbol{x}_0,\boldsymbol{S}=\boldsymbol{C}\boldsymbol{C}^{\mathrm{T}}$，令 $\boldsymbol{r}_0=\boldsymbol{b}-\boldsymbol{A}\boldsymbol{x}_0,\boldsymbol{z}_0=\boldsymbol{S}^{-1}\boldsymbol{r}_0,\gamma_0=\boldsymbol{r}_0^{\mathrm{T}}\boldsymbol{z}_0,\boldsymbol{p}_0=\boldsymbol{z}_0$，有

$$\begin{aligned}
&\boldsymbol{\omega}_k=\boldsymbol{A}\boldsymbol{p}_k, &&\alpha_k=\gamma_k/(\boldsymbol{p}_k^{\mathrm{T}}\boldsymbol{\omega}_k),\\
&\boldsymbol{x}_{k+1}=\boldsymbol{x}_k+\alpha_k\boldsymbol{p}_k, &&\boldsymbol{r}_{k+1}=\boldsymbol{r}_k-\alpha_k\boldsymbol{\omega}_k,\\
&\boldsymbol{z}_{k+1}=\boldsymbol{S}^{-1}\boldsymbol{r}_{k+1}, &&\gamma_{k+1}=\boldsymbol{r}_{k+1}^{\mathrm{T}}\boldsymbol{z}_{k+1},\\
&\beta_k=\gamma_{k+1}/\gamma_k, &&\boldsymbol{p}_{k+1}=\boldsymbol{z}_{k+1}+\beta_k\boldsymbol{p}_k.
\end{aligned}$$

从递推过程可以看出，每步预优共轭梯度法比共轭梯度法只是多了一个线性方程组的求解. 由于这个方程组的系数矩阵不发生改变，所以当利用带主元的 Gauss 消去法求解

时，整个过程中只是多了大约 $\frac{2}{3}n^3$ 的计算量. 此算法称为预优共轭梯度法，矩阵 $\boldsymbol{S}$ 称为预优矩阵，具体的算法流程如下：

算法 4.4 求解对称正定线性方程组的预优共轭梯度法

输入： 矩阵$\boldsymbol{A}$、向量$\boldsymbol{b}$、初始向量$\boldsymbol{x}$、精度ε及最大迭代步数$k_{\max}$

输出： 向量$\boldsymbol{x}$

$r = b - Ax$，求解$Sz = r$得到z，$p = z$，$\gamma = r^{\mathrm{T}}z$；

$k = 1, \omega = Ap, \alpha = \gamma/(p^{\mathrm{T}}\omega), x = x + \alpha p, r = r - \alpha\omega$；

while $\sqrt{r^{\mathrm{T}}r} \geqslant \varepsilon\|b\|$ & $k < k_{\max}$ **do**

  求解$Sz = r$得到z，$k = k + 1$；

  $\widetilde{\gamma} = \gamma, \gamma = r^{\mathrm{T}}z, \beta = \gamma/\widetilde{\gamma}, p = z + \beta p$；

  $\omega = Ap, \alpha = \gamma/(p^{\mathrm{T}}\omega), x = x + \alpha p, r = r - \alpha\omega$；

end while

类似于共轭梯度法的理论分析，可以证明预优共轭梯度法具有如下性质：

- 不同步的残量关于 $\boldsymbol{S}^{-1}$ 是正交的，即

$$\boldsymbol{r}_i^{\mathrm{T}}\boldsymbol{S}^{-1}\boldsymbol{r}_j = 0,\ i \neq j.$$

- 方向序列关于 $\boldsymbol{A}$ 是正交的，即

$$\boldsymbol{d}_i^{\mathrm{T}}\boldsymbol{A}\boldsymbol{d}_j = 0,\ i \neq j.$$

- 迭代向量 $\boldsymbol{x}_k$ 满足

$$\|\boldsymbol{x}_k - \boldsymbol{x}_*\|_{\boldsymbol{A}} \leqslant 2\left(\frac{\sqrt{\lambda_{\max}(\boldsymbol{S}^{-1}\boldsymbol{A})} - \sqrt{\lambda_{\min}(\boldsymbol{S}^{-1}\boldsymbol{A})}}{\sqrt{\lambda_{\max}(\boldsymbol{S}^{-1}\boldsymbol{A})} + \sqrt{\lambda_{\min}(\boldsymbol{S}^{-1}\boldsymbol{A})}}\right)^k \|\boldsymbol{x}_0 - \boldsymbol{x}_*\|_{\boldsymbol{A}}.$$

下面考虑预优矩阵 $\boldsymbol{S}$ 的选取. 预优共轭梯度法能否得到好的收敛速度取决于矩阵 $\boldsymbol{S}$ 的选取，一个好的预优矩阵应该满足: $\boldsymbol{S}$ 对称正定、$\boldsymbol{S}^{-1}\boldsymbol{A}$ 的特征值比较集中并且具有好的稀疏结构、以 $\boldsymbol{S}$ 为系数矩阵的线性方程组 $\boldsymbol{Sz} = \boldsymbol{r}$ 易求. 构造具备上述要求的预优矩阵是很难的，下面简单介绍几种基本的选取技巧[12]：

(1) 对角预优矩阵. 如果线性方程组的系数矩阵的对角元素相差较大，则可选取

$$S=\begin{pmatrix} a_{11} & & \\ & \ddots & \\ & & a_{nn} \end{pmatrix}.$$

更一般的，若 $\boldsymbol{A}$ 可分块为如下形式

$$\boldsymbol{A}=\begin{pmatrix} \boldsymbol{A}_{11} & \cdots & \boldsymbol{A}_{1k} \\ \vdots & & \vdots \\ \boldsymbol{A}_{k1} & \cdots & \boldsymbol{A}_{kk} \end{pmatrix},$$

其中 $\boldsymbol{A}_{ii}$ 为易于求逆的矩阵，则可选择

$$\boldsymbol{S}=\begin{pmatrix} \boldsymbol{A}_{11} & & \\ & \ddots & \\ & & \boldsymbol{A}_{kk} \end{pmatrix}.$$

(2) 不完全 Cholesky 因子预优矩阵. 计算矩阵 $\boldsymbol{A}$ 的不完全 Cholesky 分解

$$\boldsymbol{A}=\boldsymbol{L}\boldsymbol{L}^{\mathrm{T}}+\boldsymbol{R},$$

其中 $\boldsymbol{L}$ 为单位下三角阵，$\boldsymbol{R}$ 满足：① $\boldsymbol{L}$ 尽量保持矩阵 $\boldsymbol{A}$ 的稀疏结构; ② $\boldsymbol{L}\boldsymbol{L}^{\mathrm{T}}$ 与矩阵 $\boldsymbol{A}$ 尽量接近. 此时选择 $\boldsymbol{S}=\boldsymbol{L}\boldsymbol{L}^{\mathrm{T}}$.

(3) 分裂法预优矩阵. 假定矩阵 $\boldsymbol{A}$ 具有如下分裂形式

$$\boldsymbol{A}=\boldsymbol{M}-\boldsymbol{N},$$

其中 $\boldsymbol{M}$ 可逆，则线性方程组 $\boldsymbol{A}\boldsymbol{x}=\boldsymbol{b}$ 与 $(\boldsymbol{I}-\boldsymbol{M}^{-1}\boldsymbol{N})\boldsymbol{x}=\boldsymbol{M}^{-1}\boldsymbol{b}$ 同解，故 $\boldsymbol{A}^{-1}=(\boldsymbol{I}-\boldsymbol{M}^{-1}\boldsymbol{N})^{-1}\boldsymbol{M}^{-1}$，从而可选择

$$\boldsymbol{S}=\left(\boldsymbol{I}+\boldsymbol{M}^{-1}\boldsymbol{N}+\cdots+(\boldsymbol{M}^{-1}\boldsymbol{N})^{p}\right)\boldsymbol{M}^{-1}$$

作为预优矩阵.

(4) 考虑古典迭代法中的矩阵 $\boldsymbol{M}$. 对于 Jacobi 迭代法，$\boldsymbol{M}$ 为系数矩阵 $\boldsymbol{A}$ 的对角元素组成的矩阵，故是对称正定的，满足条件. 对于 Gauss-Seidel 迭代法及 SOR 迭代

法，$\boldsymbol{M}$ 不是对称正定的，故不能选作预优矩阵. 对于 SSOR 迭代法，

$$\boldsymbol{M} = (\boldsymbol{D} - \omega\boldsymbol{L})\boldsymbol{D}^{-1}(\boldsymbol{D} - \omega\boldsymbol{L}^{\mathrm{T}})$$

为对称正定的，故可以选作预优矩阵.

例 4.2　对于例 2.7 中的线性方程组 $\boldsymbol{Ax} = \boldsymbol{b}$，下表给出了利用共轭梯度法和预优共轭梯度法分别求解问题时的迭代步数，终止要求为 $\|\boldsymbol{b} - \boldsymbol{Ax}\|/\|\boldsymbol{b}\| \geqslant 10^{-6}$.

n	50	60	70	80	90	100
CG	23	22	22	21	21	20
CG1	8	8	8	8	8	8
CG2	18	17	16	16	16	15

其中，“CG”代表共轭梯度法，“CG1”和“CG2”分别为预优共轭梯度法，其中两个预优矩阵分别取为 $\boldsymbol{A}$ 的 SSOR 迭代法的矩阵 $\boldsymbol{M}$ 和块对角矩阵. 从表中可以看出，适当地选择预优矩阵能够提高问题的收敛速度.

4.2　Krylov 子空间法

本部分我们将再介绍几种解非对称线性方程组的 Krylov 子空间法. 记线性方程组为

$$\boldsymbol{Ax} = \boldsymbol{b}, \tag{4.6}$$

其中系数矩阵 $\boldsymbol{A} \in \mathbb{R}^{n\times n}$ 非奇异.

定义 4.1　给定矩阵 $\boldsymbol{A} \in \mathbb{R}^{n\times n}$ 及非零向量 $\boldsymbol{v} \in \mathbb{R}^n$, 称 $\boldsymbol{v}, \boldsymbol{Av}, \boldsymbol{A}^2\boldsymbol{v}, \cdots$ 为 Krylov 向量序列, 其张成的子空间为 Krylov 子空间, 记为

$$\mathcal{K}_k(\boldsymbol{A}, \boldsymbol{v}) = \mathrm{span}\{\boldsymbol{v}, \boldsymbol{Av}, \cdots, \boldsymbol{A}^{k-1}\boldsymbol{v}\}, \quad k = 1, 2, \cdots$$

易证, Krylov 子空间满足以下不变性:

- $\mathcal{K}_k(\beta\boldsymbol{A}, \alpha\boldsymbol{v}) = \mathcal{K}_k(\boldsymbol{A}, \boldsymbol{v}), \alpha \neq 0, \beta \neq 0;$
- $\mathcal{K}_k(\boldsymbol{A} - \mu\boldsymbol{I}, \boldsymbol{v}) = \mathcal{K}_k(\boldsymbol{A}, \boldsymbol{v});$
- $\mathcal{K}_k(\boldsymbol{U}^{-1}\boldsymbol{AU}, \boldsymbol{U}^{-1}\boldsymbol{v}) = \boldsymbol{U}^{-1}\mathcal{K}_k(\boldsymbol{A}, \boldsymbol{v}).$

我们将所有在 $\boldsymbol{x}_0+\mathcal{K}_k(\boldsymbol{A},\boldsymbol{r}_0)$ 中寻求近似解 $\boldsymbol{x}_k$ 的迭代算法统称 Krylov 子空间法, 其中 $\boldsymbol{x}_0$ 为初始值, $\boldsymbol{r}_0:=\boldsymbol{b}-\boldsymbol{A}\boldsymbol{x}_0$ 为其对应残量. 为什么在子空间 $\boldsymbol{x}_0+\mathcal{K}_k(\boldsymbol{A},\boldsymbol{r}_0)$ 中寻求方程组的近似解呢? 我们知道对任意初始值 $\boldsymbol{x}_0$, 都有向量 $\boldsymbol{z}$ 满足

$$\boldsymbol{A}(\boldsymbol{x}_0+\boldsymbol{z})=\boldsymbol{b}\longrightarrow \boldsymbol{A}\boldsymbol{z}=\boldsymbol{r}_0\longrightarrow \boldsymbol{z}=\boldsymbol{A}^{-1}\boldsymbol{r}_0.$$

显然, 向量 $\boldsymbol{z}$ 是线性方程组 $\boldsymbol{A}\boldsymbol{z}=\boldsymbol{r}_0$ 的解, 且方程组 $\boldsymbol{A}\boldsymbol{z}=\boldsymbol{r}_0$ 与方程组 (4.6) 有相同的系数矩阵, 仅右端项向量不同.

设矩阵 $\boldsymbol{A}$ 的特征多项式为 $f(\lambda)=|\lambda\boldsymbol{I}-\boldsymbol{A}|=\lambda^n+\boldsymbol{a}_{n-1}\lambda^{n-1}+\cdots+\boldsymbol{a}_1\lambda+\boldsymbol{a}_0$. 由 Hamilton-Cayley 定理知 $f(\boldsymbol{A})=\boldsymbol{A}^n+\boldsymbol{a}_{n-1}\boldsymbol{A}^{n-1}+\cdots+\boldsymbol{a}_1\boldsymbol{A}+\boldsymbol{a}_0\boldsymbol{I}=\boldsymbol{O}$. 因矩阵 $\boldsymbol{A}$ 非奇异时 $\boldsymbol{a}_0\neq 0$, 得 $\boldsymbol{A}^{-1}=-(\boldsymbol{A}^{n-1}+\boldsymbol{a}_{n-1}\boldsymbol{A}^{n-2}+\cdots+\boldsymbol{a}_1\boldsymbol{I})/\boldsymbol{a}_0$, 所以有 $\boldsymbol{z}=\boldsymbol{A}^{-1}\boldsymbol{r}_0\in\mathcal{K}_n(\boldsymbol{A},\boldsymbol{r}_0)$, 进而方程组 (4.6) 的精确解 $\boldsymbol{x}_*=\boldsymbol{x}_0+\boldsymbol{z}\in\boldsymbol{x}_0+\mathcal{K}_n(\boldsymbol{A},\boldsymbol{r}_0)$.

若 $\boldsymbol{q}_1,\cdots,\boldsymbol{q}_k$ 为子空间 $\mathcal{K}_k(\boldsymbol{A},\boldsymbol{r}_0)$ 的任意一组基向量, 即

$$\mathcal{K}_k(\boldsymbol{A},\boldsymbol{r}_0)=\mathrm{span}\{\boldsymbol{q}_1,\cdots,\boldsymbol{q}_k\},$$

则近似解 $\boldsymbol{x}_k$ 可表示为

$$\begin{aligned}\boldsymbol{x}_k&=\boldsymbol{x}_0+\alpha_1\boldsymbol{q}_1+\cdots+\alpha_k\boldsymbol{q}_k\\&=\boldsymbol{x}_0+[\boldsymbol{q}_1,\boldsymbol{q}_2,\cdots,\boldsymbol{q}_k]\begin{bmatrix}\alpha_1\\\alpha_2\\\vdots\\\alpha_k\end{bmatrix},\quad \alpha_1,\cdots,\alpha_k\in\mathbb{R}.\end{aligned}$$

因此构造一组实用的 Krylov 子空间的基向量 $\boldsymbol{q}_1,\cdots,\boldsymbol{q}_k$, 并确定其组合系数 $\alpha_1,\cdots,\alpha_k$ 是至关重要的.

本章我们首先介绍 Gram-Schmidt 正交化过程, 然后给出计算 Krylov 子空间正交基的 Arnoldi 和 Lanczos 过程. 在得到 Krylov 子空间正交基后, 通过残量最小化导出解非对称问题的广义最小残量法 (GMRES) 和解对称问题的最小残量法 (MINRES). 同时介绍计算 Krylov 子空间非正交基的 Bi-Lanczos 过程, 然后导出双共轭梯度法 (BiCG), 及由 BiCG 衍生的平方共轭梯度法 (CGS), 稳定的双共轭梯度法 (BiCGSTAB), 广义乘积型双共轭梯度法 (GPBiCG). 最后我们再介绍一类近年提出并受关注的诱导降维法 (IDR).

4.2.1　Gram-Schmidt 正交化过程

除了前面章节介绍的 Householder 变换和 Givens 变换外, 我们还可通过如下 Gram-Schmidt 正交化过程 (算法4.5) 将任意一组线性无关的向量 $\boldsymbol{a}_1, \boldsymbol{a}_2, \cdots, \boldsymbol{a}_m$ 进行正交化, 得到标准正交基 $\boldsymbol{q}_1, \boldsymbol{q}_2, \cdots, \boldsymbol{q}_m$.

算法 4.5　Gram-Schmidt 正交化过程

$q_1 = a_1, r_{11} = \|q_1\|_2, q_1 = a_1/r_{11}$;
for $j = 2 : m$ **do**
　$q_j = a_j$;
　for $i = 1, \cdots, j-1$ **do**
　　$r_{ij} = q_i^{\mathrm{T}} q_j$;
　end for
　for $i = 1, \cdots, j-1$ **do**
　　$q_j = q_j - r_{ij} q_i$;
　end for
　$r_{jj} = \|q_j\|_2$;
　$q_j = a_j / r_{jj}$;
end for

若记 $\boldsymbol{Q}_k = [\boldsymbol{q}_1, \cdots, \boldsymbol{q}_k]$, $\boldsymbol{A} = [\boldsymbol{a}_1, \cdots, \boldsymbol{a}_k]$. 算法4.5中第 10、11 行得到的 $\boldsymbol{q}_j$ 可表示为:

$$
\begin{aligned}
\boldsymbol{q}_j &= \boldsymbol{a}_j - r_{1j}\boldsymbol{q}_1 - \cdots - r_{j-1,j}\boldsymbol{q}_{j-1} \quad (r_{ij} = \boldsymbol{q}_i^{\mathrm{T}}\boldsymbol{a}_j) \\
&= \boldsymbol{a}_j - \boldsymbol{q}_1\boldsymbol{q}_1^{\mathrm{T}}\boldsymbol{a}_j - \cdots - \boldsymbol{q}_{j-1}\boldsymbol{q}_{j-1}^{\mathrm{T}}\boldsymbol{a}_j \\
&= (\boldsymbol{I} - \boldsymbol{Q}_{j-1}\boldsymbol{Q}_{j-1}^{\mathrm{T}})\boldsymbol{a}_j.
\end{aligned}
$$

易知 $\boldsymbol{Q}_{j-1}\boldsymbol{Q}_{j-1}^{\mathrm{T}}$ 的秩为 $j-1$ 且其特征值为 0 和 1(对应的代数重数分别为 $n-j+1$ 和 $j-1$). 因而矩阵 $\boldsymbol{I} - \boldsymbol{Q}_{j-1}\boldsymbol{Q}_{j-1}^{\mathrm{T}}$ 的特征值也为 0 和 1(对应的代数重数分别为 $j-1$ 和 $n-j+1$). 在有限精度计算条件下, 由于舍入误差的影响, 矩阵 $\boldsymbol{I} - \boldsymbol{Q}_{j-1}\boldsymbol{Q}_{j-1}^{\mathrm{T}}$ 可能为病态矩阵, 从而不能保证 $\boldsymbol{q}_j$ 与 $\boldsymbol{q}_1, \cdots, \boldsymbol{q}_{j-1}$ 之间的正交性. 为提高计算精度, 确保计算得到基向量间的正交性, 可使用如下改进的 Gram-Schmidt 正交化算法:

算法 4.6　改进的 Gram-Schmidt 正交化过程

$q_1 = a_1, r_{11} = \|q_1\|_2, q_1 = a_1/r_{11}$;
for $j = 2 : m$ **do**

$q_j = a_j$;

for $i = 1, \cdots, j-1$ **do**

$r_{ij} = q_i^{\mathrm{T}} q_j$;

$q_j = q_j - r_{ij} q_i$;

end for

$r_{jj} = \|q_j\|_2$;

$q_j = q_j / r_{jj}$;

end for

对比算法4.5和4.6, 若删除算法4.5中的第 6、7 两行, 便得到算法4.6. 显然, 算法4.6中第 8、9 行得到的 $\boldsymbol{q}_j$ 可表示为

$$\boldsymbol{q}_j = (\boldsymbol{I} - \boldsymbol{q}_{j-1}\boldsymbol{q}_{j-1}^{\mathrm{T}}) \cdots (\boldsymbol{I} - \boldsymbol{q}_1\boldsymbol{q}_1^{\mathrm{T}})\boldsymbol{a}_j.$$

由上式知, 向量 $(\boldsymbol{I}-\boldsymbol{q}_1\boldsymbol{q}_1^{\mathrm{T}})\boldsymbol{a}_j$ 表示为向量 $\boldsymbol{a}_j$ 在 $\boldsymbol{q}_1$ 补空间上的正交投影, $(\boldsymbol{I}-\boldsymbol{q}_2\boldsymbol{q}_2^{\mathrm{T}})(\boldsymbol{I}-\boldsymbol{q}_1\boldsymbol{q}_1^{\mathrm{T}})\boldsymbol{a}_j$ 为 $\boldsymbol{a}_j$ 在 $\mathrm{span}\{\boldsymbol{q}_1, \boldsymbol{q}_2\}$ 的补空间上的正交投影, 依此类推, 第 $j-1$ 次投影计算得到的向量 $\boldsymbol{q}_j$ 与 $\boldsymbol{q}_1, \cdots, \boldsymbol{q}_{j-1}$ 都正交. 此时, 对应的组合系数 $r_{ij} = \boldsymbol{q}_i^{\mathrm{T}}(\boldsymbol{a}_j - \sum\limits_{k=1}^{j-1} r_{kj}\boldsymbol{q}_k)$. 在有限精度条件下使用该方式可以减少计算误差. 显然, 若运算过程没有误差, 精确计算时, Gram-Schmidt 算法和改进的 Gram-Schmidt 算法等价, 对基向量 $\boldsymbol{a}_1, \cdots, \boldsymbol{a}_m$, 两算法可得到相同的标准正交基 $\boldsymbol{q}_1, \cdots, \boldsymbol{q}_m$ 和组合系数 $r_{ij}\,(i,j = 1, \cdots, m)$. 我们也可通过如下矩阵形式表示向量 $\boldsymbol{a}_i, \boldsymbol{q}_i (i = 1, \cdots, m)$ 间的关系:

$$[\boldsymbol{a}_1, \boldsymbol{a}_2, \cdots, \boldsymbol{a}_m] = [\boldsymbol{q}_1, \boldsymbol{q}_2, \cdots, \boldsymbol{q}_m] \begin{bmatrix} r_{11} & r_{12} & \cdots & r_{1m} \\ & r_{12} & \cdots & r_{1m} \\ & & \ddots & \vdots \\ & & & r_{mm} \end{bmatrix}. \tag{4.7}$$

显然, 式 (4.7) 为矩阵 $[\boldsymbol{a}_1, \boldsymbol{a}_2, \cdots, \boldsymbol{a}_m]$ 的 QR 分解.

4.2.2 Arnoldi 和 Lanczos 过程

本节我们介绍如何构造 Krylov 子空间 $\mathcal{K}_k(\boldsymbol{A}, \boldsymbol{r}) = \mathrm{span}\{\boldsymbol{r}, \boldsymbol{A}\boldsymbol{r}, \boldsymbol{A}^2\boldsymbol{r}, \cdots, \boldsymbol{A}^{k-1}\boldsymbol{r}\}$ 的正交基及其性质. 若向量 $\boldsymbol{r}, \boldsymbol{A}\boldsymbol{r}, \boldsymbol{A}^2\boldsymbol{r}, \cdots, \boldsymbol{A}^{k-1}\boldsymbol{r}$ 线性无关, 则 $\boldsymbol{r}, \boldsymbol{A}\boldsymbol{r}, \boldsymbol{A}^2\boldsymbol{r}, \cdots, \boldsymbol{A}^{k-1}\boldsymbol{r}$ 为 Krylov 子空间 $\mathcal{K}_k(\boldsymbol{A}, \boldsymbol{r})$ 的一组基底. 理论上我们可以先计算 $\boldsymbol{r}, \boldsymbol{A}\boldsymbol{r}, \boldsymbol{A}^2\boldsymbol{r}, \cdots, \boldsymbol{A}^{k-1}\boldsymbol{r}$, 然后再使用 (改进的)Gram-Schmidt 正交化过程计算 $\mathcal{K}_k(\boldsymbol{A}, \boldsymbol{r})$ 的标准正交基 $\boldsymbol{v}_1, \boldsymbol{v}_2, \cdots \boldsymbol{v}_k$. 但从计算角度考虑, 可采用如下避免直接计算 $\boldsymbol{A}^i\boldsymbol{r}(i = 1, \cdots, k-1)$ 的 Arnoldi 过

程.

算法 4.7　Arnoldi 过程

$v_1 = r/\|r\|_2$;

for $j = 1 : k-1$ **do**

　for $i = 1 : j$ **do**

　　$h_{ij} = v_i^{\mathrm{T}} A v_j$;

　end for

　$w_j = Av_j - \sum\limits_{i=1}^{j} h_{ij} v_i$;

　$h_{j+1,j} = \|w_j\|_2$;

　若$h_{j+1,j} = 0$，终止计算;

　$v_{j+1} = w_j / h_{j+1,j}$;

end for

在算法4.7中，第 j 次迭代时先计算矩阵 $\boldsymbol{A}$ 与单位正交向量 $\boldsymbol{v}_j$ 的乘积 $\boldsymbol{A}\boldsymbol{v}_j$, 然后由 Gram-Schmidt 正交化计算向量 $\boldsymbol{w}_j = \boldsymbol{A}\boldsymbol{v}_j - \sum\limits_{i=1}^{j} h_{ij}\boldsymbol{v}_i$, 使其与 $\boldsymbol{v}_1, \cdots, \boldsymbol{v}_j$ 正交, 最后将其单位化得 $\boldsymbol{v}_{j+1}$. 循环上述过程, 若算法4.7未出现中断, 易证向量 $\boldsymbol{v}_1, \cdots, \boldsymbol{v}_k$ 为 $\mathcal{K}_k(\boldsymbol{A}, \boldsymbol{r})$ 的一组标准正交基; 反之, 若 $j < k$ 时 $h_{j+1,j} = 0$, 则 $\mathrm{span}\{\boldsymbol{v}_1, \cdots, \boldsymbol{v}_j\}$ 为矩阵 $\boldsymbol{A}$ 的一个不变子空间.

由算法4.7第 6, 9 行的迭代公式 $\boldsymbol{w}_j = \boldsymbol{A}\boldsymbol{v}_j - \sum\limits_{i=1}^{j} h_{ij}\boldsymbol{v}_i$ 和 $\boldsymbol{v}_{j+1} = \boldsymbol{w}_j / h_{j+1,j}$ 得

$$A\boldsymbol{v}_j = \sum_{i=1}^{j+1} h_{ij}\boldsymbol{v}_i, \ \ j = 1, \cdots, k. \tag{4.8}$$

若记

$$\boldsymbol{V}_k = [\boldsymbol{v}_1, \cdots, \boldsymbol{v}_k] \in \mathbb{R}^{n \times k}, \tag{4.9}$$

$$\bar{\boldsymbol{H}}_k = \begin{bmatrix} \boldsymbol{H}_k \\ h_{k+1,k}\boldsymbol{e}_k^{\mathrm{T}} \end{bmatrix} = \begin{bmatrix} h_{11} & h_{12} & \cdots & h_{1k} \\ h_{21} & h_{22} & \cdots & h_{2k} \\ & \ddots & \ddots & \vdots \\ & & h_{k,k-1} & h_{kk} \\ & & & h_{k+1,k} \end{bmatrix} \in \mathbb{R}^{(k+1)\times k}, \tag{4.10}$$

其中 $\boldsymbol{e}_k = [0, \cdots, 0, 1]^{\mathrm{T}}$, 则由式 (4.8)~(4.10) 可得如下结果:

$$\boldsymbol{A}\boldsymbol{V}_k = \boldsymbol{V}_{k+1}\bar{\boldsymbol{H}}_k, \boldsymbol{V}_k^{\mathrm{T}}\boldsymbol{A}\boldsymbol{V}_k \quad = \boldsymbol{H}_k. \tag{4.11}$$

若矩阵 $\boldsymbol{A} = \boldsymbol{A}^{\mathrm{T}}$ 对称, 易证式 (4.11) 中的上 Hessenberg 矩阵 $\boldsymbol{H}_k$ 退化为对称三对角阵, 即

$$\boldsymbol{H}_k = \begin{bmatrix} h_{11} & h_{12} & & & \\ h_{21} & h_{22} & h_{23} & & \\ & \ddots & \ddots & \ddots & \\ & & h_{k-1,k-2} & h_{k-1,k-1} & h_{k-1,k} \\ & & & h_{k,k-1} & h_{kk} \end{bmatrix}.$$

此时, 可简化 Arnoldi 过程的计算, 称相应的正交化过程为 Lanczos 过程. Lanczos 过程的算法描述如下:

算法 4.8　Lanczos 过程

$v_1 = r/\|r\|_2$;
for $j = 1 : k-1$ **do**
　$h_{jj} = v_j^{\mathrm{T}} A v_j$;
　$w_j = Av_j - h_{jj}v_j - h_{j-1,j}v_{j-1}$;
　$h_{j+1,j} = \|w_j\|_2$;
　$h_{j,j+1} = h_{j+1,j}$;
　若$h_{j+1,j} = 0$, 终止计算;
　$v_{j+1} = w_j/h_{j+1,j}$;
end for

对比算法4.7和算法4.8, 显然 Arnoldi 过程 (3~6 行) 较 Lanczos 过程 (3~4 行) 需要更多的计算量和存储空间, 尤其算法迭代次数 k 值较大时.

4.2.3 广义最小残量法 (GMRES)

Saad 和 Schultz 于 1986 年提出了一种求解非对称线性方程组的广义最小残量法 (generalized minimal residual algorithm), 简称 GMRES 法[39]. GMRES 法的基本思想是构造近似解 $\boldsymbol{x}_k \in \boldsymbol{x}_0 + \mathcal{K}_k(\boldsymbol{A}, \boldsymbol{r}_0)$ 且使其残量 $\boldsymbol{r}_k$ 的 2-范数最小. 该方法数值计算稳定, 是解大型非对称稀疏线性方程组问题最为常用的方法之一, 被广泛应用于科学工程计算等诸多领域. GMRES 算法的实现主要包含如下两个步骤: Arnoldi 正交化和最小

二乘问题求解. Arnoldi 正交化生成 Krylov 子空间的一组标准正交基底, 解最小二乘问题得到残量最小的近似解. 这里我们简要介绍下 GMRES 法及其导出过程.

设 $\boldsymbol{x}_0$ 为初始解, $\boldsymbol{r}_0 := \boldsymbol{b} - \boldsymbol{A}\boldsymbol{x}_0$, Arnoldi 过程计算 $\mathcal{K}_k(\boldsymbol{A}, \boldsymbol{r}_0)$ 的一组标准正交基为 $\boldsymbol{v}_1, \cdots, \boldsymbol{v}_k$. 记 $\boldsymbol{V}_k = [\boldsymbol{v}_1, \cdots, \boldsymbol{v}_k]$, 则对任意 $\boldsymbol{x} \in \boldsymbol{x}_0 + \mathcal{K}_k(\boldsymbol{A}, \boldsymbol{r}_0)$ 均可表示为

$$\boldsymbol{x} = \boldsymbol{x}_0 + \boldsymbol{V}_k \boldsymbol{y}, \quad \boldsymbol{y} \in \mathbb{R}^k.$$

利用式 (4.11), 对应的残量 $\boldsymbol{r}$ 可表示为

$$\begin{aligned}
\boldsymbol{r} = \boldsymbol{b} - \boldsymbol{A}\boldsymbol{x} &= \boldsymbol{b} - \boldsymbol{A}(\boldsymbol{x}_0 + \boldsymbol{V}_k \boldsymbol{y}) \\
&= \boldsymbol{r}_0 - \boldsymbol{A}\boldsymbol{V}_k \boldsymbol{y} = \boldsymbol{r}_0 - \boldsymbol{V}_{k+1} \bar{\boldsymbol{H}}_k \boldsymbol{y} \\
&= \boldsymbol{V}_{k+1}(\beta \boldsymbol{e}_1 - \bar{\boldsymbol{H}}_k \boldsymbol{y}), \quad \beta = \|\boldsymbol{r}_0\|_2 .
\end{aligned}$$

因 $\boldsymbol{V}_{k+1}$ 的列向量为单位正交向量, 可得

$$\|\boldsymbol{r}\|_2 = \left\|\beta \boldsymbol{e}_1 - \bar{\boldsymbol{H}}_k \boldsymbol{y}\right\|_2 . \tag{4.12}$$

GMRES 算法选取 $\boldsymbol{x}_k = \arg \min\limits_{\boldsymbol{x} \in \boldsymbol{x}_0 + \mathcal{K}_k} \|\boldsymbol{b} - \boldsymbol{A}\boldsymbol{x}\|_2$ 为方程组的一个近似解. 由式 (4.12) 知, 可通过解如下规模较小的最小二乘问题得到 $\boldsymbol{y}_k$, 进而计算 $\boldsymbol{x}_k$.

$$\boldsymbol{y}_k = \arg \min_{\boldsymbol{y} \in \mathbb{R}^k} \left\|\beta \boldsymbol{e}_1 - \bar{\boldsymbol{H}}_k \boldsymbol{y}\right\|_2 . \tag{4.13}$$

由于 $\bar{\boldsymbol{H}}_k$ 为 $(k+1) \times k$ 的上 Hessenberg 矩阵, 可用 Givens 变换的正交变换法计算 $\boldsymbol{y}_k$. 进而得 $\boldsymbol{x}_k = \boldsymbol{x}_0 + \boldsymbol{V}_k \boldsymbol{y}_k$.

综上, GMRES 法的基本计算流程如下:

算法 4.9 GMRES 算法

设定初始值x_0, 计算$r_0 = b - Ax_0$;

$\beta = \|r_0\|_2, v_1 = r_0/\beta$;

for $j = 1, 2, \cdots$ **do**

  for $i = 1 : j$ **do**

    $h_{ij} = v_i^{\mathrm{T}} A v_j$;

  end for

  $w_j = Av_j - \sum\limits_{i=1}^{j} h_{ij} v_i$;

  $h_{j+1,j} = \|w_j\|_2$;

若$h_{j+1,j}=0$，则$k=j$并跳出j循环；

$v_{j+1}=w_j/h_{j+1,j}$；

end for

$y_k=\arg\min_{y\in\mathbb{R}^k}\|\beta e_1-\bar{H}_k y\|_2$；

$x_k=x_0+V_k y_k$；

通常称算法4.9为完全广义最小残量法 (full GMRES). 当算法第 9 行 $h_{j+1,j}=0$ 成立时, Arnoldi 过程中断, 此时通过第 12、13 行计算得到的 $\boldsymbol{x}_k$ 为方程组的精确解. 我们注意到, 算法4.9中第 j 次循环计算 $\boldsymbol{v}_{j+1}$ 需要用到正交向量 $\boldsymbol{v}_i(i=1,\cdots,j)$, 及计算 h_{ij} 和 $\boldsymbol{w}_j$. 随着迭代过程持续, 逐渐增加的存储需求和运算量限制了求解问题规模. 为克服这一缺陷, 一种常用的策略是使用“重启”技术. 其基本想法是指定参数 $m\in\mathbb{N}$, GMRES 法先执行 m 次迭代并计算近似解 $\boldsymbol{x}_m$. 若 $\boldsymbol{x}_m$ 的精度不满足计算要求, 再以此 $\boldsymbol{x}_m$ 为初始值 ($\boldsymbol{x}_0:=\boldsymbol{x}_m$) 进行下一个 m 次迭代计算, 循环此过程, 直到满足终止条件. 称此过程为重启广义最小残量法 (restarted GMRES) 或简称 GMRES(m), 其中 m 为重启参数. 通常, m 取值越大, GMRES(m) 法所需要的重启次数就越少, 但当 m 过大时, 则不能达到节约内存空间和减少计算量这一目的. 实际应用时, 如何选择一个合适的重启参数 m 仍是一亟待解决的难题.

GMRES(m) 算法的基本流程见算法4.10.

算法 4.10 GMRES(m) 算法

设定初始值x_0，计算$r_0=b-Ax_0$；

$\beta=\|r_0\|_2, v_1=r_0/\beta$；

for $j=1:m$ **do**

  for $i=1:j$ **do**

    $h_{ij}=v_i^{\mathrm{T}}Av_j$；

  end for

  $w_j=Av_j-\sum_{i=1}^{j}h_{ij}v_i$；

  $h_{j+1,j}=\|w_j\|_2$；

  若$h_{j+1,j}=0$，则$m=j$并跳出j循环；

  $v_{j+1}=w_j/h_{j+1,j}$；

end for

$y_m=\arg\min_{y\in\mathbb{R}^m}\|\beta e_1-\bar{H}_m y\|_2$；

$x_m=x_0+V_m y_m$；

若收敛, 终止程序; 否则, $x_0 = x_m$, 返回第 2 步.

在算法收敛性理论方面, 我们介绍如下结果.

定理 4.6 若矩阵 $\boldsymbol{A}$ 正定 (对任意非零向量 $\boldsymbol{x}$, 都有 $\boldsymbol{x}^{\mathrm{T}}\boldsymbol{A}\boldsymbol{x} > 0$), 则当 $m \geqslant 1$ 时, GMRES(m) 都收敛. (全部 GMRES 可视为 $m = \infty$ 的 GMRES(m)).

定理 4.7 若 $\boldsymbol{A}$ 为可对角化矩阵, 即存在非奇异矩阵 $\boldsymbol{X}$ 满足如下等式,

$$\boldsymbol{A} = \boldsymbol{X}\boldsymbol{\Lambda}\boldsymbol{X}^{-1}, \quad \boldsymbol{\Lambda} = \mathrm{diag}(\lambda_1, \cdots, \lambda_n),$$

则有如下结论成立

$$\|\boldsymbol{r}_k\|_2 \leqslant \|\boldsymbol{X}\|_2\|\boldsymbol{X}^{-1}\|_2\|\boldsymbol{r}_0\|_2 \min_{p_k(t)\in\mathbb{P}_m, p(0)=1} \max_{i=1,\cdots,n} |p_k(\lambda_i)|,$$

其中 $p_k(t)$ 为次数不超过 k 的多项式.

上述定理表明, 当可对角化矩阵 $\boldsymbol{A}$ 有重特征值或非奇异矩阵 $\boldsymbol{X}$ 为良态时 (条件数 $\|\boldsymbol{X}\|_2\|\boldsymbol{X}^{-1}\|_2$ 较小), GMRES 法能够更快收敛. 而对一般矩阵，通常得不到类似共轭梯度法那样仅借助特征值的分布信息来衡量算法收敛性的结论. 文献 [29][30] 给出如下定理:

定理 4.8 任意给定非递增正数 $s_0 \geqslant s_1 \geqslant s_{n-1} > 0$ 及非零复数 $\lambda_i(i = 1, \cdots, n)$, 则存在 n 阶方阵 $\boldsymbol{A}$ 和向量 $\boldsymbol{b}$, 使得 $\lambda(\boldsymbol{A}) = \{\lambda_1, \cdots, \lambda_n\}$, $\|\boldsymbol{b}\|_2 = s_0$, 且初值 $\boldsymbol{x}_0 = \boldsymbol{0}$ 时, 用 GMRES 法求解 $\boldsymbol{A}\boldsymbol{x} = \boldsymbol{b}$ 每步得到的残量 $\boldsymbol{r}_k$ 的范数为 s_k, 即 $\|\boldsymbol{r}_k\|_2 = s_k(i = 1, \cdots, n-1)$ 成立.

显然, GMRES 法每步计算得到的残量范数 $\|\boldsymbol{r}_k\|_2$ 并非取决于系数矩阵 $\boldsymbol{A}$ 的特征值, GMRES 法在第 n 次迭代步收敛到精确解, 收敛迭代步数与特征值的选取无关.

4.2.4 最小残量法 (MINRES)

当系数矩阵 $\boldsymbol{A}$ 对称时, 我们可以选用 Lanczos 过程, 使用短格式迭代生成 $\mathcal{K}_k(\boldsymbol{A}, \boldsymbol{r}_0)$ 的一组正交基 $\boldsymbol{v}_1, \cdots, \boldsymbol{v}_k$，类似 GMRES 法推导过程, 记 $\boldsymbol{V}_k = [\boldsymbol{v}_1, \cdots, \boldsymbol{v}_k]$, 则对任意的 $\boldsymbol{x} \in \boldsymbol{x}_0 + \mathcal{K}_k(\boldsymbol{A}, \boldsymbol{r}_0)$，均可表示为

$$\boldsymbol{x} = \boldsymbol{x}_0 + \boldsymbol{V}_k\boldsymbol{y}, \quad \boldsymbol{y} \in \mathbb{R}^k.$$

此时, 对应的残量 $\boldsymbol{r}$ 可表示为

$$\begin{aligned} \boldsymbol{r} = \boldsymbol{b} - \boldsymbol{A}\boldsymbol{x} &= \boldsymbol{r}_0 - \boldsymbol{V}_{k+1}\bar{\boldsymbol{H}}_k\boldsymbol{y} \quad (\bar{\boldsymbol{H}}_k\text{约化为三对角阵}) \\ &= \boldsymbol{V}_{k+1}(\beta\boldsymbol{e}_1 - \bar{\boldsymbol{H}}_k\boldsymbol{y}). \end{aligned}$$

因 $\boldsymbol{V}_{k+1}$ 的列向量为单位正交向量, 可得

$$\|\boldsymbol{r}\|_2 = \left\|\beta\boldsymbol{e}_1 - \bar{\boldsymbol{H}}_k\boldsymbol{y}\right\|_2.$$

解最小二乘问题

$$\boldsymbol{y}_k = \arg\min_{\boldsymbol{y}\in\mathbb{R}^k} \left\|\beta\boldsymbol{e}_1 - \bar{\boldsymbol{H}}_k\boldsymbol{y}\right\|_2, \tag{4.14}$$

得 $\boldsymbol{x}_k = \boldsymbol{x}_0 + \boldsymbol{V}_k\boldsymbol{y}_k$. MINRES 算法的详细计算流程见算法4.11.

算法 4.11 MINRES 算法

设定初始值x_0，计算$r_0 = b - Ax_0$;
计算$\beta = \|r_0\|_2$，初始$g = (\beta, 0, \cdots, 0)^{\mathrm{T}}$;
计算$v_1 = r_0/\beta$;
for $j = 1, 2, \cdots$ **do**
  $h_{jj} = v_j^{\mathrm{T}} A v_j$;
  $w_j = Av_j - h_{jj}v_j - h_{j-1,j}v_{j-1}$;
  $h_{j+1,j} = \|w_j\|_2$;
  $h_{j,j+1} = h_{j+1,j}$;
  $v_{j+1} = w_j/h_{j+1,j}$;
  for $i = \max\{1, j-2\}, \cdots, j-1$ **do**
    $\begin{bmatrix} h_{ij} \\ h_{i+1,j} \end{bmatrix} = \begin{bmatrix} c_i & s_i \\ -s_i & c_i \end{bmatrix} \begin{bmatrix} h_{ij} \\ h_{i+1,j} \end{bmatrix}$;
  end for
  $c_j = \frac{h_{jj}}{\sqrt{h_{jj}^2 + h_{j+1,j}^2}}$;
  $s_j = \frac{h_{j+1,j}}{h_{jj}} c_j$;
  $h_{jj} = c_j h_{jj} + s_j h_{j+1,j}$;
  $h_{j+1,j} = 0$;
  $\begin{bmatrix} g_j \\ g_{j+1} \end{bmatrix} = \begin{bmatrix} c_j & s_j \\ -s_j & c_j \end{bmatrix} \begin{bmatrix} g_j \\ 0 \end{bmatrix}$;
  $p_j = (v_j - h_{j-2,j}p_{j-2} - h_{j-1,j}p_{j-1})/h_{jj}$;

$x_j = x_{j-1} + g_j p_j$；

若满足收敛条件, 终止程序；（可证$\|r_j\| = |g_{j+1}|$）

end for

其中, 算法的第 5~9 步为 Lanczos 过程, 第 10~12 步对应 Givens 变换. 由 Lanczos 过程及第 18~19 步的迭代知, MINRES 为短格式迭代法.

4.2.5 Bi-Lanczos 过程

若线性方程组的系数矩阵 $\boldsymbol{A}$ 对称, 可选用最小残量法 (MINRES). 若 $\boldsymbol{A}$ 还为正定阵, 可选用共轭梯度法 (CG). 这两种方法每步计算的近似解 $\boldsymbol{x}_k$ 都有短迭代格式, 且对应的残量分别在 2-范数和 $\boldsymbol{A}$-范数下最小. 若系数矩阵 $\boldsymbol{A}$ 非对称, 则可选用广义最小残量法 (GMRES), 虽然计算的近似解 $\boldsymbol{x}_k$ 对应的残量范数值最小, 但由于 Krylov 子空间基底正交化过程及 $\boldsymbol{x}_k$ 的计算都需要存储使用已生成的所有正交基向量, 从而矩阵规模很大时限制了 GMRES 法的使用. 对于非对称线性方程组问题, 是否存在同时具有短迭代格式计算近似解及在某种范数下对应残量最小的迭代算法? 遗憾的是, Faber 和 Manteuffel[24] 证明了对于一般非对称问题不存在既是短迭代格式且满足残量最优的迭代算法. 换而言之, 对于非对称线性方程组, 构造的迭代算法一般情况下只能满足短迭代格式或残量最优.

Bi-Lanczos 过程 (或 Lanczos 双正交化过程) 是对称 Lanczos 过程的推广. 当矩阵 $\boldsymbol{A}$ 非对称时, 使用 Bi-Lanczos 过程可分别构造 Krylov 子空间 $\mathcal{K}_k(\boldsymbol{A}, \boldsymbol{r})$ 和 $\mathcal{K}_k(\boldsymbol{A}^{\mathrm{T}}, \tilde{\boldsymbol{r}})$ 的基向量. 该过程的具体描述如下:

算法 4.12　Bi-Lanczos 过程

设置$\tau_{-1} = \lambda_{-1} = 0$；

$v_0 = r/\|r\|_2$，$w_0 = \tilde{r}/(v_0^{\mathrm{T}}\tilde{r})$；

for $j = 0 : k-1$ **do**

　$\theta_j = w_j^{\mathrm{T}} A v_j$；

　$\tilde{v}_{j+1} = Av_j - \theta_j v_j - \tau_{j-1} v_{j-1}$；

　$\tilde{w}_{j+1} = A^{\mathrm{T}} w_j - \theta_j w_j - \lambda_{j-1} w_{j-1}$；

　$\lambda_j = \|\tilde{v}_{j+1}\|_2$；

　$v_{j+1} = \tilde{v}_{j+1}/\lambda_j$；

　$\tau_j = \tilde{w}_{j+1}^{\mathrm{T}} v_{j+1}$；

　$w_{j+1} = \tilde{w}_{j+1}/\tau_j$；

end for

若计算过程没中断, 算法4.12生成的两组向量 $\boldsymbol{v}_0,\cdots,\boldsymbol{v}_k$ 和 $\boldsymbol{w}_0,\cdots,\boldsymbol{w}_k$ 分别满足

$$\mathcal{K}_{k+1}(\boldsymbol{A},\boldsymbol{r})=\operatorname{span}\{\boldsymbol{v}_0,\boldsymbol{v}_1,\cdots,\boldsymbol{v}_k\},$$
$$\mathcal{K}_{k+1}(\boldsymbol{A}^{\mathrm{T}},\tilde{\boldsymbol{r}})=\operatorname{span}\{\boldsymbol{w}_0,\boldsymbol{w}_1,\cdots,\boldsymbol{w}_k\}.$$

此时, 虽然 $\boldsymbol{v}_0,\cdots,\boldsymbol{v}_k$ 和 $\boldsymbol{w}_0,\cdots,\boldsymbol{w}_k$ 均为非正交基, 但向量 $\boldsymbol{v}_i,\boldsymbol{w}_j$ 之间满足如下关系:

$$\boldsymbol{v}_i^{\mathrm{T}}\boldsymbol{w}_j=\begin{cases}1, & i=j\\ 0, & i\neq j\end{cases}.$$

记 $\boldsymbol{V}_k=[\boldsymbol{v}_0,\cdots,\boldsymbol{v}_{k-1}]$, $\boldsymbol{W}_k=[\boldsymbol{w}_0,\cdots,\boldsymbol{w}_{k-1}]$. 参数 $\theta_j,\tau_j,\lambda_j$ 构成矩阵

$$\boldsymbol{T}_{k+1,k}=\begin{bmatrix}\theta_0 & \tau_0 & & \\ \lambda_0 & \theta_1 & \ddots & \\ & \ddots & \ddots & \tau_{k-2}\\ & & \lambda_{k-2} & \theta_{k-1}\\ & & & \lambda_{k-1}\end{bmatrix},\quad \boldsymbol{T}_k=\begin{bmatrix}\theta_0 & \tau_0 & & \\ \lambda_0 & \theta_1 & \ddots & \\ & \ddots & \ddots & \tau_{k-2}\\ & & \lambda_{k-2} & \theta_{k-1}\end{bmatrix}.$$

类似 Arnoldi 和 Lanczos 过程的矩阵表达形式, 上述 Bi-Lanczos 过程对应矩阵表达形式如下:

$$\begin{aligned}\boldsymbol{A}\boldsymbol{V}_k&=\boldsymbol{V}_{k+1}\boldsymbol{T}_{k+1,k}=\boldsymbol{V}_k\boldsymbol{T}_k+\lambda_{k-1}\boldsymbol{v}_k\boldsymbol{e}_k^{\mathrm{T}},\\ \boldsymbol{A}^{\mathrm{T}}\boldsymbol{W}_k&=\boldsymbol{W}_{k+1}\boldsymbol{T}_{k+1,k}^{\mathrm{T}}=\boldsymbol{W}_k\boldsymbol{T}_k^{\mathrm{T}}+\tau_{k-1}\boldsymbol{w}_k\boldsymbol{e}_k^{\mathrm{T}}.\end{aligned}\tag{4.15}$$

再由 $\boldsymbol{V}_k$ 和 $\boldsymbol{W}_k$ 的列向量正交性, 即 $\boldsymbol{W}_k^{\mathrm{T}}\boldsymbol{V}_k=\boldsymbol{I}_k$, 显然有

$$\boldsymbol{W}_k^{\mathrm{T}}\boldsymbol{A}\boldsymbol{V}_k=\boldsymbol{T}_k.\tag{4.16}$$

由于 Bi-Lanczos 过程可同时生成 $\mathcal{K}_k(\boldsymbol{A},\boldsymbol{r})$ 和 $\mathcal{K}_k(\boldsymbol{A}^{\mathrm{T}},\tilde{\boldsymbol{r}})$ 这两个 Krylov 子空间的基向量, 因而该过程更适用于同时解系数矩阵为 $\boldsymbol{A}$ 和 $\boldsymbol{A}^{\mathrm{T}}$ 的线性方程组 $\boldsymbol{A}\boldsymbol{x}=\boldsymbol{b}$ 和 $\boldsymbol{A}^{\mathrm{T}}\boldsymbol{y}=\boldsymbol{c}$. 但要注意, Bi-Lanczos 过程计算中的 τ_j 值可能会等于零或非常接近零，从而导致算法中断. 为避免该现象出现, 可考虑结合使用向前看策略 (look-ahead strategy)[27][36].

4.2.6 双共轭梯度法 (BiCG)

双共轭梯度法 (biconjugate gradient,BiCG) 基于 Bi-Lanczos 过程生成 Krylov 子空间 $\mathcal{K}_k(\boldsymbol{A},\boldsymbol{r}_0)$ 的一组基, 结合 Petrov-Galerkin 投影 $\boldsymbol{r}_k\perp\mathcal{K}_k(\boldsymbol{A}^{\mathrm{T}},\tilde{\boldsymbol{r}}_0)$ 确定基向量的线性组合系数, 是一种短格式迭代算法. 算法导出过程如下:

设 $\boldsymbol{x}_0$ 为方程组 $\boldsymbol{Ax}=\boldsymbol{b}$ 的初始解, $\boldsymbol{r}_0:=\boldsymbol{b}-\boldsymbol{Ax}_0$, Bi-Lanczos 过程得到的 $\mathcal{K}_k(\boldsymbol{A},\boldsymbol{r}_0)$ 的一组基向量为 $\boldsymbol{v}_0,\cdots,\boldsymbol{v}_{k-1}$. 记 $\boldsymbol{V}_k=[\boldsymbol{v}_0,\cdots,\boldsymbol{v}_{k-1}]$, 则 $\boldsymbol{x}_k\in\boldsymbol{x}_0+\mathcal{K}_k(\boldsymbol{A},\boldsymbol{r}_0)$ 可表示为

$$\boldsymbol{x}_k=\boldsymbol{x}_0+\boldsymbol{V}_k\boldsymbol{y},\quad 其中,\boldsymbol{y}=\begin{bmatrix}y_1\\ \vdots\\ y_k\end{bmatrix}\in\mathbb{R}^k为待求向量.$$

由 Petrov-Galerkin 投影 $\boldsymbol{r}_k\perp\mathcal{K}_k(\boldsymbol{A}^{\mathrm{T}},\tilde{\boldsymbol{r}}_0)$, 其中 $\tilde{\boldsymbol{r}}_0$ 可取 $\tilde{\boldsymbol{r}}_0^{\mathrm{T}}\boldsymbol{r}_0\neq 0$ 的任意向量, 通常选取 $\tilde{\boldsymbol{r}}_0=\boldsymbol{r}_0$. 设 $\boldsymbol{w}_0,\cdots,\boldsymbol{w}_{k-1}$ 为 Bi-Lanczos 过程得到的 Krylov 子空间 $\mathcal{K}_k(\boldsymbol{A}^{\mathrm{T}},\tilde{\boldsymbol{r}}_0)$ 的一组基向量, 记 $\boldsymbol{W}_k=[\boldsymbol{w}_0,\cdots,\boldsymbol{w}_{k-1}]$, 则 Petrov-Galerkin 投影 $\boldsymbol{r}_k\perp\mathcal{K}_k(\boldsymbol{A}^{\mathrm{T}},\tilde{\boldsymbol{r}}_0)$ 等价于

$$\boldsymbol{W}_k^{\mathrm{T}}\boldsymbol{r}_k=\boldsymbol{0}\Longleftrightarrow\boldsymbol{W}_k^{\mathrm{T}}\boldsymbol{AV}_k\boldsymbol{y}=\boldsymbol{W}_k^{\mathrm{T}}\boldsymbol{r}_0.$$

由式 (4.15) 和式 (4.16), 上式可化为

$$\boldsymbol{T}_k\boldsymbol{y}=\beta\boldsymbol{e}_1,\ \ \beta=\|\boldsymbol{r}_0\|_2.$$

解此 k 阶线性方程组得 $\boldsymbol{y}=\boldsymbol{T}_k^{-1}(\beta\boldsymbol{e}_1)$, 从而近似解 $\boldsymbol{x}_k$ 为

$$\boldsymbol{x}_k=\boldsymbol{x}_0+\boldsymbol{V}_k\boldsymbol{T}_k^{-1}(\beta\boldsymbol{e}_1).$$

对应残量

$$\begin{aligned}\boldsymbol{r}_k&=\boldsymbol{b}-\boldsymbol{Ax}_k=\boldsymbol{r}_0-\boldsymbol{AV}_k\boldsymbol{y}\\&=\boldsymbol{r}_0-(\boldsymbol{V}_k\boldsymbol{T}_k+\lambda_{k-1}\boldsymbol{v}_k\boldsymbol{e}_k^{\mathrm{T}})\boldsymbol{y}\\&=(\lambda_{k-1}\boldsymbol{e}_k^{\mathrm{T}}\boldsymbol{y})\boldsymbol{v}_k.\end{aligned}$$

显然, 残量 $\boldsymbol{r}_k$ 和基向量 $\boldsymbol{v}_k$ 线性相关.

若三对角阵 $\boldsymbol{T}_k$ 的 LU 分解存在, 记 $\boldsymbol{T}_k=\boldsymbol{L}_k\boldsymbol{U}_k$, 其中 $\boldsymbol{L}_k$ 和 $\boldsymbol{U}_k$ 分别为如下表示的单位下二对角阵和上二对角阵:

$$\boldsymbol{L}_k=\begin{bmatrix}1&&&\\ \gamma_0&1&&\\ &\ddots&\ddots&\\ &&\gamma_{k-2}&1\end{bmatrix},\quad \boldsymbol{U}_k=\begin{bmatrix}\eta_0&\delta_0&&\\ &\ddots&\ddots&\\ &&\eta_{k-2}&\delta_{k-2}\\ &&&\eta_{k-1}\end{bmatrix}.$$

再定义

$$\begin{aligned}\boldsymbol{P}_k &:= \boldsymbol{V}_k\boldsymbol{U}_k^{-1} = [\boldsymbol{p}_0, \boldsymbol{p}_1, \cdots, \boldsymbol{p}_{k-1}],\\ \boldsymbol{z}_k &:= \boldsymbol{L}_k^{-1}(\beta\boldsymbol{e}_1) = [\sigma_0, \cdots, \sigma_{k-1}]^{\mathrm{T}},\end{aligned}$$

则

$$\begin{aligned}\boldsymbol{P}_{k+1} &= \boldsymbol{V}_{k+1}\boldsymbol{U}_{k+1}^{-1} = [\boldsymbol{P}_k, \boldsymbol{p}_k],\\ \boldsymbol{z}_{k+1} &= \boldsymbol{L}_{k+1}^{-1}(\beta\boldsymbol{e}_1) = [\boldsymbol{z}_k^{\mathrm{T}}, \sigma_k]^{\mathrm{T}},\end{aligned}$$

易得如下递推关系:

$$\boldsymbol{v}_k = \sigma_{k-1}\boldsymbol{p}_{k-1} + \eta_k\boldsymbol{p}_k, \quad \gamma_{k-1}\sigma_{k-1} + \sigma_k = 0,$$

即

$$\boldsymbol{p}_k = (\boldsymbol{v}_k - \sigma_{k-1}\boldsymbol{p}_{k-1})/\eta_k, \quad \sigma_k = -\gamma_{k-1}\sigma_{k-1}.$$

进而得近似解的迭代计算公式

$$\begin{aligned}\boldsymbol{x}_{k+1} = \boldsymbol{x}_0 + \boldsymbol{P}_{k+1}\boldsymbol{z}_{k+1} &= \boldsymbol{x}_0 + [\boldsymbol{P}_k, \boldsymbol{p}_k]\begin{bmatrix}\boldsymbol{z}_k\\ \sigma_k\end{bmatrix}\\ &= \boldsymbol{x}_k + \sigma_k\boldsymbol{p}_k.\end{aligned}$$

类似上述推导过程, 可同时解线性方程组 $\boldsymbol{A}^{\mathrm{T}}\tilde{\boldsymbol{x}} = \tilde{\boldsymbol{b}}$, 设 $\tilde{\boldsymbol{x}}_0$ 为其初始解, $\tilde{\boldsymbol{r}}_0 = \tilde{\boldsymbol{b}} - \boldsymbol{A}^{\mathrm{T}}\tilde{\boldsymbol{x}}_0$, 此时 Bi-Lanczos 过程中选取 $\tilde{\boldsymbol{r}} = \tilde{\boldsymbol{r}}_0$, 则 $\tilde{\boldsymbol{x}}_k \in \tilde{\boldsymbol{x}}_0 + \mathcal{K}_k(\boldsymbol{A}^{\mathrm{T}}, \tilde{\boldsymbol{r}}_0)$ 可表示为

$$\tilde{\boldsymbol{x}}_k = \tilde{\boldsymbol{x}}_0 + \boldsymbol{W}_k\tilde{\boldsymbol{y}}, \qquad \tilde{\boldsymbol{y}} = \begin{bmatrix}\tilde{y}_1\\ \vdots\\ \tilde{y}_k\end{bmatrix} \in \mathbb{R}^k \quad .$$

再利用 Petrov-Galerkin 投影 $\tilde{\boldsymbol{r}}_k \perp \mathcal{K}_k(\boldsymbol{A}, \boldsymbol{r}_0)$, 得

$$\boldsymbol{V}_k^{\mathrm{T}}\tilde{\boldsymbol{r}}_k = 0 \Longleftrightarrow \boldsymbol{V}_k^{\mathrm{T}}\boldsymbol{A}^{\mathrm{T}}\boldsymbol{W}_k\tilde{\boldsymbol{y}} = \boldsymbol{V}_k^{\mathrm{T}}\tilde{\boldsymbol{r}}_0 \Longleftrightarrow \boldsymbol{T}_k^{\mathrm{T}}\tilde{\boldsymbol{y}} = \tilde{\beta}\boldsymbol{e}_1, \ \ \tilde{\beta} = \|\tilde{\boldsymbol{r}}_0\|_2.$$

近似解 $\tilde{\boldsymbol{x}}_k$ 可表示为

$$\tilde{\boldsymbol{x}}_k = \tilde{\boldsymbol{x}}_0 + \boldsymbol{W}_k\boldsymbol{T}_k^{-\mathrm{T}}(\tilde{\beta}\boldsymbol{e}_1) = \tilde{\boldsymbol{x}}_0 + \boldsymbol{W}_k\boldsymbol{L}_k^{-\mathrm{T}}\boldsymbol{U}_k^{-\mathrm{T}}(\tilde{\beta}\boldsymbol{e}_1).$$

定义

$$\tilde{\boldsymbol{P}}_k := \boldsymbol{W}_k \boldsymbol{L}_k^{-\mathrm{T}} = [\tilde{\boldsymbol{p}}_0, \tilde{\boldsymbol{p}}_1, \cdots, \tilde{\boldsymbol{p}}_{k-1}], \quad \tilde{\boldsymbol{z}}_k := \boldsymbol{U}_k^{-\mathrm{T}}(\tilde{\beta}\boldsymbol{e}_1) = [\tilde{\sigma}_0, \cdots, \tilde{\sigma}_{k-1}]^{\mathrm{T}},$$

则

$$\tilde{\boldsymbol{P}}_{k+1} = \boldsymbol{W}_{k+1} \boldsymbol{L}_{k+1}^{-\mathrm{T}} = [\tilde{\boldsymbol{P}}_k, \tilde{\boldsymbol{p}}_k], \quad \tilde{\boldsymbol{z}}_{k+1} = \boldsymbol{U}_{k+1}^{-\mathrm{T}}(\tilde{\beta}\boldsymbol{e}_1) = [\tilde{\boldsymbol{z}}_k^{\mathrm{T}}, \tilde{\sigma}_k]^{\mathrm{T}},$$

易得如下递推关系:

$$\boldsymbol{w}_k = \gamma_{k-1}\tilde{\boldsymbol{p}}_{k-1} + \tilde{\boldsymbol{p}}_k, \quad \delta_{k-1}\tilde{\sigma}_{k-1} + \eta_k\tilde{\sigma}_k = 0,$$

即

$$\tilde{\boldsymbol{p}}_k = \boldsymbol{w}_k - \gamma_{k-1}\tilde{\boldsymbol{p}}_{k-1}, \quad \tilde{\sigma}_k = -\delta_{k-1}\sigma_{k-1}/\eta_k.$$

进而近似解的迭代计算公式为

$$\begin{aligned}\tilde{\boldsymbol{x}}_{k+1} &= \tilde{\boldsymbol{x}}_0 + \tilde{\boldsymbol{P}}_{k+1}\tilde{\boldsymbol{z}}_{k+1} = \tilde{\boldsymbol{x}}_0 + [\tilde{\boldsymbol{P}}_k, \tilde{\boldsymbol{p}}_k]\begin{bmatrix}\tilde{\boldsymbol{z}}_k \\ \tilde{\sigma}_k\end{bmatrix} \\ &= \tilde{\boldsymbol{x}}_k + \tilde{\sigma}_k\tilde{\boldsymbol{p}}_k.\end{aligned}$$

对应残量为

$$\begin{aligned}\tilde{\boldsymbol{r}}_k &= \tilde{\boldsymbol{b}} - \boldsymbol{A}^{\mathrm{T}}\tilde{\boldsymbol{x}}_k = \tilde{\boldsymbol{r}}_0 - \boldsymbol{A}^{\mathrm{T}}\boldsymbol{W}_k\tilde{\boldsymbol{y}} \\ &= \tilde{\boldsymbol{r}}_0 - (\boldsymbol{W}_k\boldsymbol{T}_k^{\mathrm{T}} + \tau_{k-1}\boldsymbol{w}_k\boldsymbol{e}_k^{\mathrm{T}})\tilde{\boldsymbol{y}} \\ &= (\tau_{k-1}\boldsymbol{e}_k^{\mathrm{T}}\tilde{\boldsymbol{y}})\boldsymbol{w}_k.\end{aligned}$$

显然, 残量 $\tilde{\boldsymbol{r}}_k$ 和基向量 $\boldsymbol{w}_k$ 也是线性相关的.

综上, 由残量 $\boldsymbol{r}_j$ 和 $\tilde{\boldsymbol{r}}_j$ 分别与 $\boldsymbol{v}_j$ 和 $\boldsymbol{w}_j$ 线性相关, 及 $\boldsymbol{v}_j$ 和 $\boldsymbol{w}_j$ 正交知:

$$\tilde{\boldsymbol{r}}_i^{\mathrm{T}}\boldsymbol{r}_j = 0, \ \ i \neq j. \tag{4.17}$$

再由矩阵 $\boldsymbol{P}_k$ 和 $\tilde{\boldsymbol{P}}_k$ 的定义及公式 (4.16), 可得

$$\tilde{\boldsymbol{P}}_k^{\mathrm{T}}\boldsymbol{A}\boldsymbol{P}_k = \boldsymbol{L}_k^{-1}\boldsymbol{W}_k^{\mathrm{T}}\boldsymbol{A}\boldsymbol{V}_k\boldsymbol{U}_k^{-1} = \boldsymbol{L}_k^{-1}\boldsymbol{T}_k\boldsymbol{U}_k^{-1} = \boldsymbol{I}.$$

因而向量 $\boldsymbol{p}_i$ 和 $\tilde{\boldsymbol{p}}_j$ 是 $\boldsymbol{A}$-共轭的, 即满足:

$$\tilde{\boldsymbol{p}}_i^{\mathrm{T}}\boldsymbol{A}\boldsymbol{p}_j = 0, \ \ i \neq j. \tag{4.18}$$

利用残量正交性关系 (4.17) 和共轭性关系 (4.18), 我们并不需要显示计算 $\boldsymbol{T}_k$ 的 LU 分解, 便可导出更加实用的 BiCG 算法. 由前面讨论重新设定如下迭代公式

$$\boldsymbol{x}_{k+1}=\boldsymbol{x}_k+\alpha_k\boldsymbol{p}_k,\quad \tilde{\boldsymbol{x}}_{k+1}=\tilde{\boldsymbol{x}}_k+\tilde{\alpha}_k\tilde{\boldsymbol{p}}_k$$

$$\boldsymbol{p}_{k+1}=\boldsymbol{r}_{k+1}+\beta_k\boldsymbol{p}_k,\quad \tilde{\boldsymbol{p}}_{k+1}=\tilde{\boldsymbol{r}}_{k+1}+\tilde{\beta}_k\tilde{\boldsymbol{p}}_k,$$

其中 $\alpha_k,\tilde{\alpha}_k,\beta_k,\tilde{\beta}_k$ 为待求系数.

由近似解 $\boldsymbol{x}_{k+1},\tilde{\boldsymbol{x}}_{k+1}$ 的迭代公式, 对应残量的迭代公式为

$$\boldsymbol{r}_{k+1}=\boldsymbol{r}_k-\alpha_k\boldsymbol{A}\boldsymbol{p}_k,\quad \tilde{\boldsymbol{r}}_{k+1}=\tilde{\boldsymbol{r}}_k-\tilde{\alpha}_k\boldsymbol{A}^{\mathrm{T}}\boldsymbol{p}_k.$$

至此, 我们可以确定参数 $\alpha_k,\tilde{\alpha}_k,\beta_k,\tilde{\beta}_k$ 的值, 其计算公式如下:

$$\begin{aligned}
\alpha_k&=\frac{\tilde{\boldsymbol{r}}_k^{\mathrm{T}}\boldsymbol{r}_k}{\tilde{\boldsymbol{r}}_k^{\mathrm{T}}\boldsymbol{A}\boldsymbol{p}_k}\quad(\ \tilde{\boldsymbol{r}}_k^{\mathrm{T}}\boldsymbol{r}_{k+1}=0)\\
&=\frac{\tilde{\boldsymbol{r}}_k^{\mathrm{T}}\boldsymbol{r}_k}{\tilde{\boldsymbol{p}}_k^{\mathrm{T}}\boldsymbol{A}\boldsymbol{p}_k}.\quad(\ \tilde{\boldsymbol{p}}_k=\tilde{\boldsymbol{r}}_k+\tilde{\beta}_k\tilde{\boldsymbol{p}}_{k-1},\tilde{\boldsymbol{p}}_{k-1}^{\mathrm{T}}\boldsymbol{A}\boldsymbol{p}_k=0)\\
\tilde{\alpha}_k&=\alpha_k=\frac{\tilde{\boldsymbol{r}}_k^{\mathrm{T}}\boldsymbol{r}_k}{\tilde{\boldsymbol{p}}_k^{\mathrm{T}}\boldsymbol{A}\boldsymbol{p}_k}.\\
\beta_k&=-\frac{\tilde{\boldsymbol{p}}_k^{\mathrm{T}}\boldsymbol{A}\boldsymbol{r}_{k+1}}{\tilde{\boldsymbol{p}}_k^{\mathrm{T}}\boldsymbol{A}\boldsymbol{p}_k}\quad(\ \tilde{\boldsymbol{p}}_k^{\mathrm{T}}\boldsymbol{A}\boldsymbol{p}_{k+1}=0)\\
&=\frac{\tilde{\boldsymbol{r}}_{k+1}^{\mathrm{T}}\boldsymbol{r}_{k+1}}{\tilde{\boldsymbol{r}}_k^{\mathrm{T}}\boldsymbol{r}_k}.\quad(\ \tilde{\boldsymbol{p}}_k^{\mathrm{T}}\boldsymbol{A}\boldsymbol{p}_k=\frac{\tilde{\boldsymbol{r}}_k^{\mathrm{T}}\boldsymbol{r}_k}{\alpha_k},\boldsymbol{A}^{\mathrm{T}}\tilde{\boldsymbol{p}}_k=\frac{\tilde{\boldsymbol{r}}_k-\tilde{\boldsymbol{r}}_{k+1}}{\alpha_k}\ \tilde{\boldsymbol{r}}_k^{\mathrm{T}}\boldsymbol{r}_{k+1}=0)\\
\tilde{\beta}_k&=\beta_k=\frac{\tilde{\boldsymbol{r}}_{k+1}^{\mathrm{T}}\boldsymbol{r}_{k+1}}{\tilde{\boldsymbol{r}}_k^{\mathrm{T}}\boldsymbol{r}_k}.
\end{aligned}$$

综上, 得到如下实用的 BiCG 算法:

算法 4.13 BiCG 算法

设定初始值x_0，计算$r_0=b-Ax_0$；

设定初始值$\tilde{x}_0$, 计算$\tilde{r}_0=\tilde{b}-A^{\mathrm{T}}\tilde{x}_0$, 使得$\tilde{r}_0^{\mathrm{T}}r_0\neq 0$;

$p_0=r_0,\tilde{p}_0=\tilde{r}_0$；

for $j=0,1,\cdots$, 直到收敛 **do**

  $\alpha_j=\frac{\tilde{r}_j^{\mathrm{T}}\boldsymbol{r}_j}{\tilde{p}_j^{\mathrm{T}}Ap_j}$；

  $x_{j+1}=x_j+\alpha_jp_j$； $\tilde{x}_{j+1}=\tilde{x}_j+\alpha_j\tilde{p}_j$；

  $r_{j+1}=r_j-\alpha_jAp_j$； $\tilde{r}_{j+1}=\tilde{r}_j-\alpha_jA^{\mathrm{T}}\tilde{p}_j$；

$\beta_j = \frac{\tilde{r}_{j+1}^{\mathrm{T}} r_{j+1}}{\tilde{r}_j^{\mathrm{T}} r_j}$;

$p_{j+1} = r_{j+1} + \beta_j p_j$;　　$\tilde{p}_{j+1} = \tilde{r}_{j+1} + \beta_j \tilde{p}_j$;

end for

由 BiCG 算法4.13可以看出, 该算法适用于同时解两线性方程组 $\boldsymbol{A}\boldsymbol{x} = \boldsymbol{b}$ 和 $\boldsymbol{A}^{\mathrm{T}}\tilde{\boldsymbol{x}} = \tilde{\boldsymbol{b}}$. 若只需解线性方程组 $\boldsymbol{A}\boldsymbol{x} = \boldsymbol{b}$, 则可删除算法4.13中框线中内容. 如若迭代过程没有中止, BiCG 算法最多需要 n 次迭代便可得到精确解. 实际应用中, BiCG 算法主要存在如下缺点: BiCG 算法迭代过程中同时需要矩阵 $\boldsymbol{A}$ 和 $\boldsymbol{A}^{\mathrm{T}}$ 的矩阵-向量乘积运算. 在给定矩阵 $\boldsymbol{A}$ 的前提下, 对 $\boldsymbol{A}^{\mathrm{T}}$ 的矩阵-向量运算增加了计算开销. 此外, 若求解问题无法直接提供矩阵 $\boldsymbol{A}$, 而只有矩阵 $\boldsymbol{A}$ 的矩阵-向量运算, 此时便限制了 BiCG 法的使用.

为避免使用 $\boldsymbol{A}^{\mathrm{T}}$, Peter Sonneveld 于 1989 年提出了平方共轭梯度法 (conjugate gradient squared，CGS)[43], CGS 法与 BiCG 法每迭代步运算量差不多相同, 但收敛更快. 之后, 针对 CGS 法可能出现的残量收敛曲线值不规则变化问题, Hank van de Vorst 于 1992 年给出了一种残量收敛曲线更加平滑稳定的双共轭梯度法 (biconjugate gradient stabilized,BiCGSTAB)[45]. 受此启发, 在统一乘积型框架下, 张绍良于 1997 年提出了广义乘积型双共轭梯度法 (generalized product BiCG,GPBiCG)[50]. 在此框架下, 选取适当参数, GPBiCG 法便可退化为 CGS 和 BiCGSTAB. 接下来, 我们分别介绍 CGS 法、BiCGSTAB 法和 GPBiCG 法, 并简单给出对应算法的导出过程.

4.2.7　平方共轭梯度法 (CGS)

由 BiCG 算法4.13可以看出, 矩阵 $\boldsymbol{A}^{\mathrm{T}}$ 的作用是用其更新向量 $\tilde{\boldsymbol{r}}_j$ 及 $\tilde{\boldsymbol{p}}_j$, 进而计算 α_j, β_j. 从 BiCG 算法的推导过程知, $\boldsymbol{r}_j, \boldsymbol{p}_j \in \mathcal{K}_{j+1}(\boldsymbol{A}, \boldsymbol{r}_0)$ 和 $\tilde{\boldsymbol{r}}_j, \tilde{\boldsymbol{p}}_j \in \mathcal{K}_{j+1}(\boldsymbol{A}^{\mathrm{T}}, \tilde{\boldsymbol{r}}_0)$, 故存在 j 次多项式 $\phi_j(t), \psi_j(t)$, 使得

$$
\begin{aligned}
\boldsymbol{r}_j &= \phi_j(\boldsymbol{A})\boldsymbol{r}_0, \quad \tilde{\boldsymbol{r}}_j = \phi_j(\boldsymbol{A}^{\mathrm{T}})\tilde{\boldsymbol{r}}_0, \\
\boldsymbol{p}_j &= \psi_j(\boldsymbol{A})\boldsymbol{r}_0, \quad \tilde{\boldsymbol{p}}_j = \psi_j(\boldsymbol{A}^{\mathrm{T}})\tilde{\boldsymbol{r}}_0.
\end{aligned} \tag{4.19}
$$

从而 α_j, β_j 可重新表示为

$$
\begin{aligned}
\alpha_j &= \frac{\tilde{\boldsymbol{r}}_j^{\mathrm{T}} \boldsymbol{r}_j}{\tilde{\boldsymbol{p}}_j^{\mathrm{T}} \boldsymbol{A} \boldsymbol{p}_j} = \frac{\tilde{\boldsymbol{r}}_0^{\mathrm{T}} \phi_j^2(\boldsymbol{A}) \boldsymbol{r}_0}{\tilde{\boldsymbol{r}}_0^{\mathrm{T}} \boldsymbol{A} \psi_j^2(\boldsymbol{A}) \boldsymbol{r}_0}, \\
\beta_j &= \frac{\tilde{\boldsymbol{r}}_{j+1}^{\mathrm{T}} \boldsymbol{r}_{j+1}}{\tilde{\boldsymbol{r}}_j^{\mathrm{T}} \boldsymbol{r}_j} = \frac{\tilde{\boldsymbol{r}}_0^{\mathrm{T}} \phi_{j+1}^2(\boldsymbol{A}) \boldsymbol{r}_0}{\tilde{\boldsymbol{r}}_0^{\mathrm{T}} \phi_j^2(\boldsymbol{A}) \boldsymbol{r}_0}.
\end{aligned} \tag{4.20}
$$

显然, 上式右端表达式不再需要 $\boldsymbol{A}^{\mathrm{T}}$, 改为计算 $\phi_j^2(\boldsymbol{A})\boldsymbol{r}_0, \psi_j^2(\boldsymbol{A})\boldsymbol{r}_0$. 为有效计算 $\phi_j^2(\boldsymbol{A})\boldsymbol{r}_0$, $\psi_j^2(\boldsymbol{A})\boldsymbol{r}_0$, 借助 $\phi_j(t), \psi_j(t)$ 的如下递归关系:

$$\begin{aligned}\phi_{j+1}(t) &= \phi_j(t) - \alpha_j t\psi_j(t),\\ \psi_{j+1}(t) &= \phi_{j+1}(t) + \beta_j\psi_j(t),\end{aligned} \tag{4.21}$$

可得

$$\begin{aligned}\phi_{j+1}^2(t) &= \phi_j^2(t) - 2\alpha_j t\phi_j(t)\psi_j(t) + \alpha_j^2 t^2\psi_j^2(t),\\ \psi_{j+1}^2(t) &= \phi_{j+1}^2(t) + 2\beta_j\phi_{j+1}(t)\psi_j(t) + \beta_j^2\psi_j^2(t).\end{aligned} \tag{4.22}$$

此外,

$$\phi_j(t)\psi_j(t) = \phi_j(t)\big(\phi_j(t) + \beta_{j-1}\psi_{j-1}(t)\big) = \phi_j^2(t) + \beta_{j-1}\phi_j(t)\psi_{j-1}(t). \tag{4.23}$$

定义

$$\boldsymbol{r}_j := \phi_j^2(\boldsymbol{A})\boldsymbol{r}_0,\ \boldsymbol{p}_j := \psi_j^2(\boldsymbol{A})\boldsymbol{r}_0,\ \boldsymbol{q}_{j-1} := \phi_j(\boldsymbol{A})\psi_{j-1}(\boldsymbol{A})\boldsymbol{r}_0, \tag{4.24}$$

由公式 (4.22) 和 (4.23), 可得到如下递归关系式:

$$\begin{aligned}\boldsymbol{r}_{j+1} &= \boldsymbol{r}_j - \alpha_j\boldsymbol{A}(2\boldsymbol{r}_j + 2\beta_{j-1}\boldsymbol{q}_{j-1} - \alpha_j\boldsymbol{A}\boldsymbol{p}_j),\\ \boldsymbol{q}_j &= \boldsymbol{r}_j + \beta_{j-1}\boldsymbol{q}_{j-1} - \alpha_j\boldsymbol{A}\boldsymbol{p}_j,\\ \boldsymbol{p}_{j+1} &= \boldsymbol{r}_{j+1} + 2\beta_j\boldsymbol{q}_j + \beta_j^2\boldsymbol{p}_j.\end{aligned}$$

同时, 由上式中 $\boldsymbol{r}_{j+1}$ 的迭代公式易得对应近似解 $\boldsymbol{x}_{j+1}$ 的迭代公式, 表示如下:

$$\boldsymbol{x}_{j+1} = \boldsymbol{x}_j + \alpha_j(2\boldsymbol{r}_j + 2\beta_{j-1}\boldsymbol{q}_{j-1} - \alpha_j\boldsymbol{A}\boldsymbol{p}_j).$$

综上讨论, 可得 CGS 算法4.14.

算法 4.14 CGS 算法

设定初始值x_0，计算$r_0 = b - Ax_0$；

任取$\tilde{r}_0$，使得$\tilde{r}_0^{\mathrm{T}} r_0 \neq 0$，例如$\tilde{r}_0 = r_0$；

$p_0 = r_0, u_0 = r_0$；

for $j = 0, 1, \cdots$，直到收敛 **do**

  $\alpha_j = \frac{\tilde{r}_0^{\mathrm{T}} r_j}{\tilde{r}_0^{\mathrm{T}} A p_j}$；

  $q_j = u_j - \alpha_j A p_j$；

$x_{j+1} = x_j + \alpha_j(u_j + q_j)$;
$r_{j+1} = r_j - \alpha_j A(u_j + q_j)$;
$\beta_j = \frac{\tilde{r}_0^{\mathrm{T}} r_{j+1}}{\tilde{r}_0^{\mathrm{T}} r_j}$;
$u_{j+1} = r_{j+1} + \beta_j q_j$;
$p_{j+1} = u_{j+1} + \beta_j(q_j + \beta_j p_j)$;
end for

当 BiCG 算法收敛时, CGS 算法能更快收敛, 迭代次数通常是 BiCG 算法的一半. 但实际计算时, CGS 算法迭代过程得到的残量会出现不规则收敛情形 (相近迭代步的残量范数“剧烈”变动), 为克服此问题, van der Vorst 给出了稳定的双共轭梯度法 (BiCGSTAB).

4.2.8 稳定的双共轭梯度法 (BiCGSTAB)

由式 (4.19) 和式 (4.24) 知, BiCG 法和 CGS 法中的残量分别满足关系 $\boldsymbol{r}_j = \phi_j(\boldsymbol{A})\boldsymbol{r}_0$ 和 $\boldsymbol{r}_j = \phi_j^2(\boldsymbol{A})\boldsymbol{r}_0$, 其中 $\phi_j(t)$ 满足递归关系式 (4.21), 为次数不超过 j 的多项式.

van der Vorst 选用递归多项式

$$\rho_j(t) = (1 - \omega_j t)\rho_{j-1}(t),$$

其中 ω_j 为待求参数.

结合递归关系式 (4.21), 有

$$\rho_{j+1}(t)\phi_{j+1}(t) = (1 - \omega_{j+1}t)\rho_j(t)\big(\phi_j(t) - \alpha_j t\psi_j(t)\big). \tag{4.25}$$

类似地, 对 $\rho_j(t)\psi_j(t)$ 有递归关系:

$$\begin{aligned} \rho_{j+1}(t)\psi_{j+1}(t) &= \rho_{j+1}(t)\big(\phi_{j+1}(t) + \beta_j\psi_j(t)\big) \\ &= \rho_{j+1}(t)\phi_{j+1}(t) + \beta_j(1 - \omega_{j+1}t)\rho_j(t)\psi_j(t) \end{aligned} \tag{4.26}$$

定义残量

$$\boldsymbol{r}_j := \rho_j(\boldsymbol{A})\phi_j(\boldsymbol{A})\boldsymbol{r}_0 = \boldsymbol{b} - \boldsymbol{A}\boldsymbol{x}_j$$

及

$$\boldsymbol{p}_j := \rho_j(\boldsymbol{A})\psi_j(\boldsymbol{A})\boldsymbol{r}_0,$$

则由式 (4.25) 和式 (4.26), 分别有递归关系式

$$\boldsymbol{r}_{j+1} = (\boldsymbol{I} - \omega_{j+1}\boldsymbol{A})(\boldsymbol{r}_j - \alpha_j \boldsymbol{A}\boldsymbol{p}_j),$$
$$\boldsymbol{p}_{j+1} = \boldsymbol{r}_{j+1} + \beta_j(\boldsymbol{I} - \omega_{j+1}\boldsymbol{A})\boldsymbol{p}_j.$$

进而残量 $\boldsymbol{r}_{j+1}$ 对应的近似解 $\boldsymbol{x}_{j+1}$ 的递归关系式为

$$\boldsymbol{x}_{j+1} = \boldsymbol{x}_j + \alpha_j \boldsymbol{p}_j + \omega_{j+1}(\boldsymbol{r}_j - \alpha_j \boldsymbol{A}\boldsymbol{p}_j).$$

至此, 要得到一实用算法, 我们还需要计算在此新的迭代方式下参数 $\omega_{j+1}, \alpha_j, \beta_j$ 的值. 为使得残量 $\boldsymbol{r}_{j+1}$ 收敛更加稳定, 可通过局部残量极小化确定 ω_{j+1} , 即

$$\begin{aligned}\omega_{j+1} &= \arg\min_{\omega} \|(\boldsymbol{I} - \omega \boldsymbol{A})(\boldsymbol{r}_j - \alpha_j \boldsymbol{A}\boldsymbol{p}_j)\|_2 \\ &= \frac{\boldsymbol{t}_j^{\mathrm{T}}\boldsymbol{A}\boldsymbol{t}_j}{(\boldsymbol{A}\boldsymbol{t}_j)^{\mathrm{T}}\boldsymbol{A}\boldsymbol{t}_j}, \quad \boldsymbol{t}_j = \boldsymbol{r}_j - \alpha_j \boldsymbol{A}\boldsymbol{p}_j.\end{aligned}$$

在 BiCG 法的推导过程中, 我们知 α_j, β_j 可表示为 ($\boldsymbol{r}^{\mathrm{BiCG}}$ 表示 BiCG 中向量)

$$\alpha_j = \frac{(\tilde{\boldsymbol{r}}_j^{\mathrm{BiCG}})^{\mathrm{T}}\boldsymbol{r}_j^{\mathrm{BiCG}}}{(\tilde{\boldsymbol{r}}_j^{\mathrm{BiCG}})^{\mathrm{T}}\boldsymbol{A}\boldsymbol{p}_j^{\mathrm{BiCG}}} = \frac{(\phi_j(\boldsymbol{A}^{\mathrm{T}})\tilde{\boldsymbol{r}}_0)^{\mathrm{T}}\phi_j(\boldsymbol{A})\boldsymbol{r}_0}{(\phi_j(\boldsymbol{A}^{\mathrm{T}})\tilde{\boldsymbol{r}}_0)^{\mathrm{T}}\boldsymbol{A}\psi_j(\boldsymbol{A})\boldsymbol{r}_0},$$
$$\beta_j = \frac{(\tilde{\boldsymbol{r}}_{j+1}^{\mathrm{BiCG}})^{\mathrm{T}}\boldsymbol{r}_{j+1}^{\mathrm{BiCG}}}{(\tilde{\boldsymbol{r}}_j^{\mathrm{BiCG}})^{\mathrm{T}}\boldsymbol{r}_j^{\mathrm{BiCG}}} = \frac{(\phi_{j+1}(\boldsymbol{A}^{\mathrm{T}})\tilde{\boldsymbol{r}}_0)^{\mathrm{T}}\phi_{j+1}(\boldsymbol{A})\boldsymbol{r}_0}{(\phi_j(\boldsymbol{A}^{\mathrm{T}})\tilde{\boldsymbol{r}}_0)^{\mathrm{T}}\phi_j(\boldsymbol{A})\boldsymbol{r}_0}.$$

由 BiCG 法中的残量正交性关系 (4.17) 知, 对任意 k 次多项式 $p_k(t)$, 若 $k < j$, 则 $(p_k(\boldsymbol{A}^{\mathrm{T}})\tilde{\boldsymbol{r}}_0)^{\mathrm{T}}\boldsymbol{r}_j^{\mathrm{BiCG}} \equiv 0$. 因此 BiCG 法中可仅用 $\phi_j(\boldsymbol{A}^{\mathrm{T}})$ 的最高次项来进行计算 $(\tilde{\boldsymbol{r}}_j^{\mathrm{BiCG}})^{\mathrm{T}}\boldsymbol{r}_j^{\mathrm{BiCG}}$, 即

$$\begin{aligned}(\tilde{\boldsymbol{r}}_j^{\mathrm{BiCG}})^{\mathrm{T}}\boldsymbol{r}_j^{\mathrm{BiCG}} &= (\phi_j(\boldsymbol{A}^{\mathrm{T}})\tilde{\boldsymbol{r}}_0)^{\mathrm{T}}\boldsymbol{r}_j^{\mathrm{BiCG}} = (-1)^j\alpha_0\cdots\alpha_{j-1}((\boldsymbol{A}^{\mathrm{T}})^j\tilde{\boldsymbol{r}}_0)^{\mathrm{T}}\boldsymbol{r}_j^{\mathrm{BiCG}} \\ &= (-1)^j\alpha_0\cdots\alpha_{j-1}((\boldsymbol{A}^{\mathrm{T}})^j\tilde{\boldsymbol{r}}_0)^{\mathrm{T}}\phi_j(\boldsymbol{A})\boldsymbol{r}_0.\end{aligned} \tag{4.27}$$

特别地, 对 j 次多项式 $\rho_j(t)$, 也可以仅用 $\rho_j(\boldsymbol{A}^{\mathrm{T}})$ 的首项来计算 $(\rho_j(\boldsymbol{A}^{\mathrm{T}})\tilde{\boldsymbol{r}}_0)^{\mathrm{T}}\boldsymbol{r}_j^{\mathrm{BiCG}}$:

$$(\rho_j(\boldsymbol{A}^{\mathrm{T}})\tilde{\boldsymbol{r}}_0)^{\mathrm{T}}\boldsymbol{r}_j^{\mathrm{BiCG}} = (-1)^j\omega_1\cdots\omega_j((\boldsymbol{A}^{\mathrm{T}})^j\tilde{\boldsymbol{r}}_0)^{\mathrm{T}}\phi_j(\boldsymbol{A})\boldsymbol{r}_0. \tag{4.28}$$

注意, $(\rho_j(\boldsymbol{A}^{\mathrm{T}})\tilde{\boldsymbol{r}}_0)^{\mathrm{T}}\boldsymbol{r}_j^{\mathrm{BiCG}} = \tilde{\boldsymbol{r}}_0^{\mathrm{T}}(\rho_j(\boldsymbol{A})\phi_j(\boldsymbol{A})\boldsymbol{r}_0)$, 而 $\rho_j(\boldsymbol{A})\phi_j(\boldsymbol{A})\boldsymbol{r}_0$ 是本小节定义的新的残量. 至此, 可给出 β_j 的计算表达式:

$$\begin{aligned}\beta_j &= \frac{\tilde{\boldsymbol{r}}_0^{\mathrm{T}}\big(\rho_{j+1}(\boldsymbol{A})\phi_{j+1}(\boldsymbol{A})\boldsymbol{r}_0\big)}{\tilde{\boldsymbol{r}}_0^{\mathrm{T}}\big(\rho_j(\boldsymbol{A})\phi_j(\boldsymbol{A})\boldsymbol{r}_0\big)} \cdot \frac{\alpha_j}{\omega_{j+1}} \\ &= \frac{\tilde{\boldsymbol{r}}_0^{\mathrm{T}}\boldsymbol{r}_{j+1}}{\tilde{\boldsymbol{r}}_0^{\mathrm{T}}\boldsymbol{r}_j} \cdot \frac{\alpha_j}{\omega_{j+1}}.\end{aligned}$$

同理, 结合共轭关系 (4.18), 可得 α_j 的计算表达式:

$$\begin{aligned}\alpha_j &= \frac{(\phi_j(\boldsymbol{A}^{\mathrm{T}})\tilde{\boldsymbol{r}}_0)^{\mathrm{T}}\phi_j(\boldsymbol{A})\boldsymbol{r}_0}{(\phi_j(\boldsymbol{A}^{\mathrm{T}})\tilde{\boldsymbol{r}}_0)^{\mathrm{T}}\boldsymbol{A}\psi_j(\boldsymbol{A})\boldsymbol{r}_0} \\ &= \frac{(\rho_j(\boldsymbol{A}^{\mathrm{T}})\tilde{\boldsymbol{r}}_0)^{\mathrm{T}}\phi_j(\boldsymbol{A})\boldsymbol{r}_0}{(\rho_j(\boldsymbol{A}^{\mathrm{T}})\tilde{\boldsymbol{r}}_0)^{\mathrm{T}}\boldsymbol{A}\psi_j(\boldsymbol{A})\boldsymbol{r}_0} \\ &= \frac{\tilde{\boldsymbol{r}}_0^{\mathrm{T}}\rho_j(\boldsymbol{A})\phi_j(\boldsymbol{A})\boldsymbol{r}_0}{\tilde{\boldsymbol{r}}_0^{\mathrm{T}}\boldsymbol{A}\rho_j(\boldsymbol{A})\psi_j(\boldsymbol{A})\boldsymbol{r}_0} \\ &= \frac{\tilde{\boldsymbol{r}}_0^{\mathrm{T}}\boldsymbol{r}_j}{\tilde{\boldsymbol{r}}_0^{\mathrm{T}}\boldsymbol{A}\boldsymbol{p}_j}.\end{aligned}$$

整理以上过程, 即得如下稳定的双共轭梯度法 (算法4.15).

算法 4.15　BiCGSTAB 算法

设定初始值 x_0，计算 $r_0 = b - Ax_0$；

任取 $\tilde{r}_0$，使得 $\tilde{r}_0^{\mathrm{T}} r_0 \neq 0$，例如 $\tilde{r}_0 = r_0$；

$\beta_{-1} = 0$；

for $j = 0, 1, \cdots$，直到收敛 **do**

　$p_j = r_j + \beta_{j-1}(p_{j-1} - \omega_{j-1}Ap_{j-1})$；

　$\alpha_j = \frac{\tilde{r}_0^{\mathrm{T}} r_j}{\tilde{r}_0^{\mathrm{T}} Ap_j}$；

　$t_j = r_j - \alpha_j Ap_j$；

　$\omega_{j+1} = \frac{t_j^{\mathrm{T}} At_j}{(At_j)^{\mathrm{T}} At_j}$；

　$x_{j+1} = x_j + \alpha_j p_j + \omega_{j+1} t_j$；

　$r_{j+1} = t_j - \omega_{j+1} At_j$；

　$\beta_j = \frac{\tilde{r}_0^{\mathrm{T}} r_{j+1}}{\tilde{r}_0^{\mathrm{T}} r_j} \cdot \frac{\alpha_j}{\omega_{j+1}}$；

end for

4.2.9　广义乘积型双共轭梯度法 (GPBiCG)

在 CGS 法和 BiCGSTAB 法基础上, 张绍良[50] 给出了统一乘积型框架并提出了广义乘积型双共轭梯度法 (generalized product BiCG,GPBiCG). 下面我们简单介绍

GPBiCG 法的推导过程.

由 BiCG 法的迭代关系式 (4.21), 消去多项式 $\psi_j(t)$ 项, 可得仅含多项式 $\phi_j(t)$ 的递归关系式:

$$\begin{aligned}
&\phi_0(t)=1,\\
&\phi_1(t)=(1-\alpha_0 t)\phi_0(t),\\
&\phi_{j+1}(t)=\Big(1+\frac{\beta_{j-1}}{\alpha_{j-1}}\alpha_j-\alpha_j t\Big)\phi_j(t)-\frac{\beta_{j-1}}{\alpha_{j-1}}\alpha_j\phi_{j-1}(t),\ j=1,2,\cdots.
\end{aligned}\tag{4.29}$$

基于上述 $\phi_j(t)$ 的三项递归关系, 通过引入两个独立的参数 ζ_j 和 η_j 构造形如 $\phi_j(t)$ 的递归关系式:

$$\begin{aligned}
&\rho_0(t)=1,\\
&\rho_1(t)=(1-\zeta_0 t)\phi_0(t),\\
&\rho_{j+1}(t)=(1+\eta_j-\zeta_j t)\rho_j(t)-\eta_j\rho_{j-1}(t),\ j=1,2,\cdots.
\end{aligned}\tag{4.30}$$

类似 BiCGSTAB 法的推导过程, 借助如下多项式乘积的递归关系:

$$\begin{aligned}
\rho_{j+1}(t)\phi_{j+1}(t)&=\rho_j(t)\phi_{j+1}(t)-\eta_j\big(\rho_{j-1}(t)-\rho_j(t)\big)\phi_{j+1}-\zeta_j t\rho_j(t)\phi_{j+1}(t),\\
\rho_j(t)\phi_{j+1}(t)&=\rho_j(t)\phi_j(t)-\alpha_j t\rho_j(t)\psi_j(t),\\
\big(\rho_{j-1}(t)-\rho_j(t)\big)\phi_{j+1}(t)&=\rho_{j-1}(t)\phi_j(t)-\rho_j(t)\phi_{j+1}(t)-\alpha_j t\rho_{j-1}(t)\psi_j(t),\\
\rho_{j+1}(t)\psi_{j+1}(t)&=\rho_{j+1}(t)\phi_{j+1}(t)-\beta_j\eta_j\rho_{j-1}(t)\psi_j(t)+\beta_j(1+\eta_j)\rho_j(t)\psi_j(t)\\
&\quad-\beta_j\zeta_j t\rho_j(t)\psi_j(t),\\
\rho_j(t)\psi_{j+1}(t)&=\rho_j(t)\phi_{j+1}(t)+\beta_j\rho_j(t)\psi_j(t),
\end{aligned}\tag{4.31}$$

重新构造残量

$$\boldsymbol{r}_j:=\rho_j(\boldsymbol{A})\phi_j(\boldsymbol{A})\boldsymbol{r}_0=\boldsymbol{b}-\boldsymbol{A}\boldsymbol{x}_j.\tag{4.32}$$

为得到 $\boldsymbol{r}_j$ 的递归关系式, 再定义以下辅助向量

$$\begin{aligned}
\boldsymbol{t}_j&:=\rho_j(\boldsymbol{A})\phi_j(\boldsymbol{A})\boldsymbol{r}_0,\\
\boldsymbol{y}_j&:=\big(\rho_{j-1}(\boldsymbol{A})-\rho_j(\boldsymbol{A})\big)\phi_{j+1}(\boldsymbol{A})\boldsymbol{r}_0,\\
\boldsymbol{p}_j&:=\rho_j(\boldsymbol{A})\psi_j(\boldsymbol{A})\boldsymbol{r}_0,\\
\boldsymbol{s}_j&:=\rho_{j-1}(\boldsymbol{A})\psi_j(\boldsymbol{A})\boldsymbol{r}_0.
\end{aligned}$$

由递归关系 (4.31), 我们可以得到向量序列 $\boldsymbol{r}_j, \boldsymbol{t}_j, \boldsymbol{y}_j, \boldsymbol{p}_j$ 和 $\boldsymbol{s}_j$ 的如下计算表达式:

$$\begin{aligned}
\boldsymbol{r}_{j+1} &= \boldsymbol{t}_j - \eta_j \boldsymbol{y}_j - \zeta_j \boldsymbol{A}\boldsymbol{t}_j, \\
\boldsymbol{t}_j &= \boldsymbol{r}_j - \alpha_j \boldsymbol{A}\boldsymbol{p}_j, \\
\boldsymbol{y}_j &= \boldsymbol{t}_{j-1} - \boldsymbol{t}_j - \alpha_j \boldsymbol{A}\boldsymbol{s}_j, \\
\boldsymbol{p}_{j+1} &= \boldsymbol{r}_{j+1} - \beta_j \eta_j \boldsymbol{s}_j + \beta_j (1+\eta_j) \boldsymbol{p}_j - \beta_j \zeta_j \boldsymbol{A}\boldsymbol{p}_j, \\
\boldsymbol{s}_{j+1} &= \boldsymbol{t}_j + \beta_j \boldsymbol{p}_j.
\end{aligned}$$

最终, 由残量定义 (4.32) 及上述向量计算表达式, 我们可以得到近似解 $\boldsymbol{x}_{j+1}$ 的计算表达式

$$\boldsymbol{x}_{j+1} = -\eta_j(\boldsymbol{x}_{j-1} + \alpha_{j-1}\boldsymbol{p}_{j-1} + \alpha_j \boldsymbol{s}_j) + (1+\eta_j)(\boldsymbol{x}_j + \alpha_j \boldsymbol{p}_j) + \zeta_j \boldsymbol{t}_j. \tag{4.33}$$

至此, 要得到一实用算法, 我们还需计算参数 $\eta_j, \zeta_j, \alpha_j, \beta_j$ 的值. 类似 BiCGSTAB 法, 为使得残量 $\boldsymbol{r}_{j+1}$ 收敛更加稳定, 可通过局部残量极小化确定 η_j, ζ_j, 即解最小二乘问题 $\min\limits_{\eta,\zeta} \|\boldsymbol{t}_j - \eta \boldsymbol{y}_j - \zeta \boldsymbol{A}\boldsymbol{t}_j\|_2$, 得

$$\begin{aligned}
\eta_j &= \frac{((\boldsymbol{A}\boldsymbol{t}_j)^{\mathrm{T}}\boldsymbol{A}\boldsymbol{t}_j)(\boldsymbol{y}_j^{\mathrm{T}}\boldsymbol{t}_j) - (\boldsymbol{y}_j^{\mathrm{T}}\boldsymbol{A}\boldsymbol{t}_j)(\boldsymbol{t}_j^{\mathrm{T}}\boldsymbol{A}\boldsymbol{t}_j)}{((\boldsymbol{A}\boldsymbol{t}_j)^{\mathrm{T}}\boldsymbol{A}\boldsymbol{t}_j)(\boldsymbol{y}_j^{\mathrm{T}}\boldsymbol{y}_j) - (\boldsymbol{y}_j^{\mathrm{T}}\boldsymbol{A}\boldsymbol{t}_j)^2}, \\
\zeta_j &= \frac{(\boldsymbol{y}_j^{\mathrm{T}}\boldsymbol{y}_j)(\boldsymbol{t}_j^{\mathrm{T}}\boldsymbol{A}\boldsymbol{t}_j) - (\boldsymbol{y}_j^{\mathrm{T}}\boldsymbol{t}_j)(\boldsymbol{y}_j^{\mathrm{T}}\boldsymbol{A}\boldsymbol{t}_j)}{((\boldsymbol{A}\boldsymbol{t}_j)^{\mathrm{T}}\boldsymbol{A}\boldsymbol{t}_j)(\boldsymbol{y}_j^{\mathrm{T}}\boldsymbol{y}_j) - (\boldsymbol{y}_j^{\mathrm{T}}\boldsymbol{A}\boldsymbol{t}_j)^2},
\end{aligned}$$

及 α_j, β_j 的值

$$\alpha_j = \frac{\tilde{\boldsymbol{r}}_0^{\mathrm{T}}\boldsymbol{r}_j}{\tilde{\boldsymbol{r}}_0^{\mathrm{T}}\boldsymbol{A}\boldsymbol{p}_j}, \quad \beta_j = \frac{\tilde{\boldsymbol{r}}_0^{\mathrm{T}}\boldsymbol{r}_{j+1}}{\tilde{\boldsymbol{r}}_0^{\mathrm{T}}\boldsymbol{r}_j} \cdot \frac{\alpha_j}{\zeta_j}.$$

从数值稳定性角度考虑, 文献 [50] 中还讨论了将三项递归关系 (4.30) 转化为两项递归关系. 定义

$$\pi_j(t) := \frac{\phi_j(t) - \phi_{j+1}(t)}{\zeta_j t},$$

则由三项递归关系 (4.30) 可推出如下与之等价的两项递归关系:

$$\begin{aligned}
\rho_0(t) &= 1, \quad \pi_0(t) = 1, \\
\rho_{j+1}(t) &= \rho_j(t) - \zeta_j t \pi_j(t), \\
\pi_{j+1}(t) &= \rho_{j+1}(t) + \zeta_j \frac{\eta_{j+1}}{\zeta_{j+1}} \pi_j(t), \ j = 1, 2, \cdots.
\end{aligned}$$

在此两项递归关系基础上, 可以重新推导残量及其对应近似解的递归关系式, 这里我们不再赘述, 详细过程请参阅文献 [50]. 这里我们列出基于两项递归关系的广义乘积型双共轭梯度 (GPBiCG) 算法.

算法 4.16 GPBiCG 算法

设置初始值x_0，计算$r_0 = b - Ax_0$；
任取$\tilde{r}_0$，使得$\tilde{r}_0^{\mathrm{T}} r_0 \neq 0$，例如$\tilde{r}_0 = r_0$；
$t_{-1} = w_{-1} = 0$，$\beta_{-1} = 0$；
for $j = 0, 1, \cdots$，直到收敛 **do**
  $p_j = r_j + \beta_{j-1}(p_{j-1} - u_{j-1})$；
  $\alpha_j = \frac{\tilde{r}_0^{\mathrm{T}} r_j}{\tilde{r}_0^{\mathrm{T}} A p_j}$；
  $y_j = t_{j-1} - r_j - \alpha_j w_{j-1} + \alpha_j A p_j$；
  $t_j = r_j - \alpha_j A p_j$；
  if $j = 0$ **then**
    $\zeta_j = \frac{t_j^{\mathrm{T}} A t_j}{(At_j)^{\mathrm{T}} A t_j}$；
    $\eta_j = 0$；
  else
    $\zeta_j = \frac{(y_j^{\mathrm{T}} y_j)(t_j^{\mathrm{T}} A t_j) - (y_j^{\mathrm{T}} t_j)(y_j^{\mathrm{T}} A t_j)}{((At_j)^{\mathrm{T}} A t_j)(y_j^{\mathrm{T}} y_j) - (y_j^{\mathrm{T}} A t_j)^2}$；
    $\eta_j = \frac{((At_j)^{\mathrm{T}} A t_j)(y_j^{\mathrm{T}} t_j) - (y_j^{\mathrm{T}} A t_j)(t_j^{\mathrm{T}} A t_j)}{((At_j)^{\mathrm{T}} A t_j)(y_j^{\mathrm{T}} y_j) - (y_j^{\mathrm{T}} A t_j)^2}$；
  end if
  $u_j = \zeta_j A p_j + \eta_j (t_{j-1} - r_j + \beta_{j-1} u_{j-1})$；
  $v_j = \zeta_j r_j + \eta_j v_{j-1} - \alpha_j u_j$；
  $x_{j+1} = x_j + \alpha_j p_j + v_j$；
  $r_{j+1} = t_j - \eta_j y_j - \zeta_j A t_j$；
  $\beta_j = \frac{\tilde{r}_0^{\mathrm{T}} r_{j+1}}{\tilde{r}_0^{\mathrm{T}} r_j} \cdot \frac{\alpha_j}{\zeta_j}$；
  $w_j = A t_j + \beta_j A p_j$；
end for

由 GPBiCG 法中 $\rho_j(t)$ 的构造式 (4.30) 及残量 $\boldsymbol{r}_j$ 定义式 (4.32) 可以看出, 若对所有的 $\eta_j \equiv 0$, 则 GPBiCG 法退化为 BiCGSTAB 法. 同时, 由于递归关系式 (4.30) 的构造想法源于 BiCG 法中递归关系式 (4.29), 显然 $\zeta_j = \alpha_j, \eta_j = \frac{\beta_{j-1}}{\alpha_{j-1}} \alpha_j$ 时, $\rho_j(t) = \phi_j(t)$, 从而 GPBiCG 法退化为 CGS 法. 参数 ζ_j, η_j 的不同取值及所对应的算法见表4.1.

表 4.1 参数 ζ_j, η_j 的不同取值所对应的不同的迭代算法

迭代算法	参数取值
CGS	$\zeta_j = \alpha_j,\ \eta_j = \frac{\beta_{j-1}}{\alpha_{j-1}}\alpha_j$
BiCGSTAB	$\zeta_j = \arg\min\limits_{\zeta,\eta_j=0} \Vert \boldsymbol{r}_{j+1} \Vert_2$
GPBiCG	$\zeta_j, \eta_j = \arg\min\limits_{\zeta,\eta} \Vert \boldsymbol{r}_{j+1} \Vert_2$

4.2.10 诱导降维法 (IDR)

最后, 我们再介绍一类新的迭代算法: 诱导降维法 (Induced dimension reduction, IDR). IDR 法最早于 1980 年由 Wesseling 和 Sonneveld[48] 提出. 该方法出现后很长一段时间并没被太多关注, 直到 2008 年由 Sonneveld 和 van Gijzen 将其推广并提出了一簇新的短格式递归方法——IDR(s) 法[44]，由于算法结构简单且在精确算术运算条件下能有限步迭代得到方程组的精确解, 才引起更多关注和发展.

定理 4.9 (IDR 定理) 设矩阵 $\boldsymbol{A} \in \mathbb{R}^{n\times n}$, 非零向量 $\boldsymbol{v}_0 \in \mathbb{R}^n$, $\mathcal{G}_0 = \mathcal{K}_n(\boldsymbol{A}, \boldsymbol{v}_0)$ 为满 Krylov 子空间①, 子空间 $\mathcal{S} \subset \mathbb{R}^n$, 定义递归空间序列 $\mathcal{G}_j$:

$$\mathcal{G}_j := (\boldsymbol{I} - \omega_j \boldsymbol{A})(\mathcal{G}_{j-1} \cap \mathcal{S}), \quad j = 1, 2, \cdots,$$

其中 $\omega_j \in \mathbb{R}$ 非零. 若 $\mathcal{G}_0 \cap \mathcal{S}$ 不包含 $\boldsymbol{A}$ 的一个非平凡不变子空间, 则如下结论成立:

(1) 对任意 $j > 0$, 有 $\mathcal{G}_j \subset \mathcal{G}_{j-1}$;

(2) 存在某个 $j \leqslant n$, 有 $\mathcal{G}_j = \{0\}$.

基于定理4.9, Sonneveld 和 van Gijzen 构造的 IDR(s) 法将每次迭代计算的残量 $\boldsymbol{r}_k$ 都限制在缩小的空间序列 $\mathcal{G}_j$ 中, 在递归计算 $\boldsymbol{r}_k$ 的同时, 类似 CG 法、BiCG 法等 Krylov 子空间法, 递归更新对应近似解 $\boldsymbol{x}_k$, 当残量收敛到零向量时便可得到线性方程组的精确解. 下面我们简要介绍 IDR(s) 法.

设已知 $s+1$ 个残量 $\boldsymbol{r}_{k-s}, \cdots, \boldsymbol{r}_k \in \mathcal{G}_{j-1}$ 及其对应近似解 $\boldsymbol{x}_{k-s}, \cdots, \boldsymbol{x}_k$. 记 $\boldsymbol{P} \in \mathbb{R}^{n\times s}$ 为一给定矩阵, 进而可设定子空间 $\mathcal{S}$ 为 $\boldsymbol{P}^{\mathrm{T}}$ 的零空间, 即 $\mathcal{S} = \mathcal{N}(\boldsymbol{P}^{\mathrm{T}})$. 令 $\Delta \boldsymbol{r}_i := \boldsymbol{r}_{i+1} - \boldsymbol{r}_i$, 定义辅助向量

$$\boldsymbol{v}_k = \boldsymbol{r}_k - \sum_{l=1}^{s} \gamma_l \Delta \boldsymbol{r}_{k-l} = (1-\gamma_1)\boldsymbol{r}_k + \sum_{l=1}^{s-1}(\gamma_l - \gamma_{l+1})\boldsymbol{r}_{k-l} + \gamma_s \boldsymbol{r}_{k-s}, \tag{4.34}$$

① $\mathcal{K}_n(\boldsymbol{A}, \boldsymbol{v}_0)$ 的秩通常小于 n.

其中 γ_l 为待求系数. 由于 $\boldsymbol{r}_{k-s},\cdots,\boldsymbol{r}_k\in\mathcal{G}_{j-1}$, 显然无论 γ_l 取何值都有 $\boldsymbol{v}_k\in\mathcal{G}_{j-1}$. 若 $\boldsymbol{v}_k\in\mathcal{S}$, 构造如下残量 $\boldsymbol{r}_{k+1}$

$$\boldsymbol{r}_{k+1}=(\boldsymbol{I}-\omega_j\boldsymbol{A})\boldsymbol{v}_k, \tag{4.35}$$

由 IDR 定理知, $\boldsymbol{r}_{k+1}\in\mathcal{G}_j$. 为使 $\boldsymbol{v}_k\in\mathcal{S}$, 由定义 $\mathcal{S}=\mathcal{N}(\boldsymbol{P}^{\mathrm{T}})$ 知, $\boldsymbol{v}_k$ 应满足条件

$$\boldsymbol{P}^{\mathrm{T}}\boldsymbol{v}_k=\boldsymbol{0}. \tag{4.36}$$

解此线性方程组可得 $\gamma_l, l=1,\cdots,s$.

记 $\Delta\boldsymbol{x}_i:=\boldsymbol{x}_{i+1}-\boldsymbol{x}_i$, 易知 $\boldsymbol{A}\Delta\boldsymbol{x}_i=-\Delta\boldsymbol{r}_i$. 由式 (4.34)、(4.35) 及 $\boldsymbol{r}_{k+1}=\boldsymbol{b}-\boldsymbol{A}\boldsymbol{x}_{k+1}$, 我们可以得到近似解 $\boldsymbol{x}_{k+1}$ 的如下递归关系式

$$\boldsymbol{x}_{k+1}=\boldsymbol{x}_k+\omega_j\boldsymbol{v}_k-\sum_{l=1}^{s}\gamma_l\Delta\boldsymbol{x}_{k-l}. \tag{4.37}$$

对于参数 ω_j , 类似 BiCGSTAB 法, 可采用极小化残量 $\boldsymbol{r}_{k+1}$ 确定其值, 即

$$\begin{aligned}\omega_j&=\arg\min_{\omega}\|(\boldsymbol{I}-\omega\boldsymbol{A})\boldsymbol{v}_k\|_2\\&=\frac{\boldsymbol{v}_k^{\mathrm{T}}\boldsymbol{A}\boldsymbol{v}_k}{(\boldsymbol{A}\boldsymbol{v}_k)^{\mathrm{T}}\boldsymbol{A}\boldsymbol{v}_k}.\end{aligned}$$

循环上述过程可生成 $\mathcal{G}_j$ 中的残量 $\boldsymbol{r}_{k+2},\cdots,\boldsymbol{r}_{k+s+1}$. 再由 $\boldsymbol{r}_{k+1},\cdots,\boldsymbol{r}_{k+s+1}\in\mathcal{G}_j$ 重复上述计算过程, 可得到 $\mathcal{G}_{j+1}$ 中的残量. 综上, 可得给出 IDR(s) 算法的如下描述:

算法 4.17 IDR(s) 算法

设置初始值x_0， 计算$r_0=b-Ax_0$;

初始化矩阵$P\in\mathbb{R}^{n\times s}$， 例如$P=\mathrm{rand}(n,s)$;

for $i=1,2,\cdots,s$ **do**

  $v=Ar_{i-1}$;

  $\omega=v^{\mathrm{T}}r_{i-1}/v^{\mathrm{T}}v$;

  $\Delta x_i=\omega r_{i-1}$;

  $\Delta r_i=-\omega v$;

  $x_i=x_{i-1}+\Delta x_i$;

  $r_i=r_{i-1}+\Delta r_i$;

```
end for
ΔR = [Δr_1, ··· , Δr_s];
ΔX = [Δx_1, ··· , Δx_s];
i = s;
while 未满足终止条件 do
  for k = 0,1,··· ,s do
    解P^T ΔRc = P^T r_i 得c;
    v = r_i − ΔRc;
    if k = 0 then
      t = Av;
      ω = t^T v/t^T t;
      Δr_i = −ΔRc − ωt;
      Δx_i = −ΔXc + ωv;
    else
      Δx_i = −ΔXc + ωv;
      Δr_i = −AΔx_i;
    end if
    r_{i+1} = r_i + Δr_i;
    x_{i+1} = x_i + Δx_i;
    i = i + 1;
    ΔR = [Δr_{i−s}, ··· , Δr_{i−1}];
    ΔX = [Δx_{i−s}, ··· , Δx_{i−1}];
  end for
end while
```

算法4.17是直接从 IDR 定理得到的一种基本实现, 应用时该实现面临许多问题, 不仅需要考虑参数 s、矩阵 $\boldsymbol{P}$ 及 ω_j 的选取, 还要考虑如何有效存储及计算 $\Delta\boldsymbol{R}, \Delta\boldsymbol{X}$ 及 $\boldsymbol{P}^{\mathrm{T}}\Delta\boldsymbol{R}$ 等问题. 关于这方面的讨论及 IDR(s) 法的进展请参阅 [44][31][23][42][37] 等文献.

从上述讨论可以看出, 参数值 s 决定了递归关系的项数及矩阵 $\boldsymbol{P}$ 的列数. 事实上, 当 $s = 1$ 时, 设置适当参数后 IDR(1) 理论可与 BiCGSTAB 法等价; $s > 1$ 时 IDR(s) 算法有别于传统的 Krylov 子空间法, 其不是建立在 Lanczos 和 Arnoldi 框架下. 理论分析证明，在精确算术运算下，IDR(s) 最多需要 $n + n/s$ 个矩阵向量乘积便可得到精确解. 大量数值实验也验证，即使选取较小的 s 值, IDR(s) 法与传统 Krylov 子空间法相比也很有竞争性, 数值表现毫不逊色.

习题 4

1. 设 $\boldsymbol{x}_k$ 是最速下降法的第 k 步迭代向量，证明 $\varphi(\boldsymbol{x}_k) \leqslant \frac{\kappa_2(\boldsymbol{A})-1}{\kappa_2(\boldsymbol{A})}\varphi(\boldsymbol{x}_{k-1})$.

2. 当最速下降法在有限步求得极小值时，最后一步迭代的下降方向必是 $\boldsymbol{A}$ 的一个特征向量.

3. 设矩阵 $\boldsymbol{A} \in \mathbb{R}^{n\times n}$ 对称正定，$\boldsymbol{p}_1,\cdots,\boldsymbol{p}_k \in \mathbb{R}^n$ 满足 $\boldsymbol{p}_i^{\mathrm{T}}\boldsymbol{A}\boldsymbol{p}_j = 0(i \neq j)$，证明：$\boldsymbol{p}_1,\cdots,\boldsymbol{p}_k$ 线性无关.

4. 证明线性方程组4.5解的唯一性.

5. 设矩阵 $\boldsymbol{A} \in \mathbb{R}^{n\times n}$ 非奇异，对线性方程组 $\boldsymbol{A}^{\mathrm{T}}\boldsymbol{A}\boldsymbol{x} = \boldsymbol{A}^{\mathrm{T}}\boldsymbol{b}$ 推导共轭梯度法，要求不出现计算 $\boldsymbol{A}^{\mathrm{T}}\boldsymbol{A}$ 的过程.

6. 证明当 $i > k$ 时，共轭梯度法产生的迭代向量 $\boldsymbol{x}_i, \boldsymbol{x}_k$ 满足 $\|\boldsymbol{x}_i - \boldsymbol{x}_*\|_2 < \|\boldsymbol{x}_k - \boldsymbol{x}_*\|_2$.

7. 若用共轭梯度法求解线性方程组 $\boldsymbol{A}\boldsymbol{x} = \boldsymbol{b}$，其中系数矩阵为

$$\boldsymbol{A} = \begin{pmatrix} 4 & -2 & -1 & 0 \\ -2 & 4 & 0 & -2 \\ -1 & 0 & 4 & -1 \\ 0 & -2 & -1 & 4 \end{pmatrix},$$

证明：

(1) 对任意的初始值至多迭代 3 次即可求得线性方程组的精确解；

(2) 若第 k 步残量为 $\boldsymbol{r}_k = (1,1,-2,-1)^{\mathrm{T}}$，则只需再迭代一步即可得到问题的精确解.

8. 若线性方程组的系数矩阵 $\boldsymbol{A}$ 至多有 m 个互不相同的特征值，则共轭梯度法至多迭代 m 步即可求得线性方程组的精确解.

9. 设 $\boldsymbol{A}$ 为对称正定矩阵，$\boldsymbol{x}_k$ 为线性方程组的第 k 步迭代向量. 令 $\boldsymbol{y}_0 = \boldsymbol{x}_k$，依次求 $\boldsymbol{y}_i$ 满足

$$\varphi(\boldsymbol{y}_i) = \min_t \varphi(\boldsymbol{y}_{i-1} + t\boldsymbol{e}_i), \quad i = 1,2,\cdots,n,$$

然后令 $\boldsymbol{x}_{k+1} = \boldsymbol{y}_n$，验证这样得到的迭代序列 $\boldsymbol{x}_k$ 就是 Gauss-Seidel 迭代法产生的迭代序列.

10. 设 n 阶实对称矩阵 $\boldsymbol{A}$ 只有 k 个互不相同的特征值，$\boldsymbol{r}$ 为任一 n 维实向量，证明：子空间 $\mathrm{span}(\boldsymbol{r}, \boldsymbol{A}\boldsymbol{r}, \cdots, \boldsymbol{A}^{n-1}\boldsymbol{r})$ 的维数至多是 k.

11. 证明由共轭梯度法求得的迭代向量 $\boldsymbol{x}_k$ 有如下误差估计

$$\|\boldsymbol{x}_k - \boldsymbol{x}_*\|_2 \leqslant 2\sqrt{\kappa_2(\boldsymbol{A})}\left(\frac{\sqrt{\kappa_2(\boldsymbol{A})}-1}{\sqrt{\kappa_2(\boldsymbol{A})}+1}\right)^k \|\boldsymbol{x}_0 - \boldsymbol{x}_*\|_2.$$

12. 设 $\boldsymbol{x}_*$ 为对称正定线性方程组 $\boldsymbol{A}\boldsymbol{x} = \boldsymbol{b}$ 的解，X 是 $\mathbb{R}^n$ 的一个 k 维子空间，证明：向量 $\boldsymbol{x}_k \in X$ 满足

$$\|\boldsymbol{x}_k - \boldsymbol{x}_*\|_{\boldsymbol{A}} = \min_{\boldsymbol{x}\in X} \|\boldsymbol{x} - \boldsymbol{x}_*\|_{\boldsymbol{A}}$$

的充分必要条件为对任意的 $\boldsymbol{b} \in \mathbb{R}^n$，$\boldsymbol{r}_k = \boldsymbol{b} - \boldsymbol{A}\boldsymbol{x}_k$ 垂直于子空间 X.

13. 设线性方程组 $\boldsymbol{A}\boldsymbol{x} = \boldsymbol{b}$ 的系数矩阵 $\boldsymbol{A}$ 及矩阵 $\boldsymbol{L}$ 分别为

$$\boldsymbol{A} = \begin{pmatrix} 2 & -1 & & & \\ -1 & 2 & \ddots & & \\ & \ddots & \ddots & \ddots & \\ & & \ddots & 2 & -1 \\ & & & -1 & 2 \end{pmatrix}, \quad \boldsymbol{L} = \begin{pmatrix} 1 & & & & \\ -1 & 1 & & & \\ & -1 & \ddots & & \\ & & \ddots & 1 & \\ & & & -1 & 1 \end{pmatrix},$$

证明：

(1) 矩阵 $\boldsymbol{L}^{-1}\boldsymbol{A}\boldsymbol{L}^{-\mathrm{T}}$ 的特征值为 $1(n-1$ 重$)$ 和 $n+1(1$ 重$)$；

(2) 对线性方程组 $\boldsymbol{A}\boldsymbol{x} = \boldsymbol{b}$ 可选择预优矩阵，使得预优共轭梯度法只需迭代两次即可收敛.

14. 证明 GMRES 法对应残量 $\boldsymbol{r}_j$ 的 2-范数最小的充分必要条件是 $\boldsymbol{r}_j \perp \mathcal{K}_j(\boldsymbol{A}, \boldsymbol{r}_0)$.

15. 证明定理4.7.

16. 设 $\boldsymbol{A}$ 为如下的块二对角阵

$$\boldsymbol{A} = \begin{pmatrix} \boldsymbol{I} & \boldsymbol{B}_2 & & & & \\ & \boldsymbol{I} & \boldsymbol{B}_3 & & & \\ & & \boldsymbol{I} & \ddots & & \\ & & & \boldsymbol{I} & \boldsymbol{B}_{k-1} & \\ & & & & \boldsymbol{I} & \boldsymbol{B}_k \\ & & & & & \boldsymbol{I} \end{pmatrix}$$

其中 $\boldsymbol{I}$ 为单位阵, $\boldsymbol{B}_i$ 与其有相同阶数. 试证:

(1) $(\boldsymbol{I}-\boldsymbol{A})^k=\boldsymbol{O}$;

(2) 若 $\boldsymbol{A}$ 为线性方程组的系数矩阵, GMRES 法至多需要多少步可得到方程组的精确解?

17. 证明方程组

$$\begin{bmatrix}\boldsymbol{I} & \boldsymbol{A}\\ \boldsymbol{A}^{\mathrm{T}} & \boldsymbol{O}\end{bmatrix}\begin{bmatrix}\boldsymbol{y}\\ \boldsymbol{x}\end{bmatrix}=\begin{bmatrix}\boldsymbol{b}\\ \boldsymbol{0}\end{bmatrix}$$

中的 $\boldsymbol{x}$ 满足方程组 $\boldsymbol{A}^{\mathrm{T}}\boldsymbol{A}\boldsymbol{x}=\boldsymbol{A}^{\mathrm{T}}\boldsymbol{b}$.

18. 试证 MINRES 算法中 g_{j+1} 满足 $g_{j+1}=\|\boldsymbol{r}_j\|_2$.

19. 试推导递归关系式 (4.29).

20. 证明 BiCG 算法得到的向量组 $\{\boldsymbol{r}_j\}$, $\{\tilde{\boldsymbol{r}}_j\}$, $\{\boldsymbol{p}_j\}$ 和 $\{\tilde{\boldsymbol{p}}_j\}$ 具有如下性质:

(1) $\mathrm{span}\{\boldsymbol{r}_0,\boldsymbol{r}_1,\cdots,\boldsymbol{r}_j\}=\mathrm{span}\{\boldsymbol{p}_0,\boldsymbol{p}_1,\cdots,\boldsymbol{p}_j\}=\mathcal{K}_{j+1}(\boldsymbol{A},\boldsymbol{r}_0)$;

(2) $\mathrm{span}\{\tilde{\boldsymbol{r}}_0,\tilde{\boldsymbol{r}}_1,\cdots,\tilde{\boldsymbol{r}}_j\}=\mathrm{span}\{\tilde{\boldsymbol{r}}_0,\tilde{\boldsymbol{r}}_1,\cdots,\tilde{\boldsymbol{r}}_j\}=\mathcal{K}_{j+1}(\boldsymbol{A}^{\mathrm{T}},\tilde{\boldsymbol{r}}_0)$;

(3) $\tilde{\boldsymbol{r}}_i^{\mathrm{T}}\boldsymbol{r}_j=0, i\neq j$;

(4) $\tilde{\boldsymbol{p}}_i^{\mathrm{T}}\boldsymbol{A}\tilde{\boldsymbol{p}}_j=0, i\neq j$;

(5) $\tilde{\boldsymbol{r}}_i^{\mathrm{T}}\boldsymbol{p}_j=\boldsymbol{r}_i^{\mathrm{T}}\tilde{\boldsymbol{p}}_j=0, i>j$.

上机实验题 4

1. 尝试编程实现算法: GMRES(m), BiCG, CGS, BiCGSTA, GPBiCG 和 IDR(s). 用表 4.2 中的非对称稀疏矩阵 (矩阵来源: Matrix Market) 设定系数矩阵 $\boldsymbol{A}$, 随机生成右端向量 $\boldsymbol{b}$ 或预先指定方程组精确解 $\boldsymbol{x}_*$，进而设定 $\boldsymbol{b}(=\boldsymbol{A}\boldsymbol{x}_*)$. 在适当的停止准则下, 例如 $\|\boldsymbol{r}_k\|_2/\|\boldsymbol{r}_0\|_2<10^{-8}$, 比较各算法的迭代步数和计算时间. 同时, 为比较算法的收敛行为, 在同一图中画出各算法相对参量 $\|\boldsymbol{r}_k\|_2/\|\boldsymbol{r}_0\|_2$ (纵轴) 随迭代步数 (横轴, 考虑到一次循环各算法运算量不同, 可比较矩阵向量乘积次数) 增加变化的收敛性曲线, 比较各算法的收敛性. 对 GMRES(m) 和 IDR(s), 取不同的 m 和 s 值, 观察参数对算法数值表现的影响.

表 4.2 非对称矩阵算例. 矩阵规模为 n, 非零元素个数为 nnz

矩阵 $\boldsymbol{A}$	n	nnz	问题领域
ADD32	4960	23884	电路模拟
CDDE1	961	4681	流体动力学
PDE2961	2961	14585	偏微分方程
SHERMAN5	3312	20793	油藏模拟
GEMAT12	4929	33111	最优潮流

2. 尝试编程实现算法: MINRES 和 CG. 用表 4.3 中的对称稀疏矩阵 (矩阵来源: Matrix Market), 在与非对称问题同样设置条件下, 比较 MIRES 和 CG 算法.

表 4.3　非对称矩阵算例. 矩阵规模为 n, 非零元素个数为 nnz

矩阵 $\boldsymbol{A}$	n	nnz	问题领域
BCSSTK15	3948	60882	结构工程
S1RMQ4M1	5489	143300	结构力学
GR_30_30	900	4322	偏微分方程

第 5 章　最小二乘问题

在物理、化学、金融、经济等领域，以及数学本身中，人们经常会遇到一种需求，即通过一系列时刻或位置的观测数据，确定某个模型函数中的一些参数的数值. 例如，假定给出 m 个点 $t_1,\cdots,t_m$ 及在这些点上面的数据 $f_1,\cdots,f_m$，要求构造某一类函数

$$f(t)=x_1\phi_1(t)+\cdots+x_n\phi_n(t),$$

其中 $\phi_i(t)(i=1,\cdots,n)$ 为某函数族中的函数，使得在点 $t_1,\cdots,t_m$ 上 $f(t)$ 能最佳地逼近给定的数据 $f_1,\cdots,f_m$. 即估计参数 $x_1,\cdots,x_n$，使得残量

$$r_i=f_i-\sum_{k=1}^{m}x_k\phi_k(t_i),\ i=1,\cdots,m,$$

组成的向量在某种测度下尽可能小. 进一步，令矩阵 $\boldsymbol{A}$ 及向量 $\boldsymbol{b},\boldsymbol{x},\boldsymbol{r}$ 分别为

$$\boldsymbol{A}=\begin{pmatrix}\phi_1(t_1)&\phi_2(t_1)&\cdots&\phi_n(t_1)\\\phi_1(t_2)&\phi_2(t_2)&\cdots&\phi_n(t_2)\\\vdots&\vdots&&\vdots\\\phi_1(t_m)&\phi_2(t_m)&\cdots&\phi_n(t_m)\end{pmatrix},\ \boldsymbol{b}=\begin{pmatrix}f_1\\f_2\\\vdots\\f_m\end{pmatrix},\ \boldsymbol{x}=\begin{pmatrix}x_1\\x_2\\\vdots\\x_n\end{pmatrix},\ \boldsymbol{r}=\begin{pmatrix}r_1(\boldsymbol{x})\\r_2(\boldsymbol{x})\\\vdots\\r_m(\boldsymbol{x})\end{pmatrix},$$

则上述问题转化为估计参数 $x_1,\cdots,x_n$ 使得向量

$$\boldsymbol{r}(\boldsymbol{x})=\boldsymbol{b}-\boldsymbol{A}\boldsymbol{x}$$

在某种测度下尽可能小.

这种问题可以表述为最小二乘问题，当模型函数关于这些参数是线性函数时，该问题可以表述为线性最小二乘问题，当模型函数关于这些参数是非线性函数时，即为非线性最小二乘问题.

5.1 线性最小二乘问题

本章我们将介绍线性最小二乘问题, 在数学上可表述为:

定义 5.1 对于给定的矩阵 $\boldsymbol{A}\in\mathbb{R}^{m\times n}$ 及向量 $\boldsymbol{b}\in\mathbb{R}^{m}$，寻求满足

$$\|\boldsymbol{b}-\boldsymbol{A}\boldsymbol{x}\|_2=\min_{\boldsymbol{y}\in\mathbb{R}^n}\|\boldsymbol{b}-\boldsymbol{A}\boldsymbol{y}\|_2 \tag{5.1}$$

的向量 $\boldsymbol{x}\in\mathbb{R}^n$ 的问题称为最小二乘问题，这时向量 $\boldsymbol{r}(\boldsymbol{x})=\boldsymbol{b}-\boldsymbol{A}\boldsymbol{x}$ 称为残向量.

对于问题 (5.1)，一般情形下，碰到的是 $m>n$ 时的情形，这时问题不能精确求解，此时要求向量 $\boldsymbol{r}(\boldsymbol{x})$ 的范数最小. 最常用的范数可以选取为 1-范数、2-范数和 ∞-范数，当范数取为 1-范数和 ∞- 范数时，$\boldsymbol{r}(\boldsymbol{x})$ 是不可微的，因此处理时不是很方便，对于这方面的问题近年来已有相当深入的研究，但这些研究内容不在本书的讨论范围内. 在以后的讨论中，我们总取 2-范数. 另外，我们的讨论都是针对实情形，但是所获得的结论和方法都可以推广到复情形.

最小二乘问题的解是建立在线性方程组的讨论上的，对于线性方程组

$$\boldsymbol{A}\boldsymbol{x}=\boldsymbol{b},\ \boldsymbol{A}\in\mathbb{R}^{m\times n}, \tag{5.2}$$

当 $m>n$ 时，称方程组 (5.2) 为超定方程组或矛盾方程组；当 $m<n$ 时，称方程组 (5.2) 为欠定方程组. 最小二乘问题的解又称为方程组 $\boldsymbol{A}\boldsymbol{x}=\boldsymbol{b}$ 的最小二乘解.

定义 5.2 对于线性方程组 (5.2)，若存在向量 $\boldsymbol{x}\in\mathbb{R}^n$ 使其成立，则称方程组 (5.2) 是相容的，否则称为不相容的.

对于线性方程组 (5.2) 的解的存在唯一性，由高等代数的知识可知有如下定理成立.

定理 5.1 对于相容的线性方程组 (5.2)，有如下结论成立:

- 线性方程组 (5.2) 相容的充分必要条件是

$$\text{rank}(\boldsymbol{A})=\text{rank}(\boldsymbol{A},\boldsymbol{b}).$$

- 假定线性方程组 (5.2) 是相容的，$\boldsymbol{x}$ 是它的一个解，则方程组的全部解的集合为 $\boldsymbol{x}+N(\boldsymbol{A})$，其中 $N(\boldsymbol{A})$ 为 $\boldsymbol{A}$ 的零空间. 相容方程组 (5.2) 解唯一的充分必要条件为 $N(\boldsymbol{A})=\{0\}$.

不同于线性方程组解的存在唯一性，线性方程组的最小二乘解总是存在的，有如下定理成立.

定理 5.2 对于不相容的线性方程组 (5.2)，线性方程组 (5.2) 的最小二乘解总是存在的，解唯一的充分必要条件为 $N(\boldsymbol{A})=\{0\}$.

证明 令 $R(\boldsymbol{A})$ 与 $R(\boldsymbol{A})^{\perp}$ 分别为 $\boldsymbol{A}$ 的像空间及其正交补空间，则一定存在 $\boldsymbol{b}_1\in R(\boldsymbol{A}),\boldsymbol{b}_2\in R(\boldsymbol{A})^{\perp}$，使得 $\boldsymbol{b}=\boldsymbol{b}_1+\boldsymbol{b}_2$. 由于 $\boldsymbol{Ax}\in R(\boldsymbol{x})$，故

$$(\boldsymbol{b}_1-\boldsymbol{Ax})^{\mathrm{T}}\boldsymbol{b}_2=\boldsymbol{0}.$$

进一步有

$$\|\boldsymbol{b}-\boldsymbol{Ax}\|_2^2=\|\boldsymbol{b}_1-\boldsymbol{Ax}+\boldsymbol{b}_2\|_2^2=\|\boldsymbol{b}_1-\boldsymbol{Ax}\|_2^2+\|\boldsymbol{b}_2\|_2^2.$$

由 $\boldsymbol{b}_1\in R(\boldsymbol{A})$ 可知，不相容的线性方程组 (5.2) 的最小二乘解总是存在的. 又由定理5.1知，线性方程组 (5.2) 的最小二乘解唯一的充分必要条件为 $N(\boldsymbol{A})=\{0\}$. □

上面定理说明最小二乘问题的解总是存在的，求此解的基本数值算法有三种，即：正则化方法、QR 分解方法以及奇异值分解方法.

5.2 正则化方法

对于最小二乘问题 (5.1) 或不相容的线性方程组 (5.2)，下面的定理给出了解满足的条件，基于此条件可以构造求解最小二乘问题的数值算法——正则化方法.

定理 5.3 $\boldsymbol{x}$ 是最小二乘解的充分必要条件为残向量 $r(\boldsymbol{x})$ 满足 $\boldsymbol{A}^{\mathrm{T}}r(\boldsymbol{x})=\boldsymbol{0}$ 或者等价的

$$\boldsymbol{A}^{\mathrm{T}}\boldsymbol{Ax}=\boldsymbol{A}^{\mathrm{T}}\boldsymbol{b}. \tag{5.3}$$

证明 必要性：由定理5.2的证明可知，问题的最小二乘解 $\boldsymbol{x}$ 满足 $\boldsymbol{Ax}=\boldsymbol{b}_1$，从而有

$$\boldsymbol{r}=\boldsymbol{b}-\boldsymbol{Ax}=\boldsymbol{b}-\boldsymbol{b}_1=\boldsymbol{b}_2.$$

由于 $\boldsymbol{b}_2\in R(\boldsymbol{A})^{\perp}$，从而有 $\boldsymbol{A}^{\mathrm{T}}\boldsymbol{r}=\boldsymbol{A}^{\mathrm{T}}\boldsymbol{b}_2=\boldsymbol{0}$，即 $\boldsymbol{A}^{\mathrm{T}}\boldsymbol{Ax}=\boldsymbol{A}^{\mathrm{T}}\boldsymbol{b}$.

充分性：设 $\boldsymbol{x}$ 满足 $\boldsymbol{A}^{\mathrm{T}}\boldsymbol{Ax}=\boldsymbol{A}^{\mathrm{T}}\boldsymbol{b}$，则对任意向量 $\boldsymbol{y}\in\mathbb{R}^n$ 有

$$\begin{aligned}\|\boldsymbol{b}-\boldsymbol{Ay}\|_2^2 &= \|\boldsymbol{b}-\boldsymbol{Ax}\|_2^2+\|\boldsymbol{Ax}-\boldsymbol{Ay}\|_2^2-2(\boldsymbol{x}-\boldsymbol{y})^{\mathrm{T}}\boldsymbol{A}^{\mathrm{T}}(\boldsymbol{b}-\boldsymbol{Ax})\\ &= \|\boldsymbol{b}-\boldsymbol{Ax}\|_2^2+\|\boldsymbol{Ax}-\boldsymbol{Ay}\|_2^2\geqslant\|\boldsymbol{b}-\boldsymbol{Ax}\|_2^2.\end{aligned}$$

故结论成立. □

另外, 上述结论也可以从二次泛函得出. 令

$$f(\boldsymbol{x}) = (\boldsymbol{b} - \boldsymbol{A}\boldsymbol{x})^{\mathrm{T}}(\boldsymbol{b} - \boldsymbol{A}\boldsymbol{x}) = \boldsymbol{b}^{\mathrm{T}}\boldsymbol{b} - 2\boldsymbol{x}^{\mathrm{T}}\boldsymbol{A}^{\mathrm{T}}\boldsymbol{b} + \boldsymbol{x}^{\mathrm{T}}\boldsymbol{A}^{\mathrm{T}}\boldsymbol{A}\boldsymbol{x}.$$

$f(\boldsymbol{x})$ 取得极小值的点是使得梯度等于零的点. 由

$$\nabla f(\boldsymbol{x}) = -2\boldsymbol{A}^{\mathrm{T}}\boldsymbol{b} + 2\boldsymbol{A}^{\mathrm{T}}\boldsymbol{A}\boldsymbol{x},$$

可得使 $\|\boldsymbol{b} - \boldsymbol{A}\boldsymbol{x}\|_2^2$ 极小化的点 $\boldsymbol{x}_*$ 满足 $\boldsymbol{A}^{\mathrm{T}}\boldsymbol{A}\boldsymbol{x} = \boldsymbol{A}^{\mathrm{T}}\boldsymbol{b}$.

方程组 (5.3) 称为最小二乘问题的法方程组或正则方程组. 由于 $\operatorname{rank}(\boldsymbol{A}^{\mathrm{T}}\boldsymbol{A}) = \operatorname{rank}(\boldsymbol{A})$，它一定是相容的. 关于法方程组有如下定理.

定理 5.4　假定 $m \geqslant n$，法方程组是非奇异的当且仅当 $\boldsymbol{A}$ 是满秩的. 进而，当且仅当 $\boldsymbol{A}$ 满秩时，最小二乘问题的解是唯一的.

由定理5.3知，求最小二乘问题的解等价于求线性方程组 (5.3) 的解. 若 $\boldsymbol{A}$ 为亏欠的，则 $\boldsymbol{A}^{\mathrm{T}}\boldsymbol{A}$ 为对称半正定矩阵，一般利用迭代法求解；若 $\boldsymbol{A}$ 为列满秩矩阵，则 $\boldsymbol{A}^{\mathrm{T}}\boldsymbol{A}$ 为对称正定矩阵，可得求解最小二乘问题的方法——正则化方法，其基本求解步骤如下：

算法 5.1　求解最小二乘问题的正则化方法

输入： 矩阵$\boldsymbol{A}$及向量$\boldsymbol{b}$

输出： 向量$\boldsymbol{x}$

计算矩阵$C = A^{\mathrm{T}}A$和向量$d = A^{\mathrm{T}}b$

利用平方根法或迭代方法求解线性方程组$Cx = d$.

对于正则化方法，一方面，由后面定理5.11 知，最小二乘问题化为法方程组求解问题会增强对舍入误差的敏感性. 另一方面，在形成法方程组的系数矩阵 $\boldsymbol{A}^{\mathrm{T}}\boldsymbol{A}$ 时，会带来一定的误差，甚至不能保证 $\boldsymbol{A}^{\mathrm{T}}\boldsymbol{A}$ 的正定性.

例 5.1　考虑如下矩阵

$$\boldsymbol{A} = \begin{pmatrix} 1 & 0 \\ 0 & \varepsilon \end{pmatrix},$$

当 $\varepsilon = 10u$，其中 u 为机器精度，则 $\boldsymbol{A}$ 为非奇异矩阵，而 $\boldsymbol{A}^{\mathrm{T}}\boldsymbol{A}$ 变为

$$\boldsymbol{A}^{\mathrm{T}}\boldsymbol{A} = \begin{pmatrix} 1 & 0 \\ 0 & 0 \end{pmatrix}$$

其对称正定性丢失.

设矩阵 $\boldsymbol{A}$ 列满秩，若定义 $\boldsymbol{A}^{\dagger} = (\boldsymbol{A}^{*}\boldsymbol{A})^{-1}\boldsymbol{A}^{*}$，则最小二乘问题的解为

$$\boldsymbol{x} = (\boldsymbol{A}^{*}\boldsymbol{A})^{-1}\boldsymbol{A}^{*}\boldsymbol{b} = \boldsymbol{A}^{\dagger}\boldsymbol{b}.$$

当 $\boldsymbol{A}$ 为 n 阶非奇异矩阵时，有 $\boldsymbol{A}^{\dagger} = \boldsymbol{A}^{-1}$，故 $\boldsymbol{A}^{\dagger}$ 是 $\boldsymbol{A}^{-1}$ 的一种推广，并且满足如下性质：

$$\boldsymbol{A}\boldsymbol{A}^{\dagger}\boldsymbol{A} = \boldsymbol{A},\ \boldsymbol{A}^{\dagger}\boldsymbol{A}\boldsymbol{A}^{\dagger} = \boldsymbol{A}^{\dagger},\ (\boldsymbol{A}\boldsymbol{A}^{\dagger})^{*} = \boldsymbol{A}\boldsymbol{A}^{\dagger},\ (\boldsymbol{A}^{\dagger}\boldsymbol{A})^{*} = \boldsymbol{A}^{\dagger}\boldsymbol{A}.$$

定理 5.5 设 $\boldsymbol{A} \in \mathbb{C}^{m\times n}$，则满足如下性质：

$$\boldsymbol{A}\boldsymbol{X}\boldsymbol{A} = \boldsymbol{A},\ \boldsymbol{X}\boldsymbol{A}\boldsymbol{X} = \boldsymbol{X},\ (\boldsymbol{A}\boldsymbol{X})^{*} = \boldsymbol{A}\boldsymbol{X},\ (\boldsymbol{X}\boldsymbol{A})^{*} = \boldsymbol{X}\boldsymbol{A}, \tag{5.4}$$

的矩阵 $\boldsymbol{X}$ 是存在并且唯一的.

证明 假定矩阵 $\boldsymbol{A}$ 的奇异值分解为 $\boldsymbol{A} = \boldsymbol{U}\begin{pmatrix} \boldsymbol{\Sigma} & \boldsymbol{O} \\ \boldsymbol{O} & \boldsymbol{O} \end{pmatrix}\boldsymbol{V}^{*}$，则容易验证矩阵

$$\boldsymbol{X} = \boldsymbol{V}\begin{pmatrix} \boldsymbol{\Sigma}^{-1} & \boldsymbol{O} \\ \boldsymbol{O} & \boldsymbol{O} \end{pmatrix}\boldsymbol{U}^{*}$$

满足等式 (5.4).

下面证明唯一性. 假定 $\boldsymbol{Y}$ 是满足 (5.4) 的任一矩阵，有

$$\boldsymbol{Y} = \boldsymbol{Y}\boldsymbol{A}\boldsymbol{Y} = \boldsymbol{A}^{*}\boldsymbol{Y}^{*}\boldsymbol{Y} = \boldsymbol{A}^{*}\boldsymbol{X}^{*}\boldsymbol{A}^{*}\boldsymbol{Y}^{*}\boldsymbol{Y} = \boldsymbol{X}\boldsymbol{A}\boldsymbol{Y} = \boldsymbol{X}\boldsymbol{X}^{*}\boldsymbol{A}^{*}\boldsymbol{A}\boldsymbol{Y} = \boldsymbol{X}\boldsymbol{X}^{*}\boldsymbol{A}^{*} = \boldsymbol{X}.$$

故结论成立. □

定义 5.3 设 $\boldsymbol{A} \in \mathbb{C}^{m\times n}$，则称满足矩阵方程 (5.4) 的矩阵 $\boldsymbol{X}$ 为矩阵 $\boldsymbol{A}$ 的 Moore-Penrose 广义逆.

容易验证，若 $\boldsymbol{A}$ 列满秩，则 $\boldsymbol{A}^{\dagger}=(\boldsymbol{A}^{*}\boldsymbol{A})^{-1}\boldsymbol{A}^{*}$. 若 $\boldsymbol{A}$ 行满秩，则 $\boldsymbol{A}^{\dagger}=\boldsymbol{A}^{*}(\boldsymbol{A}\boldsymbol{A}^{*})^{-1}$. 另外，由定理5.5的证明过程可得，若矩阵 $\boldsymbol{A}\in\mathbb{R}^{m\times n}$ 的奇异值分解为

$$\boldsymbol{A}=\boldsymbol{U}\begin{pmatrix}\boldsymbol{\Sigma} & \boldsymbol{O}\\ \boldsymbol{O} & \boldsymbol{O}\end{pmatrix}\boldsymbol{V}^{\mathrm{T}},$$

其中 $\boldsymbol{U}$ 和 $\boldsymbol{V}$ 分别为 m 和 n 阶正交矩阵，$\boldsymbol{\Sigma}$ 为对角矩阵，其对角元为 $\boldsymbol{A}$ 的非零奇异值，则 $\boldsymbol{A}$ 的 Moore-Penrose 广义逆为

$$\boldsymbol{A}^{\dagger}=\boldsymbol{V}\begin{pmatrix}\boldsymbol{\Sigma}^{-1} & \boldsymbol{O}\\ \boldsymbol{O} & \boldsymbol{O}\end{pmatrix}\boldsymbol{U}^{\mathrm{T}}.$$

另外，由矩阵的满秩分解也可求得矩阵的 Moore-Penrose 广义逆.

定理 5.6 假定矩阵 $\boldsymbol{A}\in\mathbb{C}^{m\times n}$ 有满秩分解 $\boldsymbol{A}=\boldsymbol{G}\boldsymbol{S}$，则 $\boldsymbol{A}$ 的 Moore-Penrose 广义逆为

$$\boldsymbol{A}^{\dagger}=\boldsymbol{S}^{*}(\boldsymbol{G}^{*}\boldsymbol{A}\boldsymbol{S}^{*})^{-1}\boldsymbol{G}^{*}.$$

证明 由矩阵 $\boldsymbol{G},\boldsymbol{S}$ 分别为列满秩与行满秩可知，$\boldsymbol{G}^{*}\boldsymbol{G}$ 与 $\boldsymbol{S}\boldsymbol{S}^{*}$ 非奇异，故可知 $\boldsymbol{G}^{*}\boldsymbol{A}\boldsymbol{S}^{*}=\boldsymbol{G}^{*}\boldsymbol{G}\boldsymbol{S}\boldsymbol{S}^{*}$ 非奇异. 进一步有

$$\begin{aligned}
\boldsymbol{A}\boldsymbol{A}^{\dagger}\boldsymbol{A}&=\boldsymbol{G}\boldsymbol{S}\boldsymbol{S}^{*}(\boldsymbol{G}^{*}\boldsymbol{A}\boldsymbol{S}^{*})^{-1}\boldsymbol{G}^{*}\boldsymbol{G}\boldsymbol{S}=\boldsymbol{G}\boldsymbol{S}\boldsymbol{S}^{*}(\boldsymbol{S}\boldsymbol{S}^{*})^{-1}(\boldsymbol{G}^{*}\boldsymbol{G})^{-1}\boldsymbol{G}^{*}\boldsymbol{G}\boldsymbol{S}\\
&=\boldsymbol{G}\boldsymbol{S}=\boldsymbol{A},\\
\boldsymbol{A}^{\dagger}\boldsymbol{A}\boldsymbol{A}^{\dagger}&=\boldsymbol{S}^{*}(\boldsymbol{S}\boldsymbol{S}^{*})^{-1}(\boldsymbol{G}^{*}\boldsymbol{G})^{-1}\boldsymbol{G}^{*}\boldsymbol{G}\boldsymbol{S}\boldsymbol{S}^{*}(\boldsymbol{S}\boldsymbol{S}^{*})^{-1}(\boldsymbol{G}^{*}\boldsymbol{G})^{-1}\boldsymbol{G}^{*}\\
&=\boldsymbol{S}^{*}(\boldsymbol{S}\boldsymbol{S}^{*})^{-1}(\boldsymbol{G}^{*}\boldsymbol{G})^{-1}\boldsymbol{G}^{*}=\boldsymbol{A}^{\dagger},\\
(\boldsymbol{A}\boldsymbol{A}^{\dagger})^{*}&=(\boldsymbol{G}\boldsymbol{S}\boldsymbol{S}^{*}(\boldsymbol{S}\boldsymbol{S}^{*})^{-1}(\boldsymbol{G}^{*}\boldsymbol{G})^{-1}\boldsymbol{G}^{*})^{*}=\boldsymbol{G}(\boldsymbol{G}^{*}\boldsymbol{G})^{-1}\boldsymbol{G}^{*}=\boldsymbol{A}\boldsymbol{A}^{\dagger},\\
(\boldsymbol{A}^{\dagger}\boldsymbol{A})^{*}&=(\boldsymbol{S}^{*}(\boldsymbol{S}\boldsymbol{S}^{*})^{-1}(\boldsymbol{G}^{*}\boldsymbol{G})^{-1}\boldsymbol{G}^{*}\boldsymbol{G}\boldsymbol{S})^{*}=\boldsymbol{S}^{*}(\boldsymbol{S}\boldsymbol{S}^{*})^{-1}\boldsymbol{S}=\boldsymbol{A}^{\dagger}\boldsymbol{A}.
\end{aligned}$$

故 $\boldsymbol{A}^{\dagger}$ 为矩阵 $\boldsymbol{A}$ 的 Moore-Penrose 广义逆. □

矩阵的 Moore-Penrose 广义逆是非奇异方阵的逆的推广，二者具有很多相似的性质，具体证明留作课后习题.

定理 5.7 对于矩阵 $\boldsymbol{A}\in\mathbb{C}^{m\times n}$，其 Moore-Penrose 广义逆矩阵具有如下类似满秩方阵的逆的性质：

- $(\boldsymbol{A}^{\dagger})^{\dagger}=\boldsymbol{A}$, $(\boldsymbol{A}^{*})^{\dagger}=(\boldsymbol{A}^{\dagger})^{*}$, $(\boldsymbol{A}^{*})^{\dagger}=(\boldsymbol{A}^{\dagger})^{*}$;
- $(\boldsymbol{A}\boldsymbol{A}^{\dagger})^{k}=\boldsymbol{A}\boldsymbol{A}^{\dagger}$, $(\boldsymbol{A}^{\dagger}\boldsymbol{A})^{k}=\boldsymbol{A}^{\dagger}\boldsymbol{A}$;

- $\operatorname{rank}(\boldsymbol{A}) = \operatorname{rank}(\boldsymbol{A}^\dagger) = \operatorname{rank}(\boldsymbol{A}^\dagger\boldsymbol{A}) = \operatorname{rank}(\boldsymbol{A}\boldsymbol{A}^\dagger)$;
- $(\boldsymbol{A}\boldsymbol{A}^*)^\dagger = (\boldsymbol{A}^*)^\dagger\boldsymbol{A}^\dagger$, $(\boldsymbol{A}^*\boldsymbol{A})^\dagger = \boldsymbol{A}^\dagger(\boldsymbol{A}^*)^\dagger$;
- $(\boldsymbol{A}\boldsymbol{A}^*)^\dagger\boldsymbol{A}\boldsymbol{A}^* = \boldsymbol{A}\boldsymbol{A}^\dagger$, $(\boldsymbol{A}^*\boldsymbol{A})^\dagger\boldsymbol{A}^*\boldsymbol{A} = \boldsymbol{A}^\dagger\boldsymbol{A}$;
- 若 $\boldsymbol{U}$ 和 $\boldsymbol{V}$ 分别为 m 和 n 阶酉矩阵，则 $(\boldsymbol{U}\boldsymbol{A}\boldsymbol{V})^\dagger = \boldsymbol{V}^*\boldsymbol{A}^\dagger\boldsymbol{U}^*$.

需要注意的是，$m\times n$ 阶矩阵 $\boldsymbol{A}$ 的 Moore-Penrose 广义逆并不具有满秩方阵的逆的某些性质，例如：

(1) $(\boldsymbol{A}\boldsymbol{B})^\dagger \neq \boldsymbol{B}^\dagger\boldsymbol{A}^\dagger$, $\boldsymbol{A}\boldsymbol{A}^\dagger \neq \boldsymbol{A}^\dagger\boldsymbol{A}$, $(\boldsymbol{A}^k)^\dagger \neq (\boldsymbol{A}^\dagger)^k$;

(2) $\boldsymbol{A}$ 的特征值与 $\boldsymbol{A}^\dagger$ 的特征值并不互为倒数.

例 5.2 令

$$\boldsymbol{A} = \begin{pmatrix} 1 & 0 \\ 1 & 0 \end{pmatrix}, \quad \boldsymbol{B} = \begin{pmatrix} 1 & 1 \\ 0 & 1 \end{pmatrix},$$

则对于矩阵 $\boldsymbol{A}\boldsymbol{B}$，有

$$(\boldsymbol{A}\boldsymbol{B})^\dagger = \begin{pmatrix} 1 & 1 \\ 1 & 1 \end{pmatrix}^\dagger = \frac{1}{4}\begin{pmatrix} 1 & 1 \\ 1 & 1 \end{pmatrix},$$

而对于矩阵 $\boldsymbol{A}, \boldsymbol{B}$，有

$$\boldsymbol{A}^\dagger = \frac{1}{2}\begin{pmatrix} 1 & 1 \\ 0 & 0 \end{pmatrix}, \quad \boldsymbol{B}^\dagger = \boldsymbol{B}^{-1} = \begin{pmatrix} 1 & -1 \\ 0 & 1 \end{pmatrix}.$$

故

$$\boldsymbol{B}^\dagger\boldsymbol{A}^\dagger = \frac{1}{2}\begin{pmatrix} 1 & 1 \\ 0 & 0 \end{pmatrix} \neq (\boldsymbol{A}\boldsymbol{B})^\dagger = \frac{1}{4}\begin{pmatrix} 1 & 1 \\ 1 & 1 \end{pmatrix},$$

$$\boldsymbol{A}\boldsymbol{A}^\dagger = \frac{1}{2}\begin{pmatrix} 1 & 1 \\ 1 & 1 \end{pmatrix} \neq \boldsymbol{A}^\dagger\boldsymbol{A} = \begin{pmatrix} 1 & 0 \\ 0 & 0 \end{pmatrix},$$

$$(\boldsymbol{A}^k)^\dagger = \boldsymbol{A}^\dagger = \frac{1}{2}\begin{pmatrix} 1 & 1 \\ 0 & 0 \end{pmatrix} \neq (\boldsymbol{A}^\dagger)^k = \frac{1}{2^k}\begin{pmatrix} 1 & 1 \\ 0 & 0 \end{pmatrix}.$$

同时也有 $\boldsymbol{A}$ 的特征值为 $1, 0$，$\boldsymbol{A}^\dagger$ 的特征值为 $\frac{1}{2}, 0$，并不互为倒数.

5.3　最小二乘问题解的性态

下面的定理给出了最小二乘问题的通解，它是利用矩阵 $\boldsymbol{A}$ 的 Moore-Penrose 广义逆 $\boldsymbol{A}^{\dagger}$ 得到的.

定理 5.8　最小二乘问题 (5.1) 的解，即方程组 (5.2) 的最小二乘解为

$$\boldsymbol{x}=\boldsymbol{A}^{\dagger}\boldsymbol{b}+(\boldsymbol{I}-(\boldsymbol{A}^{\dagger}\boldsymbol{A})^{\mathrm{T}})\boldsymbol{y},$$

其中 $\boldsymbol{y}\in\mathbb{R}^n$ 是任一向量，且 $\boldsymbol{A}^{\dagger}\boldsymbol{b}$ 是唯一的最小范数解.

证明　容易验证：

$$(\boldsymbol{A}^{\mathrm{T}}\boldsymbol{A})\boldsymbol{A}^{\dagger}\boldsymbol{b}=\boldsymbol{V}\begin{pmatrix}\boldsymbol{\Sigma} & \boldsymbol{O}\\ \boldsymbol{O} & \boldsymbol{O}\end{pmatrix}\boldsymbol{U}^{\mathrm{T}}\boldsymbol{U}\begin{pmatrix}\boldsymbol{\Sigma} & \boldsymbol{O}\\ \boldsymbol{O} & \boldsymbol{O}\end{pmatrix}\boldsymbol{V}^{\mathrm{T}}\boldsymbol{V}\begin{pmatrix}\boldsymbol{\Sigma}^{-1} & \boldsymbol{O}\\ \boldsymbol{O} & \boldsymbol{O}\end{pmatrix}\boldsymbol{U}^{\mathrm{T}}\boldsymbol{b}=\boldsymbol{A}^{\mathrm{T}}\boldsymbol{b},$$

故 $\boldsymbol{A}^{\dagger}\boldsymbol{b}$ 为方程组 (5.2) 的最小二乘解. 下面考虑线性方程组 $\boldsymbol{A}^{\mathrm{T}}\boldsymbol{A}\boldsymbol{x}=\boldsymbol{0}$ 的零空间，由

$$(\boldsymbol{A}^{\mathrm{T}}\boldsymbol{A})(\boldsymbol{I}-(\boldsymbol{A}^{\dagger}\boldsymbol{A})^{\mathrm{T}})=\boldsymbol{A}^{\mathrm{T}}\boldsymbol{A}-\boldsymbol{A}^{\mathrm{T}}\boldsymbol{A}\boldsymbol{A}^{\dagger}\boldsymbol{A}=\boldsymbol{O},$$

及 $\mathrm{rank}(\boldsymbol{A}^{\mathrm{T}}\boldsymbol{A})+\mathrm{rank}(\boldsymbol{I}-(\boldsymbol{A}^{\dagger}\boldsymbol{A})^{\mathrm{T}})=n$ 可得

$$N(\boldsymbol{A}^{\mathrm{T}}\boldsymbol{A})=\boldsymbol{R}(\boldsymbol{I}-(\boldsymbol{A}^{\dagger}\boldsymbol{A})^{\mathrm{T}}).$$

故方程组 (5.2) 的最小二乘解为 $\boldsymbol{x}=\boldsymbol{A}^{\dagger}\boldsymbol{b}+(\boldsymbol{I}-(\boldsymbol{A}^{\dagger}\boldsymbol{A})^{\mathrm{T}})\boldsymbol{y}$，其中 $\boldsymbol{y}$ 为任意 n 维向量.

由于

$$\begin{aligned}\|\boldsymbol{x}\|_2^2 &= \|\boldsymbol{A}^{\dagger}\boldsymbol{b}\|_2^2+\|(\boldsymbol{I}-(\boldsymbol{A}^{\dagger}\boldsymbol{A})^{\mathrm{T}})\boldsymbol{y}\|_2^2+2\boldsymbol{y}^{\mathrm{T}}(\boldsymbol{I}-(\boldsymbol{A}^{\dagger}\boldsymbol{A})^{\mathrm{T}})^{\mathrm{T}}\boldsymbol{A}^{\dagger}\boldsymbol{b}\\ &= \|\boldsymbol{A}^{\dagger}\boldsymbol{b}\|_2^2+\|(\boldsymbol{I}-(\boldsymbol{A}^{\dagger}\boldsymbol{A})^{\mathrm{T}})\boldsymbol{y}\|_2^2+2\boldsymbol{y}^{\mathrm{T}}(\boldsymbol{A}^{\dagger}-\boldsymbol{A}^{\dagger}\boldsymbol{A}\boldsymbol{A}^{\dagger})\boldsymbol{b}\\ &= \|\boldsymbol{A}^{\dagger}\boldsymbol{b}\|_2^2+\|(\boldsymbol{I}-(\boldsymbol{A}^{\dagger}\boldsymbol{A})^{\mathrm{T}})\boldsymbol{y}\|_2^2,\end{aligned}$$

故最小范数解唯一，且为 $\boldsymbol{A}^{\dagger}\boldsymbol{b}$.　□

下面讨论最小二乘问题解的性态. 相对于对 $\boldsymbol{A}$ 及 $\boldsymbol{b}$ 均有微小扰动的讨论，仅考虑 $\boldsymbol{b}$ 的扰动对最小二乘问题解的影响是一个相对简单的问题，有下面的定理成立.

定理 5.9　假定矩阵 $\boldsymbol{A}$ 为列满秩的，向量 $\delta\boldsymbol{b}\in\mathbb{R}^m$ 为向量 $\boldsymbol{b}$ 的扰动，向量 $\boldsymbol{x},\boldsymbol{x}+\delta\boldsymbol{x}$ 分别为方程组

$$\boldsymbol{A}\boldsymbol{x}=\boldsymbol{b},\ \boldsymbol{A}(\boldsymbol{x}+\delta\boldsymbol{x})=\boldsymbol{b}+\delta\boldsymbol{b}=\widetilde{\boldsymbol{b}}$$

的最小二乘解. $\boldsymbol{b}_1$ 和 $\widetilde{\boldsymbol{b}}_1$ 分别是 $\boldsymbol{b}$ 和 $\widetilde{\boldsymbol{b}}$ 在 $R(\boldsymbol{A})$ 上的正交投影，若 $\boldsymbol{b}_1 \neq \boldsymbol{0}$，则

$$\frac{\|\delta \boldsymbol{x}\|_2}{\|\boldsymbol{x}\|_2} \leqslant \kappa_2^{\dagger}(\boldsymbol{A}) \frac{\|\boldsymbol{b}_1 - \widetilde{\boldsymbol{b}}_1\|_2}{\|\boldsymbol{b}_1\|_2},$$

其中 $\kappa_2^{\dagger}(\boldsymbol{A}) = \|\boldsymbol{A}\|_2 \|\boldsymbol{A}^{\dagger}\|_2$.

证明　由定理5.2证明过程知

$$\boldsymbol{A}\boldsymbol{x} = \boldsymbol{b}_1, \quad \boldsymbol{A}(\boldsymbol{x} + \delta \boldsymbol{x}) = \widetilde{\boldsymbol{b}}_1,$$

从而有 $\delta \boldsymbol{x} = \boldsymbol{A}^{\dagger}(\widetilde{\boldsymbol{b}}_1 - \boldsymbol{b}_1)$. 进一步，有

$$\|\delta \boldsymbol{x}\|_2 \leqslant \|\boldsymbol{A}^{\dagger}\|_2 \|\widetilde{\boldsymbol{b}}_1 - \boldsymbol{b}_1\|_2, \quad \|\boldsymbol{x}\|_2 \geqslant \frac{\|\boldsymbol{b}_1\|_2}{\|\boldsymbol{A}\|_2},$$

从而结论得证. □

假定矩阵 $\boldsymbol{A}$ 及其扰动后的矩阵 $\boldsymbol{A} + \delta \boldsymbol{A}$ 均为列满秩的，常向量为 $\boldsymbol{b}$，扰动后的向量为 $\boldsymbol{b} + \delta \boldsymbol{b}$. 有如下定理成立.

定理 5.10　假定矩阵 $\boldsymbol{A}, \delta \boldsymbol{A} \in \mathbb{R}^{m \times n}$ 均为列满秩的，向量 $\boldsymbol{b}, \delta \boldsymbol{b} \in \mathbb{R}^m$，向量 $\boldsymbol{x}^*, \boldsymbol{x}^* + \delta \boldsymbol{x}$ 分别为方程组

$$\boldsymbol{A}\boldsymbol{x} = \boldsymbol{b}, \ (\boldsymbol{A} + \delta \boldsymbol{A})\boldsymbol{x} = \boldsymbol{b} + \delta \boldsymbol{b}$$

的最小二乘解. 假定

$$\varepsilon = \max\left\{\frac{\|\delta \boldsymbol{A}\|_2}{\|\boldsymbol{A}\|_2}, \frac{\|\delta \boldsymbol{b}\|_2}{\|\boldsymbol{b}\|_2}\right\} < \frac{\sigma_{\min}}{\sigma_{\max}}, \ \sin\theta = \frac{\rho}{\|\boldsymbol{b}\|_2},$$

其中 $\sigma_{\min}, \sigma_{\max}$ 分别为矩阵 $\boldsymbol{A}$ 的最小及最大奇异值，$\rho = \sqrt{\sum\limits_{i=r+1}^{m} (\boldsymbol{u}_i^{\mathrm{T}} \boldsymbol{b})^2}$，$\boldsymbol{u}_i$ 为矩阵 $\boldsymbol{A}$ 的奇异值分解中矩阵 $\boldsymbol{U}$ 的各列，则

$$\frac{\|\delta \boldsymbol{x}\|_2}{\|\boldsymbol{x}\|_2} \leqslant \varepsilon \left\{2\frac{\kappa_2^{\dagger}(\boldsymbol{A})}{\cos\theta} + \tan\theta (\kappa_2^{\dagger}(\boldsymbol{A}))^2\right\} + O(\varepsilon^2),$$

$$\frac{\|\widetilde{\boldsymbol{r}} - \boldsymbol{r}\|_2}{\|\boldsymbol{b}\|_2} \leqslant \varepsilon (1 + 2\kappa_2^{\dagger}(\boldsymbol{A})) \min\{1, m - n\} + O(\varepsilon^2).$$

其中 $\widetilde{\boldsymbol{r}} = (\boldsymbol{b} + \delta \boldsymbol{b}) - (\boldsymbol{A} + \delta \boldsymbol{A})(\boldsymbol{x} + \delta \boldsymbol{x})$.

定理 5.11　设 $\boldsymbol{A}\in\mathbb{R}^{m\times n}$ 的列向量线性无关，则有 $\kappa_2(\boldsymbol{A}^{\mathrm{T}}\boldsymbol{A})=(\kappa_2^{\dagger}(\boldsymbol{A}))^2$.

证明　由于

$$\|\boldsymbol{A}\|_2^2=\rho(\boldsymbol{A}^{\mathrm{T}}\boldsymbol{A})=\|\boldsymbol{A}^{\mathrm{T}}\boldsymbol{A}\|_2,$$
$$\|\boldsymbol{A}^{\dagger}\|_2^2=\|\boldsymbol{A}^{\dagger}(\boldsymbol{A}^{\dagger})^{\mathrm{T}}\|_2=\|(\boldsymbol{A}^{\mathrm{T}}\boldsymbol{A})^{-1}\|_2$$

故

$$(\kappa_2^{\dagger}(\boldsymbol{A}))^2=\|\boldsymbol{A}\|_2^2\|\boldsymbol{A}^{\dagger}\|_2^2=\|\boldsymbol{A}^{\mathrm{T}}\boldsymbol{A}\|_2\|(\boldsymbol{A}^{\mathrm{T}}\boldsymbol{A})^{-1}\|_2=\kappa_2(\boldsymbol{A}^{\mathrm{T}}\boldsymbol{A}).$$

定理得证. □

对于正则化方法，由定理5.11 知，法方程组的条件数 $\kappa_2(\boldsymbol{A}^{\mathrm{T}}\boldsymbol{A})$ 是 $\boldsymbol{A}$ 的条件数 $\kappa_2^{\dagger}(\boldsymbol{A})$ 的平方，因此当问题有小的扰动的时候，化为法方程组进行求解，增加了对舍入误差的敏感性.

5.4　正交化方法

本节主要考虑最小二乘问题的另一种数值解法——正交化方法，其基本思想是利用 2-范数在正交变换下不变的性质，将最小二乘问题转化为如下的等价的问题：寻找向量 $\boldsymbol{x}$，使得

$$\|\boldsymbol{Q}^{\mathrm{T}}(\boldsymbol{b}-\boldsymbol{A}\boldsymbol{x})\|_2=\min_{\boldsymbol{y}\in\mathbb{R}^n}\|\boldsymbol{Q}^{\mathrm{T}}(\boldsymbol{b}-\boldsymbol{A}\boldsymbol{y})\|_2.$$

我们可以通过适当地选取正交矩阵 $\boldsymbol{Q}$ 使得问题的求解变得简单. 就矩阵的秩分为以下两种情况进行讨论：第一种情况是 $\boldsymbol{A}$ 为列满秩的，第二种情况是 $\boldsymbol{A}$ 的各列线性相关.

5.4.1　列满秩情形

由于 $\boldsymbol{A}\in\mathbb{R}^{m\times n}$ 为满秩矩阵，则 $\boldsymbol{A}^{\mathrm{T}}\boldsymbol{A}$ 是对称正定矩阵，由定理5.2 知，问题有唯一解 $\boldsymbol{x}$. 假定矩阵 $\boldsymbol{A}$ 的 QR 分解为 $\boldsymbol{A}=\boldsymbol{Q}\boldsymbol{R}=\boldsymbol{Q}\begin{pmatrix}\bar{\boldsymbol{R}}\\ \boldsymbol{O}\end{pmatrix}$，其中 $\boldsymbol{Q}\in\mathbb{R}^{m\times m},\bar{\boldsymbol{R}}\in\mathbb{R}^{n\times n}$. 将正交矩阵 $\boldsymbol{Q}$ 分块为:

$$\boldsymbol{Q}=\begin{pmatrix}\boldsymbol{Q}_1 & \boldsymbol{Q}_2\end{pmatrix},\quad \boldsymbol{Q}_1\in\mathbb{R}^{m\times n},\boldsymbol{Q}_2\in\mathbb{R}^{m\times(m-n)},$$

同时将 $\boldsymbol{Q}^{\mathrm{T}}\boldsymbol{b}$ 对应分块为

$$\boldsymbol{Q}^{\mathrm{T}}\boldsymbol{b}=\begin{pmatrix}\boldsymbol{Q}_1^{\mathrm{T}}\boldsymbol{b}\\ \boldsymbol{Q}_2^{\mathrm{T}}\boldsymbol{b}\end{pmatrix}=\begin{pmatrix}\boldsymbol{b}_1\\ \boldsymbol{b}_2\end{pmatrix},$$

则

$$\|\boldsymbol{A}\boldsymbol{x}-\boldsymbol{b}\|_2^2=\|\boldsymbol{Q}^{\mathrm{T}}(\boldsymbol{A}\boldsymbol{x}-\boldsymbol{b})\|_2^2=\left\|\begin{pmatrix}\bar{\boldsymbol{R}}\\ \boldsymbol{O}\end{pmatrix}\boldsymbol{x}-\begin{pmatrix}\boldsymbol{b}_1\\ \boldsymbol{b}_2\end{pmatrix}\right\|_2^2=\|\bar{\boldsymbol{R}}\boldsymbol{x}-\boldsymbol{b}_1\|_2^2+\|\boldsymbol{b}_2\|_2^2.$$

由于 $\boldsymbol{b}_2$ 是常向量，故最小二乘问题的解就是上三角形方程组 $\bar{\boldsymbol{R}}\boldsymbol{x}=\boldsymbol{b}_1$ 的解，故可通过求解上三角形方程组得到最小二乘问题的解 $\boldsymbol{x}$. 另外由于矩阵 $\boldsymbol{A}$ 列满秩，则 $\bar{R}$ 是可逆的，问题解唯一. 正交化求解方法的基本步骤如下.

算法 5.2　求解最小二乘问题的正交化方法

输入： 矩阵$\boldsymbol{A}$及向量$\boldsymbol{b}$

输出： 向量$\boldsymbol{x}$

计算A的QR分解$A=QR$，并记$Q_1=Q(:,1:n),\bar{R}=R(1:n,1:n)$；

计算向量$b_1=Q_1^{\mathrm{T}}b$；

求解上三角方程组$\bar{R}x=b_1$得到解x.

5.4.2　秩亏损情形

当矩阵 $\boldsymbol{A}$ 为亏损矩阵时，由于 $\boldsymbol{A}^{\mathrm{T}}\boldsymbol{A}$ 只是对称半正定的，故上面提到的正则化方法和正交化方法都不适用. 由定理1.33知，

$$\|\boldsymbol{A}\boldsymbol{x}-\boldsymbol{b}\|_2^2=\|\boldsymbol{Q}^{\mathrm{T}}(\boldsymbol{A}\boldsymbol{x}-\boldsymbol{b})\|_2^2=\left\|\begin{pmatrix}\boldsymbol{R}_1 & \boldsymbol{R}_2\\ \boldsymbol{O} & \boldsymbol{O}\end{pmatrix}\boldsymbol{P}^{\mathrm{T}}\boldsymbol{x}-\boldsymbol{Q}^{\mathrm{T}}\boldsymbol{b}\right\|_2^2,$$

其中 $\boldsymbol{R}_1\in\mathbb{R}^{r\times r},\boldsymbol{R}_2\in\mathbb{R}^{r\times(n-r)}$. 令

$$\boldsymbol{P}^{\mathrm{T}}\boldsymbol{x}=\begin{pmatrix}\boldsymbol{y}\\ \boldsymbol{z}\end{pmatrix},\ \boldsymbol{Q}^{\mathrm{T}}\boldsymbol{b}=\begin{pmatrix}\boldsymbol{b}_1\\ \boldsymbol{b}_2\end{pmatrix},\quad \boldsymbol{y},\boldsymbol{b}_1\in\mathbb{R}^r,\boldsymbol{z},\boldsymbol{b}_2\in\mathbb{R}^{n-r},$$

则

$$\|\boldsymbol{A}\boldsymbol{x}-\boldsymbol{b}\|_2^2=\|\boldsymbol{R}_1\boldsymbol{y}+\boldsymbol{R}_2\boldsymbol{z}-\boldsymbol{b}_1\|_2^2+\|\boldsymbol{b}_2\|_2.$$

若要使得上述范数最小，则有

$$\boldsymbol{y}=\boldsymbol{R}_1^{-1}(\boldsymbol{b}_1-\boldsymbol{R}_2\boldsymbol{z}),$$

故最小二乘问题的解为

$$\boldsymbol{x}=\boldsymbol{P}\begin{pmatrix}\boldsymbol{R}_1^{-1}(\boldsymbol{b}_1-\boldsymbol{R}_2\boldsymbol{z})\\ \boldsymbol{z}\end{pmatrix}=\boldsymbol{P}\begin{pmatrix}\boldsymbol{R}_1^{-1}\boldsymbol{b}_1\\ \boldsymbol{0}\end{pmatrix}+\boldsymbol{P}\begin{pmatrix}-\boldsymbol{R}_1^{-1}\boldsymbol{R}_2\\ \boldsymbol{I}_{n-r}\end{pmatrix}\boldsymbol{z}.$$

说明最小二乘问题的解有无数个. 特别地，取 $\boldsymbol{z}=\boldsymbol{0}$，则得到一个特殊的最小二乘解

$$\boldsymbol{x}_b=\boldsymbol{P}\begin{pmatrix}\boldsymbol{R}_1^{-1}\boldsymbol{b}_1\\ \boldsymbol{0}\end{pmatrix},$$

$\boldsymbol{x}_b$ 称为最小二乘问题的基本解.

实际应用中很多问题需要求具有指定性质的解. 下面考虑求最小二乘解中的 2-范数最小解. 对于矩阵 $(\boldsymbol{R}_1,\boldsymbol{R}_2)^{\mathrm{T}}$，一定存在 r 个正交矩阵 $\boldsymbol{Z}_1,\cdots,\boldsymbol{Z}_r$ 使得

$$\boldsymbol{Z}\begin{pmatrix}\boldsymbol{R}_1^{\mathrm{T}}\\ \boldsymbol{R}_2^{\mathrm{T}}\end{pmatrix}=\boldsymbol{Z}_r\cdots\boldsymbol{Z}_1\begin{pmatrix}\boldsymbol{R}_1^{\mathrm{T}}\\ \boldsymbol{R}_2^{\mathrm{T}}\end{pmatrix}=\begin{pmatrix}\boldsymbol{T}_1\\ \boldsymbol{O}\end{pmatrix},$$

其中 $\boldsymbol{T}_1$ 为可逆上三角阵. 令 $\boldsymbol{Z}\boldsymbol{P}^{\mathrm{T}}\boldsymbol{x}=\begin{pmatrix}\boldsymbol{v}\\ \boldsymbol{w}\end{pmatrix}$, 有

$$\|\boldsymbol{A}\boldsymbol{x}-\boldsymbol{b}\|_2^2=\left\|\begin{pmatrix}\boldsymbol{R}_1&\boldsymbol{R}_2\\ \boldsymbol{O}&\boldsymbol{O}\end{pmatrix}\boldsymbol{Z}^{\mathrm{T}}\boldsymbol{Z}\boldsymbol{P}^{\mathrm{T}}\boldsymbol{x}-\boldsymbol{Q}^{\mathrm{T}}\boldsymbol{b}\right\|_2^2$$

$$=\left\|\begin{pmatrix}\boldsymbol{T}_1^{\mathrm{T}}&\boldsymbol{O}\\ \boldsymbol{O}&\boldsymbol{O}\end{pmatrix}\boldsymbol{Z}\boldsymbol{P}^{\mathrm{T}}\boldsymbol{x}-\boldsymbol{Q}^{\mathrm{T}}\boldsymbol{b}\right\|_2^2=\left\|\begin{pmatrix}\boldsymbol{T}_1^{\mathrm{T}}\boldsymbol{v}-\boldsymbol{b}_1\\ -\boldsymbol{b}_2\end{pmatrix}\right\|_2^2,$$

故最小二乘问题的解需满足 $\boldsymbol{v}=\boldsymbol{T}_1^{-\mathrm{T}}\boldsymbol{b}_1$. 故要使解的 2-范数最小，则有 $\boldsymbol{w}=\boldsymbol{0}$. 故最小二乘问题的 2-范数最小的解为

$$\boldsymbol{x}=\boldsymbol{P}\boldsymbol{Z}^{\mathrm{T}}\begin{pmatrix}\boldsymbol{T}_1^{-\mathrm{T}}\boldsymbol{b}_1\\ \boldsymbol{0}\end{pmatrix}.$$

5.5 奇异值分解方法

Householder 正交化时带有误差，可能使得问题的求解不能进行或者与真实解相差很远，故不是完全可靠的. 考虑利用另外一种方法——奇异值分解的方法进行求解. 类似地，就矩阵的秩分为以下两种情况进行讨论：第一种情况是 $\boldsymbol{A}$ 为列满秩的；第二种情况是 $\boldsymbol{A}$ 的各列线性相关.

5.5.1 列满秩情形

由于矩阵 $\boldsymbol{A}\in\mathbb{R}^{m\times n}$ 列满秩，故矩阵 $\boldsymbol{A}$ 的奇异值分解可写为

$$\boldsymbol{A}=\boldsymbol{U}\begin{pmatrix}\bar{\boldsymbol{\Sigma}}\\ \boldsymbol{O}\end{pmatrix}\boldsymbol{V}^{\mathrm{T}},$$

其中 $\boldsymbol{U}\in\mathbb{R}^{m\times m}$ 是正交矩阵，$\bar{\boldsymbol{\Sigma}}\in\mathbb{R}^{n\times n}$ 是可逆对角矩阵，$\boldsymbol{V}\in\mathbb{R}^{n\times n}$ 是正交矩阵. 由 2-范数在正交变换下不变的性质，有

$$\begin{aligned}\|\boldsymbol{b}-\boldsymbol{A}\boldsymbol{x}\|_2 &= \left\|\boldsymbol{b}-\boldsymbol{U}\begin{pmatrix}\bar{\boldsymbol{\Sigma}}\\ \boldsymbol{O}\end{pmatrix}\boldsymbol{V}^{\mathrm{T}}\boldsymbol{x}\right\|_2=\left\|\boldsymbol{U}\left(\boldsymbol{U}^{\mathrm{T}}\boldsymbol{b}-\begin{pmatrix}\bar{\boldsymbol{\Sigma}}\\ \boldsymbol{O}\end{pmatrix}\boldsymbol{V}^{\mathrm{T}}\boldsymbol{x}\right)\right\|_2\\ &= \left\|\boldsymbol{U}^{\mathrm{T}}\boldsymbol{b}-\begin{pmatrix}\bar{\boldsymbol{\Sigma}}\\ \boldsymbol{O}\end{pmatrix}\boldsymbol{V}^{\mathrm{T}}\boldsymbol{x}\right\|_2.\end{aligned}$$

令 $\boldsymbol{U}^{\mathrm{T}}\boldsymbol{b}=\begin{pmatrix}\boldsymbol{b}_1\\ \boldsymbol{b}_2\end{pmatrix},\boldsymbol{b}_1\in\mathbb{R}^n,\boldsymbol{b}_2\in\mathbb{R}^{m-n}$，则

$$\|\boldsymbol{b}-\boldsymbol{A}\boldsymbol{x}\|_2^2=\|\boldsymbol{b}_1-\bar{\boldsymbol{\Sigma}}\boldsymbol{V}^{\mathrm{T}}\boldsymbol{x}\|_2^2+\|\boldsymbol{b}_2\|_2^2.$$

由于 $\boldsymbol{b}_2$ 是常向量，故最小二乘问题的解就是上三角形线性方程组 $\bar{\boldsymbol{\Sigma}}\boldsymbol{V}^{\mathrm{T}}\boldsymbol{x}=\boldsymbol{b}_1$ 的解，由假定 $\boldsymbol{A}$ 是满秩的, 因而 $\bar{\boldsymbol{\Sigma}}$ 的对角线元素都大于 0 , 故最小二乘问题的解为

$$\boldsymbol{x}=\boldsymbol{V}\bar{\boldsymbol{\Sigma}}^{-1}\boldsymbol{b}_1.$$

综上所述，我们可得如下算法.

算法 5.3 求解最小二乘问题的奇异值分解方法

输入： 矩阵$\boldsymbol{A}$及向量$\boldsymbol{b}$

输出： 向量$\boldsymbol{x}$

计算奇异值因子分解$A=U\Sigma V^{\mathrm{T}}$，并记$U_1=U(:,1:n),\bar{\Sigma}=\Sigma(1:n,1:n)$；
计算向量$b_1=U_1^{\mathrm{T}}b$；
计算问题的解$x=V\bar{\Sigma}^{-1}b_1$.

5.5.2　列亏欠情形

假定 $\mathrm{rank}(\boldsymbol{A})=r$，则矩阵 $\boldsymbol{A}$ 的奇异值分解为

$$\boldsymbol{A}=\boldsymbol{U}\begin{pmatrix}\boldsymbol{\Sigma}_r & \boldsymbol{O}\\ \boldsymbol{O} & \boldsymbol{O}\end{pmatrix}\boldsymbol{V}^{\mathrm{T}},$$

其中

$$\boldsymbol{U}=(\boldsymbol{u}_1,\cdots,\boldsymbol{u}_m)\in\mathbb{R}^{m\times m},\ \boldsymbol{V}=(\boldsymbol{v}_1,\cdots,\boldsymbol{v}_n)\in\mathbb{R}^{n\times n},\ \boldsymbol{\Sigma}_r=\mathrm{diag}(\sigma_1,\cdots,\sigma_r).$$

进一步有

$$\boldsymbol{I}_m-\boldsymbol{A}\boldsymbol{A}^{\dagger}=\boldsymbol{U}\begin{pmatrix}\boldsymbol{O} & \boldsymbol{O}\\ \boldsymbol{O} & \boldsymbol{I}_{m-r}\end{pmatrix}\boldsymbol{U}^{\mathrm{T}},\quad \boldsymbol{I}_n-\boldsymbol{A}^{\dagger}\boldsymbol{A}=\boldsymbol{V}\begin{pmatrix}\boldsymbol{O} & \boldsymbol{O}\\ \boldsymbol{O} & \boldsymbol{I}_{n-r}\end{pmatrix}\boldsymbol{V}^{\mathrm{T}}.$$

由定理5.8知，最小二乘问题的通解为

$$\boldsymbol{x}=\boldsymbol{A}^{\dagger}\boldsymbol{b}+(\boldsymbol{I}_n-\boldsymbol{A}^{\dagger}\boldsymbol{A})\boldsymbol{z}=\sum_{i=1}^{r}\frac{\boldsymbol{u}_i^{\mathrm{T}}\boldsymbol{b}}{\sigma_i}\boldsymbol{v}_i+\sum_{i=r+1}^{n}(\boldsymbol{v}_i^{\mathrm{T}}\boldsymbol{z})\boldsymbol{v}_i,$$

其中 $\boldsymbol{z}\in\mathbb{R}^n$ 为任一 n 维实向量，2-范数最小二乘解为

$$\boldsymbol{x}=\boldsymbol{A}^{\dagger}\boldsymbol{b}=\sum_{i=1}^{r}\frac{\boldsymbol{u}_i^{\mathrm{T}}\boldsymbol{b}}{\sigma_i}\boldsymbol{v}_i.$$

此时最小二乘问题的最小值为

$$\|\boldsymbol{A}\boldsymbol{x}-\boldsymbol{b}\|_2=\|(\boldsymbol{I}_m-\boldsymbol{A}\boldsymbol{A}^{\dagger})\boldsymbol{b}\|_2=\|\sum_{r+1}^{m}(\boldsymbol{u}_i^{\mathrm{T}}\boldsymbol{b})\boldsymbol{u}_i\|_2=\left(\sum_{r+1}^{m}(\boldsymbol{u}_i^{\mathrm{T}}\boldsymbol{b})^2\right)^{1/2}.$$

习题 5

1. 分析求解最小二乘问题的正则化方法的计算量.

2. 令

$$A=\begin{pmatrix}1&1&1&1\\1&0&0&1\\-1&0&0&-1\end{pmatrix},\quad b=\begin{pmatrix}2\\3\\4\end{pmatrix},$$

求对应的最小二乘问题的全部解.

3. 设列满秩矩阵 $A\in\mathbb{R}^{m\times n}(m\geqslant n)$ 的奇异值分解为 $A=U\begin{pmatrix}\Sigma\\O\end{pmatrix}V^{\mathrm{T}}$，其中 U,V 分别为 m,n 阶酉矩阵，Σ 为 n 阶方阵，求 A 的伪逆.

4. 令矩阵 A,A_1,A_2 分别为

$$A=\begin{pmatrix}1&0\\0&0\\0&0\end{pmatrix},A_1=\begin{pmatrix}1&0\\\varepsilon&0\\0&0\end{pmatrix},A_2=\begin{pmatrix}1&0\\0&\varepsilon\\0&0\end{pmatrix},$$

计算 $A^{\dagger},A_1^{\dagger},A_2^{\dagger}$，判断是否有

$$A_i^{\dagger}\to A^{\dagger},\quad A_i^{\dagger}A_i\to A^{\dagger}A,\quad A_iA_i^{\dagger}\to AA^{\dagger},\quad i=1,2.$$

5. 设 $A\in\mathbb{C}^{m\times n}(m\geqslant n)$，证明：

$$(A^*)^{\dagger}=(A^{\dagger})^*,\quad (A^*A)^{\dagger}=A^{\dagger}(A^*)^{\dagger},\quad (A^*A)^{\dagger}A^*=A^{\dagger}.$$

6. 令 $u,v\in\mathbb{C}^n, A=uv^*$，计算 $A^{\dagger}$.

7. 证明：$\begin{pmatrix}A\\O\end{pmatrix}^{\dagger}=(A^{\dagger},O)$. 若矩阵 A 可逆，$\begin{pmatrix}A\\B\end{pmatrix}^{\dagger}\neq(A^{-1},B^{\dagger})$.

8. 证明：线性方程组 $Ax=b$ 相容的充分必要条件为 $AA^{\dagger}b=b$. 线性方程组 $A^{\mathrm{T}}Ax=A^{\mathrm{T}}b$ 一定是相容的.

9. 设矩阵 $A\in\mathbb{C}^{m\times n}$，则

$$\begin{aligned}&R(AA^{\dagger})=R(AA^*)=R(A);\\&R(A^{\dagger}A)=R(A^*A)=R(A^{\dagger})=R(A^*);\\&N(AA^{\dagger})=N(AA^*)=N(A);\\&N(A^{\dagger}A)=N(A^*A)=N(A^{\dagger})=N(A^*).\end{aligned}$$

10. 设矩阵 $A\in\mathbb{R}^{m\times n}$ 列满秩，证明其 Moore-Penrose 广义逆为 $(A^{\mathrm{T}}A)^{-1}A^{\mathrm{T}}$. 若

矩阵 $\boldsymbol{A}\in\mathbb{R}^{m\times n}$ 行满秩，则 $\boldsymbol{A}^{\dagger}=\boldsymbol{A}^{\mathrm{T}}(\boldsymbol{A}\boldsymbol{A}^{\mathrm{T}})^{-1}$.

11. 设 $\boldsymbol{R}=(r_{ij})_{n\times n}$ 为非奇异三角矩阵，证明

$$\kappa_2^{\dagger}(\boldsymbol{R})\geqslant\max_{ij}|r_{ij}|/\min_{i}|r_{ii}|.$$

12. 设 $\boldsymbol{A}\in\mathbb{R}^{m\times n}$，其奇异值为 $\sigma_1\geqslant\cdots\geqslant\sigma_r>\sigma_{r+1}=\cdots=\sigma_{\min\{m,n\}}=0$，证明

$$\|\boldsymbol{A}^{\dagger}\|_2=1/\sigma_r,\ \kappa_2^{\dagger}(\boldsymbol{A})=\sigma_1/\sigma_r,\ \sigma_1\geqslant\max_{ij}|a_{ij}|.$$

13. 对于 n 阶矩阵

$$\boldsymbol{R}=\begin{pmatrix}1&-1&\cdots&\cdots&-1\\&1&-1&\cdots&-1\\&&\ddots&\ddots&\vdots\\&&&\ddots&-1\\&&&&1\end{pmatrix},$$

证明：$\boldsymbol{R}$ 的最小奇异值满足 $\sigma_n\leqslant 1/2^{n-2}$ 并且 $\kappa_2(\boldsymbol{R})\geqslant 2^{n-2}$.

14. 设 $\boldsymbol{R}_{11}\in\mathbb{R}^{k\times k},\boldsymbol{R}_{22}\in\mathbb{R}^{(n-k)\times(n-k)}$，$\boldsymbol{R}$ 为块对角矩阵 $\begin{pmatrix}\boldsymbol{R}_{11}&\boldsymbol{R}_{12}\\\boldsymbol{O}&\boldsymbol{R}_{22}\end{pmatrix}$，证明 R 的第 $k+1$ 个奇异值 σ_{k+1} 满足 $\sigma_{k+1}\leqslant\|\boldsymbol{R}_{22}\|_2$.

15. 若 $\boldsymbol{A}$ 是列满秩的，验证奇异值分解法得到的解 $\boldsymbol{V}\boldsymbol{\Sigma}^{-1}\boldsymbol{b}_1$ 等于 QR 分解法所得到的解 $\boldsymbol{R}^{-1}\boldsymbol{b}_1$，也等于正则化方法所得到的解 $(\boldsymbol{A}^{\mathrm{T}}\boldsymbol{A})^{-1}\boldsymbol{A}^{\mathrm{T}}\boldsymbol{b}$.

16. 思考最小二乘问题三种求解方法之间的联系.

17. 假定 $\boldsymbol{A}\in\mathbb{C}^{n\times n},\boldsymbol{X}\in\mathbb{C}^{n\times r},n\geqslant r$ 且满足 $\boldsymbol{X}^{*}\boldsymbol{X}=\boldsymbol{I}_r$，则使 $\|\boldsymbol{A}\boldsymbol{X}-\boldsymbol{X}\boldsymbol{B}\|_{\mathrm{F}}$ 达到最小的矩阵 $\boldsymbol{B}\in\mathbb{C}^{r\times r}$ 由 $\boldsymbol{X}^{*}\boldsymbol{A}\boldsymbol{X}$ 给出.

18. 设计求解约束最小二乘问题

$$\begin{aligned}&\min\|\boldsymbol{A}\boldsymbol{x}-\boldsymbol{b}\|_2,\\&\text{s.t.}\quad \boldsymbol{B}\boldsymbol{x}=\boldsymbol{d}\end{aligned}$$

的数值算法，其中 $\boldsymbol{A}\in\mathbb{R}^{m\times n},\boldsymbol{B}\in\mathbb{R}^{p\times n},\boldsymbol{b}\in\mathbb{R}^{m},\boldsymbol{d}\in\mathbb{R}^{p},\boldsymbol{x}\in\mathbb{R}^{n}$.

上机实验题 5

1. 随机生成 $m \times n$ 矩阵 $\boldsymbol{A}$ 和 n 维向量 $\boldsymbol{b}$，利用 MATLAB 或 C 语言编程, 用正则化方法、QR 分解法及奇异值分解法求解相应的最小二乘问题.

2. 给定 10 个不同的点 $x_i = i(i = 1, \cdots, 10)$，以及这些点上的数据

$$\boldsymbol{y} = (0.1552, 0.0804, 1.9574, 1.9598, 2.2433, 1.1384, -0.8888, -1.7492, -0.7607, 0.7075)^{\mathrm{T}},$$

利用最小二乘方法确定 4 次多项式，使得该多项式在点 $x_i = i$ 处与给定数据的偏差的平方和最小. 并画出数据点的图像以及拟合多项式 $p(x)$ 的图像.

第 6 章　矩阵特征值问题

求矩阵的特征值及特征向量问题在代数、几何、分析和概率等数学领域以及天文学、物理学、化学和经济管理等领域有着相当广泛的应用. 在高等代数相关课程中，求矩阵的特征值问题首先转化为求矩阵的特征多项式，然后再利用求多项式的零点的方法得到矩阵的全部特征值. 但是此过程难以实际应用，首先需要计算元素为函数的矩阵的行列式，其复杂性高. 其次我们知道 5 次以上的多项式的根一般不能用有限次运算求得. 另外，某些情形下，我们仅需要计算矩阵的模最大的一个或几个特征值，若先求出全部特征值再去选取需要的特征值，会导致计算的大量浪费. 已有很多成熟的求矩阵的部分特征值或全部特征值及其对应特征向量的方法，限于篇幅的影响，在本章中，我们仅介绍几种最基本、最常用的方法.

6.1　基本知识

为了方便后面介绍求矩阵特征值和特征向量的算法，在本节内容中首先介绍一些基本的性质以及定理.

一般来说，矩阵的特征值难以求解，而某些情形下仅仅需要矩阵的特征值的上界估计. 下面的两个定理给出了矩阵特征值的界限，即特征值所在的区域.

定理 6.1 (Gerschgorin 圆盘定理)　设 $\boldsymbol{A} = (a_{ij})_{n\times n} \in \mathbb{C}^{n\times n}$，令

$$G_i(\boldsymbol{A}) = \left\{ z \in \mathbb{C} : |z - a_{ii}| \leqslant \sum_{j\neq i} |a_{ij}| \right\}, i = 1, \cdots, n,$$

则有

$$\lambda(\boldsymbol{A}) \subseteq G_1(\boldsymbol{A}) \cup \cdots \cup G_n(\boldsymbol{A}).$$

证明　设 $\lambda \in \lambda(\boldsymbol{A})$ 为 $\boldsymbol{A}$ 的任一特征值，则存在非零向量 $\boldsymbol{x} \in \mathbb{C}^n$ 使得 $(\boldsymbol{A}-\lambda I)\boldsymbol{x} =$

0. 假定 $|x_i| = \max\limits_{1\leqslant k\leqslant n} |x_k|$，则有

$$(a_{ii}-\lambda)x_i = -\sum_{j=1}^{i-1} a_{ij}x_j - \sum_{j=i+1}^{n} a_{ij}x_j,$$

故

$$|\lambda - a_{ii}| = \left|\sum_{j=1}^{i-1} a_{ij}\frac{x_j}{x_i} + \sum_{j=i+1}^{n} a_{ij}\frac{x_j}{x_i}\right| \leqslant \sum_{j=1,j\neq i}^{n} |a_{ij}|.$$

故结论成立. □

根据定理中定义的圆盘的相交情况，下面的定理给出了特征值所在区域的更加精细的估计.

定理 6.2 若 n 个圆盘中有 m 个圆盘构成了一个连通区域 D，并且与其他的 $n-m$ 个圆盘不相交，则 D 中恰好含有 m 个特征值.

证明 假定第 $i_1,\cdots,i_m$ 个圆盘构成了一个连通区域 S_1，其余 $n-m$ 个圆盘构成了另一个区域 S_2. 令 $\boldsymbol{D}$ 为 $\boldsymbol{A}$ 的对角元形成的对角矩阵，矩阵 $\boldsymbol{C}=\boldsymbol{A}-\boldsymbol{D}$，$0\leqslant t\leqslant 1$，则矩阵族 $\boldsymbol{A}(t)=\boldsymbol{D}+t\boldsymbol{C}$ 的特征值是关于 t 的连续函数并且位于以 a_{ii} 为圆心，以 $t\sum\limits_{j\neq i}|a_{ij}|$ 为半径的 n 个圆盘内. 由于 $t\leqslant 1$，故这些圆盘的第 $i_1,\cdots,i_m$ 个圆盘位于连通区域 S_1，其余的 $n-m$ 个圆盘位于区域 S_2. 当 $t=0$ 时，S_1 中包含了 $\boldsymbol{A}(t)$ 的 m 个特征值，S_2 中包含了 $\boldsymbol{A}(t)$ 的 $n-m$ 个特征值. 当 t 在 $[0,1]$ 中变动时，$\boldsymbol{A}(t)$ 定义的第 $i_1,\cdots,i_m$ 个圆盘位于 S_1，其余 $n-m$ 个圆盘位于 S_2，故是分离的. 又由于 $\boldsymbol{A}(t)$ 的特征值是关于 t 的连续函数，所以在 S_1 中有 $\boldsymbol{A}$ 的 m 个特征值. □

特别地，当 $m=1$ 时，每个圆盘中都有矩阵的一个特征值.

例 6.1 设矩阵 $\boldsymbol{A}$ 为

$$\begin{pmatrix} 1 & 2 & 0 \\ 1 & 1 & 0.02 \\ 0 & 1 & 6 \end{pmatrix},$$

其三个特征值分别为 $-0.4158, 2.4114, 6.0043$. 定义三个圆盘为

$$G_1(\boldsymbol{A}) := \{z \mid |z-1|\leqslant 2\}, G_2(\boldsymbol{A}) := \{z \mid |z-1|\leqslant 1.02\}, G_3(\boldsymbol{A}) := \{z \mid |z-6|\leqslant 1\}.$$

三个圆盘及三个特征值的具体位置如图 6.1 所示.

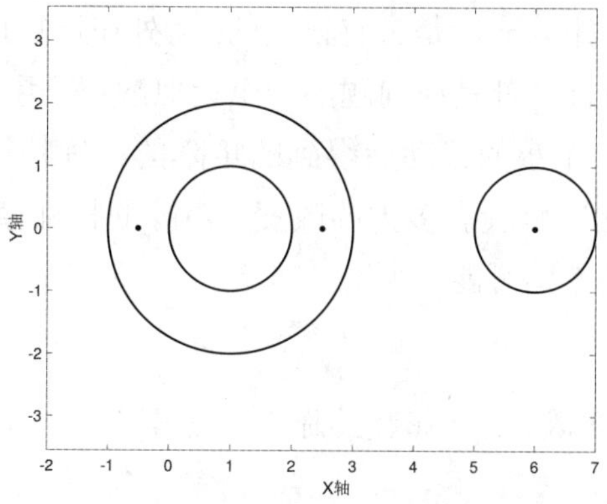

图 6.1　圆盘定理的应用

容易看出：(1) 矩阵 $\boldsymbol{A}$ 的三个特征值包含在 $G_1(\boldsymbol{A}) \cup G_2(\boldsymbol{A}) \cup G_3(\boldsymbol{A})$ 中.

(2) $G_1(\boldsymbol{A}) \cup G_2(\boldsymbol{A})$ 中有两个特征值，$G_3(\boldsymbol{A})$ 中仅有一个特征值，这与 $G_1(\boldsymbol{A})$ 与 $G_2(\boldsymbol{A})$ 连通，且与 $G_3(\boldsymbol{A})$ 分离一致.

对于矩阵 $\boldsymbol{A}$ 的特征值、特征值的实部、特征值的虚部有如下基于 F- 范数的估计，它们分别与矩阵 $\boldsymbol{A}$、矩阵 $\boldsymbol{A}$ 的实部 $(\boldsymbol{A}+\boldsymbol{A}^*)/2$、矩阵 $\boldsymbol{A}$ 的虚部 $(\boldsymbol{A}-\boldsymbol{A}^*)/2$ 相关.

定理 6.3　假定 $\boldsymbol{A} \in \mathbb{C}^{n\times n}$，令 $\mathrm{Re}(\lambda)$ 为 λ 的实部，$\mathrm{Im}(\lambda)$ 为 λ 的虚部，则有

$$\sum_{\lambda\in\lambda(\boldsymbol{A})} |\lambda|^2 \leqslant \|\boldsymbol{A}\|_F^2,\ \sum_{\lambda\in\lambda(\boldsymbol{A})} |\mathrm{Re}(\lambda)|^2 \leqslant \left\|\frac{\boldsymbol{A}+\boldsymbol{A}^*}{2}\right\|_F^2,\ \sum_{\lambda\in\lambda(\boldsymbol{A})} |\mathrm{Im}(\lambda)|^2 \leqslant \left\|\frac{\boldsymbol{A}-\boldsymbol{A}^*}{2}\right\|_F^2.$$

上述等式成立的充分必要条件为 $\boldsymbol{A}$ 为正规矩阵.

证明　对 $\boldsymbol{A}$ 进行 Schur 分解，有 $\boldsymbol{A}=\boldsymbol{U}^*\boldsymbol{R}\boldsymbol{U}$，其中 $\boldsymbol{U}$ 为酉矩阵，$\boldsymbol{R}$ 为上三角阵，并且对角元为 $\boldsymbol{A}$ 的特征值，从而有

$$\begin{aligned}
&\|\boldsymbol{A}\|_F^2 = \|\boldsymbol{U}^*\boldsymbol{R}\boldsymbol{U}\|_F^2 = \|\boldsymbol{R}\|_F^2 \geqslant \sum_{\lambda\in\lambda(\boldsymbol{A})} |\lambda|^2,\\
&\left\|\frac{\boldsymbol{A}+\boldsymbol{A}^*}{2}\right\|_F^2 = \left\|\boldsymbol{U}^*\frac{\boldsymbol{R}+\boldsymbol{R}^*}{2}\boldsymbol{U}\right\|_F^2 = \left\|\frac{\boldsymbol{R}+\boldsymbol{R}^*}{2}\right\|_F^2 \geqslant \sum_{\lambda\in\lambda(\boldsymbol{A})} |\mathrm{Re}(\lambda)|^2,\\
&\left\|\frac{\boldsymbol{A}-\boldsymbol{A}^*}{2}\right\|_F^2 = \left\|\boldsymbol{U}^*\frac{\boldsymbol{R}-\boldsymbol{R}^*}{2}\boldsymbol{U}\right\|_F^2 = \left\|\frac{\boldsymbol{R}-\boldsymbol{R}^*}{2}\right\|_F^2 \geqslant \sum_{\lambda\in\lambda(\boldsymbol{A})} |\mathrm{Im}(\lambda)|^2.
\end{aligned}$$

上式中等号成立的充分必要条件为矩阵为正规矩阵，定理得证.　□

6.2 数值稳定性

从实际应用中得到的矩阵一般是带有误差的. 另外在计算过程中，由于舍入误差的存在，我们计算得到的特征值都是原问题的一个近似解. 利用向后误差分析，此近似解实际上是对原矩阵进行一个小的扰动后得到的矩阵的精确特征值. 故需要考虑对原问题做一个小的扰动，问题的解会有多大的改变. 矩阵的特征值关于其元素是连续函数，但连续的程度在数值上的差别可能很大.

例 6.2 设 a 为一实数，n（偶数）阶下三角阵

$$\boldsymbol{A}=\begin{pmatrix} a & & & \\ 1 & a & & \\ & \ddots & \ddots & \\ & & 1 & a \end{pmatrix}$$

的特征值为 $\lambda=a$（n 重）. 对 $\boldsymbol{A}$ 的元素进行扰动 $\varepsilon>0$，得到新矩阵

$$\boldsymbol{B}=\begin{pmatrix} a+\varepsilon & & & \\ 1 & a+\varepsilon & & \\ & \ddots & \ddots & \\ & & 1 & a+\varepsilon \end{pmatrix},\quad \boldsymbol{C}=\begin{pmatrix} a & & & \varepsilon \\ 1 & a & & \\ & \ddots & \ddots & \\ & & 1 & a \end{pmatrix}.$$

对于矩阵 $\boldsymbol{B}$，其特征值为 $\mu=a+\varepsilon$，从而 $|\lambda-\mu|=\varepsilon$，扰动程度与元素扰动程度相同. 但对于矩阵 $\boldsymbol{C}$，其特征值为 $\sigma_j=a+\sqrt[n]{\varepsilon}\mathrm{e}^{\mathbf{i}\frac{2j\pi}{n}}, j=1,\cdots,n$，从而

$$|\lambda-\sigma_j|=\sqrt[n]{\varepsilon}.$$

尽管扰动 ε 很小，但当 n 很大时，两矩阵特征值的差却可能较大.

上面的例子说明特征值问题的扰动性态是非常复杂的. 下面我们利用矩阵的 Jordan 分解进行矩阵特征值问题敏度分析.

设矩阵 $\boldsymbol{A}\in\mathbb{C}^{n\times n}$ 的 Jordan 分解为 $\boldsymbol{A}=\boldsymbol{X}\boldsymbol{J}\boldsymbol{X}^{-1}$. 令 $\boldsymbol{E}\in\mathbb{C}^{n\times n}$ 为任一矩阵，$\lambda\in\lambda(\boldsymbol{A}+\boldsymbol{E})$ 且 $\lambda\notin\lambda(\boldsymbol{A})$，有 $\boldsymbol{A}+\boldsymbol{E}-\lambda\boldsymbol{I}$ 奇异，且

$$\boldsymbol{A}+\boldsymbol{E}-\lambda\boldsymbol{I}=(\boldsymbol{A}-\lambda\boldsymbol{I})\left(\boldsymbol{I}+(\boldsymbol{A}-\lambda\boldsymbol{I})^{-1}\boldsymbol{E}\right),$$

从而说明矩阵 $(\boldsymbol{A}-\lambda\boldsymbol{I})^{-1}\boldsymbol{E}$ 有一个特征值 1，故对任一相容范数 $\|\cdot\|$ 有

$$\begin{aligned}1 &\leqslant \left\|(\boldsymbol{A}-\lambda\boldsymbol{I})^{-1}\boldsymbol{E}\right\| \leqslant \left\|(\boldsymbol{A}-\lambda\boldsymbol{I})^{-1}\right\|\|\boldsymbol{E}\| \\ &= \left\|(\boldsymbol{X}\boldsymbol{J}\boldsymbol{X}^{-1}-\lambda\boldsymbol{I})^{-1}\right\|\left\|\boldsymbol{E}\right\| \leqslant \left\|(\boldsymbol{J}-\lambda\boldsymbol{I})^{-1}\right\|\|\boldsymbol{X}\|\left\|\boldsymbol{X}^{-1}\right\|\|\boldsymbol{E}\|.\end{aligned} \tag{6.1}$$

令 $\boldsymbol{\varLambda}=\mathrm{diag}(\lambda_1,\cdots,\lambda_n)$ 为以 $\boldsymbol{A}$ 的特征值为对角元的对角矩阵，则有

$$(\boldsymbol{J}-\lambda\boldsymbol{I})^{-1}=(\boldsymbol{\varLambda}-\lambda\boldsymbol{I}-(\boldsymbol{\varLambda}-\boldsymbol{J}))^{-1}=(\boldsymbol{I}-(\boldsymbol{\varLambda}-\lambda\boldsymbol{I})^{-1}(\boldsymbol{\varLambda}-\boldsymbol{J}))^{-1}(\boldsymbol{\varLambda}-\lambda\boldsymbol{I})^{-1}.$$

对于矩阵 $\boldsymbol{\varLambda}-\boldsymbol{J}$，存在正整数 $k\leqslant n$ 使得 $(\boldsymbol{\varLambda}-\boldsymbol{J})^k=\boldsymbol{O}$，故

$$(\boldsymbol{J}-\lambda\boldsymbol{I})^{-1}=\sum_{p=0}^{k-1}\left((\boldsymbol{\varLambda}-\lambda\boldsymbol{I})^{-1}(\boldsymbol{\varLambda}-\boldsymbol{J})\right)^p(\boldsymbol{\varLambda}-\lambda\boldsymbol{I})^{-1}.$$

两边取范数 $\|\cdot\|$ 得

$$\begin{aligned}\left\|(\boldsymbol{J}-\lambda\boldsymbol{I})^{-1}\right\| &= \left\|\sum_{p=0}^{k-1}\left((\boldsymbol{\varLambda}-\lambda\boldsymbol{I})^{-1}(\boldsymbol{\varLambda}-\boldsymbol{J})\right)^p(\boldsymbol{\varLambda}-\lambda\boldsymbol{I})^{-1}\right\| \\ &\leqslant \sum_{p=0}^{k-1}\left(\left\|(\boldsymbol{\varLambda}-\lambda\boldsymbol{I})^{-1}\right\|^p\|\boldsymbol{\varLambda}-\boldsymbol{J}\|^p\right)\left\|(\boldsymbol{\varLambda}-\lambda\boldsymbol{I})^{-1}\right\|.\end{aligned}$$

进一步要求范数 $\|\cdot\|$ 满足 $\|\mathrm{diag}(\alpha_1,\cdots,\alpha_n)\|=\max\limits_{1\leqslant i\leqslant n}|\alpha_i|$，令 $\delta=\min\limits_{1\leqslant i\leqslant n}|\lambda-\lambda_i|$，有

$$\left\|(\boldsymbol{J}-\lambda\boldsymbol{I})^{-1}\right\|\leqslant\max\left\{1,\frac{1}{\delta^{k-1}}\right\}\sum_{p=0}^{k-1}\|\boldsymbol{\varLambda}-\boldsymbol{J}\|^p\frac{1}{\delta}. \tag{6.2}$$

将式 (6.2) 代入式 (6.1) 有

$$1\leqslant\max\left\{\frac{1}{\delta},\frac{1}{\delta^k}\right\}\sum_{p=0}^{k-1}\|\boldsymbol{\varLambda}-\boldsymbol{J}\|^p\|\boldsymbol{X}\|\left\|\boldsymbol{X}^{-1}\right\|\|\boldsymbol{E}\|,$$

整理可得

$$\min_{1\leqslant i\leqslant n}|\lambda-\lambda_i|\leqslant\max\{\eta,\eta^{1/k}\},\quad \eta=\|\boldsymbol{X}\|\|\boldsymbol{X}^{-1}\|\|\boldsymbol{E}\|\sum_{p=0}^{k-1}\|\boldsymbol{\varLambda}-\boldsymbol{J}\|^p.$$

若 $\lambda=\lambda_i$，上式仍然成立. 故有如下定理成立.

定理 6.4 对于矩阵 $\boldsymbol{A}\in\mathbb{C}^{n\times n}$，其 Jordan 分解为 $\boldsymbol{A}=\boldsymbol{XJX}^{-1}$，令 $\boldsymbol{\Lambda}=\operatorname{diag}(\lambda_1,\cdots,\lambda_n)$ 为以 $\boldsymbol{A}$ 的特征值为对角元的对角矩阵，$\boldsymbol{E}\in\mathbb{C}^{n\times n}$ 为任一矩阵，$\lambda\in\lambda(\boldsymbol{A}+\boldsymbol{E})$，则

$$\min_{1\leqslant i\leqslant n}|\lambda-\lambda_i|\leqslant\max\{\eta,\eta^{1/k}\},\quad \eta=\|\boldsymbol{X}\|\|\boldsymbol{X}^{-1}\|\|\boldsymbol{E}\|\sum_{p=0}^{k-1}\|\boldsymbol{\Lambda}-\boldsymbol{J}\|^p,$$

其中范数 $\|\cdot\|$ 为满足

$$\|\operatorname{diag}(\alpha_1,\cdots,\alpha_n)\|=\max_{1\leqslant k\leqslant n}|\alpha_k|$$

的任一相容范数.

特别地，若矩阵 $\boldsymbol{A}$ 为非亏损矩阵，即 $\boldsymbol{J}=\boldsymbol{\Lambda}$，有如下定理成立.

定理 6.5 (Bauer-Fike 定理) 设矩阵 $\boldsymbol{A}\in\mathbb{C}^{n\times n}$ 非亏损，其 Jordan 分解为 $\boldsymbol{A}=\boldsymbol{X\Lambda X}^{-1}$，令 $\boldsymbol{E}\in\mathbb{C}^{n\times n}$ 为任一矩阵，$\lambda\in\lambda(\boldsymbol{A}+\boldsymbol{E})$，则

$$\min_{1\leqslant i\leqslant n}|\lambda-\lambda_i|\leqslant\|\boldsymbol{X}\|\|\boldsymbol{X}^{-1}\|\|\boldsymbol{E}\|,$$

其中范数 $\|\cdot\|$ 为满足

$$\|\operatorname{diag}(\alpha_1,\cdots,\alpha_n)\|=\max_{1\leqslant k\leqslant n}|\alpha_k|$$

的任一相容范数.

上述两个定理表明矩阵 $\boldsymbol{A}$ 经过 $\boldsymbol{E}$ 的扰动后，其特征值的改变量依赖值 $\|\boldsymbol{X}\|\|\boldsymbol{X}^{-1}\|$ 的大小，这个值可以用来衡量矩阵特征值问题的病态程度. 但分解中 $\boldsymbol{X}$ 是不唯一的，类似线性方程组条件数的定义，有如下定义.

定义 6.1 给定可对角化矩阵 $\boldsymbol{A}\in\mathbb{C}^{n\times n}$，其 Jordan 分解为 $\boldsymbol{A}=\boldsymbol{XJX}^{-1}$，称 $\inf\{\|\boldsymbol{X}\|\|\boldsymbol{X}^{-1}\|\}$ 为矩阵 $\boldsymbol{A}$ 的特征值问题的谱条件数.

假定 $(\lambda,\boldsymbol{x})$ 为矩阵 $\boldsymbol{A}$ 的一个近似特征对，则 $\boldsymbol{r}=\boldsymbol{Ax}-\lambda\boldsymbol{x}$ 为此特征对的残量. 用此残量衡量特征对的逼近程度有如下定理成立.

定理 6.6 假定矩阵 $\boldsymbol{A}\in\mathbb{C}^{n\times n}$，其 Jordan 分解为 $\boldsymbol{A}=\boldsymbol{XJX}^{-1}$，令 $\boldsymbol{\Lambda}=\operatorname{diag}(\lambda_1,\cdots,\lambda_n)$ 为以 $\boldsymbol{A}$ 的特征值为对角元的对角矩阵，(λ,x) 为矩阵 $\boldsymbol{A}$ 的一个近似特征对，$\boldsymbol{r}=\boldsymbol{Ax}-\lambda\boldsymbol{x}$ 为此特征对的残量，则有

$$\min_{1\leqslant i\leqslant n}|\lambda-\lambda_i|\leqslant\max\{\eta,\eta^{1/k}\},\quad \eta=\|\boldsymbol{X}\|_2\|\boldsymbol{X}^{-1}\|_2\frac{\|\boldsymbol{r}\|_2}{\|\boldsymbol{x}\|_2}\sum_{p=0}^{k-1}\|\boldsymbol{\Lambda}-\boldsymbol{J}\|_2^p.$$

进一步，若矩阵 $\boldsymbol{A}$ 非亏损，有

$$\min_{1\leqslant i\leqslant n}|\lambda-\lambda_i|\leqslant\|\boldsymbol{X}\|_2\|\boldsymbol{X}^{-1}\|_2\frac{\|\boldsymbol{r}\|_2}{\|\boldsymbol{x}\|_2}.$$

证明　由 $\boldsymbol{r}=\boldsymbol{A}\boldsymbol{x}-\lambda\boldsymbol{x}$ 可得

$$\left(\boldsymbol{A}-\frac{1}{\|\boldsymbol{x}\|_2^2}\boldsymbol{r}\boldsymbol{x}^*\right)\boldsymbol{x}=\lambda\boldsymbol{x},$$

2-范数明显满足定理6.4中范数的条件，故利用定理6.4可得

$$\min_{1\leqslant i\leqslant n}|\lambda-\lambda_i|\leqslant\max\{\eta,\eta^{1/k}\},\quad \eta=\|\boldsymbol{X}\|_2\|\boldsymbol{X}^{-1}\|_2\frac{\|\boldsymbol{r}\|_2}{\|\boldsymbol{x}\|_2}\sum_{p=0}^{k-1}\|\boldsymbol{A}-\boldsymbol{J}\|_2^p.$$

进一步，若矩阵 $\boldsymbol{A}$ 非亏损，由定理6.5有

$$\min_{1\leqslant i\leqslant n}|\lambda-\lambda_i|\leqslant\|\boldsymbol{X}\|_2\|\boldsymbol{X}^{-1}\|_2\frac{\|\boldsymbol{r}\|_2}{\|\boldsymbol{x}\|_2}.$$

定理得证. □

上述条件数的定义是针对所有特征值，但对于一般矩阵，不同的特征值对扰动的敏感性不同，故实用的条件数应该是针对每个特征值的定义. 另外，上述关于矩阵的特征值问题扰动分析中并不要求扰动矩阵 $\boldsymbol{E}$ 是小的. 当扰动矩阵较小并且非亏损时，特征值问题扰动分析有如下定义.

定义 6.2　假定矩阵 $\boldsymbol{A}\in\mathbb{R}^{n\times n}$ 非亏损，$\boldsymbol{x}_i$ 与 $\boldsymbol{y}_i$ 分别为矩阵的特征值 λ_i 对应的单位左右特征向量，令 $s_i=|\boldsymbol{x}_i^*\boldsymbol{y}_i|$，称 $|s_i|^{-1}(1\leqslant i\leqslant n)$ 是矩阵特征值 λ_i 的 Wilkinson 条件数.

可以证明 Wilkinson 条件数与谱条件数之间具有如下关系：

(1) $|s_i|^{-1}\leqslant\|\boldsymbol{X}\|\|\boldsymbol{X}^{-1}\|, i=1,2,\cdots,n$;

(2) 存在变换矩阵 $\boldsymbol{X}$ 使得 $\|\boldsymbol{X}\|\|\boldsymbol{X}^{-1}\|\leqslant\sum\limits_{i=1}^{n}|s_i|^{-1}$.

对于对称矩阵特征值的敏感性，下面的定理表明其特征值都是良态的.

定理 6.7 (Weyl 定理)　设 $\boldsymbol{A},\boldsymbol{B}\in\mathbb{R}^{n\times n}$ 为对称矩阵，特征值分别为

$$\lambda_1\geqslant\cdots\geqslant\lambda_n,\quad \mu_1\geqslant\cdots\geqslant\mu_n,$$

则有

$$|\lambda_i - \mu_i| \leqslant \|\boldsymbol{A} - \boldsymbol{B}\|_2, \quad i = 1, \cdots, n.$$

类似地，关于矩阵的奇异值有以下定理成立.

定理 6.8　设 $\boldsymbol{A}, \boldsymbol{B} \in \mathbb{R}^{m \times n}$，并假定奇异值分别为

$$\sigma_1 \geqslant \cdots \geqslant \sigma_n, \quad \tau_1 \geqslant \cdots \geqslant \tau_n,$$

则有

$$|\sigma_i - \tau_i| \leqslant \|\boldsymbol{A} - \boldsymbol{B}\|_2, \quad i = 1, \cdots, n.$$

6.3　幂法、反幂法与 Rayleigh 商迭代法

实际应用中，我们经常需要求解一个或某些极端特征值，例如，模最大特征值、模最小特征值、距离给定点最近的特征值等. 本节内容主要给出求方阵一个特征值的数值方法：幂法用来求解模最大特征值，反幂法用来求解模最小特征值或距离给定点最近的特征值，Rayleigh 商迭代法一般用来做加速方法.

6.3.1　幂法

幂法是求解矩阵的模最大特征值及其对应的特征向量的实用迭代算法. 我们首先从一种简单情形出发，推导幂法的迭代过程. 对于矩阵 $\boldsymbol{A} \in \mathbb{R}^{n \times n}$，假定

- 特征值满足 $|\lambda_1| > |\lambda_2| \geqslant \cdots \geqslant |\lambda_n|$;
- 非亏损，即 $\boldsymbol{A}$ 有 n 个线性无关的特征向量 $\boldsymbol{x}_i$, $i = 1, \cdots, n$.

任意向量 $\boldsymbol{u}_0$ 均可表示为特征向量 $\boldsymbol{x}_i$ 的线性组合:

$$\boldsymbol{u}_0 = \alpha_1 \boldsymbol{x}_1 + \alpha_2 \boldsymbol{x}_2 + \cdots + \alpha_n \boldsymbol{x}_n,$$

则有

$$\begin{aligned} \boldsymbol{A}^k \boldsymbol{u}_0 &= \alpha_1 \lambda_1^k \boldsymbol{x}_1 + \alpha_2 \lambda_2^k \boldsymbol{x}_2 + \cdots + \alpha_n \lambda_n^k \boldsymbol{x}_n \\ &= \lambda_1^k \left(\alpha_1 \boldsymbol{x}_1 + \alpha_2 (\lambda_2/\lambda_1)^k \boldsymbol{x}_2 + \cdots + \alpha_n (\lambda_n/\lambda_1)^k \boldsymbol{x}_n \right). \end{aligned}$$

上式说明 $\boldsymbol{A}^k\boldsymbol{u}_0$ 按方向趋于 $\boldsymbol{x}_1$. 但若用 $\boldsymbol{A}^k\boldsymbol{u}_0$ 作为 $\boldsymbol{x}_1$ 的近似特征向量，需要注意防止数据溢出：当 $|\lambda_1|>1$ 时，$\boldsymbol{A}^k\boldsymbol{u}_0$ 的分量趋于 ∞（上溢）；当 $|\lambda_1|<1$ 时，$\boldsymbol{A}^k\boldsymbol{u}_0$ 的分量趋于零（下溢）. 另外，为了避免计算矩阵 $\boldsymbol{A}^k$，设计如下迭代格式：

$$\begin{cases} \boldsymbol{v}_k &= \boldsymbol{A}\boldsymbol{u}_{k-1}, \\ m_k &= \max(\boldsymbol{v}_k), \quad \max(\boldsymbol{v}_k)\text{为向量 } \boldsymbol{v}_k \text{ 的模最大分量}, \\ \boldsymbol{u}_k &= \boldsymbol{v}_k/m_k. \end{cases} \qquad k=1,2,\cdots \tag{6.3}$$

其中 $\boldsymbol{u}_0$ 为给定的任意初始向量，上述迭代过程称为幂法. 幂法的具体步骤如下:

算法 6.1　求矩阵模最大特征值的幂法

输入： 矩阵 $\boldsymbol{A}$、初始向量 $\boldsymbol{u}$、精度 ε 及最大迭代步数 $k_{\max}$

输出： 方阵的模最大特征值 λ

$\gamma=1, k=0$；

计算 u 的模最大元素 λ_0，$u=u/\lambda_0$；

while $(\gamma>\varepsilon)$ & $(k<=k_{\max})$ **do**

　计算向量 $v=Au$；

　获得向量 v 的模最大元素 λ；

　计算向量 $u=v/\lambda$；

　$\gamma=|\lambda_0-\lambda|, \lambda_0=\lambda, k=k+1$；

end while

简单情形下幂法的收敛性有如下定理.

定理 6.9　假定矩阵 $\boldsymbol{A}$ 有 r 个互不相同的特征值 $\lambda_i(1\leqslant i\leqslant r)$ 且满足

$$|\lambda_1|>|\lambda_2|\geqslant\cdots\geqslant|\lambda_r|,$$

若特征值 λ_1 为半单的且初始向量 $\boldsymbol{u}_0$ 在 λ_1 的特征子空间上投影不为零，则幂法产生的数列 $\{m_k\}_{k=1}^{\infty}$ 及向量序列 $\{\boldsymbol{u}_k\}_{k=1}^{\infty}$ 收敛到 λ_1 及其对应的一个特征向量 $\boldsymbol{x}_1$.

证明　由假定知 $\boldsymbol{A}$ 的 Jordan 分解为

$$\boldsymbol{A}=\boldsymbol{X}\operatorname{diag}(\boldsymbol{J}_1,\cdots,\boldsymbol{J}_r)\boldsymbol{X}^{-1},$$

其中非奇异矩阵 $\boldsymbol{X}$ 为变换矩阵，$\boldsymbol{J}_i\in\mathbb{C}^{n_i\times n_i}$ 为由属于 λ_i 的 Jordan 块组成的块上三

角阵. 令 $\boldsymbol{y}=\boldsymbol{X}^{-1}\boldsymbol{u}_0$，对应于 $\boldsymbol{J}_i$，将矩阵 $\boldsymbol{X}$ 与向量 $\boldsymbol{y}$ 做如下分块

$$\boldsymbol{X}=(\boldsymbol{X}_1,\boldsymbol{X}_2,\cdots,\boldsymbol{X}_r),\quad \boldsymbol{y}=(\boldsymbol{y}_1^{\mathrm{T}},\boldsymbol{y}_2^{\mathrm{T}},\cdots,\boldsymbol{y}_r^{\mathrm{T}})^{\mathrm{T}},$$

其中 $\boldsymbol{X}_i\in\mathbb{C}^{n\times n_i},\boldsymbol{y}_i\in\mathbb{C}^{n_i}$，故

$$\begin{aligned}\boldsymbol{A}^k\boldsymbol{u}_0 &= \boldsymbol{X}\mathrm{diag}(\boldsymbol{J}_1^k,\cdots,\boldsymbol{J}_r^k)\boldsymbol{X}^{-1}\boldsymbol{u}_0\\ &= \boldsymbol{X}_1\boldsymbol{J}_1^k\boldsymbol{y}_1+\boldsymbol{X}_2\boldsymbol{J}_2^k\boldsymbol{y}_2+\cdots+\boldsymbol{X}_r\boldsymbol{J}_r^k\boldsymbol{y}_r\\ &= \lambda_1^k\left(\boldsymbol{X}_1\boldsymbol{y}_1+\boldsymbol{X}_2\left(\frac{\boldsymbol{J}_2}{\lambda_1}\right)^k\boldsymbol{y}_2+\cdots+\boldsymbol{X}_r\left(\frac{\boldsymbol{J}_r}{\lambda_1}\right)^k\boldsymbol{y}_r\right).\end{aligned}$$

从而

$$\lim_{k\to\infty}\frac{\boldsymbol{A}^k\boldsymbol{u}_0}{\lambda_1^k}=\boldsymbol{X}_1\boldsymbol{y}_1.$$

由于初始向量 $\boldsymbol{u}_0$ 在 λ_1 的特征子空间上投影不为零，故 $\boldsymbol{X}_1\boldsymbol{y}_1\neq\boldsymbol{0}$.

由于 $\|\boldsymbol{u}_k\|_\infty=1$，$\boldsymbol{u}_k$ 一定有一个分量为 1，并且

$$\boldsymbol{u}_k=\frac{\boldsymbol{A}\boldsymbol{u}_{k-1}}{m_k}=\frac{\boldsymbol{A}^k\boldsymbol{u}_0}{m_k\cdots m_1},$$

故 $m_k\cdots m_1$ 为 $\boldsymbol{A}^k\boldsymbol{u}_0$ 的模最大分量，$\dfrac{m_k\cdots m_1}{\lambda_1^k}$ 为 $\dfrac{\boldsymbol{A}^k\boldsymbol{u}_0}{\lambda_1^k}$ 的模最大分量，且

$$\lim_{k\to\infty}\frac{m_k\cdots m_1}{\lambda_1^k}=\zeta.$$

从而

$$\lim_{k\to\infty}\boldsymbol{u}_k=\frac{\boldsymbol{A}^k\boldsymbol{u}_0}{m_k\cdots m_1}=\lim_{k\to\infty}\frac{\boldsymbol{A}^k\boldsymbol{u}_0}{\lambda_1^k}\frac{\lambda_1^k}{m_k\cdots m_1}=\frac{\boldsymbol{X}_1\boldsymbol{y}_1}{\zeta}=\boldsymbol{x}_1.$$

显然 $\boldsymbol{x}_1$ 是属于 λ_1 的一个特征向量. 再由 $\boldsymbol{A}\boldsymbol{u}_{k-1}=m_k\boldsymbol{u}_k$ 及 $\boldsymbol{x}_1$ 有一个模最大分量为 1 知

$$\lim_{k\to\infty}m_k=\lambda_1.$$

结论成立. □

下面讨论求一般非亏损矩阵的模最大特征值问题的幂法. 假定矩阵 $\boldsymbol{A}$ 有 r 个不同

的特征值 $\lambda_1,\cdots,\lambda_r$，其代数重数分别为 $n_1,\cdots,n_r$，满足

$$|\lambda_1|\geqslant|\lambda_2|>|\lambda_3|\geqslant|\lambda_4|\cdots\geqslant|\lambda_r|,$$

对应的 n 个线性无关的特征向量组成的矩阵为

$$\begin{aligned}\boldsymbol{X}&=(\boldsymbol{X}_1,\cdots,\boldsymbol{X}_r)\\&=\left(\underbrace{x_1,\cdots,x_{n_1}}_{\lambda_1},\underbrace{x_{n_1+1},\cdots,x_{n_1+n_2}}_{\lambda_2},\cdots,\underbrace{x_{n_1+\cdots+n_{r-1}+1}\cdots,x_{n_1+\cdots+n_r}}_{\lambda_r}\right).\end{aligned}$$

任意向量 $\boldsymbol{u}_0$ 均可表示为 $\boldsymbol{u}_0=\boldsymbol{X}\boldsymbol{y}$，其中向量 $\boldsymbol{y}=(\boldsymbol{y}_1^{\mathrm{T}},\boldsymbol{y}_2^{\mathrm{T}},\cdots,\boldsymbol{y}_r^{\mathrm{T}})^{\mathrm{T}}$，故迭代法产生的向量 $\boldsymbol{u}_k,\boldsymbol{u}_{k+1},\boldsymbol{u}_{k+2}$ 为

$$\begin{aligned}\boldsymbol{u}_k&=\frac{\lambda_1^k\boldsymbol{X}_1\boldsymbol{y}_1+\lambda_2^k\boldsymbol{X}_2\boldsymbol{y}_2+\cdots+\lambda_r^k\boldsymbol{X}_r\boldsymbol{y}_r}{\max\left(\lambda_1^k\boldsymbol{X}_1\boldsymbol{y}_1+\lambda_2^k\boldsymbol{X}_2\boldsymbol{y}_2+\cdots+\lambda_r^k\boldsymbol{X}_r\boldsymbol{y}_r\right)},\\\boldsymbol{u}_{k+1}=\boldsymbol{A}\boldsymbol{u}_k&=\frac{\lambda_1^{k+1}\boldsymbol{X}_1\boldsymbol{y}_1+\lambda_2^{k+1}\boldsymbol{X}_2\boldsymbol{y}_2+\cdots+\lambda_r^{k+1}\boldsymbol{X}_r\boldsymbol{y}_r}{\max\left(\lambda_1^k\boldsymbol{X}_1\boldsymbol{y}_1+\lambda_2^k\boldsymbol{X}_2\boldsymbol{y}_2+\cdots+\lambda_r^k\boldsymbol{X}_r\boldsymbol{y}_r\right)},\\\boldsymbol{u}_{k+2}=\boldsymbol{A}^2\boldsymbol{u}_k&=\frac{\lambda_1^{k+2}\boldsymbol{X}_1\boldsymbol{y}_1+\lambda_2^{k+2}\boldsymbol{X}_2\boldsymbol{y}_2+\cdots+\lambda_r^{k+2}\boldsymbol{X}_r\boldsymbol{y}_r}{\max\left(\lambda_1^k\boldsymbol{X}_1\boldsymbol{y}_1+\lambda_2^k\boldsymbol{X}_2\boldsymbol{y}_2+\cdots+\lambda_r^k\boldsymbol{X}_r\boldsymbol{y}_r\right)}.\end{aligned}$$

对于特征值 λ_1 和 λ_2，$|\lambda_1|>|\lambda_2|$ 并不一定成立，下面根据二者的关系从几个方面详细讨论幂法的收敛性.

(1) 若 $\lambda_2=-\lambda_1$，且 $|\lambda_1|=|\lambda_2|>|\lambda_3|\geqslant\cdots\geqslant|\lambda_r|$，则有

$$\boldsymbol{u}_k=\frac{\boldsymbol{X}_1\boldsymbol{y}_1+(-1)^k\boldsymbol{X}_2\boldsymbol{y}_2+\sum\limits_{i=3}^{r}(\lambda_i/\lambda_1)^k\boldsymbol{X}_i\boldsymbol{y}_i}{\max\left(\boldsymbol{X}_1\boldsymbol{y}_1+(-1)^k\boldsymbol{X}_2\boldsymbol{y}_2+\sum\limits_{i=3}^{r}(\lambda_i/\lambda_1)^k\boldsymbol{X}_i\boldsymbol{y}_i\right)}.$$

若 $\boldsymbol{y}_1,\boldsymbol{y}_2$ 均不为零向量，则当 $k\to\infty$ 时，$\boldsymbol{u}_k$ 不收敛. 但是

$$\begin{aligned}\boldsymbol{u}_k&\approx\frac{\boldsymbol{X}_1\boldsymbol{y}_1+(-1)^k\boldsymbol{X}_2\boldsymbol{y}_2}{\max\left(\boldsymbol{X}_1\boldsymbol{y}_1+(-1)^k\boldsymbol{X}_2\boldsymbol{y}_2\right)},\\\boldsymbol{A}\boldsymbol{u}_k&\approx\lambda_1\frac{\boldsymbol{X}_1\boldsymbol{y}_1+(-1)^{k+1}\boldsymbol{X}_2\boldsymbol{y}_2}{\max\left(\boldsymbol{X}_1\boldsymbol{y}_1+(-1)^k\boldsymbol{X}_2\boldsymbol{y}_2\right)},\\\boldsymbol{A}^2\boldsymbol{u}_k&\approx\lambda_1^2\frac{\boldsymbol{X}_1\boldsymbol{y}_1+(-1)^k\boldsymbol{X}_2\boldsymbol{y}_2}{\max\left(\boldsymbol{X}_1\boldsymbol{y}_1+(-1)^k\boldsymbol{X}_2\boldsymbol{y}_2\right)}.\end{aligned}$$

若 $\boldsymbol{u}_k$ 的第 i 个分量为 1，则 $(\boldsymbol{A}^2\boldsymbol{u}_k)_i \to \lambda_1^2$. 进一步可以计算，当 $k \to \infty$ 时，有

$$\boldsymbol{A}(\boldsymbol{A}\boldsymbol{u}_k + \lambda_1 \boldsymbol{u}_k) \to \lambda_1(\boldsymbol{A}\boldsymbol{u}_k + \lambda_1 \boldsymbol{u}_k),$$
$$\boldsymbol{A}(\boldsymbol{A}\boldsymbol{u}_k - \lambda_1 \boldsymbol{u}_k) \to -\lambda_1(\boldsymbol{A}\boldsymbol{u}_k - \lambda_1 \boldsymbol{u}_k).$$

从而 $\boldsymbol{A}\boldsymbol{u}_k + \lambda_1 \boldsymbol{u}_k$ 及 $\boldsymbol{A}\boldsymbol{u}_k - \lambda_1 \boldsymbol{u}_k$ 分别为 λ_1 及 λ_2 的特征向量.

(2) 若 $\lambda_2 = \overline{\lambda}_1$，假定 $\boldsymbol{A} \in \mathbb{R}^{n\times n}$，则 $\boldsymbol{A}$ 的特征值和特征向量总是共轭成对出现，有

$$\boldsymbol{X}_2 \boldsymbol{y}_2 = \overline{\boldsymbol{X}}_1 \overline{\boldsymbol{y}}_1,$$

进一步，当 $k \to \infty$ 时有

$$\begin{aligned}
\boldsymbol{u}_k &= \frac{\boldsymbol{X}_1\boldsymbol{y}_1 + (\overline{\lambda}_1/\lambda_1)^k \overline{\boldsymbol{X}}_1\overline{\boldsymbol{y}}_1 + \sum\limits_{i=3}^{r} (\lambda_i/\lambda_1)^k \boldsymbol{X}_i\boldsymbol{y}_i}{\max\left(\boldsymbol{X}_1\boldsymbol{y}_1 + (\overline{\lambda}_1/\lambda_1)^k \overline{\boldsymbol{X}}_1\overline{\boldsymbol{y}}_1 + \sum\limits_{i=3}^{r} (\lambda_i/\lambda_1)^k \boldsymbol{X}_i\boldsymbol{y}_i\right)} \\
&\approx \frac{\boldsymbol{X}_1\boldsymbol{y}_1 + (\overline{\lambda}_1/\lambda_1)^k \overline{\boldsymbol{X}}_1\overline{\boldsymbol{y}}_1}{\max\left(\boldsymbol{X}_1\boldsymbol{y}_1 + (\overline{\lambda}_1/\lambda_1)^k \overline{\boldsymbol{X}}_1\overline{\boldsymbol{y}}_1\right)}, \\
\boldsymbol{A}\boldsymbol{u}_k &= \frac{\lambda_1\boldsymbol{X}_1\boldsymbol{y}_1 + \overline{\lambda}_1(\overline{\lambda}_1/\lambda_1)^k \overline{\boldsymbol{X}}_1\overline{\boldsymbol{y}}_1 + \sum\limits_{i=3}^{r} \lambda_i(\lambda_i/\lambda_1)^k \boldsymbol{X}_i\boldsymbol{y}_i}{\max\left(\boldsymbol{X}_1\boldsymbol{y}_1 + (\overline{\lambda}_1/\lambda_1)^k \overline{\boldsymbol{X}}_1\overline{\boldsymbol{y}}_1 + \sum\limits_{i=3}^{r} (\lambda_i/\lambda_1)^k \boldsymbol{X}_i\boldsymbol{y}_i\right)} \\
&\approx \frac{\lambda_1\boldsymbol{X}_1\boldsymbol{y}_1 + \overline{\lambda}_1(\overline{\lambda}_1/\lambda_1)^k \overline{\boldsymbol{X}}_1\overline{\boldsymbol{y}}_1}{\max\left(\boldsymbol{X}_1\boldsymbol{y}_1 + (\overline{\lambda}_1/\lambda_1)^k \overline{\boldsymbol{X}}_1\overline{\boldsymbol{y}}_1\right)}, \\
\boldsymbol{A}^2\boldsymbol{u}_k &= \frac{\lambda_1^2\boldsymbol{X}_1\boldsymbol{y}_1 + \overline{\lambda}_1^2(\overline{\lambda}_1/\lambda_1)^k \overline{\boldsymbol{X}}_1\overline{\boldsymbol{y}}_1 + \sum\limits_{i=3}^{r} \lambda_i^2(\lambda_i/\lambda_1)^k \boldsymbol{X}_i\boldsymbol{y}_i}{\max\left(\boldsymbol{X}_1\boldsymbol{y}_1 + (\overline{\lambda}_1/\lambda_1)^k \overline{\boldsymbol{X}}_1\overline{\boldsymbol{y}}_1 + \sum\limits_{i=3}^{r} (\lambda_i/\lambda_1)^k \boldsymbol{X}_i\boldsymbol{y}_i\right)} \\
&\approx \frac{\lambda_1^2\boldsymbol{X}_1\boldsymbol{y}_1 + \overline{\lambda}_1^2(\overline{\lambda}_1/\lambda_1)^k \overline{\boldsymbol{X}}_1\overline{\boldsymbol{y}}_1}{\max\left(\boldsymbol{X}_1\boldsymbol{y}_1 + (\overline{\lambda}_1/\lambda_1)^k \overline{\boldsymbol{X}}_1\overline{\boldsymbol{y}}_1\right)},
\end{aligned}$$

简单计算可知当 $k \to \infty$ 时，有

$$\overline{\lambda}_1\lambda_1\boldsymbol{u}_k - \left(\overline{\lambda}_1 + \lambda_1\right)\boldsymbol{A}\boldsymbol{u}_k + \boldsymbol{A}^2\boldsymbol{u}_k \longrightarrow \boldsymbol{0}.$$

从而，对适当大的 k，若计算得到 $\boldsymbol{u}_k$，构造线性方程组

$$q\boldsymbol{u}_k + p\boldsymbol{A}\boldsymbol{u}_k + \boldsymbol{A}^2\boldsymbol{u}_k = \boldsymbol{0} \tag{6.4}$$

得到 p,q，则 $\overline{\lambda}_1,\lambda_1$ 即为一元二次方程

$$\lambda^2+p\lambda+q=0$$

的两个根. 下面描述如何求解方程组 (6.4). 由正则化方法可得

$$\begin{pmatrix}(\boldsymbol{A}\boldsymbol{u}_k)^{\mathrm{T}}\\ \boldsymbol{u}_k^{\mathrm{T}}\end{pmatrix}\begin{pmatrix}\boldsymbol{A}\boldsymbol{u}_k & \boldsymbol{u}_k\end{pmatrix}\begin{pmatrix}p\\ q\end{pmatrix}=-\begin{pmatrix}(\boldsymbol{A}\boldsymbol{u}_k)^{\mathrm{T}}\\ \boldsymbol{u}_k^{\mathrm{T}}\end{pmatrix}\boldsymbol{A}^2\boldsymbol{u}_k, \tag{6.5}$$

若正则化线性方程组 (6.5) 良态，则很容易求得 p,q；若问题病态，计算得到的解不可靠.

下面考虑计算特征值 λ_1 及 $\overline{\lambda}_1$ 对应的特征向量 $\boldsymbol{X}_1\boldsymbol{y}_1$ 及 $\overline{\boldsymbol{X}}_1\overline{\boldsymbol{y}}_1$. 假设

$$\frac{\lambda_1^k\boldsymbol{X}_1\boldsymbol{y}_1}{\max\left(\lambda_1^k\boldsymbol{X}_1\boldsymbol{y}_1+\overline{\lambda}_1^k\overline{\boldsymbol{X}}_1\overline{\boldsymbol{y}}_1+\sum\limits_{i=3}^{r}\lambda_i^k\boldsymbol{X}_i\boldsymbol{y}_i\right)}=\boldsymbol{u}+\boldsymbol{v}\mathbf{i},$$

由于

$$\boldsymbol{u}_k = \frac{\lambda_1^k\boldsymbol{X}_1\boldsymbol{y}_1+\overline{\lambda}_1^k\overline{\boldsymbol{X}}_1\overline{\boldsymbol{y}}_1+\sum\limits_{i=3}^{r}\lambda_i^k\boldsymbol{X}_i\boldsymbol{y}_i}{\max\left(\lambda_1^k\boldsymbol{X}_1\boldsymbol{y}_1+\overline{\lambda}_1^k\overline{\boldsymbol{X}}_1\overline{\boldsymbol{y}}_1+\sum\limits_{i=3}^{r}\lambda_i^k\boldsymbol{X}_i\boldsymbol{y}_i\right)},$$

从而

$$\boldsymbol{u}\approx\boldsymbol{u}_k/2.$$

令 $\lambda_1=\xi+\eta\mathbf{i}$，则

$$\boldsymbol{A}\boldsymbol{u}_k=\lambda_1(\boldsymbol{u}+\boldsymbol{v}\mathbf{i})+\overline{\lambda}_1(\boldsymbol{u}-\boldsymbol{v}\mathbf{i})=2\mathrm{Re}\left((\xi+\eta\mathbf{i})(\boldsymbol{u}+\boldsymbol{v}\mathbf{i})\right)=2(\xi\boldsymbol{u}-\eta\boldsymbol{v}),$$

从而

$$\boldsymbol{v}=(2\xi\boldsymbol{u}-\boldsymbol{A}\boldsymbol{u}_k)/(2\eta).$$

从而特征向量近似为

$$\frac{\lambda_1^k\boldsymbol{X}_1\boldsymbol{y}_1}{\max\left(\lambda_1^k\boldsymbol{X}_1\boldsymbol{y}_1+\overline{\lambda}_1^k\overline{\boldsymbol{X}}_1\overline{\boldsymbol{y}}_1+\sum\limits_{i=3}^{r}\lambda_i^k\boldsymbol{X}_i\boldsymbol{y}_i\right)}=\boldsymbol{u}_k/2+\mathbf{i}(2\xi\boldsymbol{u}-\boldsymbol{A}\boldsymbol{u}_k)/(2\eta).$$

从前面的讨论可以看出，幂法的运算绝大部分都是矩阵与向量乘积，故可充分利用问题的稀疏性，计算量较小. 幂法的收敛速度取决于模第二大的特征值与模最大特征值的比的模，此值总小于 1，值越小收敛速度越快. 在实际应用中，为加快收敛速度，通常采用位移的方法，即选择一个数 μ，使矩阵 $\boldsymbol{A}-\mu\boldsymbol{I}$ 的模最大特征值与其他特征值的距离更大，将幂法应用于矩阵 $\boldsymbol{A}-\mu\boldsymbol{I}$ 可提高收敛速度. 但对于一般问题，最佳位移 μ 的确定是一个困难的问题.

当矩阵 $\boldsymbol{A}$ 亏损时，幂法收敛速度非常慢. 设矩阵 $\boldsymbol{A}$ 的模最大特征值为 λ_1，其代数重数为 s、几何重数为 1. 矩阵 $\boldsymbol{A}$ 的 Jordan 分解为 $\boldsymbol{A}=\boldsymbol{X}\boldsymbol{J}\boldsymbol{X}^{-1}$，设矩阵 $\boldsymbol{A}$ 的 Jordan 标准型 $\boldsymbol{J}$ 中 λ_1 对应的 Jordan 块 $\boldsymbol{J}_1$ 满足

$$\boldsymbol{J}_1^k=\begin{pmatrix} \lambda_1^k & \mathrm{C}_k^1\lambda_1^{k-1} & \mathrm{C}_k^2\lambda_1^{k-2} & \cdots & \mathrm{C}_k^{s-1}\lambda_1^{k-s+1} \\ & \lambda_1^k & \mathrm{C}_k^1\lambda_1^{k-1} & \cdots & \mathrm{C}_k^{s-2}\lambda_1^{k-s+2} \\ & & \ddots & \ddots & \vdots \\ & & & \ddots & \mathrm{C}_k^1\lambda_1^{k-1} \\ & & & & \lambda_1^k \end{pmatrix}.$$

故对任一初始向量 $\boldsymbol{u}_0$，有

$$\boldsymbol{A}^k\boldsymbol{u}_0=\boldsymbol{X}\boldsymbol{J}^k\boldsymbol{X}^{-1}\boldsymbol{u}_0.$$

由于

$$\boldsymbol{J}_1^k\boldsymbol{e}_j=\sum_{i=1}^{j}\mathrm{C}_k^{j-i}\lambda_1^{k-j+i}\boldsymbol{e}_i=\mathrm{C}_k^{j-1}\lambda_1^{k-j+1}\left(\boldsymbol{e}_1+\frac{j-1}{k-j+2}\lambda_1\boldsymbol{e}_2+\cdots\right),\quad 0\leqslant j\leqslant s,$$

故当 $k\to\infty$ 时，$\boldsymbol{A}^k\boldsymbol{u}_0$ 按方向收敛于 $\boldsymbol{X}\boldsymbol{e}_1$，收敛比为 $\dfrac{1}{k}$，故收敛速度很慢.

例 6.3 矩阵 $\boldsymbol{A},\boldsymbol{B}$ 分别为

$$\boldsymbol{A}=\begin{pmatrix} 2.25 & -0.75 & -0.25 & -0.25 \\ -0.25 & 1.75 & 0.25 & -0.75 \\ -0.25 & -0.25 & 1.25 & 0.25 \\ -0.75 & 0.25 & -0.25 & 1.75 \end{pmatrix},\boldsymbol{B}=\begin{pmatrix} 1.75 & -0.25 & -0.25 & -0.25 \\ -0.25 & 1.75 & -0.25 & -0.25 \\ -0.25 & -0.25 & 1.75 & -0.25 \\ -0.25 & -0.25 & -0.25 & 1.75 \end{pmatrix},$$

容易计算 $\boldsymbol{A}$ 的特征值分别为 1,2, 代数重数为 1,3, 几何重数分别为 1,1；$\boldsymbol{B}$ 的特征值也为 1,2, 代数重数和几何重数均为 1,3, 故矩阵 $\boldsymbol{A}$ 为亏损的, $\boldsymbol{B}$ 为可对角化的.

若初始向量选择 $\boldsymbol{e}_1$，终止准则定为相邻两步特征值之差绝对值小于 10^{-5}，则利用幂法求两个矩阵 $\boldsymbol{A},\boldsymbol{B}$ 的最大特征值 2 时，分别需要迭代 631 步和 17 步. 若对矩阵 $\boldsymbol{B}$ 平移 0.7 后再利用幂法迭代，同样设定下仅需 9 步. 表 6.1 给出了求矩阵 $\boldsymbol{A}$、$\boldsymbol{B}$、平移后 $\boldsymbol{B}$ 的幂法的前 7 步的特征值结果及与真实特征值的绝对误差.

表 6.1　不同矩阵的幂法求解效果比较

迭代步数	幂法 $\boldsymbol{A}$	误差	幂法 $\boldsymbol{B}$	误差	幂法平移 $\boldsymbol{B}$	误差
1	1.0000	1.0000	1.0000	1.0000	1.0000	0.3000
2	2.2500	0.2500	1.7500	0.2500	1.0500	0.2500
3	2.4444	0.4444	1.8571	0.1429	1.2286	0.0714
4	2.5000	0.5000	1.9231	0.0769	1.2826	0.0174
5	2.4909	0.4909	1.9600	0.0400	1.2959	0.0041
6	2.4599	0.4599	1.9796	0.0204	1.2991	0.0009
7	2.4243	0.4243	1.9897	0.0103	1.2998	0.0002

从表中可以看出，带位移的幂法收敛最快 $(\lambda_1/\lambda_2=1.3/0.3)$，其次为可对角化矩阵的幂法 $(\lambda_1/\lambda_2=2/1)$，最慢的为亏损矩阵的幂法，这与前述理论相符.

利用幂法可以求得问题的模最大特征值及其对应的特征向量. 若利用幂法求矩阵的全部特征值及其对应的特征向量，则首先需要计算矩阵的模最大特征值及其对应的特征向量. 然后将矩阵降一阶，使之只包含矩阵的其他特征值 $\lambda_2,\cdots,\lambda_n$ 及其对应的特征向量. 最后再利用幂法求降阶后矩阵的模最大特征值 λ_2 及其对应的特征向量. 将此过程一直进行下去即可求得问题的全部特征值及其对应的特征向量. 该方法就是所谓的收缩技巧.

算法具体过程如下: 首先求得 $\boldsymbol{A}$ 的模最大特征值 λ_1 及其对应的特征向量 $\boldsymbol{x}_1$. 构造 Householder 矩阵 $\boldsymbol{H}_1$ 使得 $\boldsymbol{H}_1\boldsymbol{x}_1=\alpha\boldsymbol{e}_1$，则有

$$\boldsymbol{H}_1\boldsymbol{A}\boldsymbol{H}_1^{\mathrm{T}}=\begin{pmatrix}\lambda_1 & \boldsymbol{b}^{\mathrm{T}}\\ \boldsymbol{0} & \boldsymbol{B}_2\end{pmatrix}=\boldsymbol{A}_2.$$

进一步对矩阵 $\boldsymbol{B}_2$ 应用幂法求得其模最大特征值及其对应的特征向量，设为 λ_2 及 $\boldsymbol{z}_2$，则 λ_2 也为矩阵 $\boldsymbol{A}$ 及 $\boldsymbol{A}_2$ 的特征值. 下一步计算 $\boldsymbol{A}$ 的对应于特征值 λ_2 的特征向量 $\boldsymbol{x}_2$，设矩阵 $\boldsymbol{A}_2$ 的特征值 λ_2 对应的特征向量为 $\boldsymbol{y}_2$，则有 $\boldsymbol{x}_2=\boldsymbol{H}_1^{\mathrm{T}}\boldsymbol{y}_2$. 令 $\boldsymbol{y}_2=\begin{pmatrix}\zeta\\ \boldsymbol{y}\end{pmatrix}$，则

有

$$\begin{pmatrix} \lambda_1 & \boldsymbol{b}^{\mathrm{T}} \\ \boldsymbol{0} & \boldsymbol{B}_2 \end{pmatrix} \begin{pmatrix} \zeta \\ \boldsymbol{y} \end{pmatrix} = \lambda_2 \begin{pmatrix} \zeta \\ \boldsymbol{y} \end{pmatrix},$$

即

$$\begin{cases} \lambda_1\zeta + \boldsymbol{b}^{\mathrm{T}}\boldsymbol{y} = \lambda_2\zeta, \\ \boldsymbol{B}_2\boldsymbol{y} = \lambda_2\boldsymbol{y}. \end{cases}$$

若 $\lambda_1 \neq \lambda_2$，则可取

$$\boldsymbol{y} = \boldsymbol{z}_2, \quad \zeta = \frac{\boldsymbol{b}^{\mathrm{T}}\boldsymbol{z}_2}{\lambda_2 - \lambda_1}.$$

若 $\lambda_1 = \lambda_2$，$\boldsymbol{b}^{\mathrm{T}}\boldsymbol{z}_2 \neq 0$，则可取

$$\zeta = 1, \boldsymbol{y} = \boldsymbol{0}.$$

若 $\lambda_1 = \lambda_2$，$\boldsymbol{b}^{\mathrm{T}}\boldsymbol{z}_2 = 0$，则可取

$$\zeta\text{为任意值}, \quad \boldsymbol{y} = \boldsymbol{z}_2.$$

进一步对矩阵 $\boldsymbol{B}_2$ 利用收缩技巧，一直进行至多 $n-1$ 步即可将矩阵 $\boldsymbol{A}$ 化为上三角阵，从而得到问题的全部特征值.

6.3.2 反幂法

幂法可以计算矩阵的最大特征值及其对应的特征向量，那么是否有一种算法可以计算矩阵的最小特征值及其对应的特征向量呢？我们知道，如果矩阵 $\boldsymbol{A}$ 非奇异，那么 $\boldsymbol{A}$ 的按模最小特征值就是 $\boldsymbol{A}^{-1}$ 的按模最大特征值，直接利用幂法的迭代公式得到反幂法的迭代公式

$$\begin{cases} \boldsymbol{v}_k &= \boldsymbol{A}^{-1}\boldsymbol{z}_{k-1} \\ m_k &= \max(\boldsymbol{v}_k) \\ \boldsymbol{z}_k &= \boldsymbol{v}_k/m_k \end{cases} \Rightarrow \begin{cases} \boldsymbol{A}\boldsymbol{v}_k &= \boldsymbol{z}_{k-1} \\ m_k &= \max(\boldsymbol{v}_k) \\ \boldsymbol{z}_k &= \boldsymbol{v}_k/m_k \end{cases} \qquad k = 1, 2, \cdots \tag{6.6}$$

从反幂法的迭代公式中，可以清晰地看到反幂法需要求解一个线性方程组，这样对

比幂法增加了计算量. 幸运的是系数矩阵 $\boldsymbol{A}$ 是不变的，这样可以先对 $\boldsymbol{A}$ 做一个 LU 分解，每步迭代变成求解一个上三角和一个下三角形的线性方程组.

在实际应用中，为了加快收敛速度，通常采用带原点位移的反幂法. 对于任给 μ，假定 μ 不是 $\boldsymbol{A}$ 的特征值，那么 $\boldsymbol{A}-\mu\boldsymbol{I}$ 的特征向量和 $\boldsymbol{A}$ 的特征向量相同. 如果 λ_i 是 $\boldsymbol{A}$ 的特征值，那么 $\lambda_i-\mu$ 是 $\boldsymbol{A}-\mu\boldsymbol{I}$ 的特征值. 如果 μ 非常接近 λ_i，那么 $(\boldsymbol{A}-\mu\boldsymbol{I})^{-1}$ 的特征值 $(\lambda_i-\mu)^{-1}$ 就会比其他特征值大很多. 这样应用幂法就会快速收敛. 这就是带原点位移的反幂法的思想. 一个明显的用途是如果用其他方法求出一个近似的特征值，可以利用带原点位移的反幂法快速求出它对应的特征向量. 下面给出迭代公式

$$\begin{cases} (\boldsymbol{A}-\mu\boldsymbol{I})\boldsymbol{v}_k & = & \boldsymbol{u}_{k-1}, \\ \boldsymbol{u}_k & = & \boldsymbol{v}_k/\|\boldsymbol{u}_k\|_2, \end{cases} \quad k=1,2,\cdots. \tag{6.7}$$

这里为了后面讨论的方便，采用 2-范数进行规范化. 同样地，由于 μ 不发生改变，则每次循环过程中只需求解两个三角形方程组.

下面考虑反幂法的收敛性问题. 显然，类似于幂法的收敛性分析，对于上述迭代公式 (6.7)，迭代向量 $\boldsymbol{u}_k$ 收敛到 λ_i 对应的特征向量，并且收敛速度依赖于 $\dfrac{|\lambda_i-\mu|}{|\lambda_k-\mu|}, k\neq i$，说明 $|\lambda_i-\mu|$ 越小则收敛速度越快，但此时迭代格式 (6.7) 中需要求解的线性方程组是病态的，因此有必要更加细致地分析反幂法的收敛性. 首先给出如下定义.

定义 6.3 假定机器精度为 u，对于给定的 $\mu\in\mathbb{C}$，若存在 $\boldsymbol{E}\in\mathbb{C}^{n\times n}$，使得

$$\det(\boldsymbol{A}+\boldsymbol{E}-\mu\boldsymbol{I})=0, \quad \|\boldsymbol{E}\|_2=O(u),$$

则称 μ 为 $\boldsymbol{A}$ 的达到机器精度的近似特征值. 同样地，对于给定的向量 $\boldsymbol{x}\in\mathbb{C}^n$，若存在 $\boldsymbol{F}\in\mathbb{C}^{n\times n}$，使得

$$(\boldsymbol{A}+\boldsymbol{F})\boldsymbol{x}=\boldsymbol{0}, \quad \|\boldsymbol{F}\|_2=O(u),$$

则称 $\boldsymbol{x}$ 为 $\boldsymbol{A}$ 的达到机器精度的近似特征向量.

考虑反幂法的收敛准则. 令

$$\boldsymbol{r}_k=(\boldsymbol{A}-\lambda_i\boldsymbol{I})\boldsymbol{u}_k, \quad k=1,2,\cdots \tag{6.8}$$

为迭代序列 $\{\boldsymbol{u}_k\}_{k=1}^{\infty}$ 的残向量，有

$$(\boldsymbol{A}-\boldsymbol{r}_k\boldsymbol{u}_k^*)\boldsymbol{u}_k=\lambda_i\boldsymbol{u}_k.$$

若 $\|\boldsymbol{r}_k\|_2$ 是小量,则 $\|\boldsymbol{r}_k\boldsymbol{u}_k^*\|_2$ 也是小量. 即矩阵 $\boldsymbol{A}$ 的近似特征向量 $\boldsymbol{u}_k$ 是矩阵 $\boldsymbol{A}-\boldsymbol{r}_k\boldsymbol{u}_k^*$ 的精确特征向量. 因此，如果矩阵 $\boldsymbol{A}$ 的特征值问题是良态的，则 $\boldsymbol{u}_k$ 接近 $\boldsymbol{A}$ 的特征向量. 故可以利用式 (6.8) 定义的 $\boldsymbol{r}_k$ 作为带有原点位移的反幂法的收敛准则.

由线性方程组的误差分析可知，$\boldsymbol{v}_k$ 是线性方程组 $(\boldsymbol{A}-\mu\boldsymbol{I}+\boldsymbol{E})\boldsymbol{v}_k=\boldsymbol{u}_{k-1}$ 的精确解，其中矩阵 $\boldsymbol{E}$ 满足 $\|\boldsymbol{E}\|_2\leqslant\varepsilon_1$，假定 $\mu-\lambda_i=\varepsilon_2$，利用

$$(\boldsymbol{A}-\lambda_i\boldsymbol{I}+\lambda_i\boldsymbol{I}-\mu\boldsymbol{I}+\boldsymbol{E})\boldsymbol{u}_k=\boldsymbol{u}_{k-1}/\|\boldsymbol{v}_k\|_2 \tag{6.9}$$

可得

$$\boldsymbol{r}_k=-(\lambda_i-\mu)\boldsymbol{u}_k-\boldsymbol{E}\boldsymbol{u}_k+\boldsymbol{u}_{k-1}/\|\boldsymbol{v}_k\|_2,$$

从而

$$\|\boldsymbol{r}_k\|_2\leqslant\varepsilon_1+|\varepsilon_2|+1/\|\boldsymbol{v}_k\|_2.$$

若 $\|\boldsymbol{v}_k\|_2$ 很大，则范数 $\|\boldsymbol{r}_k\|_2$ 很小，称范数 $\|\boldsymbol{r}_k\|_2$ 为反幂法的增长因子. 实际应用中常用增长因子是否足够大作为迭代法收敛的准则. 下面我们从三种情况讨论增长因子的增长情况.

(1) $\boldsymbol{A}$ 非亏损并且特征值问题是良态的.

由于 $\boldsymbol{A}$ 是非亏损的，从而存在着 n 个左、右特征向量 $\boldsymbol{y}_j$ 及 $\boldsymbol{x}_j$. 假设 $\|\boldsymbol{x}_j\|_2=\|\boldsymbol{y}_j\|_2=1$. 由于 n 个右特征向量 $\boldsymbol{x}_i$ 线性无关，有

$$\boldsymbol{v}_k=\sum_{j=1}^n\alpha_j\boldsymbol{x}_j,\quad \boldsymbol{u}_{k-1}=\sum_{j=1}^n\beta_j\boldsymbol{y}_j.$$

代入式 (6.9) 有

$$\sum_{j=1}^n(\lambda_j-\lambda_i-\varepsilon_2)\alpha_j\boldsymbol{x}_j+\boldsymbol{E}\boldsymbol{v}_k=\sum_{j=1}^n\beta_j\boldsymbol{y}_j.$$

令 $\boldsymbol{y}_i^*\boldsymbol{x}_i=s_i$，利用左右特征向量的正交性可得

$$-\varepsilon_2\alpha_is_i+\boldsymbol{y}_i^*\boldsymbol{E}\boldsymbol{v}_k=\beta_is_i.$$

又由于 $\boldsymbol{v}_k=\sum\limits_{j=1}^n\alpha_j\boldsymbol{x}_j$，有 $|\alpha_i|=|y_i^*\boldsymbol{v}_k|/|s_i|\leqslant\|\boldsymbol{v}_k\|_2/|s_i|$，故

$$|\beta_i| \leqslant |\varepsilon_2||\alpha_i| + |\varepsilon_1|\|\boldsymbol{v}_k\|_2/|s_i| \leqslant (\varepsilon_1 + |\varepsilon_2|)\|\boldsymbol{v}_k\|_2/|s_i|.$$

从而可得

$$\|\boldsymbol{v}_k\|_2 \geqslant \frac{|\beta_i||s_i|}{\varepsilon_1 + |\varepsilon_2|}.$$

上式表明方程组的近似奇异性不会影响反幂法的快速收敛性. 当 μ 接近 λ_i 时，一般只需要迭代一到二次即可得到很精确的特征向量.

(2) $\boldsymbol{A}$ 亏损.

设 μ 和 $\boldsymbol{w}_i$ 分别为矩阵 $\boldsymbol{A}+\boldsymbol{E}$ 的特征值及其对应的单位特征向量，从而有

$$(\boldsymbol{A} - \mu\boldsymbol{I})\boldsymbol{w}_i = -\boldsymbol{E}\boldsymbol{w}_i, \quad \|\boldsymbol{E}\|_2 \leqslant \varepsilon.$$

令 $\boldsymbol{u}_0 = -\boldsymbol{E}\boldsymbol{w}_i/\|\boldsymbol{E}\boldsymbol{w}_i\|_2$，则利用反幂法迭代一步得到的向量 $\boldsymbol{v}_1$ 为 $\boldsymbol{w}_i/\|\boldsymbol{E}\boldsymbol{w}_i\|_2$. 从而有

$$\|\boldsymbol{v}_1\|_2 \geqslant 1/\|\boldsymbol{E}\|_2 \geqslant 1/\varepsilon.$$

即第一次迭代增长因子是大的. 对任意初始向量 $\boldsymbol{u}_0$，只要它对 $-\boldsymbol{E}\boldsymbol{w}_i$ 非亏损，就有类似结论. 可以证明，若继续进行第二次迭代，一般会失去快速收敛性.

(3) 矩阵 $\boldsymbol{A}$ 非亏损但特征值问题病态.

上述结论也成立：当 μ 接近 λ_i 时，一般只需要迭代一到二次即可得到很精确的特征向量. 讨论比较复杂，此处略去.

综上所述，不论矩阵 $\boldsymbol{A}$ 是否亏损，其对应的特征值问题是否病态，只要位移 μ 距离特征值 λ_i 足够近，实际应用反幂法时只需迭代一到二次即可得到问题的近似特征信息，以后的迭代对改进精度作用不大.

下面考虑反幂法的初始向量的选择策略，我们主要介绍两种常用的选择策略.

- 随机策略：随机生成初始向量，并将其单位化得到 $\boldsymbol{u}_0$；
- 半次迭代法：假定矩阵 $\boldsymbol{A}-\mu\boldsymbol{I}$ 具有 LU 分解：$\boldsymbol{A}-\mu\boldsymbol{I}=\boldsymbol{L}\boldsymbol{U}$，取 $\boldsymbol{u}_0=\boldsymbol{L}\boldsymbol{e}$，其中 $\boldsymbol{e}$ 为所有元素均为 1 的列向量. 这样在求解 $(\boldsymbol{A}-\mu\boldsymbol{I})\boldsymbol{v}_1=\boldsymbol{L}\boldsymbol{e}$ 时，就避免了求解 $\boldsymbol{L}\boldsymbol{y}=\boldsymbol{L}\boldsymbol{e}$，只需求解 $\boldsymbol{U}\boldsymbol{v}_1=\boldsymbol{e}$. 即完成第一个循环只需求解线性方程组“半次”.

反幂法主要用来求矩阵的特征向量. 鉴于这个特性，很多求特征值的方法都可与其结合使用，下面介绍的 Rayleigh 商迭代法就是这样一种方法.

6.3.3 Rayleigh 商迭代法

对于给定的矩阵 $\boldsymbol{A} \in \mathbb{C}^{n\times n}$，一般来讲，任取一向量 $\boldsymbol{x} \in \mathbb{C}^n$ 不会是矩阵 $\boldsymbol{A}$ 的特征向量，即不存在 $\alpha \in \mathbb{C}$ 使得 $\boldsymbol{Ax} = \alpha\boldsymbol{x}$，那么使得 $\|\boldsymbol{Ax} - \alpha\boldsymbol{x}\|$ 达到最小的 α 是多少呢？下面的定理给出了明确的答案.

定理 6.10 对于给定的矩阵 $\boldsymbol{A} \in \mathbb{C}^{n\times n}$ 及向量 $\boldsymbol{x} \in \mathbb{C}^n$，有

$$\frac{\boldsymbol{x}^*\boldsymbol{Ax}}{\boldsymbol{x}^*\boldsymbol{x}} = \arg\min_{\alpha\in\mathbb{C}} \|\boldsymbol{Ax} - \alpha\boldsymbol{x}\|_2.$$

证明 对于矩阵 $\boldsymbol{A} \in \mathbb{C}^{n\times n}$ 及向量 $\boldsymbol{x} \in \mathbb{C}^n$，有

$$\begin{aligned}\|\boldsymbol{Ax} - \alpha\boldsymbol{x}\|_2^2 &= (\boldsymbol{Ax} - \alpha\boldsymbol{x})^*(\boldsymbol{Ax} - \alpha\boldsymbol{x}) \\ &= \boldsymbol{x}^*\boldsymbol{A}^*\boldsymbol{Ax} - \overline{\alpha}\boldsymbol{x}^*\boldsymbol{Ax} - \alpha\overline{\boldsymbol{x}^*\boldsymbol{Ax}} + |\alpha|^2\boldsymbol{x}^*\boldsymbol{x}.\end{aligned}$$

对于任意复数 R 及 α，有

$$|R - \alpha|_2^2 = |R|^2 - \alpha\overline{R} - \overline{\alpha}R + |\alpha|^2.$$

令 $R = \dfrac{\boldsymbol{x}^*\boldsymbol{Ax}}{\boldsymbol{x}^*\boldsymbol{x}}$，从而有

$$\|\boldsymbol{Ax} - \alpha\boldsymbol{x}\|_2^2 = \boldsymbol{x}^*\boldsymbol{A}^*\boldsymbol{Ax} + \boldsymbol{x}^*\boldsymbol{x}\left(|R - \alpha|_2^2 - |R|^2\right).$$

故结论成立. □

定义 6.4 给定矩阵 $\boldsymbol{A} \in \mathbb{C}^{n\times n}$ 及向量 $\boldsymbol{x} \in \mathbb{C}^n$，称函数

$$R(\boldsymbol{x}) = \frac{\boldsymbol{x}^*\boldsymbol{Ax}}{\boldsymbol{x}^*\boldsymbol{x}}$$

为矩阵 $\boldsymbol{A}$ 在向量 $\boldsymbol{x}$ 的 Rayleigh 商.

特别地，如果 $\boldsymbol{x}$ 是矩阵 $\boldsymbol{A}$ 的特征向量，对应的特征值是 λ，那么有

$$R(\boldsymbol{x}) = \frac{\boldsymbol{x}^*\boldsymbol{Ax}}{\boldsymbol{x}^*\boldsymbol{x}} = \frac{\boldsymbol{x}^*\lambda\boldsymbol{x}}{\boldsymbol{x}^*\boldsymbol{x}} = \lambda.$$

假定 $\boldsymbol{x}$ 是矩阵 $\boldsymbol{A}$ 的近似特征向量，则矩阵 $\boldsymbol{A}$ 在 $\boldsymbol{x}$ 的 Rayleigh 商给出 $\boldsymbol{x}$ 对应的

$\boldsymbol{A}$ 的特征值的估计. 有了矩阵 $\boldsymbol{A}$ 的近似特征值，利用反幂法可以求得此特征值对应的特征向量. 将二者结合使用即可得到如下的迭代格式.

任意选取单位初始向量 $\boldsymbol{u}_0 \in \mathbb{C}^n$, 令 $\lambda_0 = \boldsymbol{u}_0^* \boldsymbol{A} \boldsymbol{u}_0$, 可以自然地想到如下迭代公式:

$$\begin{cases} (\boldsymbol{A} - \lambda_{k-1}\boldsymbol{I})\boldsymbol{v}_k &= \boldsymbol{u}_{k-1}, \\ \boldsymbol{u}_k &= \boldsymbol{v}_k / \|\boldsymbol{v}_k\|_2, \qquad k = 1, 2, \cdots, \\ \lambda_k &= \boldsymbol{u}_k^* \boldsymbol{A} \boldsymbol{u}_k. \end{cases} \tag{6.10}$$

这就是 Rayleigh 商迭代法. 方法的具体步骤如下.

算法 6.2　求矩阵特征值的 Rayleigh 商迭代法

输入： 矩阵$\boldsymbol{A}$、单位初始向量$\boldsymbol{u}$、精度ε及最大迭代步数$k_{\max}$

输出： 方阵的特征值λ

$\gamma = 1, k = 0$；

计算$\lambda_0 = u^* A u$；

while $(\gamma > \varepsilon)$ & $(k <= k_{\max})$ **do**

　求解线性方程组$(A - \lambda_0 I)v = u$；

　单位化向量$u = v / \|v\|_2$；

　计算$\lambda = u^* A u$；

　$\gamma = |\lambda_0 - \lambda|, \lambda_0 = \lambda, k = k + 1$；

end while

Rayleigh 商迭代法的收敛速度是相当快的，常用来加速收敛. 关于收敛速度，有如下定理，此证明过程比较复杂，在此我们略过.

定理 6.11　当 Rayleigh 商迭代法收敛于一个单特征值及其对应的特征向量时，它的收敛速度至少是二次的，即对于式 (6.10) 生成的 $\boldsymbol{u}_k, \lambda_k$，有

$$\|\boldsymbol{A}\boldsymbol{u}_k - \lambda_k \boldsymbol{u}_k\|_2 = O(\|\boldsymbol{A}\boldsymbol{u}_{k-1} - \lambda_{k-1}\boldsymbol{u}_{k-1}\|^2).$$

特别地，当矩阵 $\boldsymbol{A}$ 为对称矩阵时，收敛速度是三次的.

例 6.4　对于例 6.3 中的矩阵 $\boldsymbol{B}$,若初始向量选为 $\boldsymbol{e}_1$,终止准则定为 $\|\boldsymbol{A}\boldsymbol{u} - \lambda \boldsymbol{u}\|_2 < 10^{-5}$，则利用 Rayleigh 商迭代法求矩阵 $\boldsymbol{B}$ 的特征值 2 时，收敛速度见图 6.2.

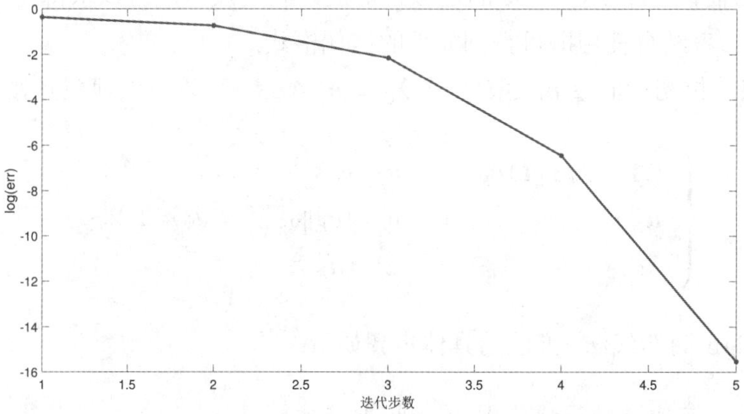

图 6.2 迭代法收敛速度

横轴为迭代步数，纵轴为相邻两步迭代特征值差的绝对值的常用对数值. 从图像可以看出，对于对称矩阵，收敛速度为 3 阶.

6.4 QR 算法

QR 方法是一种矩阵变换的方法，是目前求解一般矩阵的全部特征值及其对应特征向量的最有效方法之一，被评为 20 世纪计算机出现后的十大算法之一.

6.4.1 QR 基本迭代法及收敛性

对于矩阵 $\boldsymbol{A}\in\mathbb{C}^{n\times n}$，令 $\boldsymbol{A}_0=\boldsymbol{A}$，对其进行如下迭代

$$\begin{cases}\boldsymbol{A}_{k-1}=\boldsymbol{Q}_k\boldsymbol{R}_k,\\ \boldsymbol{A}_k=\boldsymbol{R}_k\boldsymbol{Q}_k,\end{cases}\qquad k=1,2,\cdots,\tag{6.11}$$

其中 $\boldsymbol{Q}_k\in\mathbb{C}^{n\times n}$ 为酉矩阵，$\boldsymbol{R}_k\in\mathbb{C}^{n\times n}$ 为上三角阵. 为方便后续理论分析，要求 $\boldsymbol{R}_k$ 对角元均为正数. 这样反复使用就可以构造出一个与 $\boldsymbol{A}_0$ 酉相似的矩阵序列 $\{\boldsymbol{A}_k\}$. 这就是 QR 算法的最基本迭代格式.

根据迭代公式 (6.11)，可以很容易地推导出 $\boldsymbol{A}_k=\boldsymbol{Q}_k^*\boldsymbol{A}_{k-1}\boldsymbol{Q}_k$，从而有

$$\boldsymbol{A}_k=\widehat{\boldsymbol{Q}}_k^*\boldsymbol{A}\widehat{\boldsymbol{Q}}_k,\tag{6.12}$$

其中，$\widehat{\boldsymbol{Q}}_k=\boldsymbol{Q}_1\boldsymbol{Q}_2\cdots\boldsymbol{Q}_k$, 进一步，令 $\widehat{\boldsymbol{R}}_k=\boldsymbol{R}_k\boldsymbol{R}_{k-1}\cdots\boldsymbol{R}_1$，由式 (6.12) 及 $\boldsymbol{A}_{k-1}=$

$\boldsymbol{Q}_k\boldsymbol{R}_k$ 可得

$$\begin{aligned}\widehat{\boldsymbol{Q}}_k\widehat{\boldsymbol{R}}_k &= \widehat{\boldsymbol{Q}}_{k-1}\boldsymbol{Q}_k\boldsymbol{R}_k\widehat{\boldsymbol{R}}_{k-1} = \widehat{\boldsymbol{Q}}_{k-1}\boldsymbol{A}_{k-1}\widehat{\boldsymbol{R}}_{k-1}\\ &= \widehat{\boldsymbol{Q}}_{k-1}\widehat{\boldsymbol{Q}}_{k-1}^*\boldsymbol{A}\widehat{\boldsymbol{Q}}_{k-1}\widehat{\boldsymbol{R}}_{k-1} = \boldsymbol{A}\widehat{\boldsymbol{Q}}_{k-1}\widehat{\boldsymbol{R}}_{k-1}.\end{aligned}$$

由此可知

$$\boldsymbol{A}^k = \widehat{\boldsymbol{Q}}_k\widehat{\boldsymbol{R}}_k. \tag{6.13}$$

根据这个公式可以看到 QR 算法与幂法之间的关系. 令 α 为 $\widehat{\boldsymbol{R}}_k$ 的 (1,1) 位置的元素，$\widehat{\boldsymbol{Q}}_k$ 的第一列为 $\boldsymbol{q}_1$，则有

$$\boldsymbol{A}^k\boldsymbol{e}_1 = \widehat{\boldsymbol{Q}}_k\widehat{\boldsymbol{R}}_k\boldsymbol{e}_1 = \alpha\boldsymbol{q}_1.$$

也就是说，$\boldsymbol{q}_1$ 可以看作用 $\boldsymbol{e}_1$ 作为初始向量的幂法迭代 k 步得到的向量. 对于 QR 算法的收敛性，有以下定理.

定理 6.12　设 $\boldsymbol{A} \in \mathbb{C}^{n\times n}$ 为可对角化矩阵，其 Jordan 分解为

$$\boldsymbol{A} = \boldsymbol{X}\boldsymbol{\Lambda}\boldsymbol{X}^{-1}, \quad \boldsymbol{\Lambda} = \mathrm{diag}(\lambda_1, \cdots, \lambda_n).$$

如果 $|\lambda_1| > |\lambda_2| > \cdots > |\lambda_n|$ 且 $\boldsymbol{X}^{-1}$ 有 LU 分解 $\boldsymbol{X}^{-1} = \boldsymbol{L}\boldsymbol{U}$, 那么 QR 算法中的 $\boldsymbol{A}_k$ 基本收敛：对角元收敛到矩阵 $\boldsymbol{A}$ 的特征值 $\lambda_1, \cdots, \lambda_n$，对角元下方元素均趋于 0，但上半部分可能不收敛.

证明　由式 (6.12) 及式 (6.13) 可知，若要得到 $\boldsymbol{A}_k$ 的形式，我们需要对 $\boldsymbol{A}^k$ 进行 QR 分解得到酉矩阵 $\widehat{\boldsymbol{Q}}_k$. 对于矩阵 $\boldsymbol{A}^k$，利用定理条件及 $\boldsymbol{X}$ 的 QR 分解 $\boldsymbol{X} = \boldsymbol{Q}\boldsymbol{R}$，可得

$$\begin{aligned}\boldsymbol{A}^k &= \boldsymbol{X}\boldsymbol{\Lambda}^k\boldsymbol{X}^{-1} = \boldsymbol{X}\boldsymbol{\Lambda}^k\boldsymbol{L}\boldsymbol{U} = \boldsymbol{Q}\boldsymbol{R}(\boldsymbol{\Lambda}^k\boldsymbol{L}\boldsymbol{\Lambda}^{-k})\boldsymbol{\Lambda}^k\boldsymbol{U}\\ &= \boldsymbol{Q}\boldsymbol{R}(\boldsymbol{I} + \boldsymbol{\Delta}_k)\boldsymbol{\Lambda}^k\boldsymbol{U} = \boldsymbol{Q}(\boldsymbol{I} + \boldsymbol{R}\boldsymbol{\Delta}_k\boldsymbol{R}^{-1})\boldsymbol{R}\boldsymbol{\Lambda}^k\boldsymbol{U}.\end{aligned}$$

进一步对矩阵 $(\boldsymbol{I} + \boldsymbol{R}\boldsymbol{\Delta}_k\boldsymbol{R}^{-1})\boldsymbol{R}$ 进行 QR 分解，$(\boldsymbol{I} + \boldsymbol{R}\boldsymbol{\Delta}_k\boldsymbol{R}^{-1})\boldsymbol{R} = \widetilde{\boldsymbol{Q}}_k\widetilde{\boldsymbol{R}}_k$，可得

$$\boldsymbol{A}^k = \boldsymbol{Q}\widetilde{\boldsymbol{Q}}_k\widetilde{\boldsymbol{R}}_k\boldsymbol{R}\boldsymbol{\Lambda}^k\boldsymbol{U}.$$

此时虽已得到 $\boldsymbol{A}^k$ 的 QR 分解形式，但为和 QR 迭代过程对应，还需要求上三角部分对角元大于零.

由于 $|\lambda_i| > |\lambda_j|(i < j)$，故有

$$\lim_{k\to\infty} \boldsymbol{\Delta}_k = \lim_{k\to\infty} \boldsymbol{\Lambda}^k \boldsymbol{L}\boldsymbol{\Lambda}^{-k} - \boldsymbol{I} = \boldsymbol{O}.$$

从而有 $k \to \infty$ 时，$(\boldsymbol{I} + \boldsymbol{R}\boldsymbol{\Delta}_k\boldsymbol{R}^{-1})\boldsymbol{R}$ 非奇异. 又由于 $\boldsymbol{X}$ 非奇异，故可在 QR 分解时要求矩阵 $\boldsymbol{R}, \widetilde{\boldsymbol{R}}_k$ 对角元均大于零. 若 $\boldsymbol{U}$ 对角元为 u_{ii}，则令

$$\boldsymbol{D}_1 = \operatorname{diag}(\lambda_1/|\lambda_1|, \cdots, \lambda_n/|\lambda_n|), \boldsymbol{D}_2 = \operatorname{diag}(u_{11}/|u_{11}|, \cdots, u_{nn}/|u_{nn}|),$$

满足 $\boldsymbol{D}_1^{-1}\boldsymbol{\Lambda}, \boldsymbol{D}_2^{-1}\boldsymbol{U}$ 的对角元均为正，有

$$\boldsymbol{A}^k = \boldsymbol{Q}\widetilde{\boldsymbol{Q}}_k\boldsymbol{D}_1^k\boldsymbol{D}_2\boldsymbol{D}_2^{-1}\boldsymbol{D}_1^{-k}\widetilde{\boldsymbol{R}}_k\boldsymbol{R}\boldsymbol{\Lambda}^k\boldsymbol{U}.$$

由 QR 分解的唯一性可知，

$$\widehat{\boldsymbol{Q}}_k = \boldsymbol{Q}\widetilde{\boldsymbol{Q}}_k\boldsymbol{D}_1^k\boldsymbol{D}_2.$$

从而

$$\begin{aligned}
\boldsymbol{A}_k &= \left(\boldsymbol{Q}\widetilde{\boldsymbol{Q}}_k\boldsymbol{D}_1^k\boldsymbol{D}_2\right)^* \boldsymbol{A} \left(\boldsymbol{Q}\widetilde{\boldsymbol{Q}}_k\boldsymbol{D}_1^k\boldsymbol{D}_2\right) \\
&= \left(\boldsymbol{Q}\widetilde{\boldsymbol{Q}}_k\boldsymbol{D}_1^k\boldsymbol{D}_2\right)^* \boldsymbol{Q}\boldsymbol{R}\boldsymbol{\Lambda}\boldsymbol{R}^{-1}\boldsymbol{Q}^* \left(\boldsymbol{Q}\widetilde{\boldsymbol{Q}}_k\boldsymbol{D}_1^k\boldsymbol{D}_2\right) \\
&= \boldsymbol{D}_2^*(\boldsymbol{D}_1^*)^k\widetilde{\boldsymbol{Q}}_k^*\boldsymbol{R}\boldsymbol{\Lambda}\boldsymbol{R}^{-1}\widetilde{\boldsymbol{Q}}_k\boldsymbol{D}_1^k\boldsymbol{D}_2.
\end{aligned}$$

又由于 $(\boldsymbol{I} + \boldsymbol{R}\Delta_k\boldsymbol{R}^{-1})\boldsymbol{R} = \widetilde{\boldsymbol{Q}}_k\widetilde{\boldsymbol{R}}_k$ 及 $\lim\limits_{k\to\infty} \boldsymbol{\Delta}_k = \boldsymbol{O}$，可知 $\lim\limits_{k\to\infty} \widetilde{\boldsymbol{Q}}_k = \boldsymbol{I}$，从而定理得证. □

例 6.5 随机生成的复矩阵

$$\boldsymbol{A} = \begin{pmatrix} -2.0189 + 0.2014\mathrm{i} & -2.6999 + 0.3695\mathrm{i} & 0.2924 + 3.4040\mathrm{i} & -2.4087 + 5.0144\mathrm{i} \\ -1.2755 + 1.7892\mathrm{i} & -1.3746 + 1.9441\mathrm{i} & -2.1261 + 1.2252\mathrm{i} & -1.5333 + 4.3978\mathrm{i} \\ 0.3965 + 0.5560\mathrm{i} & 0.6378 + 5.2016\mathrm{i} & -0.2849 + 0.0056\mathrm{i} & 1.0702 + 4.1574\mathrm{i} \\ 2.9952 + 3.7415\mathrm{i} & 1.1743 + 4.6752\mathrm{i} & 1.6210 + 1.2016\mathrm{i} & 2.2137 + 5.4038\mathrm{i} \end{pmatrix}$$

的特征值按模从大到小为

$$0.5529 + 11.7069\mathrm{i}, -2.1212 - 2.8867\mathrm{i}, 1.9452 - 2.1348\mathrm{i}, -1.8417 + 0.8695\mathrm{i}.$$

利用 QR 算法，迭代过程中矩阵严格下三角部分、对角部分、严格上三角部分随着迭代步数的增加的变化趋势如图 6.3 所示.

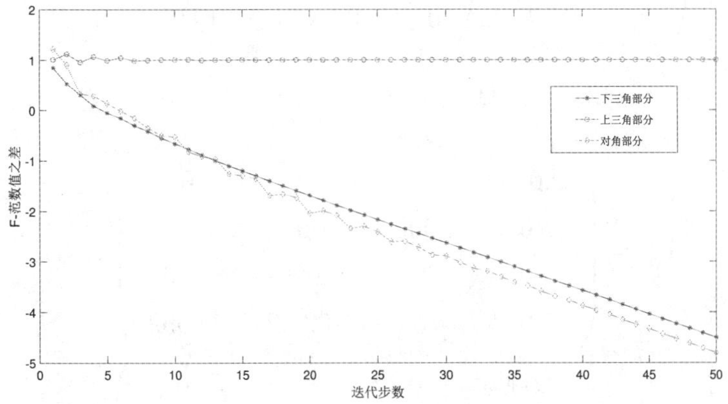

图 6.3　QR 算法的收敛性

图中曲线“下三角部分”、“对角部分”、“上三角部分”分别代表的是 $\boldsymbol{A}_k$ 的严格下三角部分、相邻两步对角部分之差、相邻两步严格上三角部分之差的 F-范数随着迭代步数的增加的变化趋势. 表明迭代矩阵线性收敛于上三角阵，但上三角部分不收敛. 例如，迭代第 49 步、50 步的矩阵分别为

$$\boldsymbol{A}_{29} = \begin{pmatrix} 0.5529 + 11.7069\mathrm{i} & -2.9348 + 3.4980\mathrm{i} & -1.7756 - 1.7344\mathrm{i} & -2.5497 + 4.1517\mathrm{i} \\ -0.0000 - 0.0000\mathrm{i} & -2.1212 - 2.8867\mathrm{i} & 1.0259 - 0.1122\mathrm{i} & 1.3077 - 0.8916\mathrm{i} \\ 0.0000 + 0.0000\mathrm{i} & 0.0002 - 0.0001\mathrm{i} & 1.9452 - 2.1347\mathrm{i} & -1.7979 - 1.7215\mathrm{i} \\ 0.0000 + 0.0000\mathrm{i} & 0.0000 + 0.0000\mathrm{i} & -0.0000 + 0.0000\mathrm{i} & -1.8417 + 0.8695\mathrm{i} \end{pmatrix},$$

$$\boldsymbol{A}_{30} = \begin{pmatrix} 0.5529 + 11.7069\mathrm{i} & -0.5084 + 4.5375\mathrm{i} & 0.0273 + 2.4822\mathrm{i} & 4.8123 + 0.7610\mathrm{i} \\ 0.0000 + 0.0000\mathrm{i} & -2.1212 - 2.8867\mathrm{i} & -0.3122 - 0.9838\mathrm{i} & -0.6247 - 1.4541\mathrm{i} \\ 0.0000 + 0.0000\mathrm{i} & -0.0001 + 0.0001\mathrm{i} & 1.9452 - 2.1348\mathrm{i} & -1.0068 - 2.2766\mathrm{i} \\ -0.0000 - 0.0000\mathrm{i} & 0.0000 + 0.0000\mathrm{i} & 0.0000 - 0.0000\mathrm{i} & -1.8417 + 0.8695\mathrm{i} \end{pmatrix}.$$

从这两组数据也可以看出对角线元素收敛于矩阵 $\boldsymbol{A}$ 的按摸从大到小的特征值.

对于矩阵

$$A = \begin{pmatrix} 2 & 0 & 0 & 0 \\ 0 & 1 & 0 & 0 \\ 0 & 0 & 5 & -1 \\ 0 & 0 & 2 & 2 \end{pmatrix} = \boldsymbol{X}\boldsymbol{\Lambda}\boldsymbol{X}^{-1}$$

$$
= \begin{pmatrix} 0 & 1 & 0 & 0 \\ 1 & 0 & 0 & 0 \\ 0 & 0 & 1 & 1 \\ 0 & 0 & 2 & 1 \end{pmatrix} \begin{pmatrix} 1 & 0 & 0 & 0 \\ 0 & 2 & 0 & 0 \\ 0 & 0 & 3 & 0 \\ 0 & 0 & 0 & 4 \end{pmatrix} \begin{pmatrix} 0 & 1 & 0 & 0 \\ 1 & 0 & 0 & 0 \\ 0 & 0 & 1 & 1 \\ 0 & 0 & 2 & 1 \end{pmatrix}^{-1}.
$$

利用 QR 算法，迭代第 33 步、34 步的矩阵分别为

$$
\boldsymbol{A}_{33} = \begin{pmatrix} 2.0000 & 0 & 0 & 0 \\ 0 & 1.0000 & 0 & 0 \\ 0 & 0 & 4.0001 & 3.0000 \\ 0 & 0 & -0.0000 & 2.9999 \end{pmatrix},
$$

$$
\boldsymbol{A}_{34} = \begin{pmatrix} 2.0000 & 0 & 0 & 0 \\ 0 & 1.0000 & 0 & 0 \\ 0 & 0 & 4.0001 & 3.0000 \\ 0 & 0 & -0.0000 & 3.0000 \end{pmatrix}.
$$

矩阵 $\boldsymbol{A}$ 的 Jordan 分解中的变换矩阵 $\boldsymbol{X}^{-1}$ 不具有 LU 分解，所有对角元不会再收敛到 Jordan 分解中的对角矩阵 $\mathrm{diag}(1,2,3,4)$，而是收敛到了 $\mathrm{diag}(2,1,4,3)$.

实际应用中遇到的特征值问题绝大部分是关于实矩阵的，故我们希望设计只有实运算的 QR 算法，即对于矩阵 $\boldsymbol{A} \in \mathbb{R}^{n\times n}$，令 $\boldsymbol{A}_0 = \boldsymbol{A}$，对其进行 QR 迭代

$$
\begin{cases} \boldsymbol{A}_{k-1} = \boldsymbol{Q}_k \boldsymbol{R}_k, \\ \boldsymbol{A}_k = \boldsymbol{R}_k \boldsymbol{Q}_k, \end{cases} \qquad k = 1, 2, \cdots \tag{6.14}
$$

其中 $\boldsymbol{Q}_k$ 为正交矩阵，$\boldsymbol{R}_k$ 为实上三角阵.

实矩阵的特征值可能为复数，而上述 QR 算法过程中所有的运算都是实运算，故上述收敛性定理不再成立. 否则，得到的特征值均为实数. 实矩阵的复特征值一定是共轭成对出现，例如，2 阶矩阵 $\begin{pmatrix} a & b \\ -b & a \end{pmatrix}$ 的特征值恰为 $a \pm b\mathbf{i}$，故可将一对复共轭特征值与一个 2×2 矩阵建立一一对应关系. 反映到实矩阵的 QR 算法的收敛性定理，有如下定理.

定理 6.13 假定 $\boldsymbol{A} \in \mathbb{R}^{n\times n}$，则 QR 迭代 (6.14) 产生的迭代序列 $\boldsymbol{A}_k$ 基本收敛

到矩阵 $\boldsymbol{A}$ 的实 Schur 标准型

$$\boldsymbol{R}=\begin{pmatrix} \boldsymbol{R}_{11} & \boldsymbol{R}_{12} & \cdots & \boldsymbol{R}_{1s} \\ & \boldsymbol{R}_{22} & \cdots & \boldsymbol{R}_{2s} \\ & & \ddots & \vdots \\ & & & \boldsymbol{R}_{ss} \end{pmatrix},$$

其中 $\boldsymbol{R}_{ii}(1\leqslant i\leqslant s)$ 为 1 阶或 2 阶方阵.

例 6.6 对于矩阵

$$\boldsymbol{A}=\begin{pmatrix} 5 & 3 & -1 & 1 \\ -1 & 5 & 1 & 3 \\ 3 & 1 & 5 & -1 \\ 1 & -1 & 3 & 5 \end{pmatrix}.$$

利用基于实 Householder 变换的 QR 分解，QR 迭代进行到 34、35 步时的矩阵分别为

$$\boldsymbol{A}_{34}=\begin{pmatrix} 8.0000 & 0.0001 & -0.0000 & 0.0000 \\ -0.0000 & 4.0000 & 4.0000 & 0.0000 \\ 0.0001 & -4.0000 & 4.0000 & -0.0000 \\ 0.0000 & -0.0000 & 0.0000 & 4.0000 \end{pmatrix},$$

$$\boldsymbol{A}_{35}=\begin{pmatrix} 8.0000 & 0.0000 & -0.0000 & 0.0000 \\ -0.0000 & 4.0000 & 4.0000 & 0.0000 \\ 0.0000 & -4.0000 & 4.0000 & -0.0000 \\ 0.0000 & -0.0000 & 0.0000 & 4.0000 \end{pmatrix}.$$

上述 QR 迭代 (6.14) 是不实用的，存在两个缺点：(1) 计算量大，每步 QR 分解的计算量为 $4n^3/3$；(2) 收敛速度慢. 实用的算法需要解决上述两个问题，常用的策略是：(1) 利用正交相似变换将矩阵 $\boldsymbol{A}$ 转化为一个具有简单形式的矩阵，进而对此特殊矩阵进行 QR 迭代；(2) 在迭代过程中引入位移参数来加快收敛速度. 在本章后面的讨论中，如无特别说明，我们总假定给定的矩阵及 QR 迭代过程都是实的.

6.4.2 上 Hessenberg 化

从式 (6.12) 可以看出，若 QR 算法可用，最后得到的上三角阵 $\boldsymbol{R}$ 是由正交变换得到的. 前面已经学过 Householder 变换，能否用 Householder 变换直接把一个矩阵酉约化成上三角阵？

例 6.7 对于例 6.6 中的矩阵 $\boldsymbol{A}$，可构造 Householder 矩阵

$$\boldsymbol{H}_1=\begin{pmatrix} 5/6 & -1/6 & 1/2 & 1/6 \\ -1/6 & 5/6 & 1/2 & 1/6 \\ 1/2 & 1/2 & -1/2 & -1/2 \\ 1/6 & 1/6 & -1/2 & 5/6 \end{pmatrix}.$$

利用 Householder 矩阵 $\boldsymbol{H}_1$ 左乘 $\boldsymbol{A}$，有

$$\boldsymbol{H}_1\boldsymbol{A}=\begin{pmatrix} 6 & 2 & 2 & 2/3 \\ 0 & 4 & 4 & 8/3 \\ 0 & 4 & -4 & 0 \\ 0 & 0 & 0 & 16/3 \end{pmatrix}.$$

可以看到，利用 $\boldsymbol{H}_1$ 可以把 $\boldsymbol{A}$ 的第一列下面三个元素约化为 0. 为保持特征值不改变，需要在矩阵的右端乘以矩阵 $\boldsymbol{H}_1^{-1}$. 根据 Householder 矩阵的性质，有 $\boldsymbol{H}_1^{-1}=\boldsymbol{H}_1$，那么有

$$\boldsymbol{H}_1\boldsymbol{A}\boldsymbol{H}_1=\begin{pmatrix} 52/9 & 16/9 & 8/3 & 8/9 \\ 16/9 & 52/9 & -4/3 & 8/9 \\ -8/3 & 4/3 & 4 & 8/3 \\ 8/9 & 8/9 & -8/3 & 40/9 \end{pmatrix}.$$

非常不幸的是，$\boldsymbol{H}_1\boldsymbol{A}$ 的第一列的零元素又被右乘的 $\boldsymbol{H}_1$ 破坏了.

此例说明一般情况下，直接把矩阵做相似变换约化为上三角阵是不可行的. 实际应用中，为节省计算量，一般先把矩阵做相似变换约化为上 Hessenberg 矩阵，然后再利用迭代法.

下面考虑利用 Householder 变换将矩阵 $\boldsymbol{A}$ 约化为上 Hessenberg 矩阵. 假定矩阵 $\boldsymbol{A}$ 为

$$\boldsymbol{A}=\begin{pmatrix} a_{11} & \boldsymbol{b}_1^{\mathrm{T}} \\ \boldsymbol{a}_1 & \boldsymbol{A}_{22} \end{pmatrix},$$

其中 $\boldsymbol{a}_1, \boldsymbol{b}_1$ 均为 $n-1$ 维列向量. 对于向量 $\boldsymbol{a}_1$，一定存在一个 Householder 矩阵 $\widehat{\boldsymbol{H}}_1$ 使得 $\widehat{\boldsymbol{H}}_1\boldsymbol{a}_1 = \|\boldsymbol{a}_1\|_2\boldsymbol{e}_1$，从而选取 Householder 矩阵

$$\boldsymbol{H}_1 = \begin{pmatrix} 1 & \boldsymbol{0} \\ \boldsymbol{0} & \widehat{\boldsymbol{H}}_1 \end{pmatrix},$$

对 $\boldsymbol{A}$ 做正交相似变换 $\boldsymbol{H}_1\boldsymbol{A}\boldsymbol{H}_1$, 有

$$\boldsymbol{H}_1\boldsymbol{A}\boldsymbol{H}_1 = \begin{pmatrix} a_{11} & \boldsymbol{b}_1^{\mathrm{T}}\widehat{\boldsymbol{H}}_1 \\ \widehat{\boldsymbol{H}}_1\boldsymbol{a}_1 & \widehat{\boldsymbol{H}}_1\boldsymbol{A}_{22}\widehat{\boldsymbol{H}}_1 \end{pmatrix} = \begin{pmatrix} \times & \times & \cdots & \times \\ \times & \times & \cdots & \times \\ & \times & \cdots & \times \\ & & \cdots & \\ & \times & \cdots & \times \end{pmatrix},$$

这样得到新的矩阵的第一列就有 $n-2$ 个零元素. 选取 Householder 变换

$$\boldsymbol{H}_2 = \begin{pmatrix} 1 & 0 & \boldsymbol{0} \\ 0 & 1 & \boldsymbol{0} \\ \boldsymbol{0} & \boldsymbol{0} & \widehat{\boldsymbol{H}}_2 \end{pmatrix},$$

这里 $\widehat{\boldsymbol{H}}_2$ 是 $n-2$ 阶 Householder 矩阵，使得 $\widehat{\boldsymbol{H}}_2\widehat{\boldsymbol{H}}_1\boldsymbol{A}_{22}\widehat{\boldsymbol{H}}_1\widehat{\boldsymbol{H}}_2$ 具有如下形式

$$\begin{pmatrix} \times & \times & \cdots & \times \\ \times & \times & \cdots & \times \\ & \times & \cdots & \times \\ & & \cdots & \\ & \times & \cdots & \times \end{pmatrix}.$$

对 $\boldsymbol{H}_1\boldsymbol{A}\boldsymbol{H}_1$ 做相似变换 $\boldsymbol{H}_2\boldsymbol{H}_1\boldsymbol{A}\boldsymbol{H}_1\boldsymbol{H}_2$, 这样得到新矩阵的第二列就有 $n-3$ 个零元素

$$\begin{pmatrix} \times & \times & \times & \cdots & \times \\ \times & \times & \times & \cdots & \times \\ & \times & \times & \cdots & \times \\ & & & \cdots & \\ & & \times & \cdots & \times \end{pmatrix}.$$

如此进行 $n-2$ 步，可找到 $n-2$ 个 Householder 变换 $\boldsymbol{H}_1,\cdots,\boldsymbol{H}_{n-2}$ 使得

$$\boldsymbol{H}_{n-2}\cdots\boldsymbol{H}_1\boldsymbol{A}\boldsymbol{H}_1\cdots\boldsymbol{H}_{n-2}$$

为上 Hessenberg 矩阵

$$\begin{pmatrix} \times & \times & \cdots & \times & \times \\ \times & \times & \cdots & \times & \times \\ & \times & \ddots & & \vdots \\ & & \ddots & \ddots & \times \\ & & & \times & \times \end{pmatrix}.$$

矩阵 $\boldsymbol{A}$ 的上 Hessenberg 化方法的具体步骤如下.

算法 6.3 矩阵 $\boldsymbol{A}$ 的上 Hessenberg 化

输入： 矩阵 $\boldsymbol{A}$

输出： 上 Hessenberg 阵 $\boldsymbol{A}$

for $k=1:n-2$ **do**

  对 $A(k+1:n,k)$ 利用算法1.1构造 v,b；

  计算 $A(k+1:n,k:n)=(I_{n-k}-bvv^{\mathrm{T}})A(k+1:n,k:n)$；

  计算 $A(1:n,k+1:n)=A(1:n,k+1:n)(I_{n-k}-bvv^{\mathrm{T}})$；

end for

例 6.8 考虑例 6.6 中的 4 阶矩阵 $\boldsymbol{A}$. 第一步，对于向量 $(-1,3,1)^{\mathrm{T}}$，计算得

$$\boldsymbol{b}_1=1.3015,\quad \boldsymbol{v}_1=(1.0000,-0.6950,-0.2317)^{\mathrm{T}}.$$

从而有

$$\begin{pmatrix} 1 & \\ & \boldsymbol{I}_3-b_1\boldsymbol{v}_1\boldsymbol{v}_1^{\mathrm{T}} \end{pmatrix}\boldsymbol{A}\begin{pmatrix} 1 & \\ & \boldsymbol{I}_3-b_1\boldsymbol{v}_1\boldsymbol{v}_1^{\mathrm{T}} \end{pmatrix}$$

$$=\begin{pmatrix} 5.0000 & -1.5076 & 2.1327 & 2.0442 \\ 3.3166 & 4.8182 & 1.1485 & -1.6272 \\ -0.0000 & 0.7806 & 5.1371 & 2.2960 \\ -0.0000 & 3.4763 & -0.1161 & 5.0447 \end{pmatrix}.$$

第二步，对于向量 $(0.7806, 3.4763)^{\mathrm{T}}$，计算得

$$b_2 = 1.2191, \quad \boldsymbol{v}_2 = (1.0000, 0.8003)^{\mathrm{T}}.$$

从而有

$$\begin{pmatrix} \boldsymbol{I}_2 & \\ & \boldsymbol{I}_2 - b_2\boldsymbol{v}_2\boldsymbol{v}_2^{\mathrm{T}} \end{pmatrix} \boldsymbol{A} \begin{pmatrix} \boldsymbol{I}_2 & \\ & \boldsymbol{I}_2 - b_2\boldsymbol{v}_2\boldsymbol{v}_2^{\mathrm{T}} \end{pmatrix}$$

$$= \begin{pmatrix} 5.0000 & -1.5076 & -2.4618 & -1.6330 \\ 3.3166 & 4.8182 & 1.3361 & -1.4771 \\ -0.0000 & -3.5629 & 5.5152 & -0.2010 \\ -0.0000 & 0.0000 & 2.2111 & 4.6667 \end{pmatrix}$$

将矩阵约化为上 Hessenberg 形式的算法6.3 的计算量为 $10n^3/3$，另若需存储正交变换矩阵，还需额外的计算量 $4n^3/3$. 存储方面，可以采取紧凑格式. 稳定性方面，上述算法求得的矩阵 $\widehat{\boldsymbol{H}}$ 满足

$$\widehat{\boldsymbol{H}} = \boldsymbol{Q}^{\mathrm{T}}(\boldsymbol{A} + \boldsymbol{E})\boldsymbol{Q},$$

其中 $\boldsymbol{Q}$ 是正交矩阵，矩阵 $\boldsymbol{E}$ 满足 $\|\boldsymbol{E}\|_F \leqslant cn^2\|\boldsymbol{A}\|_F u$，$u$ 是机器精度. 一般来说，我们也可以利用 Givens 变换实现矩阵的上 Hessenberg 化，但计算量是 Householder 变换的两倍. 但如果矩阵 $\boldsymbol{A}$ 具有较多的零元素，则可通过选择恰当的 Givens 变换, 更高效地把 $\boldsymbol{A}$ 约化为上 Hessenberg 矩阵. 当然读者也可以用列选主元 Gauss 消去法把 $\boldsymbol{A}$ 约化为上 Hessenberg 矩阵，计算量较小但是数值稳定性比较差. 对于一般的矩阵，利用正交变换比较稳定且计算效率较高.

这里需要特别注意的是约化后得到的上 Hessenberg 矩阵不是唯一的. 但如果满足一定的条件，不同的方法得到的上 Hessenberg 矩阵非常相近.

定理 6.14　设 $\boldsymbol{A} \in \mathbb{R}^{n\times n}$ 可约化为两种上 Hessenberg 形式:

$$\boldsymbol{U}^{\mathrm{T}}\boldsymbol{A}\boldsymbol{U} = \boldsymbol{H}, \quad \boldsymbol{V}^{\mathrm{T}}\boldsymbol{A}\boldsymbol{V} = \boldsymbol{G},$$

其中 $\boldsymbol{U}, \boldsymbol{V}$ 均为正交矩阵，$\boldsymbol{H}, \boldsymbol{G}$ 为实上 Hessenberg 矩阵. 若 $\boldsymbol{U}, \boldsymbol{V}$ 第一列相同，并且 $\boldsymbol{H}$ 不可约，则存在对角元均为 1 或 -1 的对角矩阵 $\boldsymbol{D}$，使得

$$\boldsymbol{U} = \boldsymbol{V}\boldsymbol{D}, \quad \boldsymbol{H} = \boldsymbol{D}\boldsymbol{G}\boldsymbol{D}.$$

证明 若定理中的矩阵 $\boldsymbol{D},\boldsymbol{U},\boldsymbol{V}$ 满足 $\boldsymbol{U}=\boldsymbol{V}\boldsymbol{D}$，则 $\boldsymbol{D}\boldsymbol{V}^{\mathrm{T}}\boldsymbol{A}\boldsymbol{V}\boldsymbol{D}=\boldsymbol{H}$. 从而

$$\boldsymbol{V}^{\mathrm{T}}\boldsymbol{A}\boldsymbol{V}=\boldsymbol{D}^{-1}\boldsymbol{H}\boldsymbol{D}^{-1}=\boldsymbol{G},$$

故 $\boldsymbol{H}=\boldsymbol{D}\boldsymbol{G}\boldsymbol{D}$ 也成立.

利用归纳法进行证明. 假设当 $i\leqslant k$ 时，有

$$\boldsymbol{u}_i=\delta_i\boldsymbol{v}_i,\quad \delta_i=-1\text{或}1.$$

从等式 $\boldsymbol{A}\boldsymbol{U}=\boldsymbol{U}\boldsymbol{H},\boldsymbol{A}\boldsymbol{V}=\boldsymbol{V}\boldsymbol{G}$ 出发可得

$$\boldsymbol{A}\boldsymbol{u}_k=\sum_{j=1}^{k+1}h_{jk}\boldsymbol{u}_j,\quad \boldsymbol{A}\boldsymbol{v}_k=\sum_{j=1}^{k+1}g_{jk}\boldsymbol{v}_j,\tag{6.15}$$

进一步有

$$h_{k+1,k}\boldsymbol{u}_{k+1}=\boldsymbol{A}\boldsymbol{u}_k-\sum_{j=1}^{k}h_{jk}\boldsymbol{u}_j,\quad g_{k+1,k}\boldsymbol{v}_{k+1}=\boldsymbol{A}\boldsymbol{v}_k-\sum_{j=1}^{k}g_{jk}\boldsymbol{v}_j,\tag{6.16}$$

等式 (6.15) 两边分别乘以 $\boldsymbol{u}_i^{\mathrm{T}},\boldsymbol{v}_i^{\mathrm{T}}(i\leqslant k)$，利用矩阵 $\boldsymbol{U},\boldsymbol{V}$ 的正交性可得

$$h_{ik}=\boldsymbol{u}_i^{\mathrm{T}}\boldsymbol{A}\boldsymbol{u}_k,\quad g_{ik}=\boldsymbol{v}_i^{\mathrm{T}}\boldsymbol{A}\boldsymbol{v}_k,$$

利用归纳假设可得 $h_{ik}=\delta_i\delta_k g_{ik}$，从而由等式 (6.16) 可得

$$h_{k+1,k}\boldsymbol{u}_{k+1}=\boldsymbol{A}\boldsymbol{u}_k-\sum_{j=1}^{k}h_{jk}\boldsymbol{u}_j=\delta_k\left(\boldsymbol{A}\boldsymbol{v}_k-\sum_{j=1}^{k}g_{jk}\boldsymbol{v}_j\right)=\delta_k g_{k+1,k}\boldsymbol{v}_{k+1},$$

由于 $\boldsymbol{H},\boldsymbol{G}$ 均不可约，两边取 2-范数可得

$$h_{k+1,k}=\delta_{k+1}g_{k+1,k},\quad \delta_{k+1}=-1\text{或}1.$$

从而结论成立. □

将矩阵 $\boldsymbol{A}$ 约化为上 Hessenberg 形式后，对矩阵 $\boldsymbol{A}$ 的 QR 方法即可转化为其对应的上 Hessenberg 矩阵的 QR 方法. 下面的例子说明上 Hessenberg 矩阵经过一次 QR 迭代仍为上 Hessenberg 形式. 即在整个 QR 迭代过程中 $\boldsymbol{A}_k$ 为上 Hessenberg 形式. 由于 $\boldsymbol{A}_k$ 为上 Hessenberg 形式，故可在 QR 迭代过程中采用 Givens 变换实现矩阵的 QR

分解，并且其每步迭代的计算复杂性仅为 $O(n^2)$，而不是 $O(n^3)$.

例 6.9　假定矩阵 $\boldsymbol{H}$ 为上 Hessenberg 矩阵

$$\boldsymbol{H}=\begin{pmatrix}\times & \times & \times & \times\\ \times & \times & \times & \times\\ & \times & \times & \times\\ & & \times & \times\end{pmatrix},$$

则可依次构造 Givens 矩阵 $\boldsymbol{G}_1,\boldsymbol{G}_2,\boldsymbol{G}_3$, 使得作用后的矩阵具有如下形式:

$$\begin{aligned}\boldsymbol{G}_1\boldsymbol{H} &= \begin{pmatrix}\times & \times & \times & \times\\ & \times & \times & \times\\ & \times & \times & \times\\ & & \times & \times\end{pmatrix},\\ \boldsymbol{G}_2\boldsymbol{G}_1\boldsymbol{H} &= \begin{pmatrix}\times & \times & \times & \times\\ & \times & \times & \times\\ & & \times & \times\\ & & \times & \times\end{pmatrix},\\ \boldsymbol{G}_3\boldsymbol{G}_2\boldsymbol{G}_1\boldsymbol{H} &= \begin{pmatrix}\times & \times & \times & \times\\ & \times & \times & \times\\ & & \times & \times\\ & & & \times\end{pmatrix}.\end{aligned}$$

对矩阵 $\boldsymbol{G}_3\boldsymbol{G}_2\boldsymbol{G}_1\boldsymbol{H}$ 依次右乘矩阵 $\boldsymbol{G}_1^{\mathrm{T}}$、$\boldsymbol{G}_2^{\mathrm{T}}$、$\boldsymbol{G}_3^{\mathrm{T}}$，有

$$\begin{aligned}\boldsymbol{G}_3\boldsymbol{G}_2\boldsymbol{G}_1\boldsymbol{H}\boldsymbol{G}_1^{\mathrm{T}} &= \begin{pmatrix}\times & \times & \times & \times\\ \times & \times & \times & \times\\ & & \times & \times\\ & & & \times\end{pmatrix},\\ \boldsymbol{G}_3\boldsymbol{G}_2\boldsymbol{G}_1\boldsymbol{H}\boldsymbol{G}_1^{\mathrm{T}}\boldsymbol{G}_2^{\mathrm{T}} &= \begin{pmatrix}\times & \times & \times & \times\\ \times & \times & \times & \times\\ & \times & \times & \times\\ & & & \times\end{pmatrix},\end{aligned}$$

$$
G_3G_2G_1HG_1^{\mathrm{T}}G_2^{\mathrm{T}}G_3^{\mathrm{T}} = \begin{pmatrix} \times & \times & \times & \times \\ \times & \times & \times & \times \\ & \times & \times & \times \\ & & \times & \times \end{pmatrix}.
$$

6.4.3 带位移的 QR 迭代法

QR 方法是线性收敛的，其收敛速度依赖于矩阵的特征值之间的分离程度. 为了提高收敛速度，类似于求矩阵最小特征值的反幂法，在迭代过程中引入位移参数，对应于矩阵的特征值为实或复，主要的方法有带原点位移的迭代法和带双重步位移的迭代法.

6.4.3.1 带原点位移的迭代法

在第 $k-1$ 步迭代中，如果矩阵 $\boldsymbol{H}$ 的元素 $h_{n,n-1}^{(k-1)}$ 很小，则矩阵有一个特征值近似为 $h_{nn}^{(k-1)}$，则带原点位移的 QR 方法为

$$
\begin{cases} \boldsymbol{H}_{k-1} - h_{nn}^{(k-1)}\boldsymbol{I} = \boldsymbol{Q}_k\boldsymbol{R}_k, \\ \boldsymbol{H}_k = \boldsymbol{R}_k\boldsymbol{Q}_k + h_{nn}^{(k-1)}\boldsymbol{I}, \end{cases} \qquad k = 1, 2, \cdots.
$$

由定理6.12可知 QR 迭代算法的收敛速度为线性.

下面考虑带位移的 QR 算法的收敛速度估计问题，即假定 $h_{n,n-1}^{(k)} = O(\varepsilon)$，经过一次带位移的 QR 迭代，其值变为多少？利用 Givens 变换实现 QR 分解，前 $n-2$ 步不会改变 $h_{n,n-1}^{(k)} = O(\varepsilon)$ 的值. 对于第 $n-1$ 步，右下角 2×2 矩阵为

$$
\begin{pmatrix} \cos\theta & \sin\theta \\ -\sin\theta & \cos\theta \end{pmatrix} \begin{pmatrix} \alpha & \beta \\ \varepsilon & 0 \end{pmatrix} = \begin{pmatrix} \sigma & \beta\cos\theta \\ 0 & -\beta\sin\theta \end{pmatrix}
$$

其中 $\sin\theta = \varepsilon/\sigma, \cos\theta = \alpha/\sigma, \sigma = \sqrt{\alpha^2+\varepsilon^2}$. 从而

$$
h_{n,n-1}^{(k+1)} = \boldsymbol{R}_{n-1}\boldsymbol{Q}_n = (0, -\beta\sin\theta)\begin{pmatrix} \cos\theta \\ \sin\theta \end{pmatrix} = -\frac{\beta}{\sigma^2}\varepsilon^2 = O(\varepsilon^2).
$$

这说明通过原点位移，特征值的收敛速度从线性收敛变为二阶收敛. 下面的例子从数值上也直观地说明了这个结果.

例 6.10 对于例 6.6 中的矩阵 $\boldsymbol{A}$，若直接利用不带位移的 QR 迭代算法，第 10

步迭代矩阵为

$$A_{10} = \begin{pmatrix} 7.9922 & 0.2496 & -0.0001 & 0.0039 \\ -0.0001 & 4.0039 & 3.9961 & 0.1250 \\ 0.2496 & -3.9883 & 4.0039 & -0.1248 \\ 0.0039 & -0.1248 & 0.1250 & 4.0000 \end{pmatrix}.$$

仍然没有任何特征值显现. 若先上 Hessenberg 化，再利用不带位移的 QR 迭代算法，迭代第 9、10 步得到的矩阵分别为

$$A_9 = \begin{pmatrix} 7.9844 & -0.0001 & -0.3525 & 0.0078 \\ 0.3526 & 4.0078 & 3.9834 & 0.0003 \\ 0 & -3.9990 & 4.0078 & 0.088 \\ 0 & 0 & -0.0885 & 4.0000 \end{pmatrix},$$

$$A_{10} = \begin{pmatrix} 7.9922 & -0.0002 & -0.2496 & -0.0039 \\ 0.2497 & 4.0039 & 3.9917 & -0.0012 \\ 0 & -3.9995 & 4.0039 & -0.0624 \\ 0 & 0 & 0.0625 & 4.0000 \end{pmatrix}.$$

特征值 4 不够明显，并且收敛速度为线性. 但如利用带原点位移的 QR 迭代算法，迭代第 2、3 步得到的矩阵分别为

$$A_2 = \begin{pmatrix} 4.9952 & -2.3305 & -3.0949 & -0.0040 \\ 3.8742 & 4.5986 & 0.7950 & -0.0031 \\ 0 & -3.1954 & 6.4062 & 0.0010 \\ 0 & 0 & 0.0051 & 4.0000 \end{pmatrix},$$

$$A_3 = \begin{pmatrix} 4.9952 & -2.3305 & -3.0949 & -0.0000 \\ 3.8742 & 4.5986 & 0.7950 & -0.0000 \\ 0 & -3.1954 & 6.4062 & 0.0000 \\ 0 & 0 & 0.0000 & 4.0000 \end{pmatrix}.$$

此时特征值 4 已出现，并且从第 2 步到第 3 步可以看到，$(4,3)$ 处元素趋于零的速度为 2 阶收敛.

6.4.3.2 带双重步位移的 QR 方法

若采取上述位移，则在迭代过程中 $\boldsymbol{H}_k$ 的所有元素均为实数，故对于复特征值无法达到快速收敛的目的，此时应采取复数位移，而我们不希望引入复运算，此时就需采取双重步位移. 带双重步位移的 QR 方法为

$$\begin{cases} \boldsymbol{H}_{k-1} - \mu_1^{(k-1)}\boldsymbol{I} = \widehat{\boldsymbol{Q}}_k\widehat{\boldsymbol{R}}_k, \\ \widehat{\boldsymbol{H}}_{k-1} = \widehat{\boldsymbol{R}}_k\widehat{\boldsymbol{Q}}_k + \mu_1^{(k-1)}\boldsymbol{I}, \\ \widehat{\boldsymbol{H}}_{k-1} - \overline{\mu}_1^{(k-1)}\boldsymbol{I} = \boldsymbol{Q}_k\boldsymbol{R}_k, \\ \boldsymbol{H}_k = \boldsymbol{R}_k\boldsymbol{Q}_k + \overline{\mu}_1^{(k-1)}\boldsymbol{I}, \end{cases} \qquad k = 1, 2, \cdots, \tag{6.17}$$

其中 $\mu_1^{(k-1)}, \overline{\mu}_1^{(k-1)}$ 分别为矩阵 $\boldsymbol{H}_{k-1}$ 的右下角的 2 阶矩阵

$$\begin{pmatrix} h_{n-1,n-1}^{(k-1)} & h_{n-1,n}^{(k-1)} \\ h_{n,n-1}^{(k-1)} & h_{n,n}^{(k-1)} \end{pmatrix}$$

的共轭特征值. 为了避免复数运算，重新考虑带双重步位移的 QR 方法. 由迭代公式 (6.17) 可得

$$\boldsymbol{H}_k = \boldsymbol{Q}_k^*\left(\widehat{\boldsymbol{H}}_{k-1} - \bar{\mu}_1^{(k-1)}\boldsymbol{I}\right)\boldsymbol{Q}_k + \bar{\mu}_1^{(k-1)}\boldsymbol{I} = \boldsymbol{Q}_k^*\widehat{\boldsymbol{H}}_{k-1}\boldsymbol{Q}_k = \boldsymbol{Q}_k^*\widehat{\boldsymbol{Q}}_k^*\boldsymbol{H}_{k-1}\widehat{\boldsymbol{Q}}_k\boldsymbol{Q}_k.$$

由于

$$\begin{aligned} \widehat{\boldsymbol{Q}}_k\boldsymbol{Q}_k\boldsymbol{R}_k\widehat{\boldsymbol{R}}_k &= \widehat{\boldsymbol{Q}}_k\left(\widehat{\boldsymbol{H}}_{k-1} - \bar{\mu}_1^{(k-1)}\boldsymbol{I}\right)\widehat{\boldsymbol{R}}_k \\ &= \widehat{\boldsymbol{Q}}_k\left(\widehat{\boldsymbol{R}}_k\widehat{\boldsymbol{Q}}_k + \mu_1^{(k-1)}\boldsymbol{I} - \bar{\mu}_1^{(k-1)}\boldsymbol{I}\right)\widehat{\boldsymbol{R}}_k \\ &= \widehat{\boldsymbol{Q}}_k\widehat{\boldsymbol{R}}_k\widehat{\boldsymbol{Q}}_k\widehat{\boldsymbol{R}}_k + \left(\mu_1^{(k-1)} - \bar{\mu}_1^{(k-1)}\right)\widehat{\boldsymbol{Q}}_k\widehat{\boldsymbol{R}}_k \\ &= \widehat{\boldsymbol{Q}}_k\widehat{\boldsymbol{R}}_k\left(\widehat{\boldsymbol{Q}}_k\widehat{\boldsymbol{R}}_k + (\mu_1^{(k-1)} - \bar{\mu}_1^{(k-1)})\boldsymbol{I}\right) \\ &= \left(\boldsymbol{H}_{k-1} - \mu_1^{(k-1)}\boldsymbol{I}\right)\left(\boldsymbol{H}_{k-1} - \bar{\mu}_1^{(k-1)}\boldsymbol{I}\right), \end{aligned}$$

从而说明 $\widehat{\boldsymbol{Q}}_k\boldsymbol{Q}_k$ 是由 $\left(\boldsymbol{H}_{k-1} - \mu_1^{(k-1)}\boldsymbol{I}\right)\left(\boldsymbol{H}_{k-1} - \bar{\mu}_1^{(k-1)}\boldsymbol{I}\right)$ 的 QR 分解得到的. 又由于

$$\begin{aligned} \mu_1^{(k-1)} + \bar{\mu}_1^{(k-1)} &= h_{n-1,n-1}^{(k-1)} + h_{n,n}^{(k-1)}, \\ \mu_1^{(k-1)}\bar{\mu}_1^{(k-1)} &= h_{n-1,n-1}^{(k-1)}h_{n,n}^{(k-1)} - h_{n,n-1}^{(k-1)}h_{n-1,n}^{(k-1)}, \end{aligned}$$

从而得到带双重步位移的 QR 方法的迭代格式

$$\left\{\begin{aligned} \boldsymbol{M}_{k-1} &= \boldsymbol{H}_{k-1}^2-\left(h_{n-1,n-1}^{(k-1)}+h_{n,n}^{(k-1)}\right)\boldsymbol{H}_{k-1} \\ &\quad + \left(h_{n-1,n-1}^{(k-1)}h_{n,n}^{(k-1)}-h_{n,n-1}^{(k-1)}h_{n-1,n}^{(k-1)}\right)\boldsymbol{I}, \\ \boldsymbol{M}_{k-1} &= \widetilde{\boldsymbol{Q}}_k\widetilde{\boldsymbol{R}}_k, \\ \boldsymbol{H}_k &= \widetilde{\boldsymbol{Q}}_k^*\boldsymbol{H}_{k-1}\widetilde{\boldsymbol{Q}}_k. \end{aligned}\right. \tag{6.18}$$

例6.9的消去过程表明上 Hessenberg 矩阵经过一次不带位移的 QR 方法迭代得到的矩阵仍为上 Hessenberg 形式，对于带位移的 QR 算法，一步迭代得到的矩阵是否仍为上 Hessenberg 矩阵？下面的定理从理论上给出了一个明确的答案.

定理 6.15　设 $\boldsymbol{H}_{k-1}$ 是不可约的上 Hessenberg 矩阵，且 μ_1 及 $\bar{\mu}_1$ 均非 $\boldsymbol{H}_{k-1}$ 的特征值，则由式 (6.18) 形成的 $\boldsymbol{H}_k$ 也是不可约上 Hessenberg 矩阵.

证明　利用反证法证明. 令 $\boldsymbol{H}_k=\left(\widehat{h}_{ij}\right)$ 并假定存在整数 r 使得

$$\widehat{h}_{r+1,r}=0,\quad \widehat{h}_{i+1,i}\neq 0, i\leqslant r-1.$$

由于 $\boldsymbol{H}_k=\boldsymbol{Q}^{\mathrm{T}}\boldsymbol{H}_{k-1}\boldsymbol{Q}$，故

$$\boldsymbol{H}_{k-1}\boldsymbol{q}_j=\sum_{k=1}^{j+1}\widehat{h}_{kj}\boldsymbol{q}_k,\quad \boldsymbol{H}_{k-1}\boldsymbol{q}_r=\sum_{k=1}^{r}\widehat{h}_{kr}\boldsymbol{q}_k,\quad j=1,\cdots,r-1.$$

将 $\boldsymbol{H}_{k-1}\boldsymbol{q}_j$ 中的 $\boldsymbol{q}_{j+1}$ 依次代入最后一个等式可得：存在 $\alpha_0,\cdots,\alpha_r$ 使得

$$(\alpha_0\boldsymbol{I}+\alpha_1\boldsymbol{H}_{k-1}+\cdots+\alpha_r\boldsymbol{H}_{k-1}^r)\boldsymbol{q}_1=\boldsymbol{0}, \tag{6.19}$$

其中 $\alpha_r=1/(\widehat{h}_{21}\cdots\widehat{h}_{r,r-1})\neq 0$. 若定义矩阵

$$\boldsymbol{M}_{k-1}:=(\boldsymbol{H}_{k-1}-\mu_1\boldsymbol{I})(\boldsymbol{H}_{k-1}-\bar{\mu}_1\boldsymbol{I}).$$

由于 μ_1 及 $\bar{\mu}_1$ 均非 $\boldsymbol{H}_{k-1}$ 的特征值，故 $\boldsymbol{M}_{k-1}$ 非奇异，其 QR 分解为 $\boldsymbol{M}_{k-1}=\widetilde{\boldsymbol{Q}}_k\widetilde{\boldsymbol{R}}_k$，故 $\boldsymbol{q}_1=r_{11}^{-1}\boldsymbol{M}_{k-1}\boldsymbol{e}_1$，代入式 (6.19) 并基于 $\boldsymbol{M}_{k-1}$ 也为 $\boldsymbol{H}_{k-1}$ 的多项式可得

$$r_{11}^{-1}\boldsymbol{M}_{k-1}(\alpha_0\boldsymbol{I}+\alpha_1\boldsymbol{H}_{k-1}+\cdots+\alpha_r\boldsymbol{H}_{k-1}^r)\boldsymbol{e}_1=\boldsymbol{0}, \tag{6.20}$$

由于 $\boldsymbol{H}_{k-1}^r$ 为下带宽为 r 的带状矩阵，故向量 $(\alpha_0\boldsymbol{I}+\alpha_1\boldsymbol{H}_{k-1}+\cdots+\alpha_r\boldsymbol{H}_{k-1}^r)\boldsymbol{e}_1$ 的

第 $r+1$ 个分量为

$$\alpha_r h_{21} \cdots h_{r,r-1} \neq 0.$$

由式 (6.20) 可知矩阵 $\boldsymbol{M}_{k-1}$ 奇异，这与 $\boldsymbol{M}_{k-1}$ 非奇异矛盾. 定理得证. □

如果利用式 (6.18) 计算 $\boldsymbol{H}_k$，则需计算 $\boldsymbol{H}_{k-1}^2$，故计算量为 $2n^3$，这是无法接受的. 下面考虑如何快速计算 $\boldsymbol{H}_k$. 结合定理6.14及定理6.15可知，只需构造一个正交矩阵 $\boldsymbol{Q}$，满足其第一列为式 (6.18) 中 $\widetilde{\boldsymbol{Q}}_k$ 的第一列. 由 $\boldsymbol{M}_{k-1} = \widetilde{\boldsymbol{Q}}_k \widetilde{\boldsymbol{R}}_k$ 可知，$\widetilde{\boldsymbol{Q}}_k$ 的第一列与矩阵 $\boldsymbol{M}_{k-1}$ 的第一列共线. 由于 $\boldsymbol{M}_{k-1}$ 为两个不可约上 Hessenberg 矩阵的乘积，故 $\boldsymbol{M}_{k-1}$ 的第一列具有如下形式

$$\boldsymbol{\xi} := \boldsymbol{M}_{k-1}\boldsymbol{e}_1 = (\xi_1, \xi_2, \xi_3, 0, \cdots, 0)^{\mathrm{T}}. \tag{6.21}$$

由式 (6.18) 可知，令 $\gamma = h_{n-1,n-1}^{(k-1)} + h_{n,n}^{(k-1)}, \eta = h_{n-1,n-1}^{(k-1)} h_{n,n}^{(k-1)} - h_{n,n-1}^{(k-1)} h_{n-1,n}^{(k-1)}$，则有

$$\begin{aligned}
\xi_1 &= (h_{11}^{(k-1)})^2 + h_{12}^{(k-1)} h_{21}^{(k-1)} - \gamma h_{11}^{(k-1)} + \eta, \\
\xi_2 &= h_{21}^{(k-1)} (h_{11}^{(k-1)} + h_{22}^{(k-1)} - \gamma), \\
\xi_3 &= h_{21}^{(k-1)} h_{32}^{(k-1)}.
\end{aligned} \tag{6.22}$$

进一步令 $\alpha = (\xi_1^2 + \xi_2^2 + \xi_3^2)^{1/2}$，则 $\widetilde{\boldsymbol{Q}}_k$ 的第一列为 $\boldsymbol{\xi}/\alpha$.

我们可以通过以下方式构造矩阵 $\boldsymbol{Q}$. 首先计算 Householder 矩阵

$$\boldsymbol{P}_0 = \mathrm{diag}(\widetilde{\boldsymbol{P}}_0, \boldsymbol{I}_{n-3}),$$

其中 $\widetilde{\boldsymbol{P}}_0 = \boldsymbol{I}_3 - \beta \boldsymbol{v}\boldsymbol{v}^{\mathrm{T}}, \boldsymbol{v} = (\xi_1 - \alpha, \xi_2, \xi_3), \beta = 2/(\boldsymbol{v}^{\mathrm{T}}\boldsymbol{v})$，使得

$$\boldsymbol{P}_0 \boldsymbol{\xi} = \alpha \boldsymbol{e}_1. \tag{6.23}$$

矩阵 $\boldsymbol{P}_0 \boldsymbol{H}_{k-1} \boldsymbol{P}_0$ 具有如下形式

$$\boldsymbol{P}_0 \boldsymbol{H}_{k-1} \boldsymbol{P}_0 = \begin{pmatrix}
\times & \times & \times & \times & \cdots & \times & \times \\
\times & \times & \times & \times & \cdots & \times & \times \\
\times & \times & \times & \times & \cdots & \times & \times \\
\times & \times & \times & \times & \cdots & \times & \times \\
 & & & \times & \cdots & \times & \times \\
 & & & & \ddots & \vdots & \vdots \\
 & & & & & \times & \times
\end{pmatrix}.$$

计算 Householder 矩阵 $\boldsymbol{P}_1 = \mathrm{diag}(1, \widetilde{\boldsymbol{P}}_1)$：使得 $\boldsymbol{P}_1^{\mathrm{T}}\boldsymbol{P}_0^{\mathrm{T}}\boldsymbol{H}_{k-1}\boldsymbol{P}_0\boldsymbol{P}_1$ 具有如下形式

$$\boldsymbol{P}_1^{\mathrm{T}}\boldsymbol{P}_0^{\mathrm{T}}\boldsymbol{H}_{k-1}\boldsymbol{P}_0\boldsymbol{P}_1 = \begin{pmatrix} \times & \times & \times & \times & \times & \cdots & \times & \times \\ \times & \times & \times & \times & \times & \cdots & \times & \times \\ & \times & \times & \times & \times & \cdots & \times & \times \\ & \times & \times & \times & \times & \cdots & \times & \times \\ & \times & \times & \times & \times & \cdots & \times & \times \\ & & & & \times & \cdots & \times & \times \\ & & & & & \ddots & \vdots & \vdots \\ & & & & & & \times & \times \end{pmatrix}.$$

令 $\boldsymbol{P}_k = \mathrm{diag}\left(\boldsymbol{I}_k, \widetilde{\boldsymbol{P}}_k, \boldsymbol{I}_{n-k-3}\right), k = 1, \cdots, n-3$，$\boldsymbol{P}_{n-2} = \mathrm{diag}(\boldsymbol{I}_{n-2}, \widetilde{\boldsymbol{P}}_{n-2})$，此过程一直进行 $n-2$ 步，可约化为上 Hessenberg 矩阵. 令 $\boldsymbol{Q} = \boldsymbol{P}_0\boldsymbol{P}_1\cdots\boldsymbol{P}_{n-2}$，则有

$$\boldsymbol{Q}\boldsymbol{e}_1 = \boldsymbol{P}_0\boldsymbol{P}_1\cdots\boldsymbol{P}_{n-2}\boldsymbol{e}_1 = \boldsymbol{P}_0\boldsymbol{e}_1,$$

由式 (6.23) 可知 $\boldsymbol{P}_0\boldsymbol{e}_1 = \boldsymbol{\xi}/\alpha$，故 $\boldsymbol{Q}$ 的第一列与 $\widetilde{\boldsymbol{Q}}_k$ 的第一列相同.

上述整个计算过程中是基于复共轭特征值情形，当两个特征值都为实数时，可看作特例. 综上所述，我们得到了著名的 Francis 双重步位移的 QR 算法，具体步骤如下.

算法 6.4　Francis 双重步位移的 QR 算法

输入： 不可约上 Hessenberg 矩阵 $\boldsymbol{H} = (h_{ij})_{n\times n}$

输出： 上 Hessenberg 阵 $\boldsymbol{H}$

```
计算式 (6.21) 中的向量ξ
for  k = 0 : n − 3  do
   对ξ1, ξ2, ξ3利用算法1.1构造v, b;
   if  k == 0  then
      计算H(1 : 3, 1 : n) = (I3 − bvv^T)H(1 : 3, 1 : n);
   else
      计算H(k + 1 : k + 3, k : n) = (I3 − bvv^T)H(k + 1 : k + 3, k : n);
   end if
   s = min{k + 4, n};
   计算H(1 : s, k + 1 : k + 3) = H(1 : s, k + 1 : k + 3)(I3 − bvv^T);
   ξ1 = H_{k+2,k+1},   ξ2 = H_{k+3,k+1},
   if  k < n − 3  then
```

$\xi_3 = H_{k+4,k+1}$

end if

end for

对ξ_1, ξ_2利用算法1.1构造v, b；

计算$H(n-1:n, n-2:n) = (I_2 - bvv^{\mathrm{T}})H(n-1:n, n-2:n)$；

计算$H(1:n, n-1:n) = H(1:n, n-1:n)(I_2 - bvv^{\mathrm{T}})$；

上述算法的计算量集中于一个 3 阶 Householder 矩阵与 $3 \times n$ 矩阵的乘积及一个 $n \times 3$ 矩阵与 3 阶 Householder 矩阵的乘积，需要 $6n^2$ 的乘除法与 $4n^2$ 的加减法次数，故四则运算的总次数为 $10n^2$. 若累积正交变换，则还需增加计算量 $10n^2$.

实现上述双重步位移的 QR 算法后，剩下的问题就是如何判断迭代过程中产生的上 Hessenberg 矩阵为实 Schur 标准型. 这就需要给出次对角元为零的判别准则. 一个简单而实用的准则就是若下次对角线上的元素 $h_{i+1,i}$ 满足

$$|h_{i+1,i}| \leqslant (|h_{ii} + |h_{i+1,i+1}|)\, u, \tag{6.24}$$

则令其为零.

综合上面的讨论就可得到如下的隐式 QR 算法. 它将给定的矩阵化为实 Schur 标准型. 具体步骤如下.

算法 6.5 隐式 QR 算法

输入：n阶实矩阵$\boldsymbol{A}$

输出：实 Schur 标准型$\boldsymbol{H}$

步骤一：利用算法6.3将A化为上 Hessenberg 矩阵H；

步骤二：将所有满足式 (6.24) 的元素$h_{i,i+1}$设为 0，此时H具有如下形式

$$\begin{pmatrix} H_{11} & H_{12} & H_{13} \\ 0 & H_{22} & H_{23} \\ 0 & 0 & H_{33} \end{pmatrix}.$$

其中H_{33}为实 Schur 标准型，由于此部分不需再进行 QR 迭代，故令其阶数尽可能高，设为m. 若其阶数为矩阵H阶数，即程序终止. 否则，确定不可约上 Hessenberg 矩阵H_{22}使其阶数尽可能高，设为l.

对矩阵H_{22}使用算法6.4，矩阵更新为$H_{22} = P^{\mathrm{T}} H_{22} P$；

步骤三：计算矩阵$Q = \mathrm{diag}(I_{n-m-l}, P, I_m)$，

由于

$$Q^{\mathrm{T}}HQ=\begin{pmatrix} H_{11} & H_{12}P & H_{13} \\ 0 & P^{\mathrm{T}}H_{22}P & P^{\mathrm{T}}H_{23} \\ 0 & 0 & H_{33} \end{pmatrix}.$$

H_{12},H_{23}更新为$H_{12}=H_{12}P,H_{23}=P^{\mathrm{T}}H_{23}$；进而转步骤二．

6.5　对称矩阵特征值问题

对称矩阵是实际应用中更常遇见的矩阵，它的特征信息具有特殊性：其特征值均为实数，并且不同的特征值对应的特征向量是正交的. 基于这样一些特殊性质，前述求矩阵部分或全部特征值的算法都可以得到进一步化简.

6.5.1　对称 QR 方法

若将 QR 方法应用于求对称矩阵 $\boldsymbol{A}$ 的全部特征值，主要过程分为两步：化为上 Hessenberg 矩阵 $\boldsymbol{T}$ 和对 $\boldsymbol{T}$ 进行带位移的 QR 迭代过程.

$$\boldsymbol{A}_{k-1}=\begin{pmatrix} \alpha_1 & \beta_1 & & & \\ \beta_1 & \alpha_2 & \ddots & & \\ & \ddots & \ddots & \beta_{k-1} & \\ & & \beta_{k-1} & \alpha_k & \boldsymbol{v}_k^{\mathrm{T}} \\ & & & \boldsymbol{v}_k & \widetilde{\boldsymbol{A}}_{k-1} \end{pmatrix}.$$

构造 Householder 矩阵 $\widehat{\boldsymbol{H}}_k=\boldsymbol{I}-\beta\boldsymbol{v}\boldsymbol{v}^{\mathrm{T}}$ 使得 $\widehat{\boldsymbol{H}}_k\boldsymbol{v}_k=\beta_k\boldsymbol{e}_1$，定义 $\boldsymbol{H}_k=\mathrm{diag}(\boldsymbol{I}_k,\widehat{\boldsymbol{H}}_k)$，有

$$\begin{pmatrix} \boldsymbol{I}_k & \\ & \widehat{\boldsymbol{H}}_k \end{pmatrix}\boldsymbol{A}_{k-1}\begin{pmatrix} \boldsymbol{I}_k & \\ & \widehat{\boldsymbol{H}}_k \end{pmatrix}=\begin{pmatrix} \alpha_1 & \beta_1 & & & \\ \beta_1 & \alpha_2 & \ddots & & \\ & \ddots & \ddots & \beta_{k-1} & \\ & & \beta_{k-1} & \alpha_k & \beta_k\boldsymbol{e}_1^{\mathrm{T}} \\ & & & \beta_k\boldsymbol{e}_1 & \widetilde{\boldsymbol{A}}_k \end{pmatrix}.$$

计算量集中于 $\widehat{\boldsymbol{H}}_k\widetilde{\boldsymbol{A}}_{k-1}\widehat{\boldsymbol{H}}_k=(\boldsymbol{I}-\beta\boldsymbol{v}\boldsymbol{v}^{\mathrm{T}})\widetilde{\boldsymbol{A}}_{k-1}(\boldsymbol{I}-\beta\boldsymbol{v}\boldsymbol{v}^{\mathrm{T}})$，有

$$\widehat{\boldsymbol{H}}_k\widetilde{\boldsymbol{A}}_{k-1}\widehat{\boldsymbol{H}}_k=\widetilde{\boldsymbol{A}}_{k-1}-\boldsymbol{v}\boldsymbol{\omega}^{\mathrm{T}}-\boldsymbol{\omega}\boldsymbol{v}^{\mathrm{T}},\quad \boldsymbol{\omega}=\boldsymbol{u}-1/2\beta(\boldsymbol{v}^{\mathrm{T}}\boldsymbol{u})\boldsymbol{v},\quad \boldsymbol{u}=\beta\widetilde{\boldsymbol{A}}_{k-1}\boldsymbol{v}.$$

计算量为 $4(n-k)^2$. 上述过程进行 $n-1$ 步，即可将矩阵 $\boldsymbol{A}$ 化为如下对称三对角阵

$$\boldsymbol{T}=\begin{pmatrix}\alpha_1 & \beta_1 & & & \\ \beta_1 & \alpha_2 & \ddots & & \\ & \ddots & \ddots & \ddots & \\ & & \ddots & \alpha_k & \beta_{n-1} \\ & & & \beta_{n-1} & \alpha_n\end{pmatrix}. \tag{6.25}$$

上述过程总的计算量为 $4n^3/3$，而不是非对称情形的 $10n^3/3$. 另外如需将变换矩阵都记录下来，则还需要的计算量为 $4n^3/3$.

第二步是对矩阵 $\boldsymbol{T}$ 进行带位移的 QR 迭代. 由于矩阵的特征值均为实数，故可采取单步位移. 不妨设矩阵 $\boldsymbol{T}$ 仍为不可约矩阵，具体过程可描述为：令 $\boldsymbol{T}_0=\boldsymbol{T}$，则对 $k=1,2,\cdots$，有

$$\boldsymbol{T}_{k-1}-\mu_{k-1}\boldsymbol{I}=\boldsymbol{Q}_k\boldsymbol{R}_k,\quad \boldsymbol{T}_k=\boldsymbol{R}_k\boldsymbol{Q}_k+\mu_{k-1}\boldsymbol{I}, \tag{6.26}$$

类似于非对称矩阵的 QR 方法，位移可选择为迭代矩阵的右下角元素 $\mu_k=\alpha_n^{(k-1)}$. 但更有效的选择是 Wilkinson 位移，即右下角 2 阶矩阵

$$\begin{pmatrix}\alpha_{n-1}^{(k-1)} & \beta_{n-1}^{(k-1)} \\ \beta_{n-1}^{(k-1)} & \alpha_n^{(k-1)}\end{pmatrix}$$

的特征值中靠近 $\alpha_n^{(k-1)}$ 的值

$$\alpha_n^{(k-1)}+\gamma^{(k-1)}-\operatorname{sgn}(\gamma^{(k-1)})\sqrt{(\gamma^{(k-1)})^2+(\beta_{n-1}^{(k-1)})^2},\quad \gamma^{(k-1)}=\alpha_{n-1}^{(k-1)}-\alpha_n^{(k-1)}.$$

基于这两种位移的 QR 方法都具有三次收敛性，但是后者相对于前者效果更好[28].

类似 QR 算法中相关理论，迭代格式 (6.26) 产生的矩阵序列 $\boldsymbol{T}_k$ 均为不可约对称三对角阵. 整个迭代过程可采用隐式 QR 迭代，具体的迭代过程包含以下两步.

(1) 构造 Givens 变换矩阵 $\boldsymbol{G}_1$，使得矩阵 $\boldsymbol{G}_1(\boldsymbol{T}_{k-1}-\mu_{k-1}\boldsymbol{I})$ 的第一列的第二个元素为零；

(2) 计算 $\boldsymbol{G}_1\boldsymbol{T}_{k-1}\boldsymbol{G}_1^{\mathrm{T}}$，利用 Givens 变换将矩阵 $\boldsymbol{G}_1\boldsymbol{T}\boldsymbol{G}_1^{\mathrm{T}}$ 约化为三对角阵.

上述过程的第二步可以通过如下迭代过程更加详细地描述.

$$
\begin{aligned}
\boldsymbol{T}_{k-1} &= \begin{pmatrix} \times & \times & & \\ \times & \times & \times & \\ & \times & \times & \times \\ & & \times & \times \end{pmatrix} \\
\to \qquad \boldsymbol{G}_1\boldsymbol{T}_{k-1}\boldsymbol{G}_1^{\mathrm{T}} &= \begin{pmatrix} \times & \times & + & \\ \times & \times & \times & \\ + & \times & \times & \times \\ & & \times & \times \end{pmatrix} \\
\to \qquad \boldsymbol{G}_2\boldsymbol{G}_1\boldsymbol{T}_{k-1}\boldsymbol{G}_1^{\mathrm{T}}\boldsymbol{G}_2^{\mathrm{T}} &= \begin{pmatrix} \times & \times & & \\ \times & \times & \times & + \\ & \times & \times & \times \\ & + & \times & \times \end{pmatrix} \\
\to \quad \boldsymbol{G}_3\boldsymbol{G}_2\boldsymbol{G}_1\boldsymbol{T}_{k-1}\boldsymbol{G}_1^{\mathrm{T}}\boldsymbol{G}_2^{\mathrm{T}}\boldsymbol{G}_3^{\mathrm{T}} &= \begin{pmatrix} \times & \times & & \\ \times & \times & \times & \\ & \times & \times & \times \\ & & \times & \times \end{pmatrix}.
\end{aligned}
$$

该算法的计算量为 $10n$. 若需累计变换矩阵，则增加运算量 $6n^2$.

进一步，类似于一般矩阵的 QR 方法，引入相同的收敛准则，则可得到求对称矩阵全部特征值的隐式 QR 方法. 关于计算复杂性，若只计算特征值，计算量约为 $4n^3/3$; 若特征值及特征向量均需计算，则计算量约为 $9n^3$. 关于数值稳定性，计算得到的特征值 $\widetilde{\lambda}_i$ 满足:

$$|\lambda_i - \widetilde{\lambda}_i| \approx \|\boldsymbol{A}\|_2 u.$$

对于特征向量，该误差估计不成立，和 λ_i 与其他特征值的分离程度有关.

定理 6.16　设 $\boldsymbol{A}, \boldsymbol{A}+\boldsymbol{E} \in \mathbb{R}^{n\times n}$ 为对称矩阵，$\boldsymbol{q}_1$ 为 $\boldsymbol{A}$ 的一个单位特征向量，$\boldsymbol{Q}=(\boldsymbol{q}_1, \boldsymbol{Q}_2)$ 为 n 阶正交矩阵，$\boldsymbol{Q}^{\mathrm{T}}\boldsymbol{A}\boldsymbol{Q}$ 及 $\boldsymbol{Q}^{\mathrm{T}}\boldsymbol{E}\boldsymbol{Q}$ 分块如下

$$Q^{\mathrm{T}}AQ=\begin{pmatrix}\lambda & \mathbf{0}\\ \mathbf{0} & D_2\end{pmatrix}, Q^{\mathrm{T}}EQ=\begin{pmatrix}\varepsilon & e^{\mathrm{T}}\\ e & E_2\end{pmatrix}.$$

若 $d=\min\limits_{\mu\in\lambda(D_2)}|\lambda-\mu|>0, \|E\|_2\leqslant d/4$，则存在 $A+E$ 的一个单位特征向量 $\widetilde{q}_1$，使得

$$\sin\theta=\sqrt{1-|q_1^{\mathrm{T}}\widetilde{q}_1|^2}\leqslant\frac{4}{d}\|E\|_2,$$

其中 θ 为 q_1 和 $\widetilde{q}_1$ 之间所夹的锐角.

6.5.2 Jacobi 方法

对于实对称矩阵 A, 存在一个正交矩阵 Q 使得 $Q^{\mathrm{T}}AQ$ 为一对角矩阵. Jacobi 方法 (Jacobi,1846) 正是基于这个结论通过一系列的正交相似变换把矩阵近似对角化. 此方法收敛速度慢，但近年来重新受到大家重视，一个重要的原因是其编程简单，并且并行效率高.

Jacobi 迭代法用到的基本工具是平面旋转变换

$$J(p,q,\theta)=I+(\cos\theta-1)\left(e_pe_p^{\mathrm{T}}+e_qe_q^{\mathrm{T}}\right)+\sin\theta\left(e_pe_q^{\mathrm{T}}-e_qe_p^{\mathrm{T}}\right).$$

对于矩阵 $A_k=J(p,q,\theta)^{\mathrm{T}}A_{k-1}J(p,q,\theta)$，旋转变换只改变矩阵的第 p,q 行和列，故有

$$\begin{aligned}
a_{pp}^{(k)}&=\cos^2\theta a_{pp}^{(k-1)}+\sin^2\theta a_{qq}^{(k-1)}-2\cos\theta\sin\theta a_{pq}^{(k-1)},\\
a_{qq}^{(k)}&=\sin^2\theta a_{pp}^{(k-1)}+\cos^2\theta a_{qq}^{(k-1)}+2\cos\theta\sin\theta a_{pq}^{(k-1)},\\
a_{pq}^{(k)}&=a_{qp}^{(k)}=\tfrac{1}{2}\sin2\theta(a_{pp}^{(k-1)}-a_{qq}^{(k-1)})+\cos2\theta a_{pq}^{(k-1)},\\
a_{pi}^{(k)}&=a_{ip}^{(k)}=\cos\theta a_{pi}^{(k-1)}-\sin\theta a_{qi}^{(k-1)},\qquad i\neq p,q,\\
a_{iq}^{(k)}&=a_{iq}^{(k)}=\sin\theta a_{pi}^{(k-1)}+\cos\theta a_{qi}^{(k-1)},\qquad i\neq p,q.
\end{aligned}$$

若利用旋转变换把矩阵 A 的两个对称位置上的元 $a_{pq}^{(k)}$ 约化为0，则可如下选择角度 θ:

$$\theta=\begin{cases}\frac{1}{2}\arctan\frac{2a_{pq}^{(k-1)}}{a_{pp}^{(k-1)}-a_{qq}^{(k-1)}}, & a_{pp}^{(k-1)}\neq a_{qq}^{(k-1)}\\ -\pi/4, & a_{pp}^{(k-1)}=a_{qq}^{(k-1)}, a_{pq}^{(k-1)}<0\\ \pi/4, & a_{pp}^{(k-1)}=a_{qq}^{(k-1)}, a_{pq}^{(k-1)}>0\end{cases}$$

此种选择保证了 $|\theta|\leqslant\pi/4$. 需要注意的是我们无法逐个把这些对称位置上的元都约化

为 0, 因为用旋转变换处理其他位置的元时，那些已经约化为 0 的元再次变为非零元. 记 $\boldsymbol{E}_k$ 表示矩阵 $\boldsymbol{A}_k$ 的所有非对角元的平方和，则有

$$\begin{aligned}\boldsymbol{E}_k &= \boldsymbol{E}_{k-1} - 2(a_{pq}^{(k-1)})^2 \\ &\leqslant \boldsymbol{E}_{k-1} - 2\frac{\boldsymbol{E}_{k-1}}{n^2-n} = \left(1 - \frac{2}{n^2-n}\right)\boldsymbol{E}_{k-1} \leqslant \left(1 - \frac{2}{n^2-n}\right)^k \boldsymbol{E}_0.\end{aligned}$$

这表明旋转变换令非对角元的平方和减小了，而对角元的平方和增加了，从而能够使得矩阵 $\boldsymbol{A}$ 在旋转变换的作用下逐渐地逼近一个对角阵. 同时还可以看到每次的最佳选择应该是非对角元中绝对值最大的元所在的平面. 这种选择对应的就是经典的 Jacobi 迭代法.

下面的定理给出了经典 Jacobi 迭代法的收敛性结论，证明过程较为复杂，此处省略.

定理 6.17　*若矩阵 $\boldsymbol{A}$ 对称，则*

(1) 存在矩阵 $\boldsymbol{A}$ 的特征值的某个排列 $\lambda_1, \cdots, \lambda_n$，有

$$\boldsymbol{A}_k \longrightarrow \mathrm{diag}(\lambda_1, \cdots, \lambda_n).$$

(2) 若 λ_i 为矩阵 $\boldsymbol{A}$ 的单重特征值，则

$$|a_{ii}^{(k)} - \lambda_i| \leqslant \frac{2(n-1)}{\delta}\eta^2, \quad \eta = \max_{i \neq j} |a_{ij}^{(k)}|.$$

若 λ_i 为矩阵 $\boldsymbol{A}$ 的 r 重特征值，则

$$|a_{i_j i_j}^{(k)} - \lambda_i| \leqslant \widetilde{\eta} + (r-1)\eta + \frac{2r(n-r)}{\delta}\eta^2,$$

其中 $\delta = \min\limits_{\lambda_i \neq \lambda_j} |\lambda_i - \lambda_j|$, $\widetilde{\eta} = \max\limits_{1 \leqslant l, j \leqslant r} |a_{i_l i_l}^{(k)} - a_{i_j i_j}^{(k)}|$.

经典 Jacobi 迭代法确定最佳平面需要进行 $n(n-1)/2$ 个元素的比较，耗时较长. 实际应用中一般不选取最佳平面，而是按照某种指定的顺序对每个非零元恰好消去一次，例如 $(1,2), \cdots, (1,n); (2,3), \cdots, (2,n); \cdots; (n-1,n)$，这就是循环 Jacobi 方法. 每经过 $n(n-1)/2$ 次 Jacobi 迭代称为一次扫描，此过程至某一时刻后，经过一次扫描非对角线，非对角元以平方收敛的速度趋于零. 另外常用的方法还有过关 Jacobi 方法，即每步设置关值，例如 $\delta_0 = \sqrt{E_0}$,　$\delta_k = \frac{\delta_{k-1}}{\sigma}$，其中 $\sigma > 0$ 为固定的常数，每步中只对超过关值的元素进行 Jacobi 迭代.

6.5.3 二分法

任意对称矩阵均可利用 Householder 变换化为一个形如式 (6.25) 的对称三对角阵 $\boldsymbol{T}$. 在后续的讨论中，我们总假定 $\boldsymbol{T}$ 不可约，否则可将其分解成几个更小的不可约三对角阵.

记多项式序列 $\{p_k(\lambda)\}_{k=0}^n$ 表示矩阵 $\boldsymbol{T}-\lambda\boldsymbol{I}$ 的前 k 阶主子式，也就是

$$p_k(\lambda)=\begin{pmatrix} \alpha_1-\lambda & \beta_2 & & & \\ \beta_2 & \alpha_2-\lambda & \beta_3 & & \\ & \beta_3 & \ddots & \ddots & \\ & & \ddots & \ddots & \beta_k \\ & & & \beta_k & \alpha_k-\lambda \end{pmatrix}, k=1,2,\cdots,n.$$

令 $p_0(\lambda)\equiv 1$，有

$$\begin{aligned} p_1(\lambda) &= \alpha_1-\lambda, \\ p_k(\lambda) &= (\alpha_k-\lambda)p_{k-1}(\lambda)-\beta_k^2 p_{k-2}(\lambda), k=2,\cdots,n. \end{aligned} \tag{6.27}$$

显然 $p_k(\lambda)$ 的最高项系数为 $(-1)^k$，故

$$\lim_{\lambda\to-\infty} p_k(\lambda)>0, \quad \begin{cases} \lim\limits_{\lambda\to+\infty} p_k(\lambda)>0, & k\text{为偶数}; \\ \lim\limits_{\lambda\to+\infty} p_k(\lambda)<0, & k\text{为奇数}. \end{cases} \tag{6.28}$$

多项式序列 $\{p_k(\lambda)\}_{k=0}^n$ 还具有如下性质.

定理 6.18 对于式 (6.27) 中的多项式序列 $\{p_k(\lambda)\}_{k=0}^n$，有如下结论成立:

(1) 相邻的两个多项式没有公共根;

(2) 若 $p_k(\mu)=0$，则 $p_{k-1}(\mu)p_{k+1}(\mu)<0$;

(3) $p_k(\lambda)$ 的根全是单重的，并且 $p_k(\lambda)$ 的根严格分离 $p_{k+1}(\lambda)$ 的根.

证明 (1) 利用反证法. 若 μ 是 $p_k(\lambda)$ 及 $p_{k-1}(\lambda)$ 的公共根，即 $p_k(\mu)=p_{k-1}(\mu)=0$，由式 (6.27) 可知 $p_{k-2}(\mu)=0$. 以此类推可知

$$p_k(\mu)=p_{k-1}(\mu)=p_{k-2}(\mu)=\cdots=p_1(\mu)=p_0(\mu)=0,$$

这与 $p_0(\mu)=1$ 矛盾. 从而结论成立.

(2) 若 $p_k(\mu)=0$，则由式 (6.27) 可知 $p_{k+1}(\mu)=-\beta_{k+1}^2 p_{k-1}(\mu)$. 由于 $\beta_{k+1}\neq 0$，故可知结论成立.

(3) 利用归纳法证明. 当 $k=1$ 时，$p_1(\lambda)$ 的根为 α_1，由结论 (2) 知 $p_2(\mu)$ 与 $p_0(\mu)$ 异号，故 $p_2(\mu)<0$. 由式 (6.28) 可知，当 λ 充分大时，有 $p_2(-\lambda)>0, p_2(\lambda)>0$，结论成立.

假设结论对 k 成立，即 $p_{k-1}(\lambda)$ 和 $p_k(\lambda)$ 的根都是单重的，并且 $p_{k-1}(\lambda)$ 的根严格隔离 $p_k(\lambda)$ 的根 $\mu_1<\cdots<\mu_k$. 从而对充分大的 M，有

$$\begin{aligned} p_{k-1}(-M)p_{k-1}(\mu_1) &> 0, \\ p_{k-1}(\mu_i)p_{k-1}(\mu_{i+1}) &< 0, \\ p_{k-1}(\mu_k)p_{k-1}(M) &> 0, \quad i=1,\cdots,k-1. \end{aligned}$$

下面证明结论对 $k+1$ 成立. 要使结论成立，我们只需证明在下述区间

$$(-\infty,\mu_1),(\mu_1,\mu_2),\cdots,(\mu_{k-1},\mu_k),(\mu_k,+\infty)$$

内各有 $p_{k+1}(\lambda)$ 的一个根. 由结论 (2) 及式 (6.28) 知，$p_{k+1}(\mu_i)$ 与 $p_{k-1}(\mu_i)$ 均异号，对充分大的 M，$p_{k+1}(M)$ 与 $p_{k-1}(M)$、$p_{k+1}(-M)$ 与 $p_{k-1}(-M)$ 均同号，故

$$\begin{aligned} p_{k+1}(-M)p_{k+1}(\mu_1) &< 0, \\ p_{k+1}(\mu_i)p_{k+1}(\mu_{i+1}) &< 0, \\ p_{k+1}(\mu_k)p_{k+1}(M) &< 0, \quad i=1,\cdots,k-1. \end{aligned}$$

从而结论对 $k+1$ 成立. 故定理得证. □

定义 6.5　对于任意给定的实数 μ，定义 $s_k(\mu)$ 为数列 $p_0(\mu),\cdots,p_k(\mu)$ 的变号数. 规定若 $p_i(\mu)=0$，则 $p_i(\mu)$ 与 $p_{i-1}(\mu)$ 同号.

对于给定的区间，基于矩阵 $\boldsymbol{A}$ 的多项式 $p_k(\lambda)$ 在区间端点的变号数，可得出多项式 $p_n(\lambda)$ 在一个区间内的根的个数，即矩阵在区间内特征值的个数.

定理 6.19　假定 $\boldsymbol{T}$ 为形如式 (6.25) 的不可约对称三对角阵，$s_k(\mu)$ 恰好是 $p_k(\lambda)$ 在区间 $(-\infty,\mu)$ 内根的个数. 进一步，任意区间 $[a,b)$ 内 $\boldsymbol{T}$ 的特征值个数为 $s_n(a)-s_n(b)$.

证明　利用归纳法证明. 当 $k=1$ 时，若 $\mu>\alpha_1$，则 $(-\infty,\mu)$ 内有 $p_1(\lambda)$ 的一个根 α_1，这与 $p_1(\mu)<0$ 一致；若 $\mu\leqslant\alpha_1$，则 $(-\infty,\mu)$ 内没有 $p_1(\lambda)$ 的根，这与 $p_1(\mu)\geqslant 0$ 一致. 故结论对 $k=1$ 成立.

假设结论对 $k=i$ 成立，下面证明结论对 $k=i+1$ 成立. 设 $p_i(\lambda)$ 与 $p_{i+1}(\lambda)$ 分别为

$$p_i(\lambda)=\prod_{l=1}^{i}(\mu_l-\lambda),\quad p_{i+1}(\lambda)=\prod_{l=1}^{i+1}(\nu_l-\lambda).$$

由定理6.18知，根具有如下关系

$$\nu_1<\mu_1<\cdots<\nu_l<\mu_l<\cdots<\nu_i<\mu_i<\nu_{i+1}.$$

假定 $s_i(\mu)=m$，则 $(-\infty,\mu)$ 内有 m 个 $p_i(\lambda)$ 的根，即 μ 介于 $(\mu_m,\mu_{m+1}]$ 之间，从而有如下两种情形

$$\nu_m<\mu_m<\mu\leqslant\nu_{m+1},\quad \nu_{m+1}<\mu\leqslant\mu_{m+1}.$$

对于第一种情形，$p_i(\mu)$ 与 $p_{i+1}(\mu)$ 同号，故 $s_{i+1}(\mu)=s_i(\mu)=m$，这与 $p_{i+1}(\lambda)$ 在 $(-\infty,\mu)$ 内有 m 个根一致. 对于第二种情形，分两种情况进行讨论：

(1) 若 $\mu<\mu_{m+1}$，$p_i(\mu)$ 与 $p_{i+1}(\mu)$ 异号，因此 $s_{i+1}(\mu)=m+1$；

(2) 若 $\mu=\mu_{m+1}$，此时 $p_i(\mu)=0$，故 $p_i(\mu)$ 与 $p_{i-1}(\mu)$ 同号，而由定理6.18 可知 $p_{i+1}(\mu)$ 与 $p_{i-1}(\mu)$ 异号，因此 $p_{i+1}(\mu)$ 与 $p_i(\mu)$ 异号，从而 $s_{i+1}(\mu)=m+1$.

故不论何种情形，结论对 $k=i+1$ 成立，由归纳法原理知定理前半部分成立.

由于 $(-\infty,a),(-\infty,b)$ 内矩阵 $\boldsymbol{T}$ 的特征值个数分别为 $s_n(a)$ 及 $s_n(b)$，故定理后半部分也成立. □

例 6.11 求矩阵

$$\boldsymbol{T}=\begin{pmatrix}2&1&0\\1&2&1\\0&1&2\end{pmatrix}.$$

在 $(-2,2)$ 内的特征值个数.

解 对于矩阵 $\boldsymbol{T}$，多项式序列为

$$\begin{aligned}&p_0(\lambda)=1,\quad p_1(\lambda)=2-\lambda,\\&p_2(\lambda)=(2-\lambda)p_1(\lambda)-1=(2-\lambda)^2-1,\\&p_3(\lambda)=(2-\lambda)p_2(\lambda)-p_1(\lambda)=(2-\lambda)^3-2(2-\lambda).\end{aligned}$$

从而有

$$p_0(2)=1,p_1(2)=0,p_2(2)=-1,p_3(2)=0,$$
$$p_0(-2)=1,p_1(-2)>0,p_2(-2)>0,p_3(-2)>0,$$

故变号数为 $s_3(2)=1,s_3(-2)=0$，故在区间 $[-2,2)$ 内根的个数为 $s_3(2)-s_3(-2)=1$，又由于 $p_3(-2)\neq 0$，故 $(-2,2)$ 内根的个数为 1.

利用上述定理，对于给定的矩阵 $\boldsymbol{T}$，可以设计计算其第 m 个特征值 λ_m 的算法如下. 根据谱半径和范数之间的关系，有 $\boldsymbol{T}$ 的所有特征值位于区间 $(-\|\boldsymbol{T}\|_1,\|\boldsymbol{T}\|_1)$. 若求 T 的第 m 个特征值，令 $a_0=-\|\boldsymbol{T}\|_1,b_0=\|\boldsymbol{T}\|_1$，取区间 $[a_0,b_0]$ 的中点 c_0，计算 $s_n(c_0)$，若 $s_n(c_0)\geqslant m$，则 $a_1=a_0,b_1=c_0$，否则 $a_1=c_0,b_1=b_0$. 继续这一过程，经过 k 次二等分过程，则得到一个长度为 $(b_0-a_0)/2^k$ 的区间，该区间仍含有第 m 个特征值. 故当次数足够大时，区间长度非常小，此时可取区间中点作为第 m 个特征值的近似值.

计算高次多项式在某点的值很容易造成上溢或者下溢,所以在真正计算同号数 $s_n(r)$ 时，并不是直接计算多项式序列 $p_k(r)$. 定义如下一个新序列

$$q_i(\lambda):=\frac{p_i(\lambda)}{p_{i-1}(\lambda)}=\begin{cases}\alpha_i-\lambda-\beta_i^2/q_{i-1}(\lambda), & \text{若 } p_{i-1}(\lambda)p_{i-2}(\lambda)\neq 0;\\ \alpha_i-\lambda, & \text{若 } p_{i-2}(\lambda)=0;\\ \text{负数}, & \text{若 } p_{i-1}(\lambda)=0,\end{cases}$$

序列 $\{q_i(\lambda)\}_1^n$ 的非负数恰好等于 $s_n(\lambda)$.

综上所述，二分法是非常灵活方便的，它既可以求最大特征值、最小特征值，也可以求任意区间上的特征值，而且它的数值稳定性很好，计算量也不大. 求出近似特征值后，可以利用反幂法求特征向量.

习题 6

1. 若向量 $\boldsymbol{y},\boldsymbol{x}\in\mathbb{C}^{n\times n}$ 分别为矩阵 $\boldsymbol{A}$ 的某一特征值的左右特征向量，则 $\boldsymbol{y}^*\boldsymbol{x}=0$ 是否成立？若成立，则给出证明. 否则给出反例, 并考虑何种情形下成立.

2. 设 $\boldsymbol{A}\in\mathbb{C}^{n\times n}$ 有 n 个互不相同的特征值 $\lambda_1,\cdots,\lambda_n$，证明：存在 $\boldsymbol{A}$ 的左右特征向量 $\boldsymbol{y}_1,\cdots,\boldsymbol{y}_n$ 及 $\boldsymbol{x}_1,\cdots,\boldsymbol{x}_n$ 使得 $\boldsymbol{A}=\sum\limits_{k=1}^{n}\lambda_k\boldsymbol{x}_k\boldsymbol{y}_k^*$.

3. 设矩阵 $\boldsymbol{A}\in\mathbb{C}^{m\times n},\boldsymbol{B}\in\mathbb{C}^{n\times m}$，证明：矩阵 $\boldsymbol{AB}$ 与 $\boldsymbol{BA}$ 的非零特征值相同.

4. 设矩阵 $\boldsymbol{A} \in \mathbb{C}^{n\times n}$ 特征值互不相同，$\boldsymbol{B} \in \mathbb{C}^{n\times n}$ 满足 $\boldsymbol{AB} = \boldsymbol{BA}$，证明：若 $\boldsymbol{A} = \boldsymbol{QTQ}^*$ 是 $\boldsymbol{A}$ 的 Schur 分解，则 $\boldsymbol{Q}^*\boldsymbol{BQ}$ 也是上三角阵.

5. 设矩阵 $\boldsymbol{A}$ 的特征值为实数且满足 $\lambda_1 > \lambda_2 \geqslant \cdots \geqslant \lambda_{n-1} > \lambda_n$. 将幂法应用于矩阵 $\boldsymbol{A} - \mu\boldsymbol{I}$，若使产生的向量序列收敛到 λ_1 对应的特征向量的速度最快，则 μ 应取何值？若收敛到 λ_n 呢，μ 又该如何选择？

6. 对于给定的矩阵 $\boldsymbol{A} \in \mathbb{C}^{n\times n}$，证明：$z \in \mathbb{C}$ 是 $\boldsymbol{A}$ 的 Rayleigh 商的充分必要条件为 z 为矩阵 $\boldsymbol{Q}^*\boldsymbol{AQ}$ 的对角元，其中 $\boldsymbol{Q}$ 为酉矩阵.

7. 不可约上 Hessenberg 矩阵的特征值是否均不相同？若均不相同则给出证明，否则给出反例.

8. 假定 $\boldsymbol{H}$ 为不可约上 Hessenberg 矩阵，证明：存在对角矩阵 $\boldsymbol{D}$ 使得 $\boldsymbol{D}^{-1}\boldsymbol{HD}$ 的对角元均为 1.

9. 若 $\boldsymbol{H}$ 是非亏损的不可约上 Hessenberg 矩阵，证明：$\boldsymbol{H}$ 没有重特征值.

10. 设 $\boldsymbol{H}$ 是一个奇异的不可约上 Hessenberg 矩阵，证明：进行一次基本的 QR 迭代后，$\boldsymbol{H}$ 的零特征值将会出现.

11. 设计一种利用幂法来求矩阵的最大奇异值的算法.

12. 设 $(\mu, \boldsymbol{x})$ 是矩阵 $\boldsymbol{A}$ 的一个近似特征对且满足 $\|\boldsymbol{x}\|_2 = 1$，令 $\boldsymbol{r} = \boldsymbol{A} - \mu\boldsymbol{x}$，证明：存在矩阵 $\boldsymbol{E}$ 使得 $\|\boldsymbol{E}\|_F = \|\boldsymbol{r}\|_2$ 且 $(\boldsymbol{A} + \boldsymbol{E})\boldsymbol{x} = \mu\boldsymbol{x}$.

13. 设 $\boldsymbol{A} \in \mathbb{C}^{n\times n}, \boldsymbol{x} \in \mathbb{C}^n$，若 $\boldsymbol{X} = \left(\boldsymbol{x}, \boldsymbol{Ax}, \cdots, \boldsymbol{A}^{n-1}\boldsymbol{x}\right)$ 非奇异，证明：必存在 $(h_{1n}, h_{2n}, \cdots, h_{nn})^{\mathrm{T}}$ 使得

$$\boldsymbol{X}^{-1}\boldsymbol{AX} = \begin{pmatrix} 0 & 0 & 0 & \cdots & 0 & h_{1n} \\ 1 & 0 & 0 & \cdots & 0 & h_{2n} \\ 0 & 1 & 0 & \cdots & 0 & h_{3n} \\ & & \ddots & & & \vdots \\ & & & \ddots & & \vdots \\ & & & & 1 & h_{nn} \end{pmatrix}.$$

14. 证明：对矩阵

$$\boldsymbol{X}^{-1}\boldsymbol{AX} = \begin{pmatrix} 0 & 0 & 0 & 1 \\ 1 & 0 & 0 & 0 \\ 0 & 1 & 0 & 0 \\ 0 & 0 & 1 & 0 \end{pmatrix}.$$

用不带位移的 QR 算法或用双重步 QR 算法计算时都不收敛.

15. 利用 QR 方法求矩阵 $\begin{pmatrix} 1.5 & -0.5 \\ 0.5 & 0.5 \end{pmatrix}$ 的特征值，并说明迭代序列具有何种特点.

16. 设 $\boldsymbol{A} \in \mathbb{R}^{n\times n}$ 为对称矩阵，并假定 $\boldsymbol{A}$ 的特征值为 $\lambda_1 \geqslant \cdots \geqslant \lambda_n$，证明：

$$\lambda_i = \max_{\boldsymbol{X}\in\mathbb{R}_i^n} \min_{\boldsymbol{0}\neq\boldsymbol{u}\in\boldsymbol{X}} \frac{\boldsymbol{u}^{\mathrm{T}}\boldsymbol{A}\boldsymbol{u}}{\boldsymbol{u}^{\mathrm{T}}\boldsymbol{u}} = \min_{\boldsymbol{X}\in\mathbb{R}_{n-i+1}^n} \max_{\boldsymbol{0}\neq\boldsymbol{u}\in\boldsymbol{X}} \frac{\boldsymbol{u}^{\mathrm{T}}\boldsymbol{A}\boldsymbol{u}}{\boldsymbol{u}^{\mathrm{T}}\boldsymbol{u}},$$

其中 $\mathbb{R}_i^n$ 为 $\mathbb{R}^n$ 中所有 i 维子空间的全体.

17. 设 λ 是实对称三对角阵 $\boldsymbol{T}$ 的特征值，证明：若 λ 的代数重数为 k，证明：$\boldsymbol{T}$ 的次对角元素至少有 $k-1$ 个零.

18. 若 $\boldsymbol{A}, \boldsymbol{B}, \in \mathbb{R}^{n\times n}$ 为实矩阵，$\boldsymbol{A}+\boldsymbol{B}\mathrm{i}$ 是 Herimite 矩阵，则矩阵 $\begin{pmatrix} \boldsymbol{A} & -\boldsymbol{B} \\ \boldsymbol{B} & \boldsymbol{A} \end{pmatrix}$ 与 $\boldsymbol{A}+\boldsymbol{B}\mathrm{i}$ 的特征值和特征向量之间具有何种关系？

19. 若 $\boldsymbol{A}$ 为 Hermite 矩阵，设计一种算法，计算酉矩阵 $\boldsymbol{U}$，使得 $\boldsymbol{U}^*\boldsymbol{A}\boldsymbol{U}$ 为实对称三对角阵.

20. 假定 $\boldsymbol{T}$ 为实对称三对角阵，若将 $\boldsymbol{T}$ 的次对角元全部取绝对值，证明：新矩阵的特征值与 $\boldsymbol{T}$ 的特征值相同.

21. 矩阵 $\boldsymbol{A} = \mathrm{diag}(\mu_1, \cdots, \mu_{n-1})$ 且满足 $\mu_1 < \mu_2 < \cdots < \mu_{n-1}$，$\boldsymbol{B} = \begin{pmatrix} a & \boldsymbol{b}^{\mathrm{T}} \\ \boldsymbol{b} & \boldsymbol{A} \end{pmatrix}$，其中 a 为实数，$\boldsymbol{b} \in \mathbb{R}^{n-1}$. 证明：

(1) $\lambda_1 \leqslant \lambda_2 \leqslant \cdots \leqslant \lambda_n$ 为 $\boldsymbol{B}$ 的特征值的充要条件为 $\lambda_1 \leqslant \mu_1 \leqslant \lambda_2 \leqslant \cdots \leqslant \mu_{n-1} \leqslant \lambda_n$.

(2) $\boldsymbol{B}$ 的某一特征值 λ 满足 $|\lambda - a| \leqslant \|b\|_2$. 事实上，此结论对一般的对称矩阵 $\boldsymbol{A}$ 均成立.

22. 设 $\boldsymbol{A}, \boldsymbol{E}$ 是两个对称矩阵，若 $\boldsymbol{A}$ 正定且 $\|\boldsymbol{A}\|_2\|\boldsymbol{E}\|_2 < 1$，证明：$\boldsymbol{A}+\boldsymbol{E}$ 也是对称正定矩阵.

23. 在 Jacobi 方法中，若第 k 次旋转平面为 (p,q) 平面，证明：

$$|a_{pp}^{(k)} - a_{pp}^{(k-1)}| \leqslant |a_{pq}^{(k-1)}|, \quad |a_{qq}^{(k)} - a_{qq}^{(k-1)}| \leqslant |a_{pq}^{(k-1)}|.$$

24. 设

$$T=\begin{pmatrix} \alpha_1 & \beta_1 & & & \\ \gamma_1 & \alpha_2 & \beta_2 & & \\ & \ddots & \ddots & \ddots & \\ & & \ddots & \ddots & \beta_{n-1} \\ & & & \gamma_{n-1} & \alpha_n \end{pmatrix},$$

其中 α_i 为实数，$\beta_i\gamma_i>0$，则存在对角矩阵 $\boldsymbol{D}$ 使得 $\boldsymbol{D}^{-1}\boldsymbol{T}\boldsymbol{D}$ 为对称三对角阵，从而 $\boldsymbol{T}$ 的特征值全为实数.

25. 设 $\boldsymbol{A}\in\mathbb{C}^{m\times n}$ 且 $m\geqslant n$，其奇异值为 $\sigma_1\geqslant\sigma_2\geqslant\cdots\geqslant\sigma_n$，证明：

$$\sigma_i=\min_{\phi_{n-i+1}}\max_{\boldsymbol{0}\neq\boldsymbol{x}\in\phi_{n-i+1}}\frac{\|\boldsymbol{A}\boldsymbol{x}\|_2}{\|\boldsymbol{x}\|_2}=\max_{\phi_i}\min_{\boldsymbol{0}\neq\boldsymbol{x}\in\phi_i}\frac{\|\boldsymbol{A}\boldsymbol{x}\|_2}{\|\boldsymbol{x}\|_2},$$

其中 $\phi_i\subset\mathbb{C}^n$ 为 i 维子空间.

26. 设 $\boldsymbol{A}\in\mathbb{C}^{n\times n}$ 的奇异值为 $\sigma_1\geqslant\sigma_2\geqslant\cdots\geqslant\sigma_n$，$\boldsymbol{B}$ 是 $\boldsymbol{A}$ 的一个 m 阶主子阵，其奇异值为 $\mu_1\geqslant\mu_2\geqslant\cdots\geqslant\mu_m$，证明：$\sigma_k\geqslant\mu_k$，$\mu_{m-k+1}\geqslant\sigma_{n-k+1}$.

27. 设 $\boldsymbol{R}=\begin{pmatrix}\boldsymbol{R}_{11} & \boldsymbol{R}_{12}\\ \boldsymbol{O} & \boldsymbol{R}_{22}\end{pmatrix}$，其中 $\boldsymbol{R}_{11}\in\mathbb{C}^{k\times k},\boldsymbol{R}_{12}\in\mathbb{C}^{k\times(n-k)},\boldsymbol{R}_{22}\in\mathbb{C}^{(n-k)\times(n-k)}$，证明：

$$\sigma_{\min}(\boldsymbol{R}_{11})\leqslant\sigma_k(\boldsymbol{R}),\quad \sigma_{\max}(\boldsymbol{R}_{11})\geqslant\sigma_{k+1}(\boldsymbol{R}),$$

其中 $\sigma_{\min}(\boldsymbol{R}_{11}),\sigma_{\max}(\boldsymbol{R}_{11})$ 分别为矩阵 $\boldsymbol{R}_{11}$ 的最小奇异值和最大奇异值，$\sigma_i(\boldsymbol{R})$ 为矩阵 $\boldsymbol{R}$ 的第 i 大奇异值.

28. 令 $\boldsymbol{a}_i$ 为 n 阶实矩阵 $\boldsymbol{A}$ 的逆的第 i 行，证明：

$$\sigma_{\min}(\boldsymbol{A})\leqslant\min_{1\leqslant i\leqslant n}\frac{1}{\|\boldsymbol{a}_i\|_2}\leqslant\sqrt{n}\sigma_{\min}(\boldsymbol{A}).$$

29. 设 $\boldsymbol{A}\in\mathbb{C}^{m\times n},\boldsymbol{B}\in\mathbb{C}^{n\times l}$，证明：$\sigma_{\min}(\boldsymbol{A}\boldsymbol{B})\geqslant\sigma_{\min}(\boldsymbol{A})\sigma_{\min}(\boldsymbol{B})$.

30. 设 $\boldsymbol{A}\in\mathbb{C}^{n\times n},\boldsymbol{Q}\in\mathbb{C}^{n\times p}$ 且满足 $\boldsymbol{Q}^*\boldsymbol{Q}=\boldsymbol{I}_p$，证明：$\sigma_{\min}(\boldsymbol{A})\geqslant\sigma_{\min}(\boldsymbol{A}\boldsymbol{Q})$.

31. 设 $\boldsymbol{A},\boldsymbol{B}\in\mathbb{R}^{n\times n}$ 均为对称矩阵，$\boldsymbol{C}=\boldsymbol{A}+\boldsymbol{B}\mathrm{i}$，$\boldsymbol{H}_1=(\boldsymbol{C}+\boldsymbol{C}^*)/2,\boldsymbol{H}_2=(\boldsymbol{C}-\boldsymbol{C}^*)/(2\mathrm{i})$，证明：若 $\lambda\in\lambda(\boldsymbol{C})$，有

$$\lambda_{\min}(\boldsymbol{H}_1)\leqslant\mathrm{Re}(\lambda)\leqslant\lambda_{\max}(\boldsymbol{H}_1),\lambda_{\min}(\boldsymbol{H}_2)\leqslant\mathrm{Im}(\lambda)\leqslant\lambda_{\max}(\boldsymbol{H}_2).$$

32. 设 $\boldsymbol{A}=(a_{ij})_{n\times n}\in\mathbb{R}^{n\times n}$ 是对称矩阵，证明每个圆盘

$$\boldsymbol{D}_i=\left\{z\in\mathbb{R}:|z-a_{ii}|\leqslant\left(\sum_{j\neq i}a_{ij}^2\right)^{1/2}\right\}$$

中至少含有 $\boldsymbol{A}$ 的一个特征值.

33. 对于 $\boldsymbol{A}\in\mathbb{R}^{m\times n}$，设计算法求正交矩阵 $\boldsymbol{U}\in\mathbb{R}^{m\times m},\boldsymbol{V}\in\mathbb{R}^{n\times n}$ 使得 $\boldsymbol{B}=(b_{ij})_{m\times n}=\boldsymbol{UAV}$，满足：若 $j\neq i,i+1$，则 $b_{ij}=0$.

34. 对任一 2 阶实矩阵 $\boldsymbol{A}$，构造 Givens 矩阵 $\boldsymbol{G}$，使二者乘积 $\boldsymbol{GA}$ 为对称矩阵，进而与 Jacobi 方法结合设计求 $\boldsymbol{A}$ 的奇异值分解的算法.

35. 对任一 n 阶实方阵 $\boldsymbol{A}$ 的给定下标 (p,q)，构造两个 Jacobi 变换 $\boldsymbol{J}(p,q,\theta_1)$ 和 $\boldsymbol{J}(p,q,\theta_2)$ 使得矩阵 $\boldsymbol{J}(p,q,\theta_1)\boldsymbol{AJ}(p,q,\theta_2)$ 的 (p,q) 和 (q,p) 位置元素均为 0，进而设计计算矩阵 $\boldsymbol{A}$ 的奇异值分解的 Jacobi 型算法.

36. 计算矩阵 $\boldsymbol{T}=\begin{pmatrix}1&1&&\\1&2&1&\\&1&1&-2\\&&-2&1\end{pmatrix}$ 在区间 $[0,3]$ 内有多少个特征值.

上机实验题 6

1. 随机生成 n 阶矩阵 $\boldsymbol{X}$，n 阶对角阵 $\boldsymbol{D}$，对角元随机生成，并且按照模从大到小的顺序排列，

(1) 令 $\boldsymbol{A}=\boldsymbol{XDX}^{-1}$，利用幂法求矩阵 $\boldsymbol{A}$ 的全部特征值及其对应的特征向量；

(2) 令 $\boldsymbol{A}=\boldsymbol{X}\mathrm{diag}(\widetilde{\boldsymbol{D}}_1,\widetilde{\boldsymbol{D}}_2)\boldsymbol{X}^{-1}$，其中 $\widetilde{\boldsymbol{D}}_1=\boldsymbol{D}_1+\boldsymbol{D}_2,\widetilde{\boldsymbol{D}}_2=-\boldsymbol{D}_1-\boldsymbol{D}_2$，$\boldsymbol{D}_1,\boldsymbol{D}_2$ 为随机对角矩阵，利用幂法求矩阵 $\boldsymbol{A}$ 的模最大特征值及其对应的特征向量；

(3) 令 $\boldsymbol{A}=\boldsymbol{X}\mathrm{diag}(\widetilde{\boldsymbol{D}}_1,\widetilde{\boldsymbol{D}}_2)\boldsymbol{X}^{-1}$，其中 $\widetilde{\boldsymbol{D}}_1=\boldsymbol{D}_1+\mathrm{i}\boldsymbol{D}_2,\widetilde{\boldsymbol{D}}_2=\boldsymbol{D}_1-\mathrm{i}\boldsymbol{D}_2$，$\boldsymbol{D}_1,\boldsymbol{D}_2$ 为随机对角矩阵，利用幂法求矩阵 $\boldsymbol{A}$ 的模最大特征值及其对应的特征向量；

2. 将多项式求根问题转化为特征值问题，设计求 n 次多项式模最大特征值、模最小特征值的算法并编程实现.

3. 利用 MATLAB 将带位移的 QR 方法编程实现. 并对随机生成的 10 阶矩阵 $\boldsymbol{A}$：

(1) 计算 $\boldsymbol{A}$ 的全部特征值；

(2) 观察算法进行 10 步、20 步后的矩阵对角元及非对角元的性质；

(3) 调用 MATLAB 的 eig 函数进行验证.

参考文献

[1] 曹志浩. 矩阵特征值问题 [M]. 上海：上海科学技术出版社，1980.

[2] 曹志浩. 数值线性代数 [M]. 上海：复旦大学出版社，1996.

[3] 冯国忱，刘经伦. 数值代数基础 [M]. 长春：吉林大学出版社，1991.

[4] 刘新国. 数值代数基础 [M]. 青岛：青岛海洋大学出版社，1996.

[5] 孙继广. 矩阵扰动分析 [M]. 北京：科学出版社，1987.

[6] 李庆扬，关治，白峰杉. 数值计算原理 [M]. 北京：清华大学出版社，2003.

[7] 徐树方. 矩阵计算的理论与方法 [M]. 北京：北京大学出版社，1995.

[8] Demmel J W. Applied Numerical Linear Algebra[M]. SIAM, Philadelphia, 1997.

[9] Stewart G W. Introduction to Matrix Computation[M]. Academic Press, New York, 1973.

[10] Wilkison J H. The Algebraic Eigenvalue Problem[M]. Clarendon Press, Oxford, 1965.

[11] Young D M. Iterative Solution of Large Linear Systems[M]. Academic Press, 1971.

[12] 徐树方，高立，张平文. 数值线性代数 [M]. 北京：北京大学出版社，1999.

[13] 李大明. 数值线性代数 [M]. 北京：清华大学出版社，2010.

[14] Trefethen L N, David Bau. Numerical Linear Algebra[M]. SIAM, 1997.

[15] Nicholas, Higham J. Accuracy and Stability of Numerical Algorithms[M]. SIAM, 2002.

[16] 冯果忱, 黄明游. 数值分析（上册）[M]. 北京：高等教育出版社，2007.

[17] 黄明游, 冯果忱. 数值分析（下册）[M]. 北京：高等教育出版社，2008.

[18] Nicholas, Higham J. Functions of Matrices: Theory and Computation[M]. SIAM, 2008.

[19] Barrett R, Berry M W, Chan T, et al. Templates for the Solution of Linear Systems: Building Blocks for Iterative Methods[M]. SIAM, Philadelphia, PA, 1994.

[20] Benzi M. Preconditioning techniques for large linear systems: A survey[J]. J. Comput. Phys, 2002,182:418–477.

[21] Chen K. Matrix Preconditioning Techniques and Applications[M]. Cambridge University Press, 2005.

[22] Dongarra J,Sullivan F. Guest editors' introduction: The top 10 algorithms[J]. Computing in Science and Engineering, 2000,2(1):22–23.

[23] Du L, Sogabe T,Zhang S L. A variant of the idr(s) method with the quasi-minimal residual strategy[J]. J. Comput. Appl. Math, 2011,236:621–630.

[24] Faber V, Manteuffel T A. Necessary and sufficient conditions for the existence of a conjugate method[J]. SIAM J. Numer. Anal,1984, 21(2):352–362.

[25] Ferronato M. Preconditioning for sparse linear systems at the dawn of the 21st century: History, current developments, and future perspectives[J]. International Scholarly Research Notices, 2012,2012:1-49.

[26] Freund R W ,Golub G H, Nachtigal N M. Iterative solution of linear systems[J]. Acta Numerica, 1992,1:57–100.

[27] Freund R W, Gutknecht M H,Nachtigal N M. An implementation of the look-ahead lanczos algorithm for non-hermitian matrices[J]. SIAM J. Sci. Comput,1993, 14(1):137–158.

[28] Golub G H,Van Loan C F. Matrix Computations[M]. The Johns Hopkins University Press, Boltimore and London, 1996.

[29] Greenbaum A, Pt*á*k V, Strako*š* Z. Any nonincreasing convergence curve is possible for GMRES[J]. SIAM J. Matrix Anal. Appl,1996, 17(3):465–469.

[30] Greenbaum A,Strakoš Z. Matrices that generate the same krylov residual spaces[M]. In Golub G H, Luskin M, Greenbaum A, editors, Recent Advances in Iterative Methods, volume 60 of The IMA Volumes in Mathematics and its Applications, pages 95–118. Springer, New York, 1994.

[31] Gutknecht M H,Schmelzer T. The block grade of a block krylov space[J]. Linear Algebra Appl, 2009,430:174–185.

[32] Hackbusch W. Iterative Solution of Large Sparse Systems of Equations[M].Second edition. Springer, 2016.

[33] Liesen J, Strakoš Z. Krylov subspace methods: Principles and Analysis[M]. Oxford University Press, 2013.

[34] Mele G, Ringh E, Ek D, et al. Preconditioning for Linear Systems[J]. KD Publishing, 2020.

[35] Meurant G ,Tebbens J D. Krylov Methods for Nonsymmetric Linear Systems From Theory to Computations[M]. Springer, 2020.

[36] Parlett B N, Taylor D R, Liu Z A. A look-ahead lanczos algorithm for unsymmetric matrices[J]. Math. Comput, 1985,44(169):105–124.

[37] Rendel O, Rizvanolli A,Zemke J P M. IDR: A new generation of krylov subspace methods?[J]. Linear Algebra Appl, 2013,439(4):1040–1061.

[38] Saad Y. Iterative Methods for Sparse Linear Systems[M].Second edition. SIAM, Philadelphia, PA, 2003.

[39] Saad Y, Schultz M H. GMRES: A generalized minimal residual algorithm for solving nonsymmetric linear systems[J]. SIAM J. Sci. Stat. Comput,1986, 7:856–869.

[40] Saad Y,Van Der Vorst H A. Iterative solution of linear systems in the 20th century[J]. J. Comput. Appl. Math,2000, 123:1–33.

[41] Simoncini V, Szyld D B. Recent computational developments in krylov subspace methods for linear systems[J]. Numer. Linear Algebra Appl,2007, 14:1–59.

[42] Simoncini V,Szyld D B. Interpreting idr as a petrov-galerkin method[J]. SIAM J. Sci. Comput,2010, 32:1898–1912.

[43] Sonneveld P. CGS: a fast lanczos-type solver for nonsymmetric linear systems[J]. SIAM J. Sci. Stat. Comput,1989, 10:36–52.

[44] Sonneveld P, Van Gijzen M B. IDR(s): a family of simple and fast algorithms for solving large nonsymmetric systems of linear equations[J]. SIAM J. Sci. Comput,2008, 31:1035–1062.

[45] Van Der Vorst H A. Bi-cgstab: A fast and smoothly converging variant of bi-cg for the solution of nonsymmetric linear systems[J]. SIAM J. Sci. Statist. Comput,1992, 13:631–644.

[46] Van Der Vorst H A. Iterative Krylov methods for large linear systems[M]. Cambridge University Press, Cambridge, New York, 2003.

[47] Wathen A J. Preconditioning[J]. Acta Numer,2015, 24:329–376.

[48] Wesseling P, Sonneveld P. Numerical experiments with a multiple grid and a preconditioned lanczos type method[M]// Lecture Notes in Mathematics. Springer Verlag, Berlin, Heidelberg, New York, 1980,771:543–562.

[49] Wilkison J H. The algebraic Eigenvalue Problem[M]. Clarendon Press, Oxford, 1965.

[50] Zhang S L. GPBI-CG: Generalized product-type methods based on bi-cg for solving nonsymmetric linear systems[M]. SIAM J. Sci. Comput,1997, 18:537–551.

附　录

为方便读者利用前述介绍的算法求解实际应用问题及验证各种算法的效率，在本部分我们给出一些算法的 MATLAB 代码供读者使用. 此类代码没有进行最优化处理，仅仅只是为了展示求解效果. 若读者有更进一步的效率要求，请在此基础上进一步优化.

矩阵分解的 Matlab 代码

Householder 矩阵:

输入参数为向量 x，输出为 Householder 矩阵 $I_n - bvv^\top$ 中的数 b 及向量 v，满足 $(I_n - bvv^\top)x = \|x\|_2 e_1$.

```
function [v,beta] = Householder(x)

gamma = norm(x,inf);
v = x/gamma;
alpha = norm(v);
newv1 = v(1)+sign(v(1))*alpha;
beta = newv1^2/((alpha+abs(v(1)))*alpha);
v(1) = 1;
v(2:length(x)) = v(2:length(x))/newv1;
```

矩阵的 QR 分解:

输入参数为矩阵 A，输出为正交矩阵 Q 及上三角阵 R.

```
function [Q,R] = QRHouseholder(A)

[m,n] = size(A); Q = eye(m);
for i = 1:min(m,n)
    [v,beta] = Householder(A(i:m,i));
```

```
    A(i:m, i:n) = A(i:m, i:n)-(beta*v)*(v'*A(i:m, i:n));
    Q(1:m, i:m) = Q(1:m, i:m)-Q(1:m, i:m)*(beta*v)*v';
end

R = triu(A);
```

线性方程组的直接解法的 Matlab 代码

求解下三角形方程组的前代法:

输入参数为下三角阵 L 及常向量 b，输出线性方程组 $Lx = b$ 的解 x.

```
function x = LowerTri(L,b)

n = length(b);
x(1) = b(1)/L(1,1);
for i = 2:n
    for j = 1:i-1
        b(i) = b(i)-x(j)*L(i,j);
    end
    x(i) = b(i)/L(i,i);
end
```

求解上三角形方程组的后代法:

输入参数为上三角阵 U 及常向量 b，输出线性方程组 $Ux = b$ 的解 x.

```
function x = UpperTri(U,b)

n = length(b);
x(n) = b(n)/U(n,n);
for i = (n-1):-1:1
    for j = i+1:n
        b(i) = b(i)-x(j)*U(i,j);
    end
    x(i) = b(i)/U(i,i);
end
```

矩阵的列选主元 LU 分解:

输入参数为矩阵 A，输出矩阵 A 和向量 P，矩阵 A 紧凑存储矩阵 L,U.

```
function [A,P] = LUdecomposition_columnpivot(A)

[m,n] = size(A);

for k = 1:(m-1)
    [~,index] = max(abs(A(k:m,k)));

    P(k) = index+k-1;
    temprow = A(k,k:n); A(k,k:n) = A(P(k),k:n); A(P(k),k:n
        ) = temprow;

    if A(k,k)~=0
        A(k+1:m,k) = A(k+1:m,k)/A(k,k);
        A(k+1:m,k+1:n) = A(k+1:m,k+1:n)-A(k+1:m,k)*A(k,k
            +1:n);
    end
end
```

对称正定矩阵 Cholesky 分解:

输入参数为对称正定矩阵 A，输出矩阵 A，下半部分存储矩阵 L.

```
function A = Cholesky(A)

n = size(A,1);
for k = 1:n
    A(k,k) = A(k,k)^(1/2);
    A(k+1:n,k) = A(k+1:n,k)/A(k,k);
    for i = k+1:n
        A(i:n,i) = A(i:n,i)-A(i:n,k)*A(i,k);
    end
end
```

线性方程组迭代法的 Matlab 代码

Jacobi 迭代法:

输入参数为系数矩阵 A、常向量 b、初始向量 xstart、最大迭代步数 MaxIterNum 及误差 tol,输出线性方程组 $Ax = b$ 的解 xend、迭代步数 iternum 及误差 error = $\|A * xend - b\|_2$.

```
function [xend,iternum,error] = Jacobi(A,b,xstart,
    MaxIterNum,tol)

D = diag(diag(A));
rk = b - A*xstart; error = norm(rk); iternum = 0;
while( (iternum < MaxIterNum) && error>tol )
    xend = xstart + D\rk;
    rk = b - A*xend;
    error = norm(rk);
    xstart = xend;
    iternum = iternum + 1;
end
```

Gauss-Seidel 迭代法:

输入参数为系数矩阵 A、常向量 b、初始向量 xstart、最大迭代步数 MaxIterNum 及误差 tol,输出线性方程组 $Ax = b$ 的解 xend、迭代步数 iternum 及误差 error = $\|A * xend - b\|_2$.

```
function [xend,iternum,error] = GaussSeidel(A,b,xstart,
    MaxIterNum,tol)

D = diag(diag(A)); L = -tril(A,-1);
rk = b-A*xstart; error = norm(rk); iternum = 0;
while( (iternum < MaxIterNum) && error>tol )
    xend = xstart+(D-L)\rk;
    rk = b-A*xend;
    error = norm(rk);
    xstart = xend;
    iternum = iternum+1;
end
```

超松弛迭代法：

输入参数为系数矩阵 A、常向量 b、初始向量 xstart、松弛因子 omega、最大迭代步数 MaxIterNum 及误差 tol，输出线性方程组 $Ax=b$ 的解 xend、迭代步数 iternum 及误差 error = $\|A * \text{xend} - b\|_2$.

```
function [xend,iternum,error] = SOR(A,b,xstart,omega,
    MaxIterNum,tol)

D = diag(diag(A)); L = -tril(A,-1);
rk = b - A*xstart; error = norm(rk); iternum = 0;
while( (iternum < MaxIterNum) && error>tol )
      xend = xstart + omega*((D-omega*L)\rk);
      rk = b - A*xend;
      error = norm(rk);
      xstart = xend;
      iternum = iternum + 1;
end
```

对称超松弛迭代法：

输入参数为系数矩阵 A、常向量 b、初始向量 xstart、松弛因子 omega、最大迭代步数 MaxIterNum 及误差 tol，输出线性方程组 $Ax=b$ 的解 xend、迭代步数 iternum 及误差 error = $\|A * \text{xend} - b\|_2$.

```
function [xend,iternum,error] = SSOR(A,b,xstart,omega,
    MaxIterNum,tol)

D = diag(diag(A)); L = -tril(A,-1); U = -triu(A,1);
rk = b - A*xstart; error = norm(rk); iternum = 0;
while( (iternum < MaxIterNum) && error>1e-007 )
      xmiddle = xstart+omega*((D-omega*L)\rk);
      rk = b-A*xmiddle;
      xend = xmiddle+omega*((D-omega*U)\rk);
      rk = b-A*xend;
      error = norm(rk);
      xstart = xend;
      iternum = iternum+1;
end
```

共轭梯度法的 Matlab 代码

共轭梯度法:

输入参数为系数矩阵 A、常向量 b，输出线性方程组 $Ax=b$ 的解 x、迭代步数 k.

```
function [x,k] = CG_opt(A,b)

n = size(A,1);
k = 0; x = zeros(n,1); tol = 1.0e-08; maxit = max(5,round(
    n/3));
r = b-A*x; rho = r'*r;
while rho^(1/2)>=tol && k<maxit
    k = k+1;
    if k==1
        p = r;
    else
        beta = rho/rho1; p = r+beta*p;
    end
    w = A*p; alpha = rho/(p'*w); x = x+alpha*p;
    r = r-alpha*w; rho1 = rho; rho = r'*r;
end
```

矩阵特征值问题的 Matlab 代码

求矩阵模最大特征值的幂法:

输入参数为方阵 A，初始向量 $x0$，最大迭代步数 maxit 及误差 tol，输出参数为模最大特征值 lambda1 及迭代步数 k.

```
function [lambda1,k] = power_method(A,x0,maxit,tol)

error = 1; k = 0;

[~,index] = max(abs(x0)); lambda0 = x0(index); x0 = x0/
    lambda0;
while (error>tol) & (k<maxit)
```

```
        x1 = A*x0;
        [~,index] = max(abs(x1));
        lambda1 = x1(index); x0 = x1/lambda1;
        error = abs(lambda0-lambda1);
        lambda0 = lambda1; k = k+1;
    end
```

求矩阵特征值的 Rayleigh 商方法:

输入参数为方阵 A，初始向量 u，最大迭代步数 maxit 及误差 tol，输出参数为某一单特征值 lambda 及迭代步数 k.

```
    function [lambda,k] = RQI(A,u,tol,maxit)

    k = 0; n = size(A,1);

    lambda = u'*A*u; lambdavalue = lambda;
    gamma = norm(A*u-lambda*u); gammavalue = gamma;
    while (gamma>tol) & (k<=maxit)
        v = (A-lambda*eye(n))\u;
        u = v/norm(v);
        lambda = u'*A*u;
        gamma = norm(A*u-lambda*u);
        k = k+1;
    end
```

矩阵的上 Hessenberg 化:

输入参数为方阵 A，输出参数为上 Hessenberg 阵 A.

```
    function A = Hessenupper(A)

    n = size(A,1);
    for k = 1:n-2
        [v,b] = Householder(A(k+1:n,k)), eye(n-k)-b*v*v'
        A(k+1:n,k:n) = (eye(n-k)-b*v*v')*A(k+1:n,k:n)
        A(1:n,k+1:n) = A(1:n,k+1:n)*(eye(n-k)-b*v*v')
    end
```

求矩阵特征值的 QR 方法:

输入参数为方阵 A，最大迭代步数 maxit 及误差 tol，输出参数为含矩阵特征值的拟上三角阵 A. 此方法中未加入上 Hessenberg 化和位移技巧.

```
function [A,k] = QRalgorithm(A, tol ,maxit)

error = 1; k = 0;
while (error>tol) & (k<maxit)
    k = k+1
    [Q,R] = qr(A); A = R*Q;
    error = norm(tril(A,-1),'fro');
end
```

求矩阵特征值的 Francis 双重步位移一步 QR 算法:

输入参数为上 Hessenberg 矩阵 H，输出参数为上 Hessenberg 矩阵 H.

```
function H = QRalgorithm_complex(H)

n = size(H,1);
gamma = H(n-1,n-1)+H(n,n); eta = H(n-1,n-1)*H(n,n)-H(n-1,n
    )*H(n,n-1);

x1 = H(1,1)^2+H(1,2)*H(2,1)-gamma*H(1,1)+eta;
x2 = H(2,1)*(H(1,1)+H(2,2)-gamma);
x3 = H(2,1)*H(3,2);

for k = 0:n-3
    [v,b] = Householder([x1,x2,x3]');
    if k==0
        H(1:3,1:n) = (eye(3)-b*v*v')*H(1:3,1:n);
    else
        H(k+1:k+3,k:n) = (eye(3)-b*v*v')*H(k+1:k+3,k:n);
    end
    s = min(k+4,n);
    H(1:s,k+1:k+3) = H(1:s,k+1:k+3)*(eye(3)-b*v*v');
    x1 = H(k+2,k+1); x2 = H(k+3,k+1);
```

```
        if k<n-3
            x3 = H(k+4,k+1);
        end
    end

    [v,b] = Householder([x1,x2]');
    H(n-1:n,n-2:n) = (eye(2)-b*v*v')*H(n-1:n, n-2:n);
    H(1:n,n-1:n) = H(1:n,n-1:n)*(eye(2)-b*v*v');
```